普通高等教育“十一五”国家级规划教材

UML系统建模与分析设计

刁成嘉　主编　　刁奕　等参编

机械工业出版社
China Machine Press

本书系统、全面地阐述基于UML的面向对象分析与设计的基本概念，详细介绍统一建模语言UML及其开发过程，以一个集成案例贯穿可行性研究、需求分析、系统分析与设计的全过程，并给出各阶段的基础模型范例和文档书写格式。本书还重点介绍面向对象的软件开发CASE集成环境、设计模式、软件复用技术、分布式对象技术、C/S模型、B/S模型、持久对象、往返工程、逆向工程和CORBA构件接口技术等内容。本书深入浅出、循序渐进，可使读者快速掌握面向对象的系统分析、设计方法。

本书可作为高等院校计算机专业本科生或研究生相关课程教材，同时也适合作为广大软件开发人员学习面向对象技术的自学指导书和技术参考书。

图书在版编目（CIP）数据

UML系统建模与分析设计/刁成嘉主编．—北京：机械工业出版社，2007.6（2019.2重印）
（普通高等教育“十一五”国家级规划教材）

ISBN 978-7-111-21384-0

Ⅰ．U…　Ⅱ．刁…　Ⅲ．面向对象语言，UML－程序设计－高等学校－教材　Ⅳ．TP312

中国版本图书馆CIP数据核字（2007）第060048号

机械工业出版社（北京市西城区百万庄大街22号　邮政编码　100037）
责任编辑：姚　蕾
北京市荣盛彩色印刷有限公司印刷
2019年2月第1版第15次印刷
184mm×260mm·20.75印张
标准书号：ISBN 978-7-111-21384-0
定价：33.00元

凡购本书，如有倒页、脱页、缺页，由本社发行部调换
本社购书热线：（010）68326294

Preface 前言

现代软件工程领域中，面向对象的系统分析和设计方法已逐渐取代了传统的方法，成为当前国内外计算机软件工程学的主流方法。其核心思想是利用面向对象的概念和方法为软件建立客户需求模型、系统分析模型和系统设计模型，采用面向对象程序设计语言完成系统实现，并对建成的系统进行面向对象的系统测试和系统维护。在今天，特别是随着 Internet/Intranet 的发展，网络分布计算的应用需求日益增长，面向对象技术为网络分布计算提供了基础性的核心技术支持。

本书分 9 章来系统、全面地阐述基于 UML 的面向对象分析与设计方法。

第 1 章概要介绍系统建模与分析设计技术的演变历程和面向对象方法学的发展过程，以及面向对象分析与设计的基本概念。

第 2 章简要介绍统一建模语言 UML 及其开发过程，介绍面向对象分析与设计各个阶段产生的简单模型及其基本图符表示方法。

第 3～7 章详细介绍采用基于 UML 的面向对象分析与设计技术开发建立一个软件项目模型的全过程。以一个集成设计案例为范本，详细说明了从可行性分析、客户需求分析、系统分析到系统设计的各个阶段，建立了系统的业务用例模型、系统用例模型，以及对象的静态模型、动态模型和功能模型，并介绍了几个简单的设计模式，还介绍了可行性分析报告、客户需求规格说明、系统分析报告和系统设计报告的格式和基本内容。

第 8 章专门介绍设计模式，注重介绍设计模式的产生及特点、描述方法和使用规则，并对 11 种经典的设计模式进行了详细分析。

第 9 章重点介绍软件复用和构件接口技术。主要讨论了软件复用的方法和组织实施，COM+、EJB、CORBA 等构件接口技术模型，持久对象与关系数据库、面向对象数据库，客户/服务器模型、浏览器/服务器模型及分布式对象模型，计算机辅助软件工程（CASE）工具及面向对象的 CASE 集成环境的功能与结构等。

各章后面附有各种类型的习题供读者练习使用。附录部分对支持 UML 统一开发过程的 Rose 集成 CASE 开发环境及其使用做了简单介绍。

为了配合本教材的教学与学习，还配套出版了《UML 系统建模与分析设计课程设计》一书，提供一个案例的完整开发过程，供读者研习。

教学建议

建议在本课程开始时，为每个同学选择一个拟开发的课题作为开发案例。在教学过程中，随着课程的深入，按照课程设计的要求，逐步开发、完善这个开发案例的系统模型设计。系统的实现可以采用任何一种面向对象程序设计语言（如 Java、C++等）。在学期末，要求学生能有一个完整的系统实现。

本教材由刁成嘉主编，其中第 9 章和附录由刁奕编写，金士英、陈艳秋、杨鹏飞、高建国、旷昊、蓝炳伟、郑伟、唐木玲、赵泳、杨志真等参加了部分习题的编写。由于编者水平所限，加之时间仓促，疏漏、欠妥、谬误之处在所难免，敬请读者批评指正。

刁成嘉

2007 年 6 月于南开园

目录

第1章

系统建模与分析设计技术的演变

面向对象技术是软件工程学的一个重要分支，也是当今软件开发的主流方法。系统建模与分析设计是研究和应用如何以系统化、规范化、可度量的方法开发、运行和维护软件的一种层次化技术，包括过程、方法和工具三个要素。了解系统建模与分析设计技术的演变过程，采用最科学、最适用的系统建模与分析设计技术，学习和掌握其基本要点、基础理论和方法，是软件开发者充分发挥自身优势，运用团队合作能力，开发出高质量软件系统所必备的基本素质 。

本章目的：

- 理解软件的基本概念和特点。
- 了解软件的发展过程及软件的开发过程。
- 了解软件开发的方法。
- 掌握面向对象技术的基本概念及开发过程。
- 了解几种典型的面向对象方法。

自 20 世纪 40 年代计算机问世以来，计算机在各个领域得到了广泛的应用，使得计算机技术蓬勃发展。然而，长期以来计算机软件开发的低效率制约着计算机软件行业的发展。计算机业界努力探索和研究解决软件危机的途径，并提出了软件工程的思想和方法，这极大地提高了软件开发的效率和软件的质量。当代软件工程的发展正面临着从传统的结构化范型到面向对象范型的转移，这需要有新的语言、新的系统和新的方法学的支持，面向对象技术就是这种新范型的核心技术。面向对象的系统分析和设计方法已逐渐取代了传统的方法，成为当今世界计算机软件工程学的主流方法。

1.1 软件的概念、特点和分类

计算机技术发展的每一步几乎都能够在软件设计和程序设计语言中得到体现。软件是不断发展的，从 20 世纪 40 年代在 ENIAC 计算机上编制程序开始到提出软件工程术语的 20 多年时间里，人们对软件开发的理解就是编程序，且编程是在一种无序的、崇尚个人技巧的状态中完成的。在高级语言出现以前，汇编语言（或机器语言）是编程的主要工具，其表达软件模型的基本方式（或语言构成）是指令，表达模型处理逻辑的主要概念（机制）是顺序和转移。显然，这一抽象层次是比较低的。随着诸如 FORTRAN、PASCAL、COBOL、C 等高级语言的出现，软件开发人员使用变量、标识符、表达式、子例程、函数等概念作为语言的基本构造，并使用顺序、分支和循环3种基本控制结构来表达软件模型的计算逻辑，因此软件开发人员可以在一个更高的抽象层次上进行程序设计。其间出现了一系列开发范型和结构化程序设计技术，实现了模块化的数据抽象和过程抽象，提高了人们表达客观世界的抽象层次，并使开发的软件具有一定的构造性和演化性。

面向对象方法自从在20世纪80年代中期诞生以来，即开始逐步流行，为人们提供了一种以对象为基本计算单元，以消息传递为基本交互手段来表达的软件模型。面向对象方法的实质是以拟人化的观点来看待客观世界，即客观世界是由一系列对象构成，这些对象之间的交互形成了客观世界中各式各样的系统。面向对象方法中的概念和处理逻辑更接近于人们解决问题的思维模式，使开发的软件具有更好的构造性和演化性。

目前，人们更加关注软件复用问题，构建比对象粒度更大、更易于复用的基本单元——可复用构件，并研究以构件复用为基础的软件构造方法，更好地凸显软件的构造性和演化特性，因为易于复用的软件具有很好构造性和演化性。

1. 软件的概念和特点

软件是人们对客观世界中问题空间与解空间的具体描述，是客观事物的一种反映，是知识的提炼和“固化”。形象一点儿说，软件就是程序以及开发、使用、维护程序所需要的所有文档，即：软件＝程序＋文档。由于客观世界是不断变化的，因此，构造性和演化性是软件的本质特征。如何使软件模型具有更强的表达能力、更符合人类的思维模式，也即如何提升计算环境的抽象层次，从一定意义上来讲，就是围绕软件的本质特征——构造性和演化性——不断提升和具体实施的问题。

进入20世纪60年代后，由于客观实际的需求，要制作一些大型的软件系统。在这种需求的驱动下，软件开发方法和管理受到重视，逐渐产生出各种不同类型的软件开发方法和模型。随着时间的推移和实际工作的需要，软件开发方法也在不断地更新变化。

与20世纪60年代以前的软件开发相比，今天的软件开发具有以下特点：

1）软件规模大。过去，由于硬件发展水平的限制，只有少数专业人员才去关心软件，而且这些专业人员必须懂得硬件，根据硬件的性能编写一些简单、单一的应用软件。这一点从根本上阻碍了软件的广泛应用，限制了软件的规模。现在，软件开发方法已逐渐走向成熟，成为了一种系统的工程技术，经常要完成一些大规模或者超大规模的项目工程。

2）软件开发规范化并趋于标准化。以往大部分软件开发人员不太关心别人的工作，他们往往醉心于自己的编程技巧，决定软件质量和开发时间的唯一因素就是编程人员的素质，即个人的经验、智慧和技巧。如今，软件的易读易懂和文档化是人们追求的目标，一个规范化、标准化的软件开发过程更加注重的是团队合作开发，而且各种软件制品可以比较容易地整合集成。

3）软件开发方法多，有大量的软件工具支持。计算机刚刚发展的时候，由于缺少有效的软件开发方法和软件工具支持，使人们错误地认为编程仅仅是一门艺术，只是少数人的专利。现如今，有众多科学的软件开发方法及其配套的开发工具供人们选择使用。

4）注重软件开发的管理。在传统的软件开发中，由于人们只重视个人的技能，软件开发过程的透明度低，致使管理人员几乎不清楚软件技术人员的工作进展情况，造成管理活动很少甚至不存在。而今天，“管理是软件开发的生命”这种观念已经深入人心，使人们更加重视软件设计、开发、运行和维护等各个环节的管理。

5）软件维护相对过去容易得多。

在某种程度上，软件产品在某些方面有些相似于其他一般工程中的有形产品，如桥梁、建筑物、机床、计算机，但它们之间也有一些重要的差别，从而不能简单地把一般工程方面的知识、方法和技术直接应用到软件工程上来。软件工程尽管无时无刻都在发展，但还不能说其已经成熟。软件是逻辑产品而不是实物产品，像磁盘、集成电路块都只是软件的载体。由于软件是逻辑产品，其功能只有依赖于硬件和软件的运行环境以及人们对它的操作才能得以体现。没有计算机相关硬件的支持，软件没有实用价值。同样，没有软件支持的计算机硬件，也会是毫无价值的机器，软件与硬件密切相关的程度是一般工程所没有的。一般情况下，软件产品要完成多种多样的功能，以使用户清晰、准确地描述他们要解决的问题，同时软件产品也要具备较强的可靠性、易移植性和易使用性。

2. 软件的分类

世界上有多种多样的计算机软件做着各自不同的工作，要给软件做出科学的分类很困难。对于不同类型的软件工程对象，其开发和维护有着不同的要求和处理方法，可以按软件的功能、规模、工作方式、服务对象和使用频度等对其进行分类。

（1）按软件的功能划分

- 系统软件。能与计算机硬件紧密配合在一起，使计算机系统各个部件、相关的软件和数据协调、高效地工作的软件。例如，操作系统、设备驱动程序以及通信处理程序等。
- 支撑软件。协助用户开发软件的工具性软件，其中包括帮助程序人员开发软件产品的工具，也包括帮助管理人员控制项目开发进程的工具。
- 应用软件。在特定领域内开发、为特定目的服务的一类软件。应用软件的种类繁多，涉及范围也很广。如商业数据处理软件、工程与科学计算软件、事务管理软件、办公自动化软件、中文信息处理软件和计算机辅助教学软件，还有系统仿真、人工智能型软件等。

（2）按软件的规模划分

- 微型软件。一个人可用很短时间完成的软件，程序不超过 500 行语句，仅供个人专用。
- 小型软件。长度约 2000 行左右的程序，一般用于数值计算或数据处理问题。
- 中型软件。一般由一个开发小组花费一年多时间完成，长度在 5000～50 000 行之间的程序。这种软件需要开发人员之间、开发人员与用户之间频繁联系，密切协调，因而要有详细的开发计划、建立分析设计模型、进行必要的技术审查和完善的文档资料储备等。
- 大型甚至超大型软件。多个研发小组，甚至是成百上千人组成的开发团队，利用 3 到 5 年甚至更长时间完成的软件项目。这种软件往往需要进行二级开发，或者将项目划分为若干个子项目，每个子项目都是一个中型以上的软件，子项目之间具有复杂的接口，采用统一的标准，而且必须具备完备、严密的审查环节和详细的文档资料。例如编译程序、分时系统、实时控制系统以及实时处理系统、多任务系统、大型数据库管理系统等。

（3）按软件工作方式划分

- 实时处理软件。指在事件或数据产生时，立即予以处理，并及时反馈信息，对过程需要进行监测和控制的软件。包括数据采集、分析、输出三部分，对时间有严格的限定。

- 分时软件。这种软件允许多个联机用户同时使用一台计算机的处理器。系统把处理器时间轮流分配给各联机用户，使各用户都感到只是自己在使用计算机。
- 交互式软件。能实现人机通信的软件。具有友好的用户界面，及时应答用户的输入信息，发出反馈信息。主要用于终端设备，实现人机交互。
- 批处理软件。以批处理的方式把一组作业或一批数据输入到计算机，计算机按顺序依次处理每个数据的软件。

(4) 按软件服务对象的范围划分

- 项目软件。针对某个特定客户的委托，由开发机构在合同的约束下开发出来的软件。这种软件带有试验、研究性质，一般需要软件开发机构拥有良好的质量管理、技术实力、开发经验以及信誉等。
- 产品软件。由软件开发机构开发出来直接提供给市场的软件，或是为千百个用户服务的软件。例如，文字处理软件、文本处理软件、财务处理软件、人事管理软件等。

(5) 按使用的频度划分

- 一次性使用软件。如人口普查、工业普查软件，要若干年才使用一次，属于一次性使用软件。
- 使用频度较高的软件。如天气预报软件则属于使用频度较高的软件。

(6) 按软件失效的影响程度划分

- 一般性软件。如有的软件因发生故障而造成软件失效，但它对整个系统带来的影响不大，这属于一般性软件。
- 关键性软件。而有的软件，如金融财务、国防军工、航空航天等领域中使用的软件，可靠性要求高，一旦失效将会造成灾难性的后果，这类软件属于关键性软件。

1.2 软件的发展与软件工程

计算机软件伴随着计算机科学的发展进程而不断发展、完善，软件危机的出现，促使人们对软件的特性和设计方法不断进行更深入的研究，逐步形成了软件工程学科。同时，结构化程序设计方法、快速原型法、面向对象设计方法等软件设计方法相继产生和发展，加快了软件工程的建设，减少了软件危机所带来的影响。

事实上，早期的软件发展之路是异常艰难的，所设计的软件产品经常发生错误。1962年6月，美国飞向金星的第一个空间探测器——水手1号，因飞行舱中计算机导航程序中的一条语句的语义出错，致使其偏离航线，导致整个计划失败。阿波罗8号太空飞船的一个计算机软件错误，造成存储器一部分信息丢失；而阿波罗14号在整个飞行过程中，出现了18个软件错误。可以说，软件系统的可靠性几乎得不到保证。

另外，当时计算机硬件成本每隔2～3年降低一半，内存和外存的成本每年降低40%左右，硬件的性能价格比每十年提高一个数量级，导致软件需求量大大增加。然而，所需的软件很少能在开发成本、时间进度、功能规模、维护能力等方面达到要求，特别是其可靠性难以符合人们的需要。那时，在开发一些大型软件系统上，遇到的困难相当多，有些系统甚至彻底失败。有些系统虽然完成了，但比原定计划推迟了好几年，而且费用大大超出了预算。

有些系统未能完全符合用户当初的期望，有些系统则无法进行修改维护。

究其原因，是因为大型软件系统大大地增加了软件的复杂度，即技术复杂性和管理复杂性成指数数量级上升。就拿软件维护工作来说，它比计算机硬件的维护要复杂得多。美国Dalg研究了一个16万条汇编语句与17万个逻辑门组成的大型实时系统的维护记录日志，结果发现：

- 软件维护时修改一条汇编语句的工作量是硬件维护时修理一个逻辑门的4倍。
- 软件维护费用是硬件维护费用的4倍。
- 编写一条汇编语句所需工作量是研制一个硬件逻辑门的两倍。

在那时，大型软件系统中存在潜在错误的情况已司空见惯，要开发一个没有错误的软件极其困难。

软件是计算机系统中与硬件相互依存的另一部分，它包括程序、相关数据及其说明文档。其中程序是按照事先设计的算法要求执行的指令序列，数据是程序能正常操作的信息，文档是与程序开发维护和使用有关的各种图文资料。人们对软件的认识经历了一个由浅到深的过程，从追求编程技巧到崇尚清晰好用、易于修改和扩充，其过程实际上就是软件设计方法的发展历史。

计算机科学的不断发展，使得软件的需求量不断增大，它的要求、复杂度、开发成本也越来越高，但软件的开发方法和技术却还停留在“小程序”、“个体化”的操作上面，致使软件设计犹如泥潭，大批的设计者深陷其中，甚至出现上述存在的种种缺点，人们称其为软件危机。虽然，“软件危机”的概念是在1968年NATO（北大西洋公约组织）的计算机科学家在联邦德国召开的国际学术会议上才第一次提出，其实它几乎从计算机产生的那一天起就出现了。它是计算机科学发展进程的必然产物，只不过到后来这种现象日渐严重，已经影响到计算机事业的发展，才引起各界的关注。

具体地说，软件危机就是软件开发和维护过程中所遇到的一系列严重问题，其主要有以下表现：

- 对软件开发成本和进度的估计常常不准确。
- 用户对“已完成”系统不满意的现象经常发生，产品无法符合用户的实际需求。
- 软件产品的质量往往靠不住。故障一大堆，补丁一个接一个。
- 软件的可维护程度非常低。
- 软件通常没有适当的文档资料。
- 软件的成本不断提高。
- 软件开发生产率的提高跟不上硬件的发展和人们需求的增长。

软件危机产生的原因主要有两个：一是与软件本身的特点有关，另一个是与软件开发和维护的方法不正确有关。通过分析软件危机的表现和原因，再加上不断地实践和总结，人们终于认识到：按照工程化的原则和方法组织软件开发工作，是摆脱软件危机的一个主要出路，这就是软件工程的概念。

软件工程把软件的生产过程分为需求分析、系统分析、系统设计、功能设计、实现、测试、运行和维护等几个主要阶段，并按各个阶段进行实施，使生产出来的产品可以较有效地抑制软件危机现象。软件作为一种新的事物，它的开发过程介于一般物质工程和社会工程之间，其产品又介于传统意义上的商品和人类思想成果之间，具有太多的二相性，用任何一种已有的思维方式和工作方法都不能有效地处理它。同时，软件工程思想是用物质工程的思维方式来考察软件的物质工程的一面，其手段包括严密的需求分析，按部就班的开发过程模型和文档管理等，没有太多的自由空间，都不能到达各自的“极限”。

在一定程度上，软件工程的出现，降低了软件危机发生的可能性，但是必须承认这样一个事实，那就是软件危机是不可能完全消失的。因为软件的实质是人们以计算机编程语言为桥梁，将客观感知世界映射到计算机世界中，以解决人们在客观感知世界中要解决的问题。这里牵涉三个主要的范畴：客观感知世界——计算机编程设计语言——计算机世界。人们对客观世界的认识一直都处在“深入中”状态，永远不可能到达极限，因此也就不能保证开发出的软件能完整地反映现实世界。如果把“解决软件危机”比作一个极限，那么只能逼近它，而永远不能到达。事物总是一分为二的，正因为软件危机的“不可解”性，使得人们必须用积极的态度去面对，想尽办法去解决。在经历了几十年的不懈努力后，软件工程的理论已得到极大的丰富和完善，各种软件设计方法层出不穷，软件行业一片繁荣，从而也促进了计算机科学的不断向前发展。

软件工程的基础是一些软件开发的指导性原则，概括如下：

- 变动的软件需求。必须充分认识软件需求的变动性，保证提供满足用户要求的产品。要根据模块化、抽象化、信息隐蔽、局部化和一致性原则进行软件设计。
- 稳妥的设计方法。精良的开发工具与开发环境可以大大方便软件开发，达到软件工程的目标。
- 高效的软件开发支持技术。软件工程项目的质量和效益取决于其支持技术的质量和效用。
- 有效的过程管理。只有对软件工程开发过程进行有效的管理，才能产生有效的软件工程。

随着软件工程的研究和实践取得了长足的进步，出现了一些具有里程碑意义的软件开发技术，它们包括：

- 20世纪60年代末至70年代中期，在一系列高级语言应用的基础上，出现了结构化程序设计技术，并开发出了一些支持结构化软件开发方法的工具。
- 20世纪70年代中期至80年代，计算机辅助软件工程（CASE）成为研究热点，并开发了一些对软件技术发展具有深远影响的软件工程开发环境。
- 20世纪80年代中期至90年代，出现了面向对象语言和方法（这种方法逐渐成为主流的软件开发技术）。同时开展了软件过程及软件过程改善的研究，注重软件复用和软件构件技术的研究与实践。

1.3 软件开发模型的演变和生存周期

1.3.1 软件开发过程与模型的演变

由于认识到软件的设计、实现、维护和传统的工程规则有相同的基础，在提出“软件危机”的同时，“软件工程”应运而生，它也是于1968年由NATO（北大西洋公约组织）在德国格密斯（Garmish）举行的学术会议上第一次正式提出的。在软件工程概念中，软件开发过程占主要部分。经过软件工程的实践，人们总结出一系列开发模型。通过对这些模型的运用和研究，又不断改进和提出新的模型。但各种模型都有其缺点，都只是适应某类具体情况，没有统一的可适用的模型，因此，选择模型很重要。选择正确的适用于某个具体软件工程项目的软件开发模型，是保证软件开发成功的第一步，也是一条重要的指导性原则。

要掌握软件开发模型，就要了解软件开发模型的概念。软件开发模型是软件开发全部过程、活动和任务的结构框架。软件开发模型能清晰、直观地表达开发全过程，明确规定了要完成的主要活动和任务，可以作为软件项目开发工作的基础。对于一个具体的软件系统来说，应采用适合的开发方法，使用适宜的程序设计语言，组织具有相应技能的开发人员参与，并采用适合的管理方法和手段对整个开发活动的全过程进行有效的控制。还应采用最适宜的、高效的软件开发工具和相应的软件工程环境，其采用的软件开发模型应该是稳定有效和普遍适用的。

需要提醒注意的是：开发模型仅对软件系统的开发、运行、维护过程有意义。生存周期模型是一个框架，它规定了软件开发、运行和维护所需的过程、活动和任务。软件生存周期模型和软件开发模型是同一概念。下面介绍几个经典的软件开发模型，读者可以从中看到软件开发模型的演变过程。

1. 瀑布模型

1970 年，W. Royce 提出了著名的“瀑布模型（waterfall model)”，它是最早出现的软件开发模型，直到 20 世纪 80 年代早期，一直是唯一被广泛采用的软件开发模型。顾名思义，瀑布模型就是将软件开发过程中的各项活动规定为按固定顺序连接的若干阶段工作，换句话说，它将软件开发过程划分为若干个互相区别而又彼此联系的阶段，每个阶段中的工作都以上一个阶段工作的结果为依据，同时为下一个阶段的工作提供了前提。简单地说，瀑布模型分为以下几个阶段：

- 确定客户需求。
- 定义系统需求。
- 系统分析与设计。
- 系统测试。
- 系统实现与集成。
- 系统调整与改进。
- 系统交付或使用。

我国曾在 1988 年依据该开发模型制定并公布了“软件开发规范”国家标准，这对我国软件开发起到了较大的促进作用。瀑布模型之所以能广泛流行多年，有两个原因：首先，它在支持开发结构化软件、控制软件开发复杂度、促进软件开发工程化方面起到了显著作用；其次，它为软件开发和维护提供了一种当时较为有效的管理模式，根据这一模式制定开发计划、进行成本预算、组织开发人员，以阶段评审和文档控制为手段，有效地对软件开发过程进行指导，从而对稳定软件质量提供了一定程度的保证。

瀑布模型在广泛流行的同时，也暴露出一些不足。由于各阶段的顺序固定，使得前期阶段工作中造成的差错越到后期阶段所造成的损失和影响就越大，为了纠正它而花费的代价也就越高。

注意，在以下所列几点中，如果你的开发项目满足其中之一，你就要慎重考虑是否使用瀑布模型：

- 不能充分理解客户需求或客户需求有可能迅速发生变化。

- 系统太大、太复杂，不能一次做完所有的事。
- 事先拟采用的技术迅速发生变化。
- 提供的资源有限。
- 无法利用各开发阶段的某一个中间产品。

在以下情况下可以使用瀑布模型：

- 系统所有的功能、性能要求客户可以一次性准确交付。
- 是首次开发的新系统并且淘汰全部老系统。

2. 渐增模型

渐增模型（incremental model）的开发活动是由一组有计划的、循环渐增的、不断改进的过程版本组成。第一个中间版本先纳入一部分需求，下一个中间版本将增加更多的需求，依此类推，逐渐增加，直到系统完成。每个中间版本都要执行必要的过程、活动和任务。渐增模型的例子如图 1-1 所示。渐增模型也称为有计划的产品改进模型。

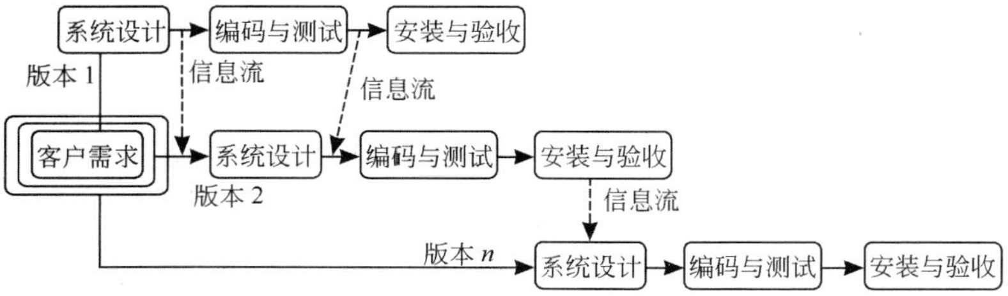

图 1-1 渐增模型

渐增模型在开发过程中的各个中间版本可以并发开发，其过程、活动和任务可以在各中间版本间平行使用。

注意，如果在你的开发项目中出现任何一种情况满足下列几点之一者，你就要慎重考虑是否使用渐增模型：

- 不能充分理解客户需求或客户需求有可能迅速发生变化。
- 事先拟采用的技术迅速发生变化。
- 客户突然提出一些新的功能需求。
- 长时期内仅有有限的资源保证（开发人员和资金）。

在以下情况下可以使用渐增模型：

- 需要在尽短的时间内得到系统基本功能的演示或使用。
- 各版本都有中间阶段产品可提供使用。
- 系统可以被自然地分割成渐增的模式。
- 开发人员与资金可以逐步增加。

3. 演化模型

演化模型（evolutionary model）也称为原型（prototype）法模型，对于事先不能完整定义需求的软件项目的开发可以使用演化模型。演化模型可以减少由于需求不明给开发工作带来的风险。为了避免开发项目返工，人们根据客户给出的基本需求，对待开发软件进行首次试验性开发，目的是探索其可行性，弄清需求，获得有用的反馈信息，以支持软件的最终设计和实现。通常把首次试验性开发出的软件称为原型。演化模型有以下几种形式：

- 丢弃型。原型的开发只是为了获得更为清晰的需求反馈信息，达到目的（获得客户认可）后则无需保留。这种原型往往以演示为目的，与最终产品可以不一致，一般用于用户界面的开发。
- 样品型。原型规模与最终产品相似，原型仅供研究用。
- 渐增式演化型。原型作为最终产品的一部分，它可满足用户的部分需求，经用户试用后提出精化系统、增强系统能力的需求。开发人员根据反馈信息，实施开发的迭代过程，并在迭代过程中，根据用户的需求不断调整和修正系统，直至可以交付使用为止。

演化模型的例子如图 1-2 所示。使用演化模型时应注意：

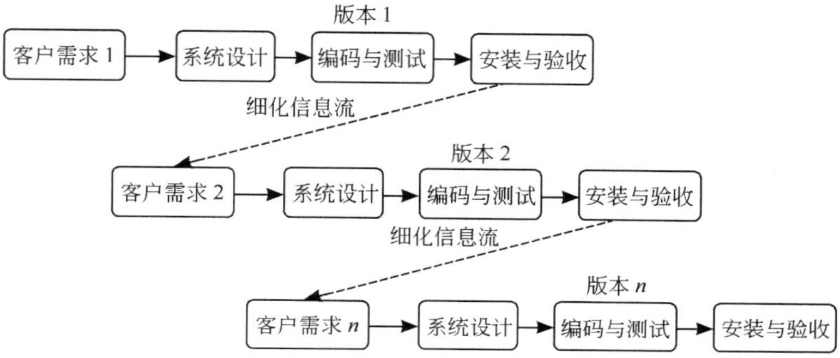

图 1-2 演化模型

- 演化模型也是通过系统各个可执行的中间版本以渐增的形式来开发系统的，但是客户需求可以分步逐渐了解，不用在初始时就确定。
- 在模型中，可以预先定义一部分客户需求，然后在每个后继的中间版本中再逐步增加需求，一点点完善。
- 在开发每个中间版本时，开发过程中的活动和任务可以顺序地或部分重叠平行地被加入到这些中间版本中。

对所有的中间版本，开发过程中的活动和任务通常按同一顺序被重复使用。维护过程和运行过程可以与开发过程平行地使用。获取过程、供应过程、支持过程和组织过程通常与开发过程平行地使用。

4. 螺旋模型

螺旋模型（spiral model）于 1988 年由 R. Boehm 提出，通常用来指导大型软件项目的开发。螺旋模型结合了瀑布模型与演化模型的优点，并增加了风险分析。该模型将其活动划分为制定计划、风险分析、实施开发和客户评估四类，它也采用循环往复、逐渐完善的方式工作。每循环往复一次，就表示开发出一个更完善的新的软件版本。一般情况下，开发进程会沿着螺旋线继续下去，自内向外逐步延伸，最终得到满意的软件产品。如果在某个循环过程中的任意环节上发现开发风险过大，致使开发机构或客户无法接受，项目有可能就此终止。

螺旋模型的基本原理如图 1-3 所示，沿着螺旋线旋转，在笛卡儿坐标系的四个象限上分别表达了四类活动。

- 制定计划。确定软件开发目标，选定实施方案，弄清项目开发的限制条件。
- 风险分析。分析所选方案，考虑如何识别和消除风险。

• 实施开发。实施软件开发。
• 客户评估。评价软件功能和性能，提出修正建议。

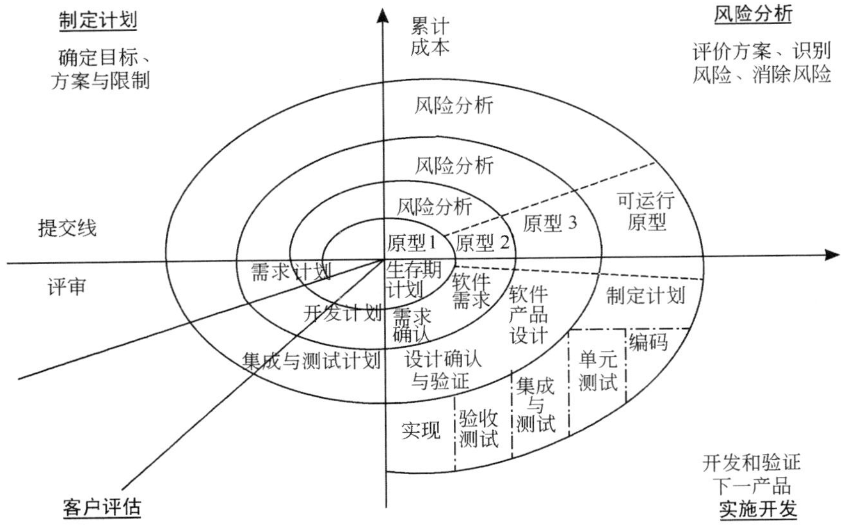

图 1-3 螺旋模型

螺旋模型有很大的优越性，但要使客户接受并相信并不容易，使用该模型需要具有相当丰富的风险评估经验和专业知识，一旦项目风险较大而未能及时发现，就会造成很大损失。因此，系统分析人员必须对项目的资源、进度、成本等因素进行较为准确的分析，及时发现风险，采取对策，消除或减少损失。

5．智能模型

智能模型（intelligent model）也称为基于知识库和专家系统的软件开发模型，是知识工程与软件工程在开发模型上相结合的人工智能产物。它与上述的几种开发模型有着根本的不同，不仅是能够指导人们进行软件开发的规范，还可自动协助软件开发人员高质量、高效率地以最优的方式完成软件开发工作。

智能模型把系统维护功能放在规约一级，使开发人员把精力更加集中于具体描述的表达上。这样做可能会增加一定的难度和复杂性，但却可以将系统维护的具体描述规范化、知识化，使其形成功能知识规约。当然也可以使用知识处理语言进行描述，这样就必须将规则和推理机制应用到开发模型中，所以必须建立知识库（专家库），将模型本身的规约、软件工程知识和特定领域的专家知识分别存入知识库，由此构成某一领域的具有人工智能的软件开发系统。智能模型的结构示意图如图 1-4 所示。

1.3.2 软件开发模型的选择

在软件开发过程中，使开发工作受到制约和影响的主要因素在于项目性质和软件开发环境。因此，应对待开发软件的规模、类型、质量要求、交付工期、需求明确度、投资、可复用性及开发者掌握的资源等情况进行重点分析。因为这些内容反映了项目软件的基本特性，以及开发环境对开发过程产生的基本影响。

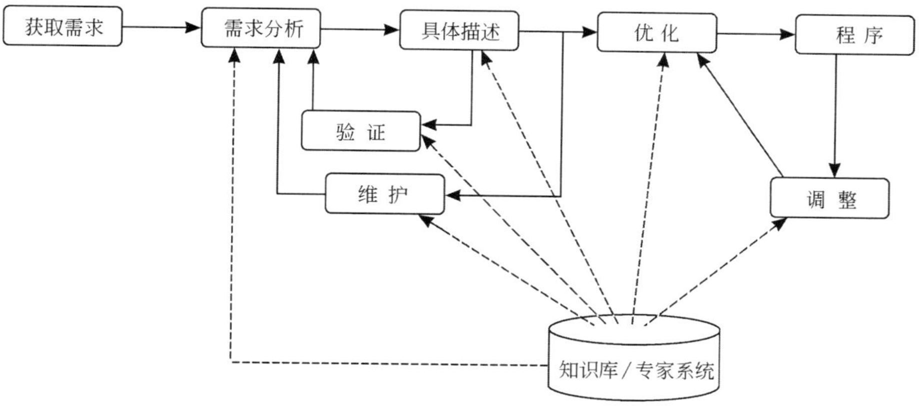

图 1-4　基于知识库和专家系统的智能模型

软件开发过程要综合考虑以下几个因素来决定采用何种模型更加合适。

（1）软件规模

软件规模的大小对开发过程的影响很大。一般情况下，大规模复杂系统不容易进行有效管理。而小规模的软件系统，从实践、成本等方面考虑，不需要采用较复杂的过程模型。

（2）软件类型

不同领域的软件有不同的特点，应该选用不同的开发过程模型。

- 系统软件的开发。需要在工具的支持下进行，如操作系统等，重点需要解决多进程的死锁问题。
- 实时软件的开发。一般要采用形式化方法，以保证软件的质量。
- 商业应用软件的开发。用面向对象技术和可复用技术，可以很好地把修改局限在一个小范围内。
- 嵌入式软件的开发。一般需要专门的开发工具，通常可使用传统的瀑布模型。
- 人工智能软件的开发。一般都是先假设系统的功能和流程，据此快速开发出系统，再根据对系统的评估进行改进，经过多次循环，最后得到满意的产品。

（3）软件质量要求

安全性、稳定性要求高的软件要使用面向对象的统一软件开发过程模型。

（4）交付工期

客户对交付工期要求严格的项目，可以将每个开发循环分为固定的时间片，每个时间片完成一定量的需求，实现一个原型，经过若干次循环，最终得到完整的产品。

（5）客户需求明确度

瀑布模型的缺点之一便是不能适应客户需求的变化，因此，必须在客户需求很明确，并且开发人员能准确理解的前提下，才可考虑用瀑布模型。对于需求不确定，或者需求还根本不知道的情形，可以用已有的构件、框架、代码，快速实现原型，并根据客户反馈，明确或调整系统需求，最终开发出客户所要求的产品。

（6）投资

在螺旋模型中，每次风险评估都要对进一步的实现做投资方面的评估。如果下一步的投资评估超过了客户限定，那么终止项目开发，或者经客户同意追加投资。

(7) 可复用性

复用可以节约时间和花费。但软件开发中最难以实现的目标就是达到高层次的复用。而面向对象技术最主要的好处就在于代码和设计的可复用性，在这一点上，现在大家几乎已经达成了共识。目前阶段，可复用技术都是和面向对象技术联系在一起的，可以极大地提高软件开发效率。

(8) 开发者掌握的资源

开发人员综合素质对开发过程模型的选取有很重要的影响，综合素质包括开发人员所具有的对待开发项目相关领域的知识，所需开发技术的掌握程度，开发经验，以及综合方面的能力。另外，开发企业采用的技术标准和拥有的开发工具，也是决定采用何种模型的重要因素。

根据以上分析，开发过程受很多因素影响，各因素间是并行的，往往没有先后主次之分。因此，需要对企业所拥有的资源进行综合评估，权衡利弊，选择最适合当前开发项目的开发过程模型。

1.3.3 软件生存周期

人的一生要经过婴儿、幼儿、少年、青年、中年到老年等各个阶段。同理，软件也是一种产品，它要经过分析、设计、实现、运行等各个阶段，因此它也有生存周期。一个软件产品从概念开始，经过开发、使用和维护，直到最后该软件更新换代为止的全过程就是软件的生存周期。软件生存周期根据软件所处的状态、特征以及软件开发活动的目的和任务可以划分为若干个阶段。如图 1-5 所示。

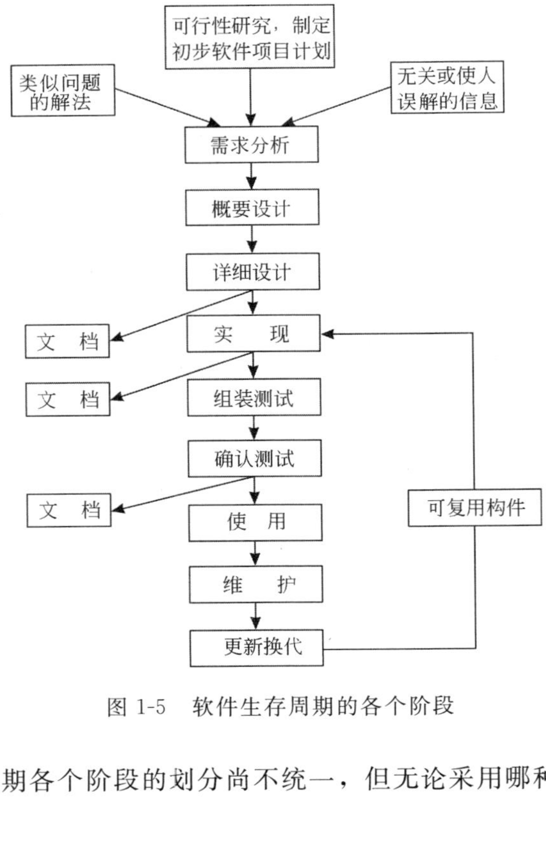

图 1-5 软件生存周期的各个阶段

目前，软件生存周期各个阶段的划分尚不统一，但无论采用哪种划分方式，软件生存周期都由软件定义、软件开发和软件使用与维护三部分组成。本节介绍的软件生存周期分为软件系统的可行性研究、需求分析、概要设计、详细设计、实现、组装测试、确认测试、使用、维护和更新换代十个阶段。

1. 软件定义

在软件生存周期中，软件定义的基本任务是确定软件系统的工程需要，可以分为软件系统的可行性研究和需求分析两个阶段。

（1）软件系统的可行性研究

确定待开发软件系统的总目标，给出它的功能、性能、可靠性以及接口等方面的要求。由系统分析员和用户合作，研究完成该项软件任务的可行性，探讨解决问题的可能方案，并对可利用的资源（计算机硬件、软件、人力、财力等）、成本、可取得的效益、开发的进度做出估计，制定出完成开发任务的实施计划。可行性研究的任务是了解用户的要求及现实的环境，从技术、经济和社会等几个方面进行研究，并从成功和风险两方面来论证软件系统的可行性。主要包括：

1）经济可行性研究。进行成本/效益分析，考虑、判断该项目开发是否“合算”。

2）技术可行性研究。进行技术风险评价，从开发者的技术实力、以往工作基础、问题的复杂性等出发，判断系统开发在时间、费用等限制条件下成功的可能性。

3）法律可行性研究。确定系统开发可能导致的任何侵权、社会安全等责任。

4）方案的选择。评价系统或产品开发的几个可能的候选方案，最后给出结论性意见。

最后要形成可行性研究报告，其内容应包括：项目背景、管理概要和建议、候选方案、系统描述、经济可行性、技术可行性、法律可行性、用户使用可行性以及其他与项目相关的问题。然后提交管理部门审查，进行可行性论证。

（2）需求分析

需求分析是为软件设计阶段做准备工作，即对开发软件提出的需求进行分析并给出详细的定义。软件开发人员与用户共同讨论决定哪些需求是可以满足的，并加以准确描述，然后编写出软件需求说明书和系统功能说明书，提交管理机构评审。主要工作如下：

1）任务。确定待开发软件的功能、性能需求和运行环境约束，编制软件需求规格说明、软件系统的确认测试准则和用户手册概要。

- 软件功能需求：指明系统必须完成的功能。
- 软件性能需求：指明系统的安全性、可靠性、可维护性及用户培训等。
- 软件系统运行环境：必须满足的系统运行环境方面的要求。

2）按需求建模。由于用户和系统分析、开发人员关心软件需求的角度不同，因此要兼顾用户和软件开发人员的需要来建造模型：既便于用户阅读理解，也要按照软件开发的规律、习惯和程序设计要求进行建模。要建立软件需求文档，针对主要功能、接口、人机界面等建造原型，然后经过反复多次修改完善，最终满足用户的需求。

3）软件需求规格说明（Software Requirements Specification，SRS）。SRS应指明软件系统的功能需求、性能需求、接口需求、设计需求、基本结构以及开发标准和验收原则等。

需求分析用来指明用户对其目标软件系统的功能、行为、性能、设计约束等诸方面的期望。软件开发人员与用户经过反复交流后，通过对项目及其环境的理解与分析，为问题涉及的信息、功能及系统行为建立模型，去除无关的和令人误解的信息，寻找类似问题的解决办法，将用户需求精确化、完全化。

2. **软件开发**

在软件生存周期的软件开发阶段，大致由概要设计、详细设计、实现、组装测试和确认测试五个阶段组成。其中概要设计和详细设计统称为软件设计，实现就是编写程序，组装测试和确认测试统称为软件测试。软件开发是软件需求规格说明由抽象到具体化并逐步生成软件的过程。软件在开发过程中通常有多种方案供人们选择，人们往往在成本、进度、功能、性能、系统复杂性、时间空间开销、风险等方面进行平衡、折中，以便用较小的代价实现客户对软件总体目标的需求。

（1）概要设计

系统体系结构中的每个组成部分都是意义明确的模块，每个模块都和某些需求相对应，这就是概要设计。主要工作包括：

- 建立系统总体结构和各模块之间的关系。
- 定义各个功能模块的接口。
- 设计全局数据库或数据结构。
- 规定设计约束。
- 制定组装测试计划。

概要设计应提供每个功能模块的功能描述、全局数据定义和外部文件定义等。概要设计要力争做到各模块之间有比较低的耦合度，而每个功能模块内部有较高的内聚度。设计的软件系统应具有良好的总体结构并尽量降低模块接口的复杂性。

（2）详细设计

对概要设计产生的功能模块逐步细化，形成若干个可编程的程序模块，设计程序模块的内部细节，包括算法、数据结构和各程序模块之间的详细接口信息，为编写源代码提供必要的说明。主要工作包括：

- 对概要设计进行细化。
- 建立文档资料。

软件设计应该遵循的原则是：设计应与软件需求保持一致，设计的软件结构应支持模块化、信息隐藏等要求。

（3）实现

实现的主要任务是，根据详细设计文档将详细设计转化为所要求的编程语言或数据库语言的程序代码，写出的程序应当是结构良好、清晰易读的，且与设计相一致。

- 程序编写开始前，要选择合适的编程语言（如，开发 MIS（管理信息系统）应选择数据库查询语言，开发互联网 Web 应采用 Java 语言）。
- 编写代码过程中，要制定每个模块的测试方案、测试数据和预期测试结果（测试案例）。
- 编程结束后，要保存相应的文档资料。

程序编写后要进行调试和程序单元测试，验证程序模块接口与详细设计文档的一致性。

（4）组装测试

根据概要设计中各功能模块的说明及制定的组装测试计划，将经过单元测试的模块逐步进行组装和测试。主要工作包括：

• 根据模块测试方案和测试数据进行模块测试。
• 根据组装测试方案和测试数据逐步进行组装测试。
• 进行系统各模块连接正确性测试。
• 进行软件系统或子系统的正确性和容错性能测试。
• 保存相应文档资料。

(5) 确认测试

按软件需求规格说明规定的各项需求，逐项进行有效性测试，决定已开发的软件是否满足客户要求。主要工作包括：

• 由专家、客户、开发人员组成系统测试评审小组。
• 向用户提供最终的用户手册、操作手册、源程序清单及其他软件文档资料。
• 三方共同根据组装测试方案和测试数据逐条严格进行组装测试，确认软件系统是否达到用户的系统需求。
• 确认测试结束时应建立确认测试报告、项目开发总结报告。
• 保存相应文档资料。

由专家、客户、开发人员组成的软件测试评审小组对软件确认测试报告、测试结果和软件进行评审并通过以后，软件产品得到确认，然后就可以交付用户使用了。

3. 软件使用、维护和更新换代

已交付的软件投入正式使用后，要不断地对其维护并更新。这一阶段可能持续若干年甚至几十年。投入使用后，可能由于多方面的原因，需要对它进行修改、更新。

(1) 软件使用

软件使用就是将软件安装在用户确定的运行环境中，测试通过后移交用户使用。软件使用过程中注意做好以下工作：

• 推广软件的应用，使用软件的用户越多，其社会经济效益越大。
• 客户和系统维护人员必须认真收集软件使用时发现的软件错误。
• 定期撰写“软件问题报告”。

(2) 系统维护

系统维护是对软件产品进行修改或对软件需求变化作出响应的过程，主要包括以下方面：

• 对发现的软件产品中潜伏的错误进行修改维护。
• 对用户提出的软件需求进行修改维护。
• 软件运行环境发生变化时需要对软件进行修改维护。
• 对软件定义和软件开发各阶段生成的文档资料进行修改维护。

软件维护要花费大量劳动，其花费的费用有时可以占到整个软件生存周期总费用的一半以上。软件维护的好坏直接影响到软件的应用效果和软件的生存期，而软件的可维护性又与软件设计方法密切相关。所以，在软件开发过程中应当重视对软件可维护性的支持。

(3) 系统更新换代

这是软件生存周期的最后一个阶段，软件更新换代时它已完成历史使命，但软件中的一些构件或模块还可以复用，可以成为新系统的组成部分。

严格遵守软件规范是软件开发成功的重要保证。当今国际和国内软件界都制定了一系列的软件规范，对软件开发的目标、开发方法、开发过程、软件文档、质量标准给出了明确规定。软件规范是软件生产工业化的标志之一。

1.4 软件开发方法简介

由于软件和程序是两个不同的概念，因此软件开发方法与程序设计方法亦是不同的概念。程序设计方法研究程序设计和实现的各种性质和规律，包括对各种设计技术、实现技术的研究，如自顶向下和自底向上的程序设计方法、程序推导设计方法、程序变换设计方法、函数式程序设计技术、面向对象的程序设计技术、程序验证技术、约束程序设计技术、分布式程序设计技术和并发程序设计技术等。程序设计方法和技术在各个时期的发展不仅直接导致了一大批风格迥异的高级语言的诞生，而且对计算机理论、硬件、软件和计算机应用技术等许多方面具有深刻的影响。在软件开发方法出现以前，就出现了程序设计方法学（programming methodology）。程序设计方法相对比较成熟，在介绍软件开发方法以前，我们先了解一下程序设计方法以及它们的分类。

1. 结构化程序设计方法

结构化程序设计方法有三个主要特征。首先，其控制结构仅由顺序、选择与重复等有限的基本控制结构表示。其次，程序自底向上逐步抽象成若干函数块，每个函数块都有一个入口和一个出口，复杂结构用基本控制结构进行组合嵌套来实现。最后，在结构化程序设计中，应尽量避免使用或少量使用 goto 语句（只有当用一个非结构化的程序设计语言去实现一个结构化的构造，并且不改变程序可读性的情况下方可使用）。对编写完成的程序采用三个步骤——测试（testing）、确认（validation）与验证（verification）——来证明程序设计的正确性。结构化程序设计方法使用的有代表性的程序设计语言有 C、结构 BASIC 和结构 COBOL 等。

2. 模块化程序设计方法

模块化程序设计方法是将程序分成若干可单独命名和编址的部分，称为模块。模块化可以有效地管理和维护程序，能有效地分解和处理复杂问题。模块如何划分有以下几种观点：

- 有人认为最佳途径是用函数。
- 有人认为一个模块应容纳一个数据结构。
- 有人认为一个模块应只做且仅做一件事情。
- 还有人认为应以事件来驱动。

模块之间的接口应尽可能简明清晰：

- 单独模块的修改不影响其他模块的功能。
- 模块化应具有可修改性、易读性和可验证性。

模块化程序设计方法所使用的有代表性的程序设计语言有 Modula 和 Simula 等。

3. 面向对象程序设计方法

面向对象程序设计方法追求的是现实问题空间与软件系统解空间的近似和直接模拟。不是以函数过程和数据结构为中心，而是以对象所代表问题解的中心环节来进行处理，采用“对象＋消息”的程序设计模式，使人们对复杂系统的认识过程与系统的程序设计实现过程尽可能地一致。面向对象技术以类为中心的封装、继承、多态性等特性不仅支持软件复用，而且使软件维护工作简单、可靠、有效，可实现软件系统的柔性制造。面向对象程序设计方法使用的具有代表性的程序设计语言有 Smalltalk、Java、C# 等。C++是一种混合语言，既有面向对象的特性，又具有结构化程序设计语言的特点。

事实上，软件开发方法研究促进了程序设计方法的发展，而程序设计方法的研究又影响了程序设计语言，反之亦然。它们彼此相互促进，共同发展。

软件开发方法就是软件开发所遵循的办法和步骤，采用它们可以保证所得到的运行系统和支持文档满足软件质量要求。软件开发方法有很多种，其中，针对系统分析和设计活动的软件开发方法和针对系统全局的软件开发方法尤为重要。下面简略地介绍四种软件开发方法。

1.4.1 结构化软件开发方法

结构指系统内各组成要素之间的相互联系、相互作用的框架。结构化软件开发方法强调系统结构的合理性以及所开发的软件的结构合理性，因此提出了一组提高软件结构合理性的准则，如分解和抽象、模块的独立性、信息隐蔽等。结构化技术包括结构化分析、结构化设计、结构化程序设计三方面内容。结构化方法主要是面向数据流的。一般采用“结构化分析和设计”CASE 工具来完成。

1. 结构化分析的步骤

结构化分析（Structured Analysis，SA）与所有的软件分析方法一样，也是一种确立模型的活动。SA 方法就是使用独有的符号，建立描绘信息（数据和控制）流和内容的模型，划分系统的功能和行为，以及给出其他确立模型不可缺少的描述。其基本步骤是：

1）构造数据流模型。根据用户当前需求，在创建实体-关系图的基础上，依据数据流图（DFD）构造数据流模型。

2）构建控制流模型。一些应用系统除了要求用数据流建模外，还通过构造控制流图（CFD）来构建控制流模型。

3）生成数据字典（DD）。对所有数据元素的输入、输出、存储结构，甚至中间计算结果进行有组织的列表。

4）生成可选方案，建立需求规格说明。确定各种方案的成本和风险等级，据此对各种方案进行分析，然后从中选择一种方案，建立完整的需求规格说明。

2. 结构化设计步骤

结构化设计是一种面向数据流的设计方法，也就是采用最佳的可能方法设计系统的各个组成部分以及各组成部分之间的内部联系的技术，目的在于提出满足系统需求的最佳软件结构，完成软件层次图或软件结构图。

1）首先研究、分析和审查数据流图。从软件的需求规格说明中弄清数据流加工的过程。

2）然后根据数据流图决定问题的类型。数据处理问题有两种典型的类型：变换型和事务型，应针对两种不同的类型分别进行处理。

3）由数据流图推导出系统的初始结构图。也就是把数据流图映射到软件模块结构，设计出模块结构的上层。

4）利用一些试探性原则来改进系统的初始结构图，直到得到符合要求的结构图为止。即在数据流图的基础上逐步分解高层模块，设计中下层模块，并对软件模块结构进行优化，以便得到更为合理的软件结构。

5）描述模块接口。

6）修改和补充数据词典。

7）制定测试计划。

结构化设计可以很方便地将数据流图表示的信息转换成程序结构的设计描述。

1.4.2 模块化软件开发方法

模块化软件开发方法是把一个待开发的软件系统分解成若干较为简单的部分——称为模块（module），每个模块分别独立地开发、测试，最后再组装出整个软件系统。这种开发方法是对复杂的系统“分而治之”、“各个击破”，这样不仅可以将软件系统开发的复杂性在分解过程中降低，便于修改、维护，而且还容易实现一个系统不同部分的并行开发，从而提高了软件的生产效率。

一般将用一个名字就可调用的一段程序称为“模块”，类似于高级语言中的procedure（过程）、function（函数）、subroutine（子程序）、section（节）、block（块）等。它具有功能、逻辑和状态三个基本属性。在描述一个模块时，还需按模块的外部特性（如模块名、参数表、外部的影响因素等）与内部特性（如程序代码、内部使用的数据等）分别进行描述。

在考虑模块化时，关键是定义模块的大小和模块设计规则，下面五条标准可供参考。

1）模块可分解性。如果一种设计方法提供了将问题分解成子问题的系统化机制，它就能降低整个系统的复杂性，从而实现一种有效的模块化解决方案。

2）模块可组装性。如果一种设计方法使现有的（可复用的）设计构件能够被组装成新系统，它就能提供一种不用一切从头开始的模块化解决方案。

3）模块可理解性。如果一个模块可以作为一个独立的单位（不用参考其他模块）被理解，那么它就易于构造和修改。

4）模块连续性。如果对系统需求的微小修改只导致对单个模块而不是整个系统的修改，则修改引起的副作用就会被最小化。

5）模块保护。如果模块内出现异常情况，并且异常情况的影响限制在模块内部，则错误引起的副作用就会被最小化。

另外，如果一个模块只具有单一的功能且与其他模块没有太多的联系，那么该模块则具有独立性，这种情况一般采用模块间的松耦合度和模块内的高内聚度两个准则度量。

1.4.3 面向数据结构软件开发方法

面向数据结构软件开发方法就是根据问题的数据结构定义一组映射，把问题的数据结构转换为问题的程序结构。面向数据结构方法有很多，它实际上是结构化方法的变形，着重数据结构而不是数据流，把程序结构设计成与问题的数据结构一样，不强调模块定义。Jackson系统开发方法（Jackson System Development，简称JSD）是一种典型的面向数据结构的分析和设计方法。早期Jackson方法用于小系统的设计，称为Jackson结构程序设计方法，简称JSP方法。当把JSP方法用于大系统设计时，就会出现大量复杂的难以对付的结构冲突。因此演化到了JSD方法，即Jackson系统开发方法。JSD方法以活动（事件）为中心，一连串活动的顺序组合构成进程。系统模型抽象为一组以通信方式互相联系的进程。下面对其作简单介绍。

1. **建立 JSD 的系统进程模型**

JSD 的系统模型是互相通信的一组进程的集合。进程间的通信可采用三种方式：

- 与进程活动同步进行信息交换。
- 通过数据流通道进行信息发送/接收活动。
- 访问公用存储信息。

这样建立的 JSD 进程模型由于可能会出现太多的进程和太长的进程生存期，而不能直接在计算机上运行，需要把系统模型控制在一定范围内，因此要预先提出一些初始条件。

2. **JSD 方法的步骤**

JSD 方法与面向数据流的结构化分析与设计方法都以信息为驱动，即将信息转换为软件的程序结构。但是 JSD 方法不直接利用数据流图，因此不能区分变换型结构或事务型结构。而且，JSD 方法的最终目标是生成软件的过程性描述，没有特别考虑程序模块化结构。

JSD 方法实际上是支持软件分析与设计的一组连续的技术步骤。

1）JSD 需求分析步骤：

- 标识系统中的实体与相应动作。
- 生成实体结构图。
- 初建系统模型。

2）JSD 系统设计步骤：

- 扩充功能过程。对系统分析产生的模型进行功能补充、完善。
- 系统定时。确定实现必须满足的时间约束。
- 系统实现。确定系统中所有软硬件成分，形成一个完整设计。

每个面向数据结构的开发方法都有各自的方法步骤，但概括起来有如下共同特点：

- 将分析结果作为设计基础，无明显分界。
- 都必须标识关键实体和动作。
- 信息具有层次性。
- 提供一组将层次化的数据结构映射到程序结构的步骤。
- 数据结构由顺序、选择和重复 3 种构造成分表示。

1.4.4 面向对象软件开发方法

面向对象软件开发方法起源于面向对象编程语言，它包括面向对象分析（OOA）、面向对象设计（OOD）、面向对象实现（OOI）、面向对象测试（OOT）和面向对象系统维护（OOSM）。其核心思想是利用面向对象的概念和方法为软件需求建立模型，进行系统设计，采用面向对象程序设计语言完成系统实现，并对建成的系统进行面向对象的系统测试和系统维护。在今天，特别是随着 Internet/Intranet 的发展，网络分布式计算的应用需求日益增长，面向对象技术为网络分布式计算提供了基础性核心技术支持。

面向对象软件开发方法的意义：

1）是一种建立在已有的软件开发经验基础上的新的思考方式。

2）将数据和行为结合成为对象。

3）核心是封装。

面向对象开发方法建立的基础是：

- 软件工程概念。
- 计算机科学概念。
- 工程管理。
- 数据库信息模型。
- 传统软件开发方法。

面向对象开发方法有几十种，综合起来，其基本观点如下：

- 现实客观世界由对象组成。任何客观的事物和实体都是对象，复杂对象可以由简单对象组成。
- 具有相同的数据和操作的对象可归并为一个类。对象具有封装性，它可以对数据和操作形成一个包装。对象是类的一个实例；一个类可以产生很多对象。类能够被开发、再使用或购买。
- 类可以派生出子类，继承能避免共同行为的重复。
- 对象之间通过传递消息进行联系。

软件工程学家 Coad 和 Yourdon 认为：

面向对象＝对象＋类＋继承＋通信

面向对象的方法已经成为新的流行趋势，面向对象方法论自 1986 年 Booch 率先提出后，至今已发展到 50 种以上，其中比较著名的面向对象方法有：

- 面向对象分析与设计（OOAD）方法，由 Grady Booch 发明。
- 对象模型技术（OMT）方法，由 James Rumbaugh 发明。
- 面向对象软件工程（OOSE）方法，由 Ivar Jacobson 发明。
- 其他还有 Coad-Yourdon、Shlaer-Mellor 等开发方法。

在 1995 年，Booch、Rumbaugh、Jacobson 三位大师开始合作，他们整合 Booch、OMT 和 OOSE 等方法的概念，从其他大师的方法中吸取最好的想法，并纳入企业最好的实务经验，在 1997 年底，推出整合后的统一建模语言（UML）。

UML 是一种可视化建模语言，它也是一种完全的面向对象的软件开发方法，采用图形化表示开发和交流有意义的模型，提供扩展机制、定制机制来扩充核心概念。

UML 独立于特定的程序语言和开发过程，为开发人员提供了了解建模语言、使用建模语言的一个基本平台，它推动了 OO 工具市场的成长，并支持更高层次的开发概念，如协同、体系结构框架、模式和构件等，是最佳实践经验的集成。

UML 还吸纳了近年来涌现的最新技术，如网络分布式计算技术、设计模式及构件、构件软件等。UML 尽可能保持语言简单，目标是使所有方法使用一个共享模型语言，在一个标准化的环境里作统筹处理，达到普通化。虽然模型不同，但有共通的标准能够进行沟通。

UML 的优点：

- 唯一性。UML 方法是对软件开发过程所有阶段进行了综合考虑后而得到的。
- 连续性。从生存期的一个阶段到下一个阶段的设计具有连续性，即在前一个阶段所使用的模型与下一个阶段使用的模型紧密衔接，可以直接使用，使用的技术经过生存期每一个阶段后不发生改变。
- 维护性。将系统维护工作分散在软件开发生存期的各个阶段，大大减少了后期的系统维护工作量。

- 复用性。面向对象方法开发的软件具有极好的可复用性。复用的粒度可以是类、构件、设计模式、系统模型、系统文档、系统体系结构等。
- 逐步完善。在软件开发生存期各阶段都采用循环往复、逐步完善的方式建立模型。

面向对象方法已成为当今世界软件开发的主流方法，它与传统的软件开发方法相比，具有许多显著优点，这在后面的章节将作详细介绍。

1.4.5 软件开发方法的评价与选择

计算机软件发展这么多年，衍生出包括上述方法的很多方法，且各具特点。但是，在实际软件开发中应使用哪种方法为宜，这就涉及开发方法的比较和择优选择。通常情况下，要从用户待开发项目的实际情况、开发人员所具备的素质以及掌握的CASE工具等几个主要方面进行综合考虑，选择不同的软件开发方法，以确保项目以经济、快捷的方式完成。具体地讲，选择一种适宜的开发方法，应综合考虑以下几方面的因素：

- 人员素质。开发人员的基本素质及经验阅历，是否有经验或受过专门训练。
- 时间进度。根据开发项目的时间进度安排和人员配备进行选择。
- 掌握资源。环境资源状况，考查现有的软、硬件环境以及是否可使用CASE工具等。
- 可行性。进行可行性研究，从计划、组织、管理各个环节综合考虑。
- 领域知识。是否了解待开发项目领域内的相关知识及其背景。

在给定成本、进度的前提下，挑选一个合适的软件开发方法至关重要。应如何具体评价所选的软件开发方法呢，一般说来，可以从四个方面的特征进行评价：

- 技术特征：所选开发方法是否具有某些技术特征，如层次性、信息隐蔽性、并行性、安全性、正确性、一致性、可验证性、数据抽象和过程抽象等。
- 使用特征：使用特征是指将所选开发方法应用于具体开发时的有关特色，如易理解性、可靠性、可维护性、可复用性、可适应性、可移植性、可追踪性、可互操作性、可修改性及工具支持等。
- 管理特征：所选开发方法是否能增强软件开发活动管理能力，如对开发过程各阶段的划分确定、易管理性、支持团队开发和费用估算等。
- 经济特征：所选开发方法能否使开发部门的生产力和软件质量得到提高，产生经济效益，如局部效益、全生存周期效益、获得该方法的代价、该方法的使用代价和管理代价等。

1.5 面向对象软件开发方法简介

面向对象的思想最初起源于20世纪60年代中期的仿真程序设计语言Simula 67。20世纪80年代初，Smalltalk语言及其程序设计环境的出现成为面向对象技术发展的一个重要里程碑。到20世纪80年代中后期，面向对象的软件设计和程序设计方法已发展成为一种成熟、有效的软件开发方法。面向对象（object oriented）技术是软件工程领域中的重要技术，是一种把面向对象的思想应用于软件开发过程中指导开发活动的系统方法，是建立在对象概念（对象、类、继承）基础上的方法。其基本思想是从现实世界客观存在的事物（对象）出发，尽可能地运用人类的自然思维方式来构造软件系统。它强调运用人类在日常的逻辑思维中经常采用的思想方法与原则，例如抽象、分类、继承、聚合、封装等，使软件开发者以现实世界中的事物为中心来思考和认识问题，并用人们易于理解的方式表达出来。目前，面向对象方法已成为软件工程技术体系中最具发展潜力的重要方法，它具有四个显著的特点。

(1) 使人们更好地认识客观世界

面向对象方法是依据人们传统的思维方式，对客观世界建立的软件模型，它有利于人们对问题的讨论和对系统的理解，有利于人们相互之间的交流。它是以系统的实体为基础，将实体属性及其操作封装成对象，并在分析、设计、实现各个阶段都能将结果直接映射到系统的实体上，这样，很容易为人们理解和接受。面向对象方法在系统分析、设计阶段采用同样的图形表示形式，分析、设计、实现都以对象为基础，因此在面向对象软件开发的各阶段之间能很好地无缝连接。

(2) 能很好地适应需求变化

由于客观世界的实体是不变的，实体之间的联系基本上也是稳定的，因此，面向对象开发方法在对应需求变化方面是随着用户的需求变化而作相应改变的。系统的总体结构相对比较稳定，所以变化主要集中在对象的属性与操作以及对象之间的消息通信上。由于面向对象方法的封装机制使开发人员可以把最稳定的部分（即对象）作为构筑系统的基本单位，而把容易发生变化的部分（即属性和操作）封装在对象之内，对象之间通过接口进行联系，使得需求变化的影响尽量被限制在对象内部。

(3) 容易实现软件复用

在面向对象方法中，对象所具有的封装、信息隐蔽等特性和继承机制，使得它容易实现软件复用。例如，在一个应用系统中，不同类之间会有一些相同的属性和操作，利用类可以派生出新类，类可以产生实例对象的继承机制，可以实现公共属性和操作的复用。而在不同的应用系统中也会涉及很多相同或相似的实体，它们在不同的系统中有着不同的属性和操作，同时也有很多相同的属性和操作。在开发一个新系统时，可以利用在开发其他系统时产生的已经过实际运行检测的某些类（构件），作为新系统的组成部分，从而实现软件复用。另外，面向对象程序设计语言的开发环境中定义的系统动态连接库，提供了公共使用的程序代码，也能实现软件复用。

(4) 系统易于维护和修改

面向对象系统由对象组成，对象包含了属性和操作两部分，是一个独立的单元。对象的封装性使得对象之间的联系通过消息进行，使用者只能通过接口访问对象，系统是模块化的体系结构。系统各个对象的接口确定后，分配给不同的开发人员负责具体开发、实现，最后按照规定的接口可以方便地组装成一个完整的系统。如果系统出现错误，只要对导致系统产生错误的这个对象进行修改即可，不至于对整个系统进行改动。

如果一个计算机软件系统采用这些概念来建立模型并实现，它就是面向对象的。下面介绍面向对象方法中几个重要的基本概念，这些概念是理解和使用面向对象方法的基础和关键。

1.5.1 面向对象的基本概念

面向对象方法有三大重要特性：封装性、继承性和多态性，其涉及的基本概念有：对象、类、封装、继承、消息和多态等。

1. **对象**

面向对象技术最重要的概念是对象（object），即将客观世界中的实体抽象为问题空间中的对象。每个对象都有其属性和操作，即它的静态特征和动态特征。属性描述其静态特征，而操作描述其动态特征。如电视机有颜色、音量等属性，还有切换频道、增减音量等操作。

属性在面向对象程序设计语言中称为数据成员，属性值的改变一般只能通过执行对象的操作来完成。操作又称为方法或服务，在面向对象程序设计语言中称为成员函数，它描述了对象执行的功能，若通过消息传递，还可以为其他对象所使用。

2. **对象的抽象——类**

把具有相同特征和行为的对象归在一起就形成了类（class）。类是一组具有相同属性和相同操作的对象的集合，是对象的抽象，它抽象地描述了属于该类的全部对象的属性和操作。每个具体的对象只是该类的一个实例。类可以产生很多个对象，这些对象有不同的属性值。

例如，图 1-6 用 UML 符号很好地说明类与对象的关系。在 UML 中，类的图符由三部分组成：上面是类名，具有唯一性；中间是属性名及其类型；下面是操作名（这里省略）。右边对象的图符是类的一个实例，也由三部分组成：上面是对象名，中间是有具体值的属性名，下面是操作名（这里省略）。我们将在第 2 章具体介绍 UML 符号。

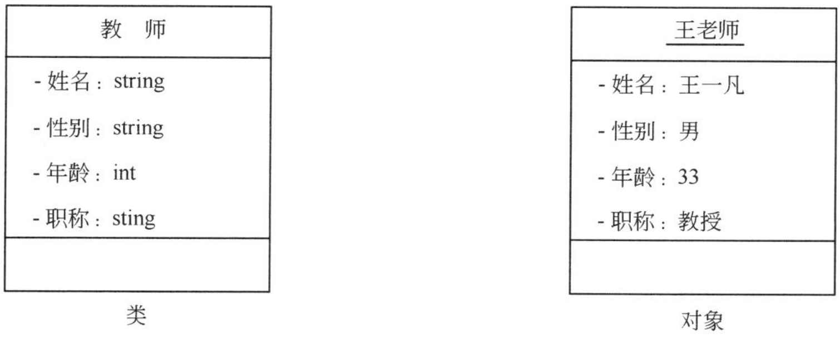

图 1-6　类与对象的关系

3. **信息隐蔽和局部化——封装**

封装性（encapsulation）是面向对象方法的一个重要原则和基本特性，其目的是有效地实现信息隐蔽和局部化。封装是指把相关的数据（属性）和对这些数据的操作结合在一起，组成一个独立的对象。其内部信息对外是隐蔽的，用户只能看到对象封装界面上的信息，不允许外界直接访问对象的属性，只能通过有限的接口与对象发生联系。只有对象内部的操作（方法）才能访问和修改该对象的属性。

4. **继承与派生**

继承（inheritance）是指子类（也称为派生类、特化类）可以自动拥有其父类（也称为基类、泛化类、超类）的全部属性与操作，即一个类可以定义为另一个更一般的类的特殊情况，图 1-7 用 UML 描述了父类与子类的继承关系。在 UML 中，继承关系用带空心箭头的连线表示，箭头方向由子类指向父类。

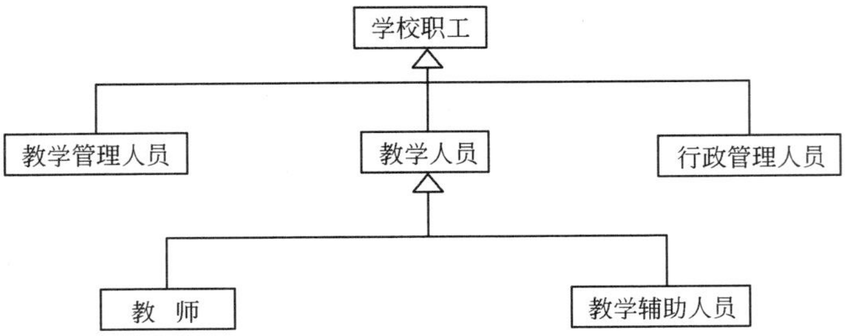

图 1-7 父类与子类的继承关系

在图 1-7 中，“教学人员”类是“学校职工”类的特殊情况；“学校职工”类是“教学人员”类的父类，而“教学人员”类是“学校职工”类的子类。同样的道理，“教学管理人员”类和“行政管理人员”类也是“学校职工”类的子类。“教学人员”类则还是“教师”类和“教学辅助人员”类的父类；反过来说，“教师”类和“教学辅助人员”类都是“教学人员”类的派生子类。在图 1-7 中，用一个空心三角形和一条直线表示类之间的继承关系。在这里，类的图符为短式表示，只标出了类名。

面向对象方法中的继承机制使子类可以自动地拥有（复制）父类全部属性和操作。定义子类时不必重复定义那些已在父类中定义过的属性与操作。只要声明自己是某个父类的子类即可，而把主要精力集中在如何定义自己的属性和操作上。继承简化了对现实世界的描述，大大提高了软件的复用性。

5. 对象之间联系的纽带——消息

在面向对象系统中，要实现对象类之间的通信和任务传递，采用的方法是消息（message）传递。由于面向对象系统中的封装机制，使各个对象各自独立，各司其职。但对象不是孤立存在的，它们之间通过消息传递来发生相互作用：互发消息、响应消息、协同工作，进而实现系统的各种服务功能。

消息通常由消息名、接收消息的对象标识名、调用操作名、输入信息、输出信息等组成。图 1-8 中给出了消息的组成格式。消息只告诉接收对象需要完成什么操作，但并不指示接收者怎样完成操作。消息完全由接收者解释，接收者接收它能识别的消息，并独立决定采用什么方法完成所需的操作。

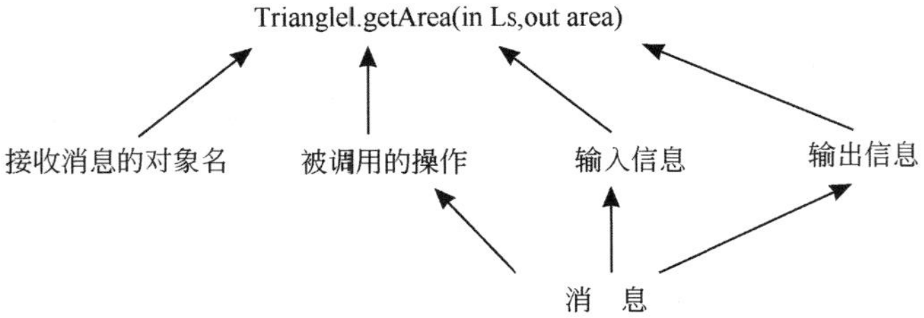

图 1-8 消息的组成

消息传递和过程调用表面上相似，其实有本质上的区别，具体描述见表 1-1 所示。

表 1-1　消息传递与过程调用的区别

消息传递	过程调用
• 必须指明接收方 • 接收方为实体，可以保持状态 • 异步调用，并发运行	• 调用参数决定 • 过程调用无此要求 • 串行

6. 多态性

多态是消息的发送者不必知道接收消息的对象所属的类。发送者只提供一个特定事件的请求，接收者知道怎样处理这一事件。多态允许在多个类中定义同一个操作或属性名，并在每一个类中有不同的实现。多态性（polymorphism）是指同一个消息被不同的对象接收时，可产生不同的动作或执行结果。多态性机制不但为软件的结构设计提供了灵活性，减少了信息冗余，而且显著提高了软件的可复用性和可扩充性。

在图 1-9 中用 UML 给出了一个 Polygon 类及其三个子类：Triangle、Rectangle 和 Hexagon。在父类中有面积属性（Area）和求面积操作（getArea()），其三个子类继承了父类的属性和操作，并且都有各自独立的求面积操作。当分别向三个子类的对象发布同一个消息——求图形的面积时，三个子类将执行不同的操作（算法）：Triangle 对象计算三角形面积，Rectangle 对象计算矩形面积，而 Hexagon 对象则计算六边形面积。

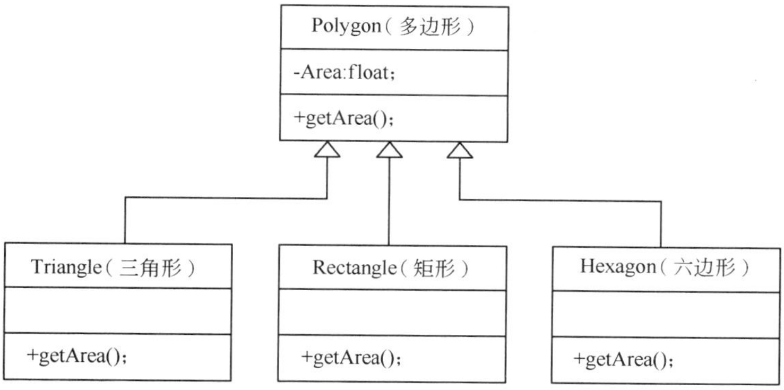

图 1-9　多边形及其三个子类

多态性支持“同一接口，多种方法”的面向对象原则，使高层代码只写一次而在低层可多次复用。多态性是一种特性，它使得同一个属性在不同时间表示不同类的对象。

将程序在编译时把过程调用和目标代码连接起来，称为静态联编，亦称静态绑定。由于多态的特性，有时不可能在编译期间确定实例属于哪个类，应该执行哪个实例的操作，要到运行期间才能知道。如果到运行期间，当实际发送消息时才进行实例连接，这称为动态联编，亦称动态绑定。即在程序运行过程中，接收消息的对象根据该对象所属的类，动态地选定该类中定义的操作，将请求的操作与实现的方法进行连接，完成某一个动作。多态性经常表示消息的接收者无法在消息真正发送之前将消息结合到操作上。如果不能在编译时知道接收某个消息时应该执行哪个操作，就必须采用动态绑定技术。动态绑定技术是实现多态性的一种方法。

1.5.2　面向对象系统开发过程

面向对象系统开发过程由客户需求分析阶段，系统分析阶段，系统设计阶段，系统实现、测试、维护阶段组成。如图1-10所示。

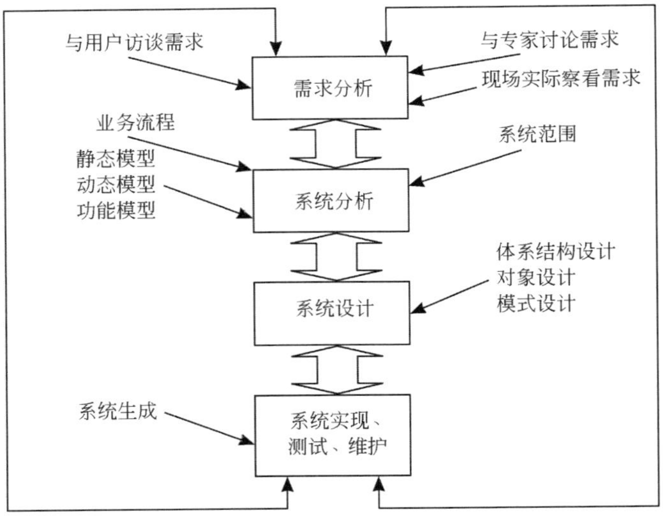

图1-10　面向对象系统开发过程

1）需求分析阶段。分析领域的业务范围、业务规则和业务处理过程，明确系统的责任、范围和边界，确定系统需求。在客户和软件开发人员之间沟通基本的用户需求，并与问题领域专家讨论，确定系统需求，建造需求模型。识别对象和类，确定它们的内部特征，即属性和操作。从现实世界抽象到概念模型，研究与系统目标有关的事物及其本质特性，发现对象和类，识别对象的外部联系。

2）系统分析阶段。根据建立的客户需求模型，建立三个系统模型：对象静态模型、对象动态模型和对象功能模型。

3）系统设计阶段。在系统分析阶段建立的对象静态模型、对象动态模型和对象功能模型基础上，选择适当的开发环境进行设计，包括体系结构设计、对象设计、模式设计。

4）系统实现、测试、维护阶段。选择合适的程序设计语言编码实现系统设计，对编写完的程序分组进行各项指标的测试、系统集成测试，编写用户使用手册并进行系统安装，持续对系统做定期维护工作，发现、修改错误，进行局部功能调整以适应用户最新要求。

面向对象系统的开发过程以体系结构为中心，以用例为驱动，是一个反复、渐增的过程。采用面向对象方法建立的模型具有可追溯性，并且支持模型之间的无间隙转换，还可采用系统的可视化图形工具——计算机辅助软件工程工具（CASE）——作为快速系统分析和设计的技术支持。

1.5.3　几种典型的面向对象方法简介

下面对几种具有代表性的面向对象方法作简单介绍。

1. Booch 面向对象方法

Booch 于 1986 年提出了"面向对象分析与设计"（OOAD）方法，认为软件开发是一个螺旋上升的过程，他强调过程的多次重复。

(1) Booch 方法的基本开发模型

开发模型包括逻辑模型、物理模型、静态模型和动态模型。

逻辑模型描述系统的类结构和对象结构，分别用类图和对象图表示。物理模型描述系统的模块结构和进程结构，分别用模型图和进程图表示。静态模型描述系统的静态组成结构。动态模型描述系统执行过程中的行为，用状态迁移图和顺序图表示。

(2) Booch 方法的一般过程

开发过程分为技术层开发和管理层开发。技术层开发过程让开发人员有充分的自由度，实践渐进的和可复用的开发理念。管理层开发过程有利于管理者乱中有序地掌握控制开发进度、产品质量以及系统大结构的正确性。

1) 系统技术层开发步骤：

- 发现类与对象。在一定的抽象层次上标识类和对象，包括提取候选对象，分析、标识相关的场景，为每个类定义属性和操作等。
- 确定类和对象的语义。包括选择、分析场景，根据所期望的行为将责任赋予对象类，对每个对象枚举其角色和责任，定义操作以满足相应的责任，寻找对象间的协作。
- 标识类和对象间的关系。定义对象间存在的继承、依赖、关联等关系，描述每个参与对象的角色。这些可以通过场景审查进行确认。

2) 系统管理层开发步骤：

- 强调团队技术管理。加强对系统开发进度及过程的监控。
- 明确用户关键需求。提出概念性的原型。
- 建立系统分析模型。产生分析阶段的系统功能说明、设计要求及资源需求。
- 完善设计系统结构。产生设计阶段的结构说明及一般技术要求。
- 系统实现。经过系统优化后进行编码，产生可执行软件版本。
- 软件交付。在系统维护过程中，全面考虑每一个变动及其影响。

2. Jacobson 的面向对象方法

Jacobson 的"面向对象软件工程"（OOSE）方法提出一种用例驱动的面向对象方法，他提供了相应的 CASE 工具来快速建立系统分析模型和系统设计模型。

(1) 建立面向对象分析模型

与系统用户充分交流，明确双方责任，根据用户要求和系统运行实际环境建立用户需求模型和系统分析模型。步骤是：

1) 建造用户需求模型。定义执行者及其责任，标识用例，制定初始视图模型，利用用例去复审模型。

2) 建造系统分析模型。标识界面对象，创建界面对象的结构视图模型，表示对象的行为操作，分离出子系统和相应模型，利用用例作为场景去复审模型。

(2) 建立面向对象设计模型

以建立的分析模型为蓝本，在此基础上进行修改、完善，使其适合现实世界环境，建立设计模型。步骤是：

1）创建模块作为主要的设计对象。

2）创建一个显示激励如何在模块间传送的交互图。

3）把模块组织成子系统。

4）复审设计工作。

3. Coad-Yourdon的面向对象方法

Coad-Yourdon的“面向对象分析与设计”（OOA/OOD）方法发表于1991年，其概念由信息模型、面向对象语言及知识库系统衍生而来。该方法适用于中、小型企业系统的分析与设计，但对个别对象的动态行为描述不够理想。

（1）面向对象分析（OOA）步骤

Coad-Yourdon的OOA模型由五个层次和相应的五个活动组成：

- 类及对象层。识别类与对象活动，定义类与对象。
- 结构层。识别结构（分类结构和组装结构）活动，确认继承与组合结构。
- 主题层。识别主题（子系统）活动，将性质相同的类与对象归纳为同一主题。
- 属性层。定义属性（包括实例连接）活动，确认对象属性。
- 服务层。定义服务（包括消息连接）活动，确认操作与关联和对象的状态。

上述这些活动不必顺序进行，分析人员可以用不同的顺序完成这些活动，每个层次完成后都要进行审查。

（2）面向对象设计（OOD）步骤

Coad-Yourdon的OOD模型由四个部件模型和四个活动组成。四个部件模型是人机接口（界面）部件模型、问题领域部件模型、任务管理部件模型和数据管理部件模型。相应的四个活动是设计问题领域部件、设计人机接口（界面）部件、设计任务管理部件、设计数据管理部件。

在OOD建立模型的整个过程中始终贯穿OOA中的五个层次和五个活动，OOA的结果就是OOD的问题领域部件，但在OOD中可以改动和增补。

4. James Rumbaugh的面向对象方法

“对象模型技术”（OMT）方法是由James Rumbaugh等人提出的。该技术采用三种模型来描述系统。它们是对象模型、动态模型和功能模型。

1）对象模型。描述一个系统中对象的结构（对象、类、层次和关系），它表示静态的、结构上的、系统的数据特征。对象模型是OMT方法中最重要的部分，动态模型和功能模型都依此而建立。对象模型用对象图描述。

2）动态模型。描述系统与时间和操作顺序有关的系统特征，它表示瞬时的、行为的、系统的控制特征。动态模型以“事件”和“状态”来描述模型的主要概念，事件表示外部的操作或响应，状态表示对象的属性值。动态模型用状态图描述。

3）功能模型。描述与数据值的变换有关的系统特征，它表示瞬间的、行为的、系统的功能特征。在动态模型中，对象间的交互作用关系发生时，所需的数据流动情况由功能模型表达。功能模型用数据流程图描述。

“对象模型技术”方法的面向对象分析做两部分工作：需求分析和系统分析。需求分析是导出问题范围的描述，系统分析是建立对象模型、动态模型和功能模型。

“对象模型技术”方法的面向对象设计包括：系统设计和对象设计。系统设计的主要工作是将分析模型划分为子系统，确认系统中由问题域引发的并发性，将子系统分配到处理器，选择实现数据管理的策略，选择管理全局资源及访问它们所需的控制机制，设计适当的软件控制机制，处理接口条件，复审并从全局考虑进行权衡优化。对象设计的主要工作是：确定属性及操作，定义算法和数据结构，修改类的组织结构，完善对象之间的关系（关联），调整类结构以强化继承性，完善系统设计中定义的控制机制，把类和关联包装成模块（或子系统）。

1.6 本章小结

本章介绍了系统建模与分析设计技术的基本概念。软件开发方法从结构化开发方法、模块化开发方法到面向对象开发方法是一个渐进的演变过程，要根据实际情况来选择合适的软件开发方法。软件生存周期描述了一个软件从定义、开发、使用、维护到复用的全过程。面向对象开发方法是符合人类认识客观世界的思维方法的一种软件开发方法，它的基本概念包括对象、类及其封装性、多态性、继承性和消息传递，我们应该掌握它的基本概念。统一建模语言（UML）全面支持面向对象软件开发。

软件开发过程由客户需求分析、系统分析、系统设计和系统实现以测试与维护四个阶段组成。选择合适的软件开发方法是软件开发成功的关键，充分利用 CASE 工具和软件复用技术可以快速、高质量地开发系统。

面向对象系统的开发过程以体系结构为中心，以用例为驱动，是一个反复、渐增的过程。采用面向对象方法建立的模型具有可追溯性，并且支持模型之间的无间隙转换，并有系统的可视化图形计算机辅助软件工程工具（CASE）作为快速进行系统分析和设计的技术支持。

1.7 习题

一、选择题

1. 封装是指把对象的（　　）结合在一起，组成一个独立的对象。
   A. 属性和操作　　B. 信息流　　C. 消息和事件　　D. 数据的集合
2. 封装是一种（　　）技术，目的是使对象的生产者和使用者分离，使对象的定义和实现分开。
   A. 工程化　　B. 系统维护　　C. 信息隐蔽　　D. 产生对象
3. 面向对象方法中的（　　）机制使子类可以自动地拥有（复制）父类全部属性和操作。
   A. 约束　　B. 对象映射　　C. 信息隐蔽　　D. 继承
4. 使得在多个类中能够定义同一个操作或属性名，并在每一个类中有不同的实现的一种方法是（　　）。
   A. 继承　　B. 多态性　　C. 约束　　D. 接口

二、填空题

5. 软件按照其工作方式可划分为________、________、________和________。
6. 软件生存周期由________、________和________三部分组成。

7. 软件开发模型有________、________、________、________和________等5种主要模型。
8. 面向对象技术采用以类为中心的________、________、________等不仅支持软件复用，而且使软件维护工作可靠有效，可实现软件系统的柔性制造。
9. UML的优点是：________、________、________、________和________。

三、解释名词

10. 软件：
11. 类：
12. 封装：
13. 继承性：
14. 消息：
15. 动态绑定：
16. 多态性：

四、综合题

17. 简述软件危机产生的背景。
18. 试述软件生存周期过程。
19. 试述软件开发的几种基本方法。
20. 写出面向对象的基本要素。
21. 试比较软件生存周期与面向对象系统开发过程。
22. 用简要的语言表述完成一个实际课题的完整步骤。
23. 说出面向对象分析的步骤。
24. 说出面向对象设计的步骤。
25. 说出面向对象实现的方法。
26. 说出面向对象测试的步骤和方法。
27. 说出面向对象维护的内容与方法。
28. 简述建立文档资料对于软件开发的重要性。
29. 选择一个实际课题，在后续的学习过程中试采用OOA、OOD步骤完成。

第2章

统一建模语言 UML

软件工程领域在 1995 年至 1997 年取得了前所未有的进展，其成果超过软件工程领域过去 15 年来的成就总和。其中最重要的、具有划时代意义的成果之一就是统一建模语言（Unified Modeling Language，UML）的出现。在世界范围内，至少在近 10 年内，UML 将是面向对象技术领域内占主导地位的标准建模语言。

本章目的：

- 掌握 UML 特点和基本模型元素的表示符号。
- 掌握 UML 软件系统体系结构的五种视图和 10 种基本模型图。
- 了解 UML 用例模型、静态模型、动态模型的简单建模方法。
- 了解 UML 系统体系结构模型。
- 掌握 UML 与软件开发统一过程。

2.1 UML 模型系统体系结构

UML 是软件界第一个统一的建模语言，已成为国际软件界广泛承认的标准，应用领域非常广泛，可用于多种类型软件系统开发建模的各个阶段。它是一种通用（general）建模语言，具有创建系统的静态结构和动态行为等多种结构（construction）模型的能力，具有可扩展性和通用性，适合于多种多变结构系统的建模。

UML 的价值在于它综合体现了国际上各种面向对象方法实践的最好经验，支持用例驱动（use-case driven），以体系结构为中心（architecture-centric）以增量（incremental）和迭代（iterative）的方式进行软件开发。

2.1.1 UML 的诞生与发展

面向对象方法论自 1986 年 Booch 率先提出后，短短几年间已有 50 多种以上的方法论出现，众多的方法学家都在尝试用不同的面向对象方法进行系统分析和设计，有少数几种方法开始在一些关键性的项目中发挥作用。

每种方法都有自己的符号表示法、过程和 CASE 工具，甚至各种方法所使用的术语也不尽相同，各具特色。这一现状导致软件开发人员经常为选择何种面向对象方法而争论不休，但是每种方法都各有长短，因此很难找到一个最佳答案。于是整合这些面向对象方法论越来越迫切，为此，Grady Booch、James Rumbaugh 和 Ivar Jacobson 三位大师提出了统一建模语言。

1994 年 10 月 J. Rumbaugh 和 G. Booch 共同合作把他们各自开发的方法统一起来，到 1995 年提出“统一方法”(Unified Method) 版本 0.8。随后，Ivar Jacobson 加入，并采用他的用例 (use case) 思想，到 1996 年，提出“统一建模语言”版本 0.9。1997 年 1 月，UML 版本 1.0 被提交给 OMG (对象管理组织)，作为软件建模语言标准的候选。其后的半年多时间里，一些重要的软件开发商和系统集成商都成为“UML 伙伴”，如 IBM、Microsoft、HP 等。1997 年 11 月 7 日 UML 被正式采纳为业界标准。UML 的形成过程如图 2-1 所示。

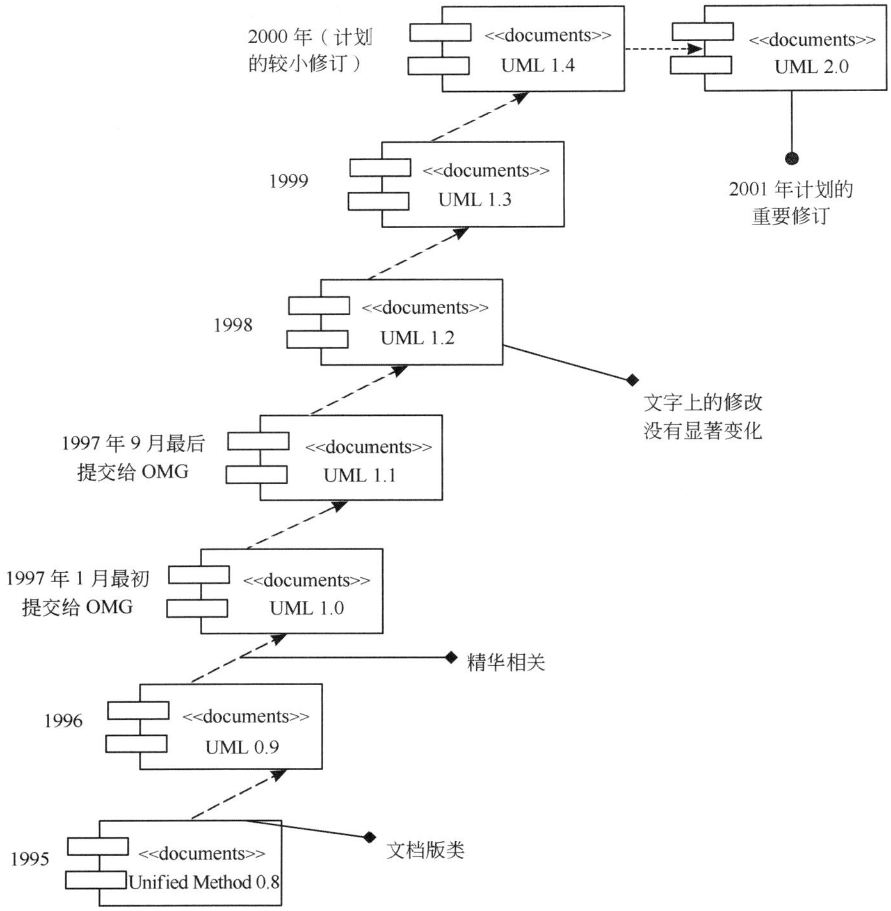

图 2-1 UML 的形成过程

2.1.2 UML 的特点

- 统一标准。UML 统一了 Booch、OMT 和 OOSE 等方法中的基本概念，已成为 OMG 的正式标准，提供了标准的面向对象的模型元素的定义和表示。
- 面向对象。UML 还吸取了面向对象技术领域中其他流派的长处。UML 符号表示考虑了各种方法的图形表示，删掉了大量易引起混乱的、多余的和极少使用的符号，也添加了一些新符号。
- 可视化、表达能力强。系统的逻辑模型或实现模型都能用 UML 模型清晰地表示，可用于复杂软件系统的建模。

- 独立于过程。UML 是系统建模语言，不依赖特定的程序设计语言，独立于开发过程。
- 易掌握、易用。由于 UML 的概念明确，建模表示法简洁明了，图形结构清晰，易于掌握使用。

2.1.3 软件系统体系结构的描述

UML 利用若干视图从不同角度来观察和描述一个软件系统的体系结构，从某个角度观察到的系统就构成了系统的一个视图。每个视图都是整个系统描述的一个投影，说明了系统的某个特殊侧面，若干个不同的视图可以完整地描述所建造的系统。每种视图用若干幅图来描述，一幅图包含了系统的某一特殊方面的信息，它阐明了系统的一个特定部分或方面。由于不同视图之间存在一些交叉，因此一幅图可以作为多个视图的一部分，UML 可以从下列 5 种视图来观察系统。

1. 用例视图

- 作用：描述系统的功能需求，找出用例和执行者。
- 适用对象：客户、分析者、设计者、开发者和测试者。
- 描述用图：用例图和活动图。
- 重要性：系统的中心，它决定了其他视图的开发，用于确认和最终验证系统。

2. 逻辑视图

- 作用：描述如何实现系统内部的功能。
- 适用对象：分析者、设计者、开发者。
- 描述使用的图：类图和对象图、状态图、顺序图、合作图和活动图。
- 重要性：描述了系统的静态结构和因发送消息而出现的动态协作关系。

3. 构件视图

- 作用：描述系统代码构件组织和实现模块以及它们之间的依赖关系。
- 适用对象：设计者、开发者。
- 描述使用的图：构件图。
- 重要性：描述系统如何划分软件构件，如何进行编程。

4. 进程视图

- 作用：描述系统的并发性，并处理这些线程间的通信和同步。
- 适用对象：开发者和系统集成者。
- 描述使用的图：状态图、顺序图、合作图、活动图、构件图和配置图。
- 重要性：将系统分割成并发执行的控制线程，处理这些线程的通信和同步。

5. 配置视图

- 作用：描述系统的物理设备配置，如计算机、硬件设备以及它们相互间的连接。
- 适用对象：开发者、系统集成者和测试者。
- 描述使用的图：配置图。
- 重要性：描述硬件设备的连接和哪个程序或对象驻留在哪台计算机上执行。

UML 的软件以用例为中心，以系统体系结构为主线，采用循环、迭代、渐增的方式进行系统开发。用例视图是中心，它的内容决定了其他视图的开发，用例视图还用于确认和最终验证系统。用户根据用例视图来确认所建造的系统是否是他所想要的，开发者根据用例视图测试系统是否完成了指定的功能。

2.1.4 UML 模型元素

UML 利用若干视图从不同角度来描述一个系统，每种视图由若干幅模型图进行描述，每幅模型图由若干个模型元素来描述。模型元素指的是建模过程中涉及的一些基本概念，如类、对象、用例、结点、状态、接口、包（子系统）、注解、构件等。在 UML 模型中，使用一些图形符号表示模型元素，这些符号称为模型元素符号或建模图符。图 2-2 给出了部分模型元素的符号，还有其他的模型元素符号将在以后章节中介绍。

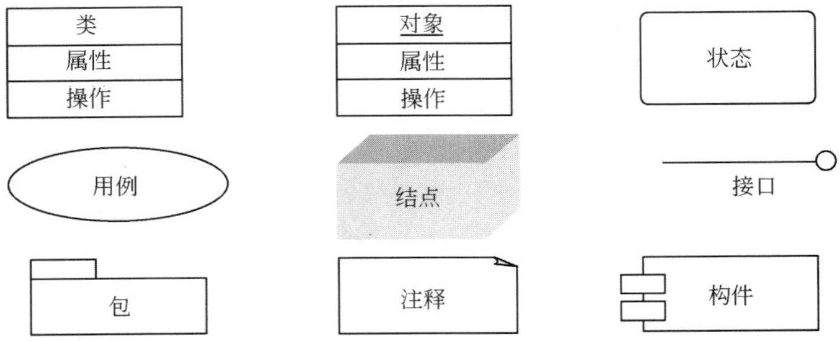

图 2-2 UML 模型元素符号

模型元素与模型元素之间的连接关系也是模型元素，常见的关系有关联（association）、泛化（generalization）、依赖（dependency）和聚合（aggregation），其中聚合是关联的一种特殊形式。这些关系的图形符号如图 2-3 所示。

图 2-3 UML 的连接关系模型元素

- 关联：连接（connect）模型元素及链接（link）实例。
- 依赖：表示一个元素以某种方式依赖于另一种元素。
- 泛化：表示一般与特殊的关系，即“一般”元素是“特殊”元素的泛化。
- 聚合：表示整体与部分的关系。

除了上述的模型元素外，模型元素还包括消息、动作等。

2.2 UML 系统模型与建模

UML 分析和设计模型由三大类 10 种图表示。三大类模型图是：用例模型图、静态模型图和动态模型图。

- 用例模型图：由用例图组成。
- 静态模型图：由类图、对象图、包图、构件图和配置图组成。

• 动态模型图：由活动图、顺序图、状态图和合作图组成。

2.2.1 用例模型及组成成分

用例模型（use case model）描述的是外部执行者（actor）所理解的系统功能。用例模型由若干用例图组成，主要用于需求分析阶段，它的建立是系统开发者和用户反复讨论的结果，表明了开发者和用户对需求规格说明达成的共识。用例模型驱动了需求分析之后各阶段的开发工作，不仅在开发过程中保证了系统所有功能的实现，而且被用于验证和检测所开发的系统，从而影响到开发工作的各个阶段和 UML 的各个模型。

图 2-4 给出一个描述保险业务管理系统的用例图。图中的方框代表系统，椭圆符号代表用例，人形符号代表执行者，他们之间的关系由连接线表示，其关系由连接线上的文字标明。在用例图中，用一个实线矩形方框代表这个金融机构的保险业务管理系统，方框的边线表示系统的边界，用于划分系统的功能范围，描述系统功能的用例置于方框内，描述系统外部实体的执行者置于其外。系统外有三个执行者与该系统发生联系，系统内有三个用例："签署保险单"、"金额统计" 和 "顾客统计"。每个用例表示系统提供的一个特定功能。

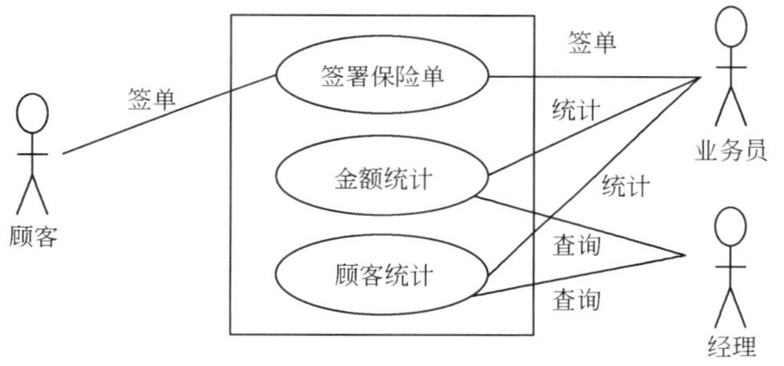

图 2-4 一个保险业务管理系统的用例图

2.2.2 静态模型与系统体系结构建模

任何建模语言都以静态建模机制为基础，UML 也不例外。所谓静态建模是指对系统中对象之间互相进行的联系构建模型，而这些关系不随时间发生变化。UML 静态模型用于描述系统体系结构。

UML 的静态建模机制包括：类图（class diagram）、对象图（object diagram ）、包图（package diagram）、构件图（component diagram）、配置图（deployment diagram）。

1. 类图

类图是用类和它们之间的关系描述系统的一种图示，展示了系统中类的静态结构和类与类之间的相互联系，表示一个系统的逻辑结构。类图是构建其他图的基础，没有类图，也就没有状态图、合作图等其他图，也就无法表示系统的其他各个方面。一个系统的类模型可以由多张类图描述；一个类也可以出现在几张类图中。

类是面向对象模型最基本的模型元素。图 2-5a 是类的图符，分为长式和短式。长式由类名、属性及操作三部分组成，类及类型名均用英文大写字母开头，属性及操作名为小写字母开头。属性的常见类型有：char，boolean，double，float，integer，object，short， string 等。类图符号中的属性只注明类型而不能有具体值。

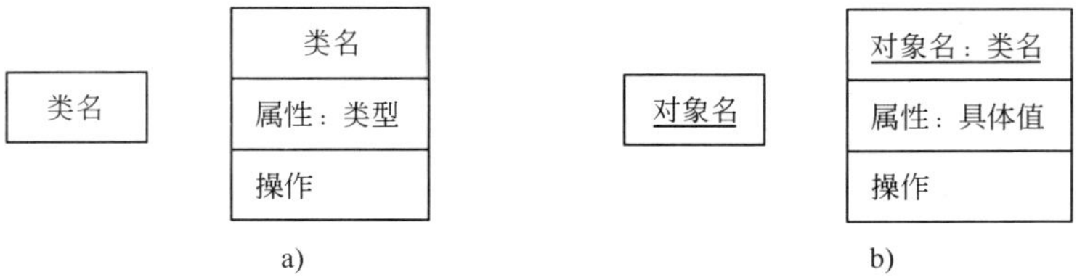

图 2-5　类和对象的图符

当类图中存在多个类时，类与类之间的关系可以用表示某种关系的连线把它们连接起来，这些连线既可以是实线，也可以是虚线。

2. **对象图**

与类密切相关的另外一个概念是对象，对象是类的实例（instance），对象的图符如图2-5b 所示，对象的图符亦分长式和短式。UML 用对象图来描述系统中对象及对象之间的联系。

对象图是类图的变体，两者之间的差别在于对象图表示的是类图的一个实例。它及时具体地反映了系统执行到某处时系统的工作状况。

对象图中使用的符号与类图几乎完全相同，只不过对象图符中的对象名加了下划线，而且对象名后面可以接冒号和类名，用来说明创建该对象的类。图 2-6 是一个类图与其对应的对象图。在图下方的类图中，一个教师可以主讲几门课程；每门课程可以由不同的教师主讲，只能由教师选择课程，是单向的。在图上方的对象图中，每个对象图符中的对象名下面加下划线，其属性要有具体值。

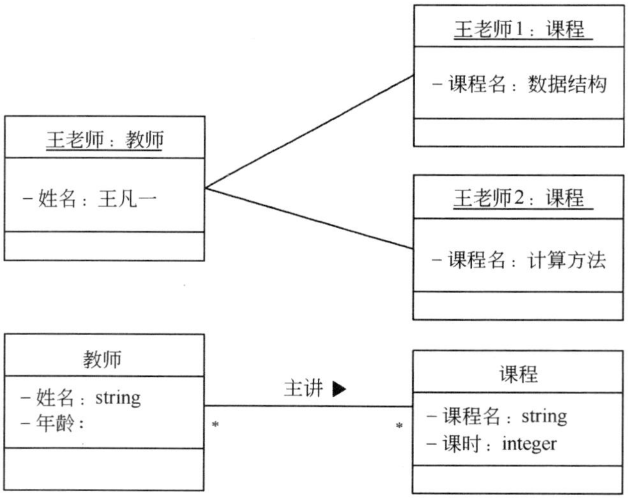

图 2-6　类图与对应的对象图

UML 中的类图与对象图表达了对象模型的静态结构，能够有效地建立专业领域的计算机系统的对象模型。

3. **包图**

UML 中的包是一种组合机制，包由关系密切的一组模型元素构成，包还可以由其他包嵌套构成。包就是将许多类集合成一个更高层次的单位，形成一个高内聚、低耦合的类的集合，UML 中把这种分组机制称为包。引入包是为了降低系统的复杂性，包图是维护和控制系统总体结构的重要建模工具。包的描述如图 2-7 所示。

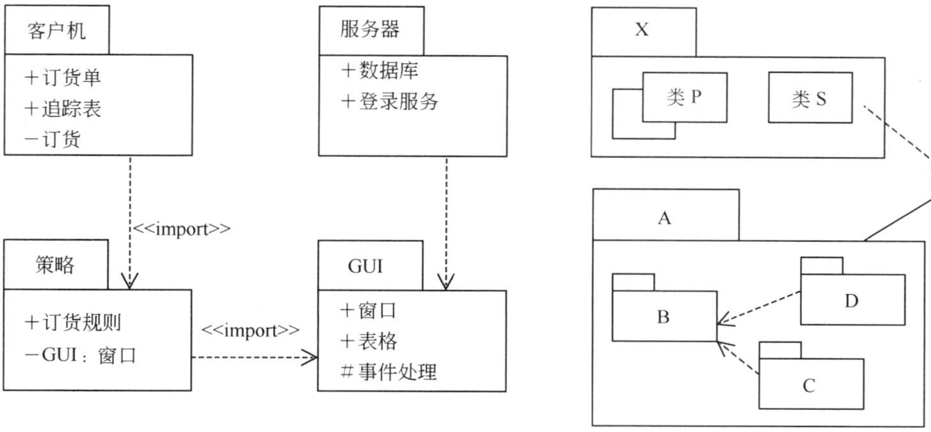

图 2-7　包图的元素

构成包的模型元素称为包的内容，包通常用于模型的组织管理，因此有时又将包称为子系统（subsystem）。包拥有自己的模型元素，包与包之间不能共用一个相同的模型元素，包的实例没有任何语义（含义），仅在模型执行期间包才有意义。

4. 构件图

构件图又称为组件图，显示代码本身的逻辑结构，它描述系统中存在的软件构件以及它们之间的依赖关系。构件图的元素有构件、依赖关系和界面。

构件是系统体系结构中独立的物理可替换单位，代表系统的一个物理模块，表达的是系统代码本身的结构。构件的描述如图 2-8 所示，构件图符是在左边线带有两个小矩形的一个矩形框。构件可以看作包与类对应的物理代码模块，逻辑上与包、类对应，实际上是一个文件。构件的名称和类的名称的命名法则很相似，分为简单构件与扩充构件。

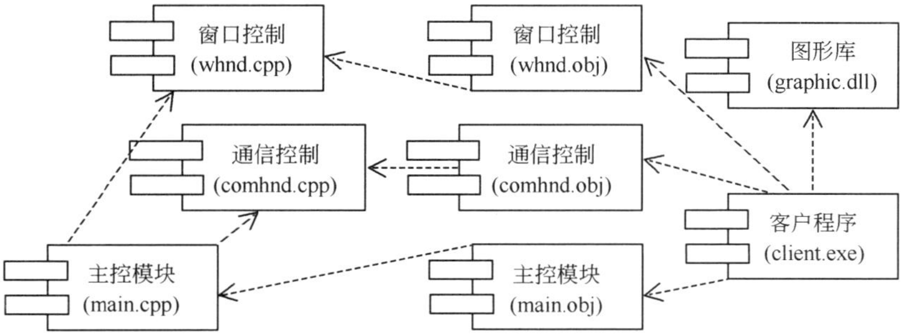

图 2-8　构件图实例

5. 配置图

配置图描述了系统中硬件和软件的物理配置情况和系统体系结构，显示系统运行时刻的结构。配置图的元素有结点和连接，配置图中的简单结点是指实际的物理设备以及在该结点上运行的构件或对象。配置图还描述结点之间的连接以及通信类型。

配置图中的结点代表计算机资源，通常是某种硬件，如服务器、客户机或其他硬件设备，结点包括在其上运行的软件构件及对象，结点的图符是一个立方体。结点应标注名字。

配置图各结点之间进行交互的通信路径称为连接，连接表示系统中的结点之间的联系，用结点之间的连线表示连接，在连线上要标注通信类型。图 2-9 描述了一个保险系统的配置图，配置图中“客户 PC”结点和“保险服务器”结点是由通信路径按照 TCP/IP 协议连接的。结点“保险服务器”包含了“保险系统”、“保险系统配置”和“保险数据库”3 个构件。软件构件代表可执行的物理代码模块，如一个可执行程序。

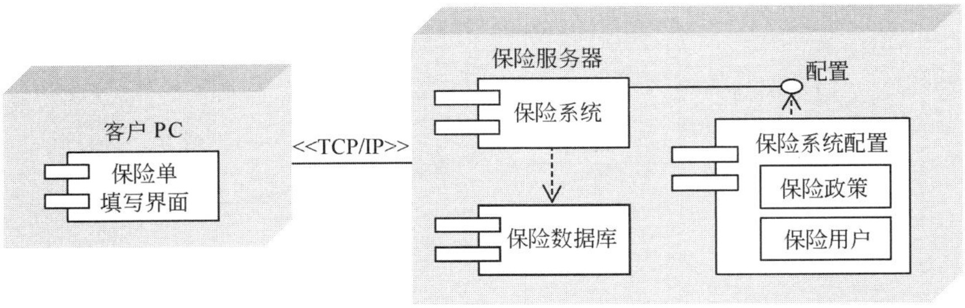

图 2-9 保险系统的配置图

2.2.3 动态模型与行为控制流建模

动态模型主要是描述系统的动态行为和控制结构。动态行为包括系统中对象生存期内可能的状态以及事件发生时状态的迁移，还包括对象之间动态合作关系，显示对象之间的交互过程以及交互顺序，同时描述了为满足用例要求所进行的活动以及活动间的约束关系。

动态模型包括 4 种图：状态图、活动图、顺序图、合作图

1. 顺序图

顺序图（sequence diagram）用来描述对象之间动态的交互关系，着重体现对象间消息传递的时间顺序。

顺序图存在两个轴：水平轴表示不同的对象，垂直轴表示时间。顺序图中的对象用一个带有垂直虚线的矩形框表示，并标有对象名和类名。垂直虚线是对象的生命线，用于表示在某段时间内对象是存在的。

对象间的通信通过对象的生命线之间的消息来表示。表示消息的箭头类型指明了消息的类型，在消息箭头线的上方可以标明传送的消息顺序号、名称、内容和要求返回的信息。

当收到消息时，接收消息的对象立即开始执行活动，即该对象被激活了，通过在对象生命线上显示一个细长矩形框来表示对象的激活状态。图 2-10 是一个订单系统的顺序图。在图 2-10 中的横向（水平轴）排列有 6 个对象，这些对象之间相互传递消息，这些消息按发送时间（垂直轴）的先后顺序从上到下依次排列，各个消息的序号可以省略不写。首先，“订单提交窗口”对象向“订单”对象发送消息“配订单()”。因为一个订单中可能会有多个订单项，所以，“订单”对象接到该消息后向“订单项”对象重复多次发送消息“配订单

()”，该消息前面标识的“ * ”号就表示重复发送消息。每个“订单项”对象向“仓库货物”对象发送“核对货物()”消息，核对仓库中是否有该订单项要求的货物。如果仓库中有该货物（为"true"），则在仓库库存清单中删除该订单项要求的货物数量。然后“订单项”对象向“仓库货物”对象发送“是否超出库存最低量预警线()”消息，如果该货物的库存量小于库存最低预警线，则“仓库货物”对象发出消息，创建一个新的“购进货物”对象，补充足够的货物。“仓库货物”对象向“订单项”对象发送反馈消息，通知“订单项”对象：“货物已配齐 ()”。最后，核对是否“货物已配齐()”，如果为“true”，创建一个新的“交付货物”对象。

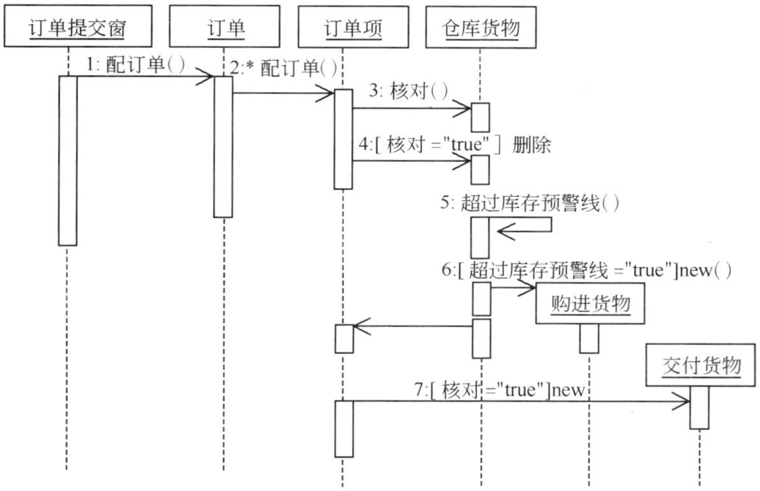

图 2-10 订单系统的顺序图

2. 合作图

合作图（collaboration diagram），也称为协作图，用于描述相互合作的对象间的交互关系和连接关系。与顺序图一样，合作图也展示了对象间的动态协作关系。它除了说明消息的交换外，还显示对象之间的连接关系，描述信息在连接对象之间的传递。顺序图或合作图都可用来表示对象间的协作关系：如果强调时间和顺序，就使用顺序图，如果强调对象间的相互关系，则选择合作图。

合作图画成对象图，图中的消息箭头表示对象间的消息流向，消息箭头必须附加标记，说明消息发送的先后顺序，还可显示条件，重复和回送值等。

图 2-11 是一个打印文件的合作图，图中有 4 个对象：“系统操作员”、“计算机”、“打印机服务器”和“打印机”。由“系统操作员”对象向“计算机”对象发出“打印（文件）”的消息，当打印机空闲时，对象“计算机”向“打印机服务器”对象发出“1：打印（文件）”消息，对象“打印机服务器”再向对象“打印机”发消息“1.1：打印（文件）”。

3. 状态图

状态图（state diagram）用来描述一个特定对象的所有可能的状态及其引起状态迁移的事件。一个状态图包括一系列的状态以及状态之间的迁移。一个系统或对象从产生到结束或从创建到清除，可以处于一系列不同的状态。这些状态的数目有限时，可以由状态图来表示。状态图是对行

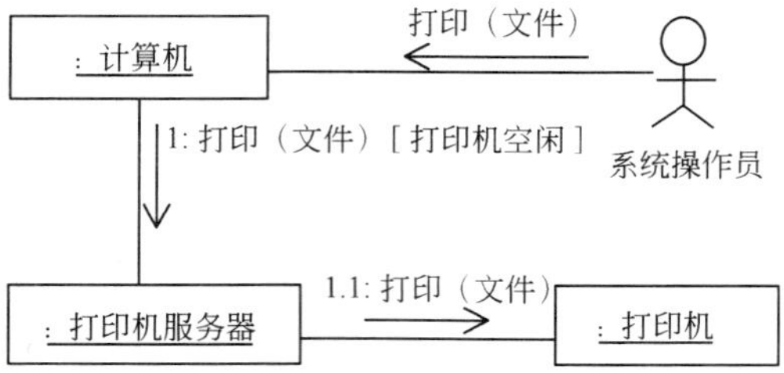

图 2-11 打印文件的合作图

为描述的补充，说明该类对象所有可能的状态以及哪些事件导致了状态的改变。

• 事件：一条消息或者是满足了某些条件。
• 状态迁移：状态的改变称为迁移。
• 迁移动作：与状态迁移相关的动作，指出状态迁移时应做什么。

并不是所有的类都能够画状态图，只有那些具有个数有限、意义明确的状态的类，并且其行为受不同状态的影响而发生改变，这些类才需要画状态图。

图 2-12 给出了状态图的基本图符元素。状态图符由圆角矩形表示，由三部分组成：上边写状态名，中间表示状态变量，下边描述状态的活动。实线箭头表示状态迁移，黑点表示起始状态，带圆环的黑点表示结束状态。

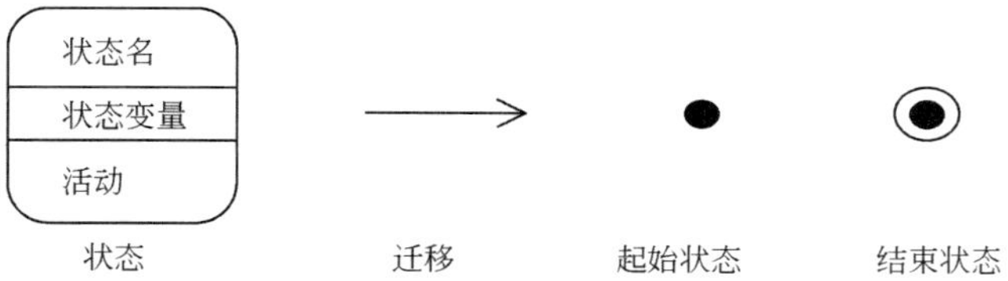

图 2-12 状态图的基本图符元素

图 2-13 是一个订单对象的状态图。共有四个状态：检查状态、等待状态、发货状态和已发货状态。

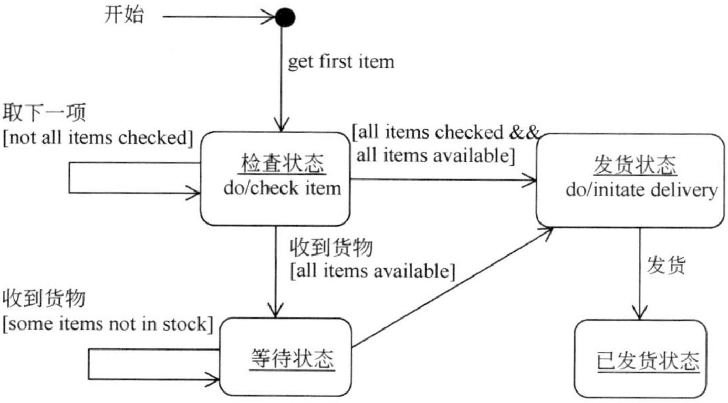

图 2-13 订单对象状态图

4. 活动图

活动图（activity diagram）由状态图变化而来，它们各自用于不同的目的。状态图着重描述对象的状态变化以及触发状态变化的事件，交互模型（顺序图和合作图）则描述对象之间的动态交互行为。活动图描述系统中各种活动的执行顺序，刻画一个方法中所要进行的各项活动的执行流程。

活动图的应用非常广泛，它既可用来描述操作（类的方法）的行为，也可用来描述用例和对象内部的工作过程，并可用于表示并行过程。活动图显示动作及其结果，着重描述操作实现中完成的工作以及用例或对象内部的活动。在状态图中状态的变迁通常需要事件的触发，而活动图中某个活动结束后将立即进入下一个活动。构成活动图的模型元素有：活动、迁移、对象、信号、泳道（具体概念与内容将在第 3 章进行详细介绍）等。其中活动是活动图的核心概念。

活动是构成活动图的核心元素，是具有内部动作的状态，由隐含的事件触发活动的迁移。活动的解释依赖于作图的目的和抽象层次。在概念层描述中，活动表示要完成的一些任务。在说明层和实现层中，活动表示类中的方法。活动用圆角矩形框表示，框内是活动名。活动图还有其他的图符，图 2-14 说明了活动图中常用的一些图符：初态、终态、判断、同步。

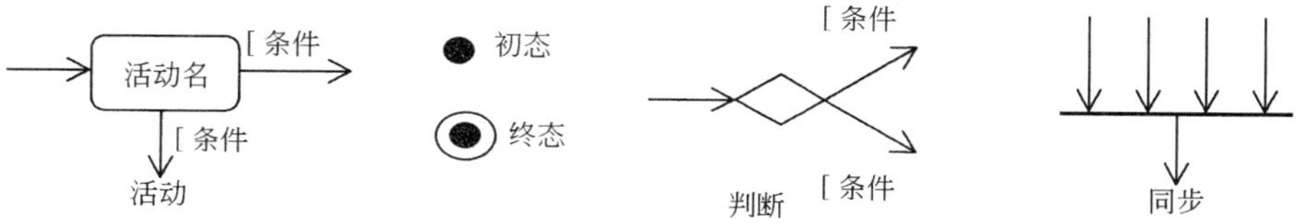

图 2-14 活动图的图符元素

图 2-15 描述了一个查询系统中有关访问数据文件的活动图。活动由读取磁盘数据文件开始，首先判定文件是否结束，如果文件已经结束，在屏幕上显示结束信息后，访问数据文件活动终止。如果文件未结束，则读取数据并在屏幕上显示读取的数据信息，对数据信息进行编辑修改后存入磁盘，在屏幕上显示文件存储成功信息，活动结束。

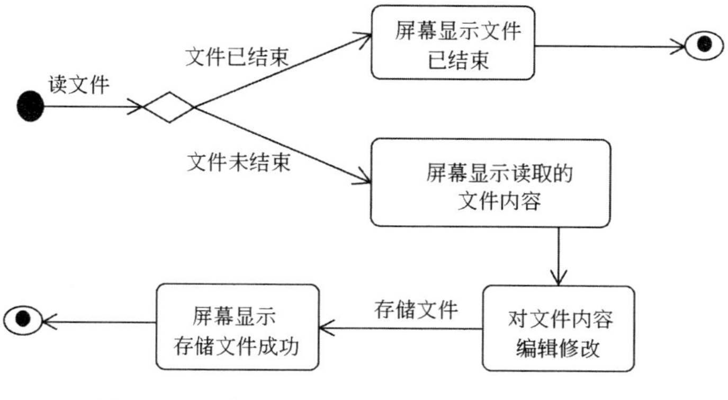

图 2-15 查询系统中有关访问数据文件的活动图

2.3 UML 系统体系结构模型

一个复杂的面向对象系统由很多子系统组成，子系统可以由一组模型来描述，一个模型可以由若干视图表达，而一个视图可以由一组相关的模型图进行描述。将这些子系统和模型按软件的系统体系结构层次有机地组织起来，形成一个结构合理、层次清晰的系统分析和设计模型是非常重要的工作。

2.3.1 子系统组织的系统体系结构

子系统是描述系统某个行为的相对独立的抽象单位。每个子系统都有自己的接口，通过接口各个子系统相互交换信息，协同工作。在 UML 中，包是一个基本图符元素，由一个矩形和在其左上方的一个小矩形组成，小矩形里标明包名，矩形用来描述包的内容。子系统一般用“包”图符元素加上在包名框内标注构造型<<subsystem>> 表示，也可以用右上角带有分支图形的“包”图符元素表示。图 2-16 描述了一个由子系统组织的查询系统。

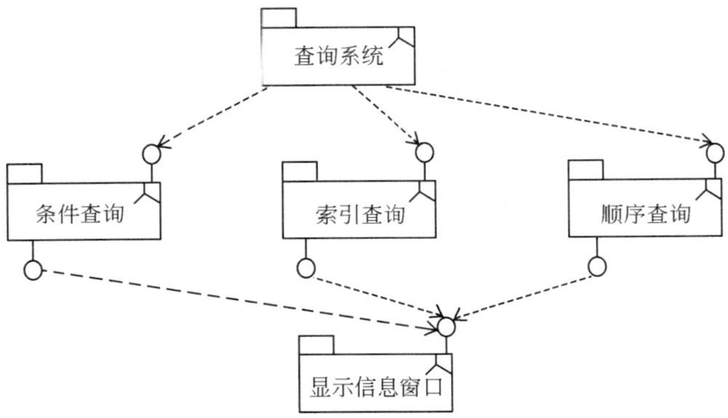

图 2-16 一个由子系统组织的查询系统

图 2-16 描述的查询系统是由四个子系统组成的系统结构层次。“查询系统”通过接口向子系统发送消息进行信息查询。如果进行条件查询，就向“条件查询”子系统发送消息，执行者输入条件限制，子系统从指定的数据库按执行者设定的条件将相关的数据筛选出来，并把这些数据通过接口传送到“显示信息窗口”子系统，在屏幕上显示出来。如果进行索引查询，就向“索引查询”子系统发送消息，按执行者设定的关键字，子系统从指定的数据库将相关的数据按索引顺序找出，并把这些数据传送到“显示信息窗口”子系统，在屏幕上显示出来。读者请注意，图 2-16 不是一个完整的由子系统包组成的系统体系结构图，即图中第 3 层的“显示信息窗口”子系统包不是最底层（叶结点）包，该包还应该包含有下属包。因为 UML 规定，一个复杂的面向对象系统可以由很多子系统组成，子系统可以由一组模型来描述，一个模型可以由若干视图表达，而一个视图可以由一组相关的模型图进行描述。如果采用由子系统包来描述系统的体系结构图，其最底层（叶结点）元素必须由模型包描述，而模型包一般用右上角带有三角图形的图标元素“包”表示。由模型包组成的描述系统体系结构图在下一节详细介绍。

从图中可以看出，“查询系统”也是一个子系统，它是上一级系统的一个组成部分。一个复杂的系统由若干个这样的子系统组成，每个子系统还可以由若干个下级子系统组成，依此类推，形成一个完整的系统层次结构。如此一来，一个复杂系统就可以用这种结构清晰、层次分明的组织形式完整地描述出来。

2.3.2 系统模型组织的系统体系结构

系统可以由一组模型来描述，模型可以从不同的角度和不同的抽象层次建立。如系统分析人员、设计人员和功能测试人员需要用用例图模型来描述系统，而系统开发人员则需要系统中的类图模型和对象图模型，了解每个类或对象的属性、操作和相互间的联系等详细描述，以便具体实现系统。

在 UML 中，系统模型一般用右上角带有三角图形的“包”图符元素表示，并且可以在模型名上标注构造型<<Model>> 。一个系统模型可以由多个视图组成，每个视图从不同角度描述系统的一个侧面，最后达到完整描述系统的目的。

一个模型包含了它所描述的那个系统所需要的全部模型元素，这些模型按照最高层的包/子系统的层次结构进行组织，最高层的包/子系统代表系统的全貌，是系统的物理系统边界。

图 2-17 是一个系统模型，在带三角形的包名框中标明构造型<<systemModel>> 说明它是一个系统模型。包内含有三个小的包模型，表明该系统模型由三个子模型组成：需求分析模型、系统分析模型和系统设计模型。它们分别是在客户需求分析阶段、系统分析阶段和系统设计阶段产生的模型。

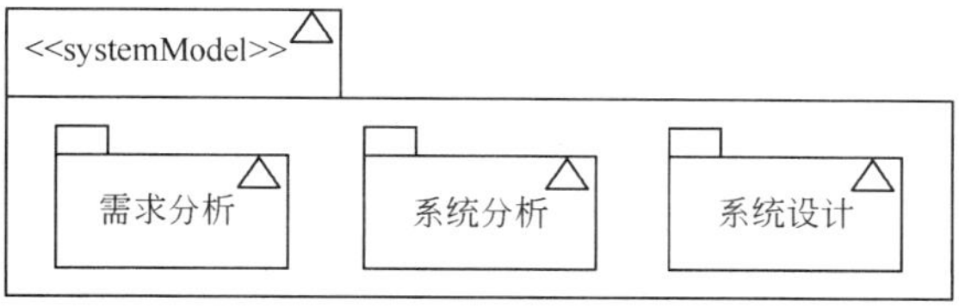

图 2-17 一个内包含 3 个子包模型的包系统模型

2.3.3 系统体系结构模型的描述方式

在 UML 中，一个系统体系结构层次可以有两种描述方式：基于模型的系统体系结构层次和基于子系统的系统体系结构层次。

- 基于模型的系统体系结构层次。系统结构层次中的所有元素都由系统模型组成。
- 基于子系统的系统体系结构层次。系统体系结构层次中的元素由子系统组成，但最底层的元素必须由系统模型组成。

图 2-18a 描述了一个系统基于模型的系统结构层次，结构层次中的每一个元素都是系统模型。在图 2-18a 中，组成系统各层次中的每个元素都是一个包模型：“查询子系统”包模型包含“条件查询子系统”和“索引查询子系统”2 个子包模型。而每个子包模型又分别各自包含 2 个子包模型，组成了一个完整的、基于模型的 3 层系统体系结构。

图 2-18b 描述了一个与图 2-18a 内容完全一样的系统体系结构，只不过在图 2-18b 的 3 层系统体系结构中，上 2 层中的每个元素都由子系统包组成，只是在最下层（叶结点）中的

每个元素都是一个包模型。即在用包描述一个多层的系统体系结构时，在较高的各层次结构的描述中既可以用模型包作为元素，也可以用子系统包作为元素。但在最底层（叶结点）的位置只能使用模型包作为元素，而不能使用子系统包作为元素。图 2-18b 描述了一个系统基于子系统的系统结构层次，结构层次中的元素是由子系统构成的，但最底层的元素必须由系统模型构成。这说明，一个复杂的面向对象系统由很多子系统组成，子系统可以由一组模型来描述，一个模型可以由若干视图表达，而一个视图可以由一组相关的模型图进行描述。一般情况下，为了简便起见，系统分析和设计人员在用包图描述一个系统的多层体系结构时，并不区分子系统包和模型包，而采用简单的包图（不带分支或三角图符的包）来建立系统的体系结构图。这样就不用随时关注系统体系结构图的最低层（叶结点）元素必须是模型包了。

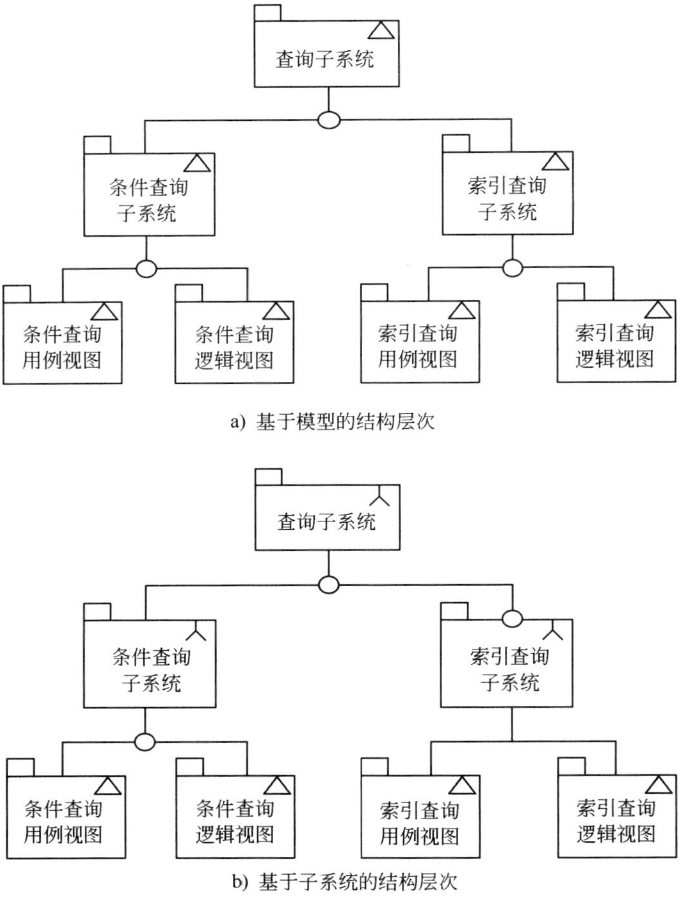

图 2-18 一个查询系统的系统体系结构层次

2.4 UML 的扩展、调整机制

UML 中的扩展机制包括三种：构造型（stereotype）、标记值（tagged）和约束（constraint）。构造型用于对模型元素进行分类，在已有的基本模型元素上定义新的模型元素。

标记值也称特性规格说明，与约束直接对某个模型元素附加一些性质和语义。

在 UML 中几乎每个构造块都可以用“类型-实例”法和“接口-实现”法划分。

UML 提供了丰富的模型化的概念和表示方法，完全可以满足一般的软件系统建立模型的需要。如果用户需要使用一些新的模型特征和表示方法，或为模型添加一些非语义信息，UML 还提供了内置的语言扩展机制来满足这些需要，且用户无须重新定义 UML。

2.4.1 模型元素的分类与标记

构造型扩展了 UML 的模型元素，允许创造新的构造块。它是 UML 的一种用来对模型元素进行分类或标记的新模型元素，该新模型元素是原来的需要进行分类或标记的模型元素的子元素。构造型提供了在对象模型层次上的模型元素的分类方式。

构造型是一种优秀的扩展机制，它可以有效地防止 UML 变得过度复杂，实现了必要的扩展和调整，这些新的模型元素在 UML 中都有一个基本原型。在此基础上，系统建模者可以利用构造型定义自己需要的模型元素。

一个模型元素只能有一个构造型。一个构造型可以引入附加的标记值、约束和一个新的图形表示。所有用某一特定的构造型分类的模型元素都接受该构造型引入的标记值、约束和图形。其对象类共享它的基类的属性、操作和关联，并且还可以拥有自己独有的约束和附加的标记值。构造型的表达方式：

- 由双尖括号中的字符串表示构造型。
- 构造型一般与类名写在一起。
- 构造型也可作为类内操作的分类标识。

图 2-19 给出一个有构造型的类。由双尖括号中的字符串表示构造型，放置在模型元素的名字之前。Catalog 类名前有一个构造型<<interface>>，说明它是一个界面（接口）类；在操作描述中，将这些操作由构造型分为<<get operations>> 和<<editing>> 两大类，即提取运算和编辑与修改两大类操作。

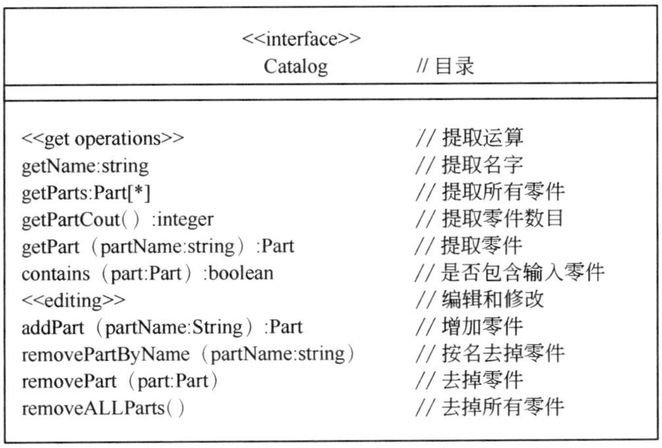

图 2-19 有构造型的类

为便于使用，UML 预定义了一批标准的构造型。下面列出一些常用的标准构造型及其语义作为示例。

- <<actor>>：用于对象类，说明一组用户与用例交互的角色。
- <<access>>：用于依赖，说明目标包的公共内容对于源包是可访问的。
- <<become>>：用于消息，说明目标对象与源对象是相同的，只不过在时间点上靠后，而且可能有不同的值、状态和角色。
- <<bind>>：用于依赖，说明源对象类是通过把实际参数绑定到目标模板的形式参数而创建的。
- <<call>>：用于依赖，说明源操作调用目标操作。
- <<copy>>：用于消息，说明目标对象是源对象的一个完全一样的独立拷贝。
- <<constraint>>：用于注释，说明该注释是一个约束。
- <<create>>：用于事件和消息，说明目标对象是通过该事件或消息创建的。
- <<derive>>：用于依赖，说明源元素可以从目标元素计算而得。
- <<destroy>>：用于事件和消息，说明目标对象将被该事件或消息销毁。
- <<document>>：用于构件，说明该构件代表一个软件文档。
- <<enumeration>>：用于对象类，说明枚举型。
- <<exception>>：用于对象类，说明一个事件可以被一个操作丢弃或抓住。
- <<executable>>：用于构件，说明一个构件可以在一个结点上执行。
- <<extends>>：用于依赖，说明目标用例在给定的扩展点扩展了源用例的行为。
- <<facade>>：用于包，说明一个包只是某个其他包的视图。
- <<file>>：用于构件，说明该构件代表一个包含源代码或数据的文档。
- <<friend>>：用于依赖，说明源元素可以访问目标元素，不论目标元素是否声明了可视性。
- <<import>>：用于依赖，说明源包可以接受或访问目标包中的公共内容。
- <<implementation>>：用于泛化，说明子类继承父类的实现。
- <<implementation classes>>：用于对象类，说明一个对象类的某种程序设计语言的实现。
- <<include>>：用于依赖，说明源用例具有与目标用例相同的行为。
- <<instance>>：用于依赖，说明源对象是目标分类符的实例。
- <<interface>>：用于对象类，说明一个用于定义服务的操作集合，该服务的操作由其他的类或构件提供。
- <<invariant>>：用于约束，说明一个对元素总是成立的约束。
- <<library>>：用于构件，说明一个静态对象库或动态对象库。
- <<model>>：用于包，说明一个模型，它是系统语义的完全抽象。
- <<process>>：用于对象类，说明一个代表进程的分类符，它的实例代表一个特别重要的控制流。
- <<query>>：用于操作，说明该操作只查询而不更新实例的状态。
- <<realize>>：用于泛化，说明泛化的源元素实现目标元素。
- <<requirement>>：用于构件，说明所要求的一个系统的特征、性质或行为。
- <<signal>>：用于对象类，说明该对象类定义一个信号。
- <<stereotype>>：用于分类符，说明该分类符是一个构造型。
- <<stub>>：用于包，说明一个包作为另一个包的公共部分的代理。
- <<system>>：用于包，说明一个包代表一个将建立模型的完整的系统。
- <<table>>：用于构件，说明该构件代表一个数据库表。

- <<thread>> ：用于对象类，说明一个代表线程的分类符，它的实例代表一个次重要的控制流。
- <<trace>> ：用于依赖，说明目标元素是源元素的历史祖先，代表了不同抽象层次上的同一概念。
- <<type>> ：用于对象类，说明一个抽象类，它只用于规定一组对象的结构和行为，但是不规定其实现。
- <<use>> ：用于依赖，说明源元素的语义依赖于目标元素公共部分的语义。
- <<utility>> ：用于对象类，说明一个对象类是例程。

2.4.2 模型元素的特性规格说明

标记值是特性规格说明，是 UML 的扩充，用来描述模型元素的特性：

- 标记名由字符串表示。
- 用等号“＝”给标记赋值。
- 一个模型元素可以有多个标记值描述其特性。
- 一组标记和所赋的值用等号相连，放在花括号“{}”中。
- 标记值一般在类名后面书写。

图 2-20 给出一个类模型图，图中有几个构造型和一个标记值。构造型分别是<<actor>> 、<<interface>> 、<<displaying>> 和<<threading>> 。构造型<<actor>> 写在类名“Person”的上方，注明“Person”类是一个“执行者”。构造型<<interface>> 写在类名“Runnable”的上方，注明“Runnable”类是一个“接口/界面”。线程的分类符构造型<<threading>> 写在成员函数“Run()”的上方，注明“Run()”函数是一个次重要的控制流。构造型<<displaying>> 写在成员函数“printPretty()”和“printTerse()”的上方，注明“printPretty()”和“printTerse()”是 2 个用于显示输出结果的成员函数。标记值写在类名“Person”的后面，用来说明构造型是<<执行者>> “人”这个类的特性规格说明，注明作者和创建日期。

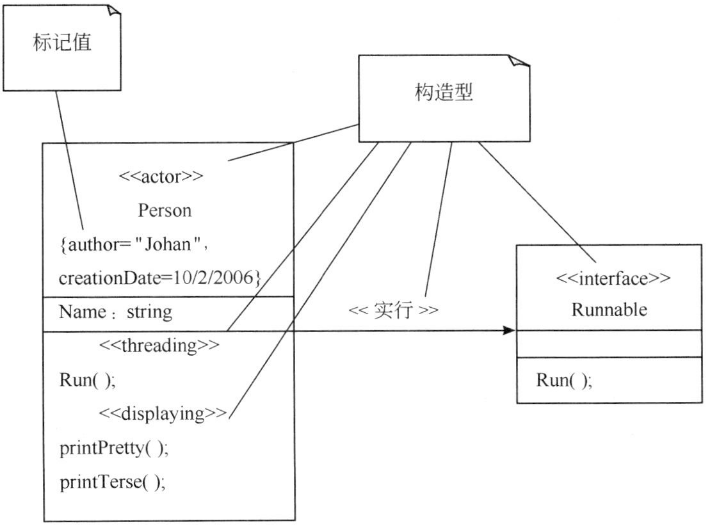

图 2-20 一个有构造型和标记值的类图

UML 预定义了一批标准的标记值。下面列出一些常用的标准标记值的名称及其语义作为示例。

- Documentation：用于所有模型元素，说明附加在该模型元素上的一个注解、描述或解释。
- Location：用于大多数模型元素，说明该模型元素驻留的结点或构件。
- Persistence：用于分类符、属性和关联，说明在实例的创建完成后实例的状态一直保持。
- Responsibility：用于分类符，说明分类符遵守的约定（协议）或责任。
- Semantics：用于分类符和操作，说明对象类或操作的含义。

2.4.3 模型元素的语义扩展与约束

约束扩展了模型元素的语义，它允许增加新的规则或修改现有的规则。约束规定某个条件或命题必须保持为真，否则该模型表示的系统无效。

- 约束由放在花括号“{}”中的一个文字串表示。
- 对于单个模型元素可以将约束写在其附近。
- 对于两个模型元素之间的约束，可以写在两元素之间的虚箭头线上。

在图 2-21 给出了约束的表示方法。在本例中，有两个约束：上图中的约束由虚线箭头与字串“{子集}”表示，下图中的约束由虚线与注释框表示，在注释框中标识了条件“{人．雇主=人．老板．雇主}”。

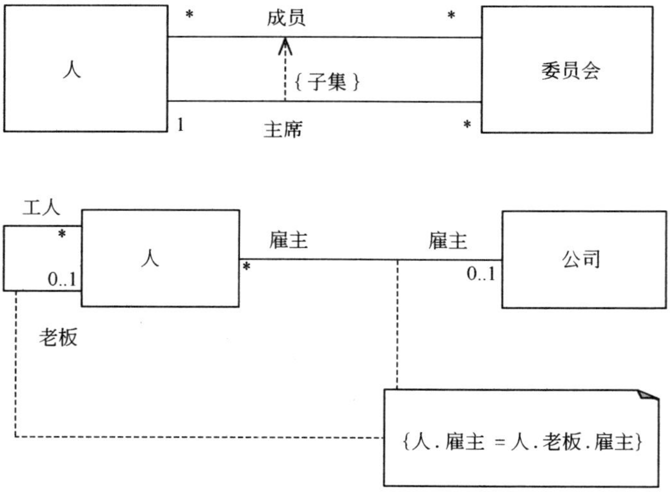

图 2-21 约束的表示方法

UML 预定义了一批标准的约束。下面列出一些常用的标准约束及其语义作为示例。

- Complete：用于泛化，说明泛化中的所有子元素都已在模型中说明，不允许增加其他的子元素。
- Destroyed：用于实例和链接，说明实例和链接在一个交互的执行结束前销毁。
- Disjoint：用于泛化，说明一个泛化中的父类对象不能有多于一个类型的子对象。

- Frozen：用于关联端，说明在一个对象创建后，不允许对该对象进行添加、删除或移动任何链接。
- Implicit：用于关联，说明该关联不是显式的，而是概念性的。
- Incomplete：用于泛化，说明非泛化中的所有子元素都已说明，并允许增加其他的子元素。

2.5 UML 与面向对象的软件开发统一过程

UML 给出了面向对象建模的符号表示和规则，是一种用于软件开发的系统分析和系统设计的建模语言工具，它独立于软件开发过程，UML 并没有描述如何工作，而且是为不同规模和目标的过程而设计的，在开发软件时须视软件的种类、大小等因素决定其使用的过程。

UML 的创始者 Booch、Jacobson 和 Rumbaugh 在创建 UML 的同时，于 1998 年提出了与之配套的面向对象软件开发的统一过程（Unified Process，UP），将核心过程模型化。UML 与 UP 相结合进行软件系统的开发是面向对象系统开发的最好途径。

面向对象的软件开发统一过程综合以前多种软件开发过程的优点，全面考虑了软件开发的技术因素和管理因素，是一种良好的开发模式。UML 与 UP 相结合的软件开发过程是基于面向对象技术的，它所建立的模型都是对象模型。软件开发统一过程实际是一种二维结构的软件开发过程。横轴是时间，将软件的开发过程即生命周期划分为开始、详细规划、系统构造和移交四个阶段及一系列的循环重复（迭代）。纵轴是过程包含的成分，即项目开发过程包括的具体工作内容，从中可以获得软件开发的产物，如图 2-22 所示。

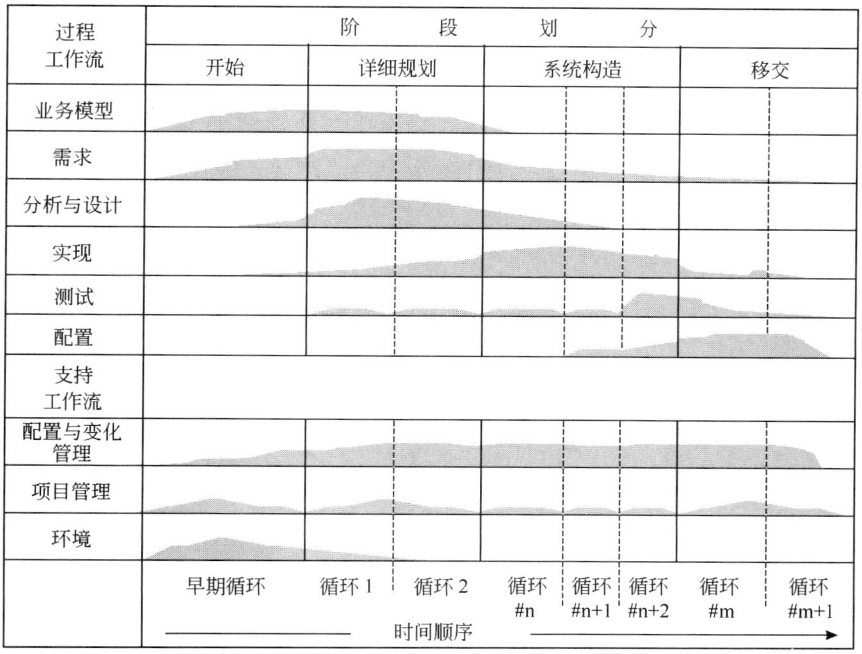

图 2-22 面向对象的软件开发统一过程

为了成功地开发完成一个面向对象的软件项目，UP中横轴表示的项目开发的各个阶段和纵轴表示的项目开发过程的各种活动都必须加以认真对待。

2.5.1 UML支持迭代、渐增式的软件开发过程

面向对象的软件开发统一过程从时间顺序看是一个迭代的渐增式的开发过程，图2-22中的系统构造阶段由多次渐增的开发组成。在开发一个面向对象的软件系统时，我们可以先选择系统中的某些用例进行开发，完成这些用例的开发后再选择一些未开发的用例，采用如此迭代渐增的开发方式，直至所有的用例都被实现。每一次迭代都要编写相应的文档，进行正式的评审，并提交相应的软件。所提交的软件可能是作为中间结果的内部版本，也可能是给用户的一个早期软件版本。每一次迭代都包含了分析、设计、实现和测试等各个阶段。

下面介绍采用UML的面向对象软件开发统一过程各阶段的主要任务和目标。

1. 开始阶段

开始阶段主要是确定项目的范围和目标，并进行可行性分析。主要工作如下：

- 理解问题领域的各种业务过程及其之间的关系。
- 考虑和分析项目的成本及可能得到的效益和风险。
- 明确待开发项目的意义和价值。
- 确定是否要开发此项目。

2. 详细规划阶段

详细规划阶段的主要任务是在开始阶段工作基础上，收集更详细的系统需求，进行高层次的系统分析和系统设计：

- 对开发项目的问题领域和功能作详细分析，画出用例图。
- 建立系统的基础体系结构。
- 进行风险分析，并制定相应的对策。
- 制定开发计划。

制定开发计划实际上是为系统构造阶段制定迭代开发的顺序。制定计划包括以下活动：用例分类，确定每次迭代的开发周期，将用例分配到各次迭代中，等等。

(1) 用例分类

1) 将用例的优先级分为三级：

- 一级：首先必须要实现的功能。
- 二级：短期内可以没有的功能。
- 三级：较长时间内可以没有的功能。

2) 体系结构方面的风险（当暂时不实现某个用例时，是否会在以后的迭代开发中导致大量的改写工作）分为三级：

- 一级：高风险。
- 二级：可能的风险。
- 三级：几乎不可能的风险。

3) 进度风险（对实现每个用例所需工作量估算的评价）分为三级：

- 一级：无法估算。
- 二级：只能估算到人·月。

• 三级：确信自己对时间的估算。

估算时应考虑分析、设计、实现、测试、文档编写等所需的时间，应尽量精确到人·周。

(2) 确定每次迭代的开发周期

• 迭代周期：对整个项目可制定固定的迭代周期，以便能定期提交产品。

• 迭代周期的长短：由项目的大小、开发的要求以及开发人员的多少和经验等因素决定。

• 迭代次数：整个项目的迭代次数不宜过多，通常以 3～5 次为宜。

(3) 将用例分配到各次迭代中

通常具有高优先级、高体系结构风险和高进度风险的用例应尽早实现，不要将风险留到最后。

3. 系统构造阶段

系统构造阶段是迭代、渐增地建造系统的过程，通过若干次迭代、循环、重复的工作具体建造软件系统。每次迭代可看作开发一个小项目，它应包含分析、设计、实现、测试全过程。

• 渐增式开发：每次迭代都是在前次迭代的基础上增加另外一些新用例的开发。

• 集成测试：新用例开发完成后要与前次迭代结果集成，进行系统测试。

• 测试演示：向用户演示测试过程及结果，以表明相关的用例已被正确实现。

• 保存测试案例：所用测试案例都应保存，以便在以后的迭代中进行回归测试。

这种迭代、渐增式的开发有助于及早发现和修改错误，减少开发的风险。

4. 移交阶段

移交阶段一般不再开发新的功能，该阶段的工作主要有系统测试、产品包装、用户培训等。

2.5.2 软件开发步骤及核心支持活动

UML 开发过程中的核心活动成分就是进行软件项目开发时要执行的活动的一般描述，主要步骤是分析、设计、实现、测试、配置和一些核心支持活动。

1. 需求分析

需求分析包括建立问题领域的业务模型和用户需求分析模型。首先要获取需求，得到描述系统所需功能的用例、业务流程或清晰的正文，它从系统外部观察系统，而不涉及在技术上如何做这些事。在 UML 中，使用用例图、一些简单的类图、可能还有一些活动图来描述用户的功能需求。所以，在分析过程创建的 UML 图有：用例图、类图、对象图、顺序图、合作图、状态图和活动图。

2. 系统设计

设计是分析结果在技术上的扩充和改编，它的注意力集中于在计算机中如何实现该系统。设计中使用了与分析时相同的模型图，根据需要还会有新的图被创建和建模，以展示技术解决方案。

设计阶段可以分为两个部分：结构设计和详细设计。

第一部分结构设计是高层设计，其任务是定义包（子系统），包括包与包之间的依赖性和主要通信机制。我们希望得到尽可能简单和清晰的结构，各部分之间的依赖尽可能少，并尽可能减少双向的依赖关系。

第二部分是详细设计，细化包的内容，使编程人员得到所有类的足够清晰的描述。详细设计活动应给出所有类的规约（也称为规格说明），包括必须的实现属性，它们的详细接口和操作描述（用伪代码或清晰的正文表示）。规约应该足够详细，它们与模型中的图一起提供了编码需要的所有信息。

在设计阶段创建的图有类图、对象图、包图、顺序图、合作图、状态图、活动图、构件图和配置图。

3. 实现

实现活动实际上就是编写代码，如果设计正确并足够详细，那么编码是非常简单的工作。这一步包括最终的设计决策，并把设计模型图和规约转换成程序代码（最好选择面向对象语言）。当然还包括反复的编译、连接、排错等过程。

这项工作应遵守传统的编程准则，如良好的编程风格，避免语言带来的风险或不合适的结构，正式的或非正式的代码复审等。在编写程序时，注意按照建立可复用构件的标准完成软件的编码，逐渐形成自己的可复用构件库。

如果采用软件复用技术，就可以使系统实现更加简单。可以建立可复用构件库，这样，在开发一个新项目时就可以在构件库中挑选符合系统需要的构件，快捷地搭建一个新系统。

4. 测试

测试的目的是发现代码中的错误，测试包括一些测试案例，每个测试案例要指明做什么，使用哪些数据，期望得到什么结果，测试的结果要记录在测试报告中。如有错误，则要改正，错误可以是功能性的（如缺少某个功能或功能不正确）、非功能性的（如性能太差）或逻辑性的（如未考虑某个逻辑的细节）。

在系统被修改之后都要进行回归测试，回归测试用来检查每一次改动是否对其他功能有所影响。

在测试阶段，依靠用例图来验证系统，集成测试还会用到配置图、顺序图和合作图。

5. 配置

配置是在系统建模阶段后期和移交阶段进行的。主要工作是根据系统工作环境的硬件设备，将组成系统体系结构的软件构件分配到相应的计算机上。由构件图和配置图进行描述。

6. 核心支持工作

核心支持工作包括配置与变化管理、项目管理及环境设置。

（1）配置与变化管理

配置与变化管理贯穿于整个开发过程的各个阶段，主要工作是协调各开发活动之间因环境配置发生变化所引起的矛盾，调整各个活动的进度及相互之间的连接。

（2）项目管理

项目管理贯穿于整个开发过程的各个阶段，主要工作是为开发过程的各个阶段和循环迭代中相应的活动制定计划、检查计划执行情况、调整进度、调配人员、经费使用管理等。还要协调与项目有关的投资方、用户与开发人员之间的关系。用计划书和调配单进行控制。

（3）环境设置

环境设置在开始阶段和详细规划阶段进行，包括硬件环境、软件系统使用环境、企业文化背景和最终用户操作人员的素质等。

2.5.3 UML 软件开发过程产生的模型与文档

UML 开发过程的产物是软件开发的结果，每一个活动都有相应的产物，它既是该活动的结果，也是下一个活动的输入和依据。UML 的最终产物就是最后提交的可执行的软件系统和相应的软件文档资料。

UML 开发过程的产物包括两大类：模型和文档。这些产物，一部分将来要交付给项目的投资者或最终用户，而另一部分则是供开发人员在开发过程中使用。

1. 模型

可视化、文档化的模型是现实世界的简化，用于更好地理解系统。UML 开发过程产生 9 种模型：

1）业务模型：建立问题领域的组织结构和业务流程的抽象。

描述方式：需求分析规格说明书。

2）领域模型：建立问题领域的需求分析说明。

描述方式：需求分析规格说明书。

3）用例模型：表达系统的功能。

描述方式：用例图、活动图及需求分析规格说明书。

4）分析模型（任选）：只有复杂的系统才需要建立独立的分析模型。该模型包括：

• 基本功能分析。

• 实现功能的对象。

• 对象之间的关系。

描述方式：类图、对象图、包图、顺序图、合作图、状态图和活动图。

5）设计模型：系统具体解决方案，由调整和完善分析模型而成。

描述方式：类图、对象图、包图、顺序图、合作图、状态图和活动图。

6）进程模型（任选）：描述系统并发和同步机制。有多线程的并发系统才建立进程模型。

描述方式：状态图、顺序图、合作图、活动图、构件图和配置图。

7）实现模型：软件的系统体系结构。

描述方式：包图和构件图。

8）配置模型：描述系统软件在各个硬件上的配置。

描述方式：配置图。

9）测试模型：描述验证系统功能的途径。

描述方式：测试案例和测试报告。

2. 文档

文档资料是 UML 开发过程所获得的信息集，包括技术文档和管理文档。

（1）技术文档

1）需求分析信息集：软件需求规格说明书、需求补充说明、业务用例图等。

2）设计信息集：软件设计规格说明书、图形界面、类图、对象图、包图、顺序图、合作图、状态图和活动图等。

3）实现信息集：源程序清单、动态连接库说明、用户使用手册、构件图等。

4）配置信息集：配置图及详细说明。

（2）管理文档

风险分析说明、软件开发进度计划、配置计划、测试计划、测试方案与步骤等。

UML 软件开发过程的产物一般不是书面文档资料，而是作为信息集存放在软件开发环境建立的系统模型中，作为开发过程各个阶段或迭代循环环节相互之间联系的纽带，帮助开发过程顺利进行。当然，有一部分模型和信息最终可以形成书面文档资料，与软件系统一起交付给用户。

2.5.4 UML 软件开发过程的基本特征

UML 软件开发过程综合以前多种软件开发过程的优点，全面考虑了软件开发的技术因素和管理因素，是一种良好的开发模式。它的基本特征是：以用例驱动开发过程，以系统体系结构为中心，以质量控制和风险管理为目标，采用反复（迭代、循环）、渐增式的螺旋上升式开发过程。

1. 用例驱动的系统

系统的开发从建立问题域的用例模型开始。由于用例包含了系统的功能描述，所以它们将影响开发过程所有的阶段和视图。可以说，用例“驱动”了需求分析之后的所有阶段的开发过程。用例在软件开发各个阶段的作用如图 2-23 所示。

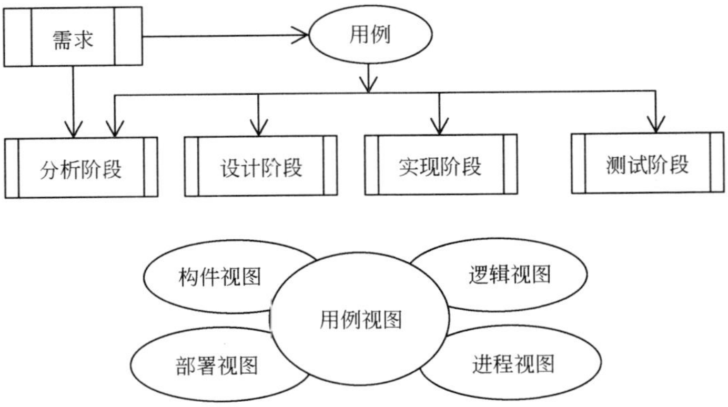

图 2-23 用例驱动所有系统开发过程和视图

- 分析阶段。用例用于描述系统的功能并经客户确认。
- 设计阶段。用例必须被实现。
- 实现阶段。用例必须被实现。
- 测试阶段。用例用于验证系统。

2. 以体系结构为中心

在项目的早期定义一个基础的体系结构是非常重要的，然后将它原型化并加以评估，最后进行精化。体系结构给出系统的映像，系统概念化、构造和管理都是围绕系统体系结构进行的。一个好的体系结构应该完成的工作是：

- 定义系统的组成成分及其之间的关系和交互。
- 定义成分之间的通信机制。

• 定义增加或修改体系结构中成分的全部规则。
• 实现系统功能性要求：实现用例。
• 完成非功能性要求：定义一个易修改、易理解和允许复用的系统。

创建体系结构的一个重要工作是在逻辑上把系统划分成子系统（UML 中的包），包还可以层次化。

3. 螺旋上升式的开发过程

用 UML 建模不要试图一次就完成定义模型或图的所有细节，开发过程由一连串循环的开发活动组成，逐步完善、渐增、循环、迭代、重复是其特色。

• 开发过程要经过若干次较小的反复迭代。
• 每次迭代增加一些新的信息和细节，即新的功能（或用例）。
• 每次迭代都包含分析、设计、实现、测试等阶段。
• 每次迭代集中开发几个功能，及时发现问题，风险小。
• 经过若干次的反复迭代逐步开发出完整的系统。
• 这是个螺旋上升的开发过程。

4. 以质量控制和风险管理为目标

在传统的瀑布模型中，分析、设计、实现、测试等阶段有明显的分界，即在完成整个系统的需求分析后才能进入到设计阶段，在完成全部设计后再开始编码，这种开发方式的风险较大，当在开发后期发现与需求有关的错误时，这种错误往往是灾难性的。在 UML 软件开发过程中，质量控制贯穿于软件开发的全过程，即质量全程控制。无论是分析模型或实际的系统模型，在开发过程中都要做到：

• 用质量目标和质量指标衡量软件系统的质量。
• 每一个阶段或反复迭代（循环）后，都要进行质量评价。
• 将评价结果作为下一次反复迭代（循环）的输入。
• 使用反复迭代的过程就是提供连续的反馈，这些反馈改善了最终的产品，保证了系统的质量而且改善了过程本身。

风险管理同样贯穿于软件开发的全过程。在软件项目立项之初就要尽可能全面地认识项目开发将面临的风险，找出避免与克服或减少风险的对策。在开发过程中，决定每一次反复应做什么时，要考虑这次反复对系统的最大影响或最高风险：

• 考虑最大影响的反复（迭代）意味着使系统能尽早提交给用户。
• 考虑最高风险的反复（迭代）意味着尽早处理项目中难点，以降低项目的风险。

2.6 本章小结

本章简要介绍了 UML 建模语言的发展历程、基本概念、组成内容、定义方法和开发过程。UML 的目标是成为软件开发中系统建模的标准工具，UML 可以作为软件系统开发中的可视化工具，用于模型说明、模型构建和系统文档建立等方面的工作。

UML 统一了 Booch、OMT 和 OOSE 等典型的面向对象方法的概念，以此为基础，吸纳其他方法中的精髓和成功的软件开发经验，囊括最新的软件开发技术，如网络分布式计算、设计模式和构件等，为所有方法使用共享的模型语言提供了一个标准平台，便于沟通。

一个复杂的面向对象系统由很多子系统组成，子系统可以由一组模型来描述，一个模型可以由若干视图来表达，而一个视图可以由一组相关的模型图进行描述。将这些子系统和模型按软件的系统体系结构分层次有机地组织起来，形成一个结构合理、层次清晰的系统分析和设计模型是非常重要的工作。

UML 利用五种视图从不同角度来观察和描述一个软件系统的体系结构。每个视图都是整个系统描述的一个投影，说明了系统的一个特殊侧面，若干个不同的视图可以完整地描述出所建造的系统。这五种视图是用例视图、逻辑视图、构件视图、进程视图和配置视图。UML 的软件以用例为中心，以系统体系结构为主线，采用循环、迭代、渐增的方式进行开发。

UML 分析和设计模型由三大类九种图表示。三大模型图是：用例模型图、静态模型图和动态模型图。用例模型图由用例图组成，静态模型图由类图、对象图、包图、构件图和配置图组成，动态模型图由活动图、顺序图、状态图和合作图组成。

UML 提供了语言的扩展能力，使 UML 更加简化。UML 中的扩展机制包括三种：构造型、标记值和约束。构造型用于对模型元素进行分类，在已有的基本模型元素上定义新的模型元素。标记值也称特性规格说明，它和约束一起直接对某个模型元素附加一些性质和语义。

UML 开发过程实际上是一种二维结构的软件开发过程。按时间顺序：软件的开发过程即生命周期可以划分为开始、详细规划、系统构造和移交四个阶段及各阶段中一系列的循环重复。软件项目开发过程包括的具体工作内容是：业务建模、需求分析、设计、实现和测试。

UML 软件开发过程的基本特征是：以用例驱动软件开发全过程，以系统体系结构为中心，以质量控制和风险管理为目标，采用反复（迭代、循环）、渐增式的螺旋上升式开发过程。

2.7 习题

一、选择题

1. UML 的软件以（　　）为中心，以系统体系结构为主线，采用循环、迭代、渐增的方式进行开发。
   A. 用例　　B. 对象　　C. 类　　D. 程序
2. UML 的（　　）模型图由类图、对象图、包图、构件图和配置图组成。
   A. 用例　　B. 静态　　C. 动态　　D. 系统
3. UML 的（　　）模型图由活动图、顺序图、状态图和合作图组成。
   A. 用例　　B. 静态　　C. 动态　　D. 系统
4. UML 的最终产物就是最后提交的可执行的软件系统和（　　）。
   A. 用户手册　　B. 类图　　C. 动态图　　D. 相应的软件文档资料
5. 在 UML 的需求分析建模中，（　　）模型图必须与用户反复交流并加以确认。
   A. 配置　　B. 用例　　C. 包　　D. 动态

二、填空题

6. UML 分析和设计模型由三类模型图表示。三类模型图是：________模型图、________模型图和________模型图。
7. UML 的软件统一开发过程，即生命周期按时间顺序可以划分为________、________、________和________四个阶段及各阶段中一系列的循环重复。
8. UML 开发过程是一种二维结构软件开发过程，软件项目开发过程流包括的核心工作内容是：________、________、________、________和________。
9. UML 中的五个不同的视图可以完整地描述出所建造的系统，这五种视图是________视图、________视图、________视图、________视图和________视图。
10. UML 中有 10 种基本图可以完整地描述出所建造的系统，这 10 种图是________图、________图、________图、________图、________图、________图、________图、________图、________图和________图。

三、解释名词

11. 特性规格说明：
12. 修饰：
13. 公共划分：
14. 构造型：
15. 标记值：
16. 约束：

四、综合题

17. 简单叙述 UML 统一建模语言的意义。
18. 试说明一个复杂的面向对象软件系统的层次结构组成。
19. UML 中用什么方法描述软件系统的体系结构？
20. UML 的扩展机制是什么？
21. 简述 UML 实际建模过程。
22. UML 软件开发过程的特征是什么？
23. 根据所学知识，简述你准备如何开发自己选定的软件系统。
24. UML 中的类图建模目的与意义是什么？
25. UML 中的对象图建模目的与意义是什么？
26. UML 中的包图建模目的与意义是什么？
27. UML 中的系统体系结构建模包括哪几个模型图？
28. UML 中的配置图建模目的与意义是什么？
29. UML 中的构件图建模目的与意义是什么？
30. UML 软件开发过程的详细规划阶段包括哪些内容？
31. UML 软件开发过程的系统构造阶段包括哪些内容？
32. UML 软件开发过程的系统移交阶段包括哪些内容？
33. UML 中的顺序图建模目的与意义是什么？
34. UML 软件开发过程的开发步骤中，分析包括哪些内容？
35. UML 软件开发过程的开发步骤中，设计包括哪些内容？

36. UML 软件开发过程的开发步骤中，实现包括哪些内容？
37. UML 软件开发过程的开发步骤中，测试包括哪些内容？
38. UML 软件开发过程的开发步骤中，配置包括哪些内容？
39. UML 软件开发过程产生哪些模型？
40. UML 软件开发过程产生哪些文档？
41. UML 软件开始过程的基本特征是什么？
42. UML 软件开发过程的基本特征之一：以用例驱动开发过程的具体内容是什么？
43. UML 软件开发过程的基本特征之一：以系统体系结构为中心的具体内容是什么？
44. UML 软件开发过程的基本特征之一：以质量控制和风险管理为目的的具体内容是什么？
45. UML 软件开发过程的基本特征之一：采用反复（迭代、循环）、渐增式的螺旋上升式开发过程的具体内容是什么？
46. UML 中的活动图建模目的与意义是什么？
47. UML 描述的 5 种视图中，为什么说用例视图驱动了面向对象的软件开发全过程？
48. UML 中状态图建模的目的与意义是什么？
49. UML 中合作图建模的目的与意义是什么？
50. UML 中用例图建模的目的与意义是什么？

第3章 需求分析与用例建模

软件项目开发的第一步是对项目进行可行性研究与风险分析，明确待开发项目的意义和价值，确定是否要开发此项目。开发项目确定后，开发人员与用户进行深入沟通，明确客户需求，提出需求分析规格说明报告。UML 软件开发过程的需求分析阶段通过建立业务用例模型对新系统进行需求分析，还可以用于对已有系统的升级。UML 软件开发过程的基本特征是以用例驱动软件开发全过程，用例将影响开发过程的所有阶段和视图。用例“驱动”了需求分析之后的所有阶段的开发过程，如系统分析、设计、实现、测试和维护等。

本章目的：

- 了解可行性研究与风险分析的方法。
- 掌握可行性分析报告的书写格式。
- 掌握客户需求分析的要点及需求分析规格说明报告的书写格式。
- 掌握利用用例图及其正文描述来完成客户需求分析的方法。
- 掌握 UML 的用例模型建模方法。

3.1 可行性研究与风险分析

当我们准备对一个软件项目进行开发时，首先要对该项目进行可行性研究与风险分析，明确待开发项目的意义和价值，并提出可行性研究报告，确定是否要开发此项目。可行性研究分为经济可行性研究、技术可行性研究和法律可行性研究，即在项目正式开发前对各种可能的风险进行充分的分析、估算，避免人力、物力和财力方面的浪费。如果要对有风险的项目进行开发，应提出具体开发方案，建立相应的开发模型，对各种风险的程度及应对策略进行详细论证，将因风险可能带来的损失降低到最小程度。

3.1.1 经济可行性研究

经济可行性研究主要是进行成本、效益分析。评估该项目的开发成本，估算开发成本是否会超出项目可能得到的全部利润，并分析该项目的开发是否会对其他项目的开发和利润产生影响。

1. 系统成本费用分析

系统成本费用包括：

- 设备购置费用。包括整个系统需要的各种计算机、服务器、网络及相应的外围设备，如打印机、绘图仪、扫描仪等。根据设备的规格要求与市场行情进行成本估算。

- 系统开发费用。包括软件购置费用、系统调试中所使用的调试数据的录入与分析所产生的费用和项目开发人员的费用等。软件购置费用包括整个系统终端计算机、服务器、网络系统运行所需的系统软件费用，开发该项目需要添置的软件开发工具（CASE）费用，以及如果需要购买市场上已有的可复用构件库所产生的相应费用。
- 系统安装、运行和维护费用。估算项目开发成功后在用户使用环境下安装、运行该系统所发生的费用，以及在后续的系统维护中产生的费用。特别是系统维护过程发生的费用，该费用在软件开发总成本中所占的份额很大，约为三分之一以上。
- 人员培训费用。包括两方面的内容：一是在开发前，对项目组开发人员进行培训，使其尽快掌握该项目拟采用的新技术、新工具。另一个是对使用本系统的用户进行系统使用和简单、基本的系统维护培训。

2. 系统效益分析

系统效益包括经济效益和社会效益。

- 经济效益。指开发出的应用系统为用户增加的收入（包括节省的费用），可以通过直接或统计的方法进行估算。
- 社会效益。可以用定性的方法进行估算。

当然，由于项目开发成本受项目的特性、规模、开发工具等各种因素的影响，同时为了获得客户更为满意的质量要求而对系统设计进行反复的优化等，要想得到系统开发成本、效益的精确数值困难很大。系统成本-效益分析可以用图示的方法进行描述。一个软件项目系统的开发成本、节省的经费与时间的关系如图 3-1 所示。

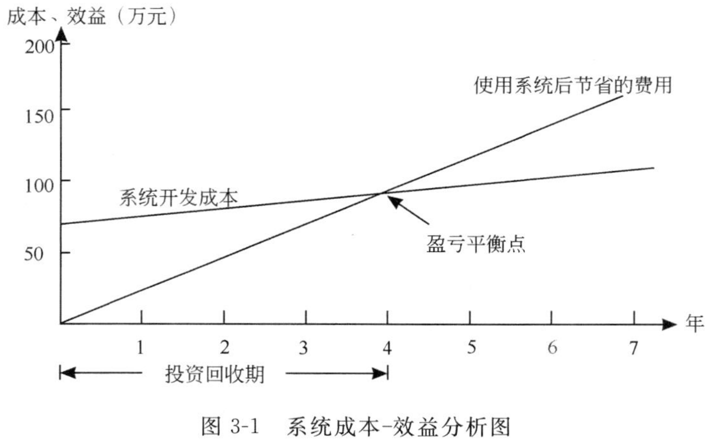

图 3-1 系统成本-效益分析图

3.1.2 技术可行性分析

技术可行性分析是系统可行性分析的关键活动。开发者要根据客户对系统功能、性能及实现该系统的制约因素（如投资额度、可利用的资源、使用的算法模型、开发和管理人员的素质、采用的开发工具等），从技术的角度研究系统实现的可能性及风险。技术可行性分析往往是系统开发过程中难度最大的工作。这是由于系统分析和定义过程与技术可行性分析要同步进行，而这时系统的功能、目标的不确定性会给技术可行性分析带来许多困难。应尽量利用以往积累的对类似项目系统开发的成功经验、教训以及采用的技术、工具、设备等作为当前项目开发的参考。必要时，还要进行某些专项研究和设计活动。技术可行性分析一般包括风险分析、资源分析和技术分析。

1. 风险分析

风险分析的工作就是在已知的制约因素下，判断是否能够设计、实现客户对系统所要求的功能。系统分析人员应当尽量采集关于系统性能、可靠性、可维护性和可生产性方面的信息，仔细分析达到客户要求的系统功能所需要的各种硬件设备以及采用的开发技术、方法和开发过程，分析该项目开发在技术上可能承担的风险（所采用的技术或模型的难易程度及实现的可能性），以及采用该技术和模型对开发成本的影响。可以将这种风险及影响分成若干等级，级别越高，风险系数越大。而风险系数的大小将会决定是否放弃该项目的开发。

2. 资源分析

目的是论证是否具备系统开发所必需的软件、硬件、工作环境、总经费投入额度，以及开发人员（开发该系统的管理人员及各类相关技术人员）是否具备开发该系统的素质。

3. 技术分析

技术分析就是分析当前科学技术的发展水平是否能够支持系统开发的全过程。原型建模、数学建模和系统模拟是进行技术分析的有效工具。如果模型过于复杂，可以对模型进行分解。开发一个成功的模型需要用户、系统开发人员和管理人员的共同努力，反复对这些模型进行一系列的实验、仿真、评审和修改。这些模型应具有如下特征：

- 反映系统动态特性：易理解和易操作，可提供系统真实结果，利于通过评审。
- 综合系统的全部因素：再现系统运行结果。
- 突出系统的重要因素：忽略次要或无关的因素。
- 结构简单：易实现，易修改，易维护。

经过分析，如果发现风险系数过大，或选定的模型在该系统的模拟活动中不能实现，或各个子系统最后不能进行集成，则项目管理者可能不得不作出“放弃”开发该项目的决定。

3.1.3 法律可行性分析

法律可行性分析的工作包括：

- 确定当前项目的开发是否违背国家相关法律。
- 在知识产权方面是否对他人构成侵权行为。
- 与客户签订的合同是否涉及第三方的利益等。

开发者要对当前待开发项目与法律相关的一系列问题进行研究分析。法律可行性分析活动应当有精通相关法律的法律界人士参加或进行相关法律咨询。

3.1.4 开发方案可行性分析研究

在完成前面三项系统可行性分析的工作以后，如果项目管理人员决定要开发该项目，下一步要进行的工作就是选择合适的开发方案。开发方案可行性分析研究包括提出待选方案、评价待选方案和确定开发方案。

1. 提出待选方案

为了降低系统的复杂度，系统工程师一般将一个大的复杂系统分解为若干个子系统，以便于项目组人员的组织和分工，提高系统开发效率和保证系统的质量。系统的分解要做到：

- 精确定义子系统的功能和边界。
- 确定各子系统之间的关系。

完成一个系统的分解和子系统的实现可能有多种方案，系统工程师可以将这些可能的方案作为待选方案提出来。

2. 评价待选方案

不同的方案开发出来的系统在开发成本、系统功能和性能方面会有很大的差异。评价这些待选方案时应关注以下几方面：

- 低成本。包括调研、分析、设计、设备、编码、测试、评审、系统执行和维护成本。
- 高效率。各子系统的执行效率，集成后系统的执行效率。
- 通用性。系统的使用范围。
- 精确度。达到客户要求的运算精度。
- 系统的安全可靠性。

3. 确定开发方案

在确定开发方案时要综合评价各种方案的优劣。从系统成本、执行效率、使用范围的通用性、精确度和安全可靠性等各方面进行全面衡量，采用折衷的方法确定最佳的开发方案。另外需要强调的是，有时，在某些项目的开发中，往往开发一个高质量的应用软件成本比较高，而有时购买软件比自己开发这类软件的价格要低很多。项目管理人员可以根据可行性分析研究的综合评价结果决定是自行开发还是购买这类软件。

3.1.5 可行性分析报告文档格式

在进行了经济可行性、技术可行性、法律可行性研究并确定了具体开发方案和建立相应的开发模型后，可行性分析的结果应当作为系统规格说明的一个附属文件存档。可行性分析报告上交项目管理部门，经过审批后作为正式文档保存。

可行性分析报告的目录格式一般包括的内容（简略）如图 3-2 所示。

1. 引言	5. 投资、成本及效益分析
2. 可行性研究的前提（问题的提出）	6. 技术风险评价
3. 对现有系统的分析	7. 社会、法律因素方面的可能性
4. 建议选择的系统方案的描述	8. 结论及其他

图 3-2 可行性分析报告的参考目录格式

3.2 客户需求分析与用例建模

完成可行性分析并签订项目开发合同以后，就要进行客户需求分析。软件需求分析工作是软件生存周期中非常重要的一步。只有通过需求分析才能把软件功能和性能的总体概念描述为具体的软件需求规格说明，从而奠定软件开发的基础。软件需求分析工作也是一个不断认识和逐步细化的过程。分析各种可能的解法，并且分配各个软件元素，然后为这些元素找到可行的解决方法。

需求分析阶段的工作首先是在客户和软件开发人员之间沟通基本的客户需求，并与问题领域专家讨论，分析领域的业务范围、业务规则和业务处理过程，明确系统的责任、范围和边界，确定系统需求，建造需求模型。在 UML 中，需求模型由用例建模完成。然后研究与系统目标有关的事物及其本质特性，识别和发现对象和类，确定它们的内部特征，即属性和操作。并从现实世界抽象到概念模型，还要识别对象的外部联系，了解和发现对象与类、类与类之间的各种结构性静态联系和行为性动态联系。

软件需求分析的目的是深入描述软件功能和性能，确定软件设计的约束和软件同其他系统元素的接口细节，定义软件的其他有效性需求。需求分析阶段研究的对象是软件项目的客户要求。一方面，必须全面理解客户的各项要求，但又不能全盘接受所有的要求，要根据软件开发的规律准确地表达被接受的客户要求。如果把软件开发项目看作是要实现目标系统的物理模型的话，那么需求分析就是借助于当前系统的逻辑模型，导出目标系统的逻辑模型，解决目标系统“做什么”的问题。需求分析的主要活动包括建造需求模型（用例建模）、定义类和对象、定义类的结构和层次等。

UML 的面向对象系统开发过程以体系结构为中心，以用例为驱动，是一个反复、渐增的过程。模型具有可追溯性，并且支持模型在各开发阶段之间的无间隙转换，具备完整的可视化图形计算机辅助设计工具作为快速系统分析和设计的技术支持。

3.2.1 建造需求模型——用例建模

在软件开发过程中，首先需要准确地描述客户需求中的功能需求，即系统需要做什么，以便进一步确定系统应建立哪些对象及所建立对象之间的关系。用例建模是用于描述一个系统的功能（即系统应该做什么）的建模技术，用例建模不仅用于获取新系统的客户需求，还可以作为对已有系统进行升级时的指南。建立用例模型的目的是为了寻找需求规约，需要通过开发者和客户之间进行多次交互完成。

用例建模的主要目标是：

- 将需求规约变为可视化模型，并得到客户确认。
- 给出清晰、一致的关于系统做什么的描述，确定系统的功能要求。
- 提供从功能需求到系统分析、设计、实现各阶段的度量标准。
- 为最终系统测试提供基准，据此验证系统是否达到功能要求。
- 为项目目标进度管理和风险管理提供依据。

用例模型是表达系统外部事物（执行者）与系统之间交互的可视化工具。一个系统的用例模型由若干用例图组成，用例图的主要成分有用例、执行者和系统，它用简单的图符准确地描述了执行者与系统的交互情况以及系统的功能。在用例模型中，功能以用例来表示，每个用例指明了一个完整的功能。系统由若干用例组成，系统的边界定义了一个系统所具有功能。通过执行者与系统中的用例进行交互，具体描述系统是如何提供这些功能来完成相应的服务的。在这里，我们不关心系统如何做、用例如何实现、其内部如何工作，只是把系统看作是一个提供用例的黑盒子。用例模型简洁明了、规范化、无歧义地描述了需求，便于开发人员与客户沟通，尽快对需求取得共识，为系统的进一步开发奠定基础。

在系统的开发过程中要根据具体情况不断地修改和完善用例模型。尽量缩小因修改某个用例而影响的范围，比如对系统设计、系统实现的影响，使系统的修改和扩充局部化、简单化，进而推动系统的分析与设计不断精化，努力达到系统要求的预定目标。

用例模型是开发者与客户交流的纽带，客户能够看懂用例模型。用例建模时客户的积极参与是十分重要的，它可使模型准确反映客户所希望的细节，并用客户的语言和术语来描述用例。对客户而言，用例模型指明了系统的功能，描述了系统如何使用。对开发者而言，用例模型也是开发活动的指南，用例模型帮助他们理解系统要做什么，同时为以后各个阶段的模型建模、体系结构设计、实现等提供了依据。最后，集成测试和系统测试人员也要根据用例模型来测试系统，以验证系统是否完成了用例指定的功能。对于项目管理人员来讲，用例模型为项目目标进度管理和风险管理提供了依据。

以用例来驱动系统分析与系统设计的方法已成为面向对象方法的主流，任何一个软件系统的开发，首先要分析、确定执行者和用例，以便建立用例模型。创建用例模型的工作包括：定义系统，寻找执行者和用例，描述用例，定义用例之间的关系，最后确认模型。用例模型由若干用例图组成，用例图展示了执行者、用例以及它们之间的关系，用例通常用正文的形式来描述。

用例建模的步骤：

- 确定系统的范围和边界。
- 确定系统的执行者和用例。
- 对用例进行描述。
- 定义用例之间的关系。
- 审核用例模型。

分析领域的业务范围、业务规则和业务处理过程，明确系统的责任、范围和边界，确定系统需求。在客户和软件开发人员之间沟通基本的客户需求，并与问题领域专家讨论，确定系统需求并建造需求模型：包括标识具体的功能、场景（scenario）和用例。对问题领域的调研可以通过以下工作完成：

- 客户与开发者充分地交流。
- 亲临现场，通过观察掌握第一手材料。
- 认真听取问题领域专家的意见。
- 阅读与问题领域有关的文献资料，学习相关领域的基本知识。
- 借阅相关或相似问题领域已有的需求分析文档资料。

为建立合适的需求分析模型，要运用如下基本原则：

- 建立信息域模型，描述功能，表达行为。
- 划分功能、数据、行为模型，提示更多的细节。
- 用早期的模型描述问题的实质，用后期的模型给出实现的细节。

需求获取必须让客户与开发者充分地交流，这里介绍一种采用用例来收集客户需求的技术。分析人员首先标识使用该系统的不同的执行者（actor），这些执行者代表使用该系统的不同角色。这里的执行者与客户是不同的两个概念，一个客户可以扮演几个执行者，一个执行者可以是一个客户，也可以是其他系统（即应用程序或设备）。每个执行者可以叙述他如何使用系统，或者说他需要系统提供什么功能。执行者提出的每一个使用场景（或功能）都可能是系统的一个用例的实例，一个用例描述了系统的一种用法（或一个功能），所有执行者提出的所有用例构成系统的完整需求。得到的用例必须进行复审，以使需求准确完整。

在分析中要着重对本系统与外部的用户和其他系统的交互进行分析，确定交互的内容、步骤和顺序。

3.2.2 用例图

一个用例模型可由若干幅用例图组成，一幅用例图包含的模型元素有系统、执行者、用例，以及它们间的不同关系，如继承、关联、依赖等。

用例图描述了各种外部执行者与系统所提供的用例（use case）之间的连接。图 3-3 是一幅描述应用软件生命周期的用例图，图中实线矩型方框围起来的部分表示现在的系统，系统外面的人形符号为执行者，将人形符号和椭圆形的用例连接，组成用例图。在这个用例图中，系统内有 4 个用例（或功能）："设计应用"、"实现应用"、"改变应用"和"运行应用"。涉及的人员（执行者）有："应用设计者"、"应用提供者"和"应用操作者"。执行者与用例的关系（连线）："应用提供者"提供应用软件的需求并接收软件的实现，"应用设计者"按需求规格说明设计和修改应用软件，"应用操作者"运行应用软件并提出修改意见。注意，在用例图中标识用例名和执行者名，用例图中使用连线描述执行者和用例之间的关系。用例与用例之间也可以发生联系——通过它们之间的连线表示，并在连线附近用文字描述联系的内容。

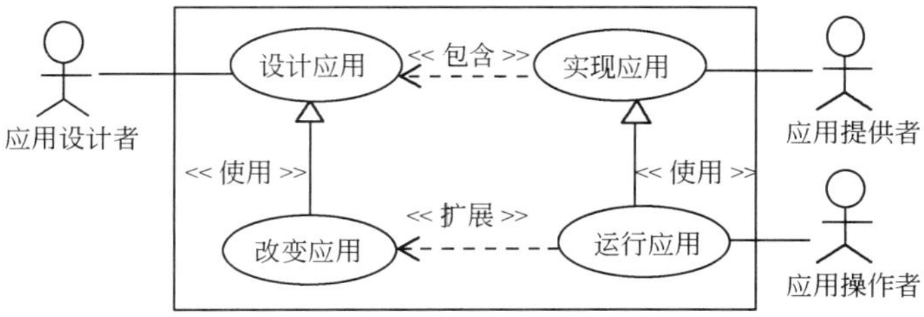

图 3-3 表示应用软件生命周期用例图

3.2.3 定义系统的边界和范围

大多数软件项目是人们为了开发满足某种需求的软件产品而建立的，这些软件必须在计算机系统的支持下才能工作。我们所指的系统是特指基于计算机的用于解决某个特定问题领域的软硬件系统。例如，企业的销售管理系统、仓库管理系统，学校的教学管理系统等。

在开始构造一个基于计算机的新系统时，客户、系统分析人员和系统设计人员对系统需求很难说清楚，或自认为清楚但实际上是含糊不清或不确定的。因此系统分析人员必须与客户进行反复多次的交流，做大量的调查、研究和论证工作，以便尽早划清系统的范围和系统的边界，进而确定系统的责任、功能和性能，清楚地回答系统应做什么，不应做什么，本系统与哪些外部事物发生联系，发生哪些联系等。一个系统所要解决的问题只是应用领域的一部分，不可能包罗万象，因而划清系统的范围和系统的边界是需求分析所要做的第一件工作。典型的系统边界包括：

- 整个组织：如一个企业。
- 一个组织的某个部门：如企业的财务处。

• 计算机系统的硬件/软件边界：如企业的采购、销售、库存计算机管理系统（简称进、销、存管理系统）。

定义系统的边界是一项重要的活动，目的是为了明确什么在系统之内，什么在系统之外。系统的需求直接影响系统边界的确定。如果我们开发的是一个应用软件或硬件设备，那么这个软件或硬件的边界就可以作为系统的边界，例如，银行柜员机终端的软硬件就构成了一个“系统”，而顾客和出纳员就是这个系统的外部执行者。

1. 定义系统的范围

系统的范围是指系统问题域的目标、任务、规模及系统提供的功能和服务。例如，一个企业的“财务管理系统”的问题域是账目管理，系统的目标和任务就是负责该企业业务涉及的资金统计、银行借贷、固定资产折旧、成本核算、工资预算与发放等有关财务管理方面的工作，并提供相应的服务。而企业中其他工作，如生产管理、销售管理、仓库管理、人力资源管理等不属于财务管理系统的范围，可以由其他系统完成，如“生产调度管理系统”或“进、销、存管理系统”等。

一个系统的范围与开发的目标、任务和规模大小有关。如果开发的项目是“企业综合信息管理系统”，其范围将把财务管理、生产管理、“进、销、存”管理和人力资源管理全包括在内。也就是说，“企业综合信息管理系统”的范围包括“财务管理子系统”，“生产管理子系统”，“进、销、存管理子系统”和“人力资源管理子系统”等。其系统的范围与单独的“财务管理系统”是不同的。

2. 定义系统的边界

系统的边界是指一个系统的所有系统元素与系统以外的事物的分界线。例如，对于“财务管理系统”而言，“生产管理系统”，“进、销、存管理系统”和“人力资源管理系统”等是其边界以外的外部系统，使用“财务管理系统”的财务人员及其相关人员和部门，如企业经理、银行等是该系统的用户，他们都是“财务管理系统”的外部事物。而“财务管理系统”中银行借贷、成本核算、固定资产折旧等程序功能模块是系统边界内部的成分。

如果开发的是“企业综合信息管理系统”，则“财务管理子系统”，“生产管理子系统”，“进、销、存管理子系统”和“人力资源管理子系统”等程序功能模块都成为该系统边界内部的成分。各个子系统的操作人员、相关部门经理、企业经理、银行等都是系统的用户，他们是系统的外部事物。由此可见，系统的边界也与开发的目标、任务和规模大小有关。

客户需求分析的首要任务就是要确定系统的范围和边界，将系统内部元素与系统外部的事物划分开。在用例图中，系统的边界由一个实线方框表示，可以把它看成一个黑盒子。系统开发的主要任务就是对系统边界内的元素进行分析、设计和实现，系统边界外部的事物统称为执行者。

3.2.4 确定执行者

执行者（actor）是指在系统外部与系统交互的人或其他系统，他以某种方式参与系统内用例的执行。“与系统交互”是指执行者向系统发送消息，或从系统那里接收消息，或与系统交换信息。简单地说，执行者执行用例。

执行者分为“人”执行者和“外部系统”执行者两类。系统的用户是“人”执行者，用户通过与系统进行交互来操纵系统，完成所需的工作。执行者也可以是系统外部的其他系统，如在企业“财务管理系统”中要对“流动资金”进行管理，但“流动资金”的使用，即信息来源由“财务管理系统”外部的另一个系统——“进、销、存管理系统”提供，在这里，“进、销、存管理系统”就是一个“外部系统”执行者。外部系统可以是一个软件系统，也可以是一个硬件设备，如自动控制系统中生产线上的数控车床等。

执行者用人形模型元素符号表示，将执行者名称标记于人形符号下方。如图 3-3 中所示的执行者有“应用设计者”、“应用提供者”和“应用操作者”。执行者也可以用类的模型元素符号表示，用类的符号表示时，在类名的上方应标明<<actor>>，说明其是一个执行者（如图 3-4b 所示）。一个执行者可以启动多个用例，而一个用例也可以被多个执行者启动。

1. 定义执行者时应注意的几个问题

（1）执行者之间可以有继承关系

执行者也是一个类，类之间的关联也适用于执行者，图 3－4 描述了执行者之间的继承关系。例如，对于股票金融证券系统来说，客户有两种：投资额几百万以上的大客户和投资额几万左右的大量散客户。他们各有自己独有的特征，但他们也都具有更一般客户的特征：如姓名、年龄、身份证编号等。“大客户”、“散客户”与“客户”之间就有继承关系，“大客户”和“散客户”继承了“客户”的特征。图 3-4a 用人形符号表示，图 3-4b）用类符号表示。

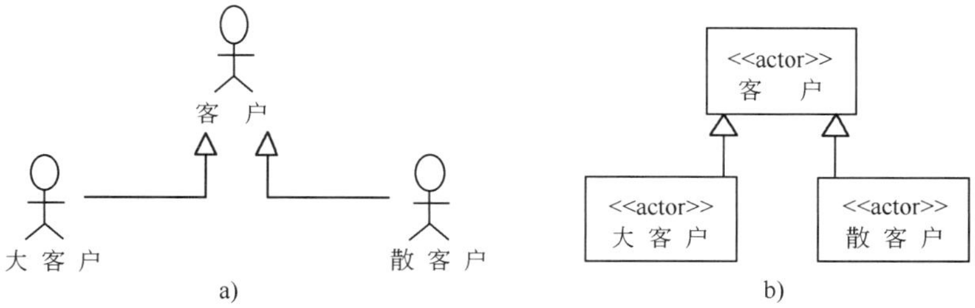

图 3-4 执行者之间具有的继承关系

（2）执行者代表一种角色而不是具体某个人

一个人在系统中可以成为几个不同的执行者，即表示他担任了不同的角色。例如，在“房地产开发经营管理系统”中，某个购房者，他在“房屋销售子系统”中是购房合同的签约方，而在“物业管理子系统”中他又是房屋的业主，这个人在整个系统中担任了两个角色。

（3）对同一个人担任角色的限制

为了保证系统的安全及在业务上完善相互制约机制，一个人担任的角色应该是有限制的。例如，一个人他不能既签订合同，又审批合同，使合同审批形同虚设。

（4）执行者可分成主执行者和副执行者

- 主执行者。使用系统的主要功能，例如，保险系统中主执行者处理保险的注册和管理。
- 副执行者。处理系统的辅助功能，如管理数据库、通信、系统备份以及其他管理等系统维护工作。

这两类执行者都要建模，以保证描述系统完整的功能特性。

(5) 执行者还可细分为主动执行者和被动执行者

- 主动执行者。启动一个或多个用例。例如，在“财务管理系统”中的操作员，他启动资金支出、职工工资和固定资产折旧三个用例，所以操作员是一个主动执行者。
- 被动执行者。从不启动用例，只是参与一个或多个用例。例如，在“财务管理系统”中，每年要向税务局上报企业收支利润及相应税金，而税务局通过财务报表对企业的财务系统账目进行监督、检查、核对，下发国家新的纳税规定。对于企业财务管理系统来说，税务局就是被动执行者。

2. 寻找和确定执行者

当划分了系统的范围并明确了系统边界后，从系统应用的角度出发，找寻那些与系统进行信息交换（包括数据信息和控制信息）的外部事物，包括系统使用人员、硬件设备及外部系统，来进一步确定执行者。

我们可以从以下角度来寻找和确定执行者：

- 谁使用系统的主要功能（主执行者）?
- 谁需要维护、管理和维持系统的日常运行（副执行者）?
- 谁读、写或修改系统中的信息（主动执行者）?
- 哪些人或哪些外部系统对系统生产的结果（值）感兴趣（被动执行者）?
- 系统需要控制哪些硬件设备?
- 系统需要与哪些其他外部系统交互?

凡是直接使用系统的人员都可以确定为执行者。例如，企业“财务管理系统”中的主任会计、会计、出纳和系统管理人员都是执行者。企业经理每天需要查看财务报表，不直接操作该系统，只是一个间接使用者，但经理对资金使用有宏观调控权，所以他也是执行者。

凡是直接向系统提供外界信息或在系统的控制下运行的硬件设备，可确定为执行者。例如，电信收费系统的电话通话计时设备，向系统提供客户通话时间信息；在系统控制下运行的数控车床、电子显示屏等。这些设备都直接与系统进行信息交换，可以确定为系统的执行者。

凡是直接与系统进行交互的外部系统，可以确定是执行者。例如，当前系统的上级系统或与其交换信息的其他系统，可以确定是执行者。此时，我们关心的是系统之间进行怎样的信息交换，而不关心外部系统的内部结构。

执行者与用例是紧密关联的，只要确定了全部用例，相应的执行者就容易确定了。

3.2.5 确定用例

用例（use case）是系统所提供的一个功能（或者系统提供的某一特定用法）的描述。用例捕获某些用户可见的需求，实现一个具体的用户目标。用例由执行者激活，并且用例提供确切的值给执行者。用例可大可小，但它必须是对一个具体的用户目标实现的完整描述。

一个用例表示系统中一个与特定执行者相关的完整的功能。用例通过关联与执行者连接，关联指出一个用例与哪些执行者交互，这种交互是双向的。UML 中对用例的定义是：系统所完成的一系列动作，能给特定执行者一个可观察到的结果值。从用例的定义可以看出，用例是对系统用户功能需求的描述，表达了系统的功能和提供的服务。该功能除完成系统内部的计算与工作外，还包括与一些执行者的通信。用例只描述执行者与系统在交互过程中做些什么，并不描述具体怎样做。

1. **用例的特征**

用例描述了执行者与系统交互的完整过程。例如，一个执行者向系统发出请求并传送消息（初始数据），要求对某些数据进行处理，系统响应执行者的请求，完成相应处理并把结果返回给执行者。这个过程描述了一个完整的功能，该功能就是一个用例。系统中全部的用例完整地描述了系统提供的全部功能。

用例具有以下特征：

- 响应性。一个用例不会自动执行，总是由执行者启动，执行者必须直接或间接地指示系统去执行用例。
- 回执性。用例执行完毕，向执行者提供可识别的返回值。
- 完整性。用例表示一个完整的功能，必须是一个完整的描述。

在定义一个用例时要特别注意用例的完整性，必须以能向执行者提供返回值作为该用例完整性的标志。有时把一个用例分成几个小用例（这些小的用例像程序设计语言中的函数一样相互调用）是不恰当的。而事实上，在最终的值产生前，这些小的用例是不完整的。

类有实例，类的实例是对象，一个类可以有多个对象。用例恰似一个类，它也可以有多个实例，用例的实例称为场景。例如用例“签署购房合同”的一个实例（场景）是：“张小明刚签订了一份 15 年银行按揭贷款购房合同，购买了 120 平方米的房子”。

2. **寻找和确定用例**

一般习惯上根据用例产生的阶段把用例分为业务用例和系统用例。业务用例是在系统开发的开始阶段，在确定客户需求过程中，系统分析员通过与客户交流建立业务模型来发现和确定的用例。而系统用例则是在系统构造阶段，系统分析和设计人员在进行系统分析和设计时，根据系统的需要建立的用例。

业务用例是指系统提供的业务功能与执行者（用户）的交互，描述问题域中各实体之间的联系和业务往来。在建立业务需求模型时，可以通过确定每个执行者（用户）与系统交流的有关业务问题来寻找和确定用例。

- 用户（执行者）需要系统提供哪些业务功能，即系统能做什么？
- 用户最关注系统中哪些事件？从功能观点看，这些事件表示什么？
- 用户要了解系统在工作中发生了哪些事件及其结果？
- 用户自己需要做什么？
- 用户是否要在系统中创建、删除、读、修改或存储某类业务数据？
- 系统的新功能是否能使用户的日常工作被简化或提高效率？

通过与用户的反复交流，确定主要业务用例和次要业务用例。对于建立的每一个业务用例，都需要一组系统用例来辅助和支持。系统用例是指执行者与系统的交互，它描述了系统的功能需求和动态行为。系统用例用于建立系统用例模型，可通过分析系统的业务流和控制流来寻找和确定系统用例。

- 系统为了维持正常运转需要增加哪些功能和信息交互？
- 这些信息从何而来，到哪里去？
- 实现当前系统（可能是人工系统而不是自动化系统）的关键问题是什么？

在系统开发的开始阶段，应该把注意力集中在建立业务用例上，在详细规划阶段和系统构建阶段再考虑系统用例。

从以上分析得到的用例可能没有明显的直接执行者，我们可以先标识用例，然后再识别出执行者，用例最终至少与一个执行者连接。

开发一个项目所选取的用例个数应该适当。用例选取的数量以能够简洁、准确、完整地描述系统功能需求和方便系统开发运作为标准，使项目规模和用例数之间保持适当均衡。

3. 描述用例

在 UML 中，用例的图形符号标识为一个椭圆形，里面写上用例名。

- 用例名：每个用例都有一个区别于其他用例的具有唯一性的标识符——用例名。
- 简单名：单独的用例名。
- 路径名：简单名前加上该用例所在的包（子系统）名，中间由“::”连接。

一般情况下，用例只显示它的名称。图 3-5 中的用例标明的就是一个路径名，“财务系统:: 固定资产折旧”，表明固定资产折旧这个用例属于财务子系统。

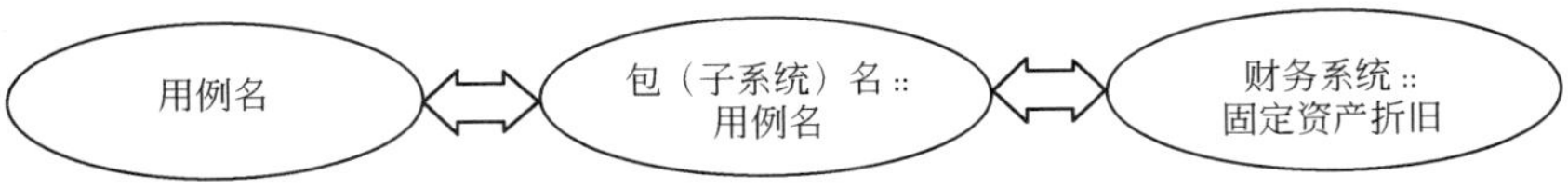

图 3-5 用例的图形元素符号

用例描述的是一个系统（或子系统、类、接口）做什么，而不是描述怎么做。通常用足够清晰的、用户容易理解的正文来描述，它是一份关于执行者与用例如何交互的简明、一致的规约。它着眼于系统外部的行为，而忽略系统内部的实现，描述中应使用用户习惯使用的语言和术语。

用例的文字描述应包括以下内容：

- 用例的目的（功能）。
- 该用例在什么情况下被哪个执行者启动执行。
- 用例与执行者之间交互哪些消息来通知对方作出决定。
- 交互的主消息流及因此被使用或修改的实体。
- 用例中可供选择的异常事件流。
- 用例结束标志：给执行者返回一个可识别的值。

举例：

例如，在教学管理系统中，一个学生选课的过程用自然语言描述如下：

学生输入标识码（ID），系统识别标识码的有效性，确认后进入选课活动，先浏览本学期预开课程，选择自己要上的课程，系统确认后，退出系统，系统给出所选课程列表及相应学分合计。

这个交互过程的用例可以用正文列表格式描述如下：

用例名称：学生选课

执行者：学生

目的：完成一次学生选课的完整过程。

类型：主要的、基本的

级别：一级

过程描述：

1）学生输入标识码（ID），系统识别标识码的有效性。

2）对学生进行注册识别。

3）浏览本学期预开课程。

4）学生选择自己要上的课程并确认。

5）退出系统，系统给出所选课程列表及相应学分合计。

异常事件流处理：

1）标识码有效性检查失败，允许学生重新输入（3 次机会）。

2）注册识别失败，没有注册（尚未交学费）的学生不能选课。

3）选择课程确认失败，所选几门课程在上课时间上发生冲突时，系统提示重选。

上述用例至少有一个执行者（学生）与其发生联系。它有一个成功选课的场景，还有三个选课失败的场景，即标识码有效性检查失败、注册识别失败和选择课程确认失败，由它们完整地描述了一个用例。

为了使客户更好地理解一个复杂的用例，可以用多个实例场景描述系统的行为。从上面例子中可以看出，可以给出一些用例的实例——场景——作为用例描述的补充，这些场景描述了一些特殊的情况，其中执行者和用例都以实例形式出现。但是场景描述只是一种补充，它不能替代用例描述。用例模型必须能被用户理解，不应太形式化。

用例也可用活动图来进一步详细描述，活动图描述了系统活动的顺序，以及可选择的路径，活动图稍后介绍。

3.2.6 用例之间的关联

在用例模型中，用例与执行者有关联，用例之间也可以有关联。UML 中用例间的关联主要有 4 种：继承关联、扩展关联、包含关联和使用关联。

1. 继承关联

用例也是一种类，类之间的继承和被继承关系在用例之间也存在。继承关联表示两个用例之间有继承关系，其中一个用例称为父用例，其派生的用例称为子用例。子用例的实例继承了父用例的功能，而且还有自己特有的功能。用例的继承关联是一种泛化关联。

图 3-6 表示用例之间的继承关联，采用与类的继承关系相同的图形符号表示，即带实线的空心箭头表示继承关联，由子用例指向父用例。在图 3-3 描述应用软件生命周期的用例图中，“设计应用”和“实现应用”两个用例之间就是继承关联，“设计应用”是父用例，而“实现应用”是子用例。“实现应用”用例继承了“设计应用”用例的功能特征，“实现应用”用例还可以有自己特有的功能，如采用某种算法或技术进行相应的处理等。

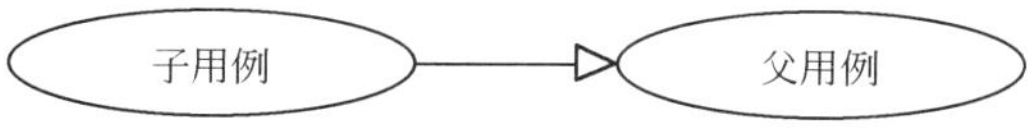

图 3-6 用例之间的继承关联

2. 扩展关联

用例的扩展关联与继承关联类似，是一种依赖关系，通过向基本用例添加动作来扩展该用例。在 UML 中，对扩展用例有更多的规则限制：

- 基本用例可以是独立的。
- 在一定条件下，基本用例的动作可由另外一个用例扩展而来。
- 基本用例必须注明若干“扩展点”，扩展用例只能在这些扩展点上增加一个或多个新的动作。
- 通常将一些常规的动作放在一个基本用例中，将非常规的动作放在它的扩展用例中。
- 扩展关联由依赖关系即带箭头的虚线表示，虚线上注明构造型<<extend>> 。
- 箭头从基本用例指向扩展用例。

采用继承关联和扩展关联可以把一个复杂的用例分解为几个简单用例，从而使系统更加简洁、清晰、明了。

图 3-7 给出一个扩展关联的用例图。图中“排课表”用例描述每学期在指定教室安排课程的功能。如果本学期增加了几门新课程，又新增加了几间教室，超出原来“排课表”用例的功能，课表不能正常安排，此时通过功能扩展，可以在“排新课表”用例中处理这种情况。

“排新课表”是扩展用例，有两个扩展点：增加新课和增加教室。在这里，“排课表”用例有 4 种选择：

- 不扩展：课程和教室都没有变化，按上学期的样子排课表。
- 增加新课：在扩展点添加“增加新课”动作。
- 增加教室：在扩展点添加“增加教室”动作。
- 既增加新课又增加教室：在扩展点添加“增加新课”和“增加教室”动作。

在图中，扩展用例选择了第 4 种方案，既增加新课又增加教室，在带箭头的虚线下方用{}注明；在虚线的上方用构造型<<extend>> 说明两个用例是扩展关系。

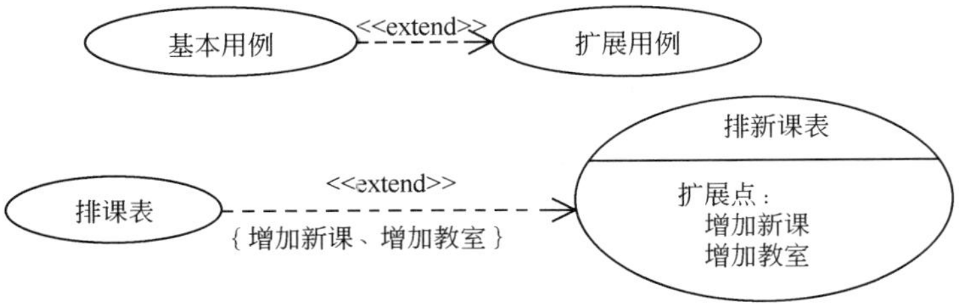

图 3-7 用例之间的扩展关联

3. 包含关联

包含关联也是一种依赖关系。在包含关联中，一个基本用例的功能包含另一个用例的功能。在 UML 中，用一个带箭头的虚线连接两个用例，在虚线上方注明构造型<<include>> ,表明两个用例之间具有包含关联。如图 3-8 所示。

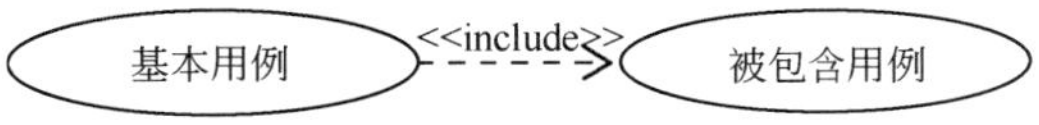

图 3-8 用例之间的包含关联

图中，虚线箭头从“基本用例”指向“被包含用例”，说明“基本用例”包含“被包含用例”的功能。当有几个“基本用例”都指向同一个“被包含用例”时，说明这几个“基本用例”都包含该“被包含用例”的功能。采用包含关联描述，可以把几个“基本用例”共有的公共功能提取出来，放到一个“被包含用例”中描述，以免几个“基本用例”分别对共有行为、功能进行重复描述。

通常在描述一般行为的变化时采用扩展关系；在两个或多个用例中出现重复描述，又想避免这种重复描述时可采用包含关系。

4. 使用关联

使用关联也是一种继承关系。在使用关联中，一个用例使用另一个用例的功能和行为。在UML 中，用例之间的使用关联的图形描述和用例的继承关联一样，用一条带空心箭头的实线连接一个子用例和一个父用例，箭头从子用例指向父用例，实线上方标明构造型<<use>> 表明两个用例是使用关联。如图 3-9 所示。

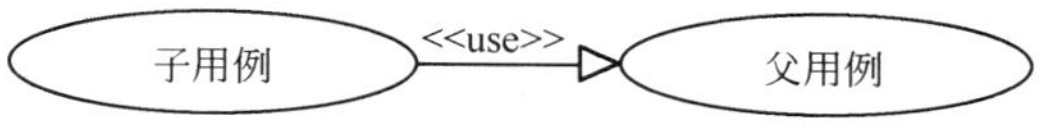

图 3-9　用例之间的使用关联

图中表明，子用例在使用父用例的功能和行为。如果有多个子用例使用同一个父用例，表明这些子用例在共享父用例的功能和行为。

在系统分析与设计中，可以从以下几点考虑来定义用例之间的关联：

- 一个用例偶尔使用另一个用例的功能描述时，采用继承关联。
- 两个以上用例重复处理同样的动作，可以采用使用关联或包含关联。
- 用例要采用多种控制方式对异常或任选动作进行处理时，采用扩展关联。

图 3-10 的自动售货机系统中“供货”与“收货款”这两个用例的开始动作都是打开机器，而它们的最后动作都是关闭机器。因此，将开始动作抽象为“打开机器”用例，将最后的动作抽象为“关闭机器”用例，“供货”与“收货款”用例在执行时必须使用这两个用例。“售货”是一个基本用例，定义的是售罐装饮料，而用例“售散装饮料”则是在继承了“售货”的一般功能的基础上进行了修改，增加了新的功能，因此是“售货”用例的扩展。

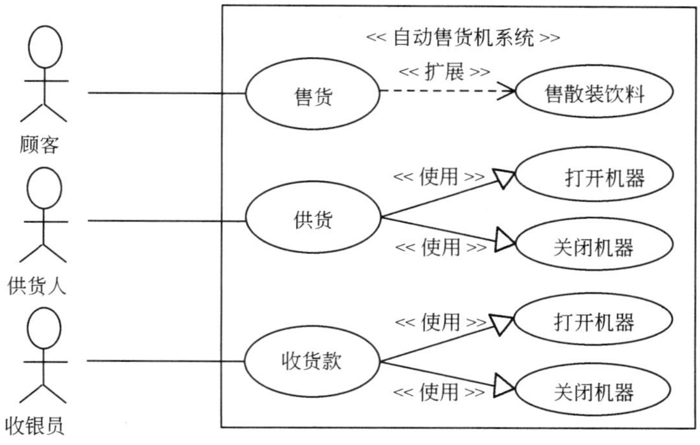

图 3-10　含有使用和扩展关联的用例图

3.2.7 用例图实例

图 3-11 是一个金融贸易系统的用例图。实线方框的边线确定了系统边界，系统边界外有 4 个执行者：“贸易经理”、“营销人员”、“客户”和“记账系统”。系统内有 7 个用例，“设置权限”、“进行交易”、“更新账目”、“交易估价”、“风险分析”、“超越权限”和“评价”。在该系统所确定的用例中，由“贸易经理”确定“设置权限”，所谓“设置权限”是指设置金融贸易范围或交易量的大小。基本的用例是“进行交易”，用例“交易估价”与“风险分析”都要使用公共的“评价”运算，所以将“评价”作为一个独立的用例。在交易过程中，可能会出现超越交易范围或超过交易量的情况，这时，允许对用例“进行交易”进行修改，即用例“超越权限”是用例“进行交易”的扩展。

虽然大多数执行者是人，但图 3-11 中的执行者“记账系统”是一个外部系统，它需要与用例“更新账目”进行交互。进行“交易估价”与“风险分析”时都要对交易进行评价，因此，“评价”用例要被“交易估价”与“风险分析”使用。用例图的设计过程在后面章节中有详细介绍，这里只是给出一个完整的用例图而已！

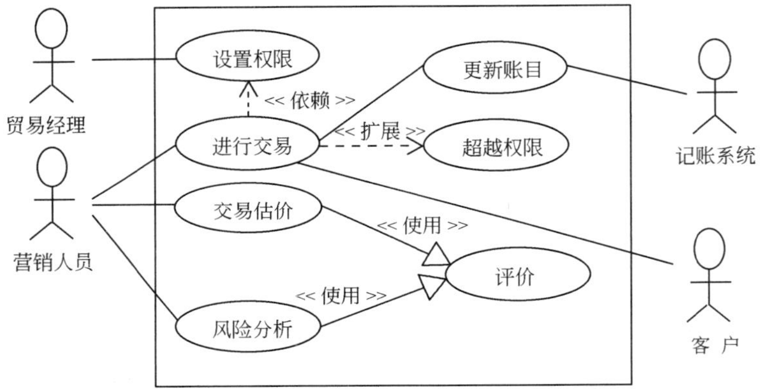

图 3-11 金融贸易系统的用例图

3.3 定义系统的对象和类

在确定了系统的所有用例并建立了用例模型后，在需求分析阶段还要定义系统的对象和类，并标识类的属性和操作。这里介绍一种类-责任-协作者（class-responsibility-collaborator，CRC）技术来完成对象类的定义。CRC 技术实际上是一组描述类的索引卡片，每张卡片分成三部分：类名描述、类的责任描述和类的协作者描述，其目的是开发一个有组织的类的表示法。CRC 卡片的格式如图 3-12 所示，卡片中的责任是用来描述类的属性和操作，协作者描述为完成该责任而提供信息的其他相关的类。下面详细介绍 CRC 卡的填写方法。

类名：	
类的类型：（如：设备、角色、场所……）	
类的特征：（如：有形的、原子的、并发的……）	
责任：	协作者：

图 3-12 CRC 卡片的格式

3.3.1 确定对象类

正确识别对象集是面向对象需求分析的基础。确定和标识类包括发现潜在对象、标识对象名、筛选对象、为对象分类，最后将同类型的对象抽象为类。

（1） 发现潜在对象

一组具有相同属性和操作的对象可以定义成一个类，因此标识类和标识对象是一致的。我们可以从用户问题的陈述或用例描述着手发现潜在的对象，通常陈述中的名词或名词短语有可能是对象，如：

- 与系统交互的角色。如管理者、工程师、销售员。
- 系统的工作环境场所。如车间、办公室。
- 概念实体、发生的事件或事情。如报告、信息显示、信函、信号。
- 部门。如班组、学校。
- 设备。如汽车、计算机。
- 与系统有关的外部实体。如其他系统、设备、人员等，他们生产或消费计算机系统所使用的信息。

（2） 标识对象名的原则

- 使用单个名词或名词短语标识对象名。
- 对象名称必须有意义、简洁明了、含义明确、易于理解。
- 尽量使用用户熟悉的行业标准术语。

（3） 筛选对象

我们可以根据以下特征来选择和确定最终的对象：

- 关键性。缺少这个对象信息，系统就不能运作。
- 可操作性。对象必须拥有一组可标识的操作，该操作可修改对象属性的值。
- 信息含量。选择信息量较大的对象确定为最终对象，只有一个属性的对象可以与其他同类对象合并为一个对象。
- 公共属性。为潜在对象定义一组属性，这些属性适用于该对象类所有的实例。
- 公共操作。为潜在对象定义一组操作，这些操作适用于该对象类所有的实例。
- 关键外部信息。问题空间中的外部实体和系统必需生产或消费的信息。

（4） 对象分类

对象还可以按以下特征进行分类：

- 有形性。类表示有形事物（如键盘），还是表示抽象的信息（如预期的结果）。
- 包含性。类是原子的（即不包含任何其他类），还是聚合的（至少包含一个嵌套对象）。
- 顺序性。对象是并发的（即拥有自己的控制线程），还是顺序的。

- 持久性。对象是短暂的（程序运行期间被创建和删除）、临时的（程序运行期间被创建，在程序终止时被删除），还是持久的（它存放在磁盘数据库中）。
- 完整性。对象是易被侵害的（即它不防卫其资源受外界的影响），还是保护的（该对象类强制控制对其资源的访问）。

可以按以上特征将一组具有相同属性和操作的对象抽象为一个类。将确定的类名填写在 CRC 卡的类名一栏中。

3.3.2 标识对象类的属性

对象的内部特征包括对象的属性和对象的操作。对象类的属性和操作是对象类所知道的或要做的任何事情。属性描述了对象的静态特征，通过一组数据（数据成员）表示；对象的动态特征则通过一组操作（成员函数）来描述。

由于面向对象方法具有对象复用的特征，因此在定义对象的属性时可以借鉴以往需求分析的成果。查看相同或相似的问题域是否有已开发的需求模型，尽可能复用其中同类对象的属性定义。从本质上讲，属性定义了对象，它们阐明了问题空间中的这个对象意味着什么，即描述了对象的特点。属性表示类的静态特征，即为了完成客户规定的目标所必须保存的类的信息——数据，一般可以从问题陈述中提取出属性或通过对类的理解而辨识出属性。对象属性的标识过程包括：寻找对象潜在属性，识别和筛选对象属性，标识属性名和进行属性说明。

(1) 发现和确定对象潜在的属性

可从以下角度来发现和确定对象潜在的属性：

- 常识性。按一般常识，该对象应具有的属性。
- 专业性。在当前问题域中，该对象应具有的属性。
- 功能性。根据系统功能的要求，该对象应具有的属性。
- 管理性。建立该对象是为了保存和管理哪些属性。
- 操作性。为了实现对象的操作功能，需要增设哪些属性。
- 标志性。是否需要增设属性来区别对象的不同状态。
- 外联性。用什么属性来表示对象的整体与部分联系和实例连接。

分析员可以再深入地研究用户的问题陈述，选择那些应属于该对象的属性，同时对每个对象都要问这样一个问题：“在当前的问题域内，哪些数据项（复合的或基本的）能够完整地定义该对象？”

(2) 识别和筛选对象属性的原则

识别和筛选对象属性的原则是：

- 原始性。如出生年月是一个属性，其导出属性“年龄”应当删掉。
- 外瞻性。如某属性描述对象的内部状态，从外界是观察不到的，应当删除。
- 相关性。删除对象内与其他属性完全不相关、不一致的属性。
- 运算性。删除对许多运算毫无影响的属性。
- 关联性。属性值受到某个关联影响，删除此属性，并把它附加在此关联上。

在识别和筛选对象属性的过程中，还应注意以下问题：

- 多值属性。一个对象类的不同实例的属性有多值时，可将其分成多个对象类。
- 重要的独立实体。不应作为某对象的属性的实体，应定义为对象。

• 抽象性。是否体现了以系统功能为目标的抽象。
• 特征性。是否描述了该对象本身的特征。

(3) 属性的命名及说明

确定了对象的属性后，应对各属性进行命名以示区别。属性命名原则与对象名命名原则相同。还应对每个属性加以详细说明，包括以下信息：

• 属性的解释。
• 属性的数据类型。
• 属性的取值范围及与对象类所体现的关系。
• 属性的实现要求同其他。

3.3.3 标识对象类的操作

对象的操作可理解为对象应该展现的外部服务的总和。操作定义了对象的行为并以某种方式修改对象的属性值或系统的状态。操作的标识可以借鉴以往需求分析的成果，也可以通过分析系统过程陈述提取出来，通常陈述中的动词可作为候选的操作。类所选择的每个操作都展示了某种行为。

(1) 寻找潜在的对象类操作

在寻找潜在的对象类的操作时，应注意以下几点：

• 应从系统功能要求全面考虑，确定相应的对象类操作。
• 从问题域考虑，确定设立相应的对象类操作。
• 分析对象的状态，确定实现对象状态转换的对象类操作。

(2) 筛选、确定操作

从潜在的操作中筛选、确定操作时，重点从以下几方面检查：

• 功能性。对象类的操作能直接体现系统功能的要求。
• 关联性。响应其他对象的操作请求，完成系统功能的要求。
• 单一性。一个操作包含多个可独立定义的功能时，则应分解为多个操作。
• 完整性。一个独立的功能被分解成多个操作时，这些操作应合并为一个操作。

(3) 命名操作

与类和属性的命名不同，操作名的命名应采用动词或动词加名词组成的动宾结构，操作名应尽可能准确地反映该操作的职能。

(4) 操作的说明

对每个操作应加以详细说明，包括以下信息：

• 操作解释。操作的作用与功能。
• 消息协议。入口消息格式。
• 消息发送。执行期间，需要请求哪些其他对象的操作。
• 约束条件。执行的前置、后置条件及执行事件等说明事项。
• 操作流程。对复杂的操作应画出操作过程流程图。

(5) 操作的分类

操作大体可分为三类：

• 对象操作。创建、初始化、维护、删除对象。

• 计算操作。完成某种算法的操作。
• 监控操作。为了控制事件的发生而监控对象的操作。

类的属性和操作描述完毕，CRC 卡片的“责任”栏填写完成。

3.3.4 标识对象类之间的关联（协作）

系统所表现的总体行为是凭借各相关对象类彼此发生关联、相互协同合作完成的。标识关联（协作），实际上是标识对象类之间的关系。可以从问题的陈述中找寻状态动词或动词词组：如包含、部分、邻接、信息沟通等，作为潜在的对象彼此之间的关联关系。关联由实例连接和消息传递构成。

(1) 建立实例连接

实例连接表示对象间的静态联系，它是通过对象属性来表示一个对象对另一个对象的依赖关系，是一种二元关系。为了要表示对象间的关联，可能要产生一个新的对象。

通过对系统及对象的属性与操作进行分析，寻找可能建立的实例连接：

• 包含性。整体与部分联系，即一个对象是另一个对象的一部分。
• 关联性。对象之间的静态联系。
• 依赖性。一个类依赖于另一个类。
• 多重性。注意对象连接的多重性。
• 多元性。多个对象之间有关联。

(2) 消息传递

对象的行为都是由消息传递引发的。一个类可以用它自己的操作去操纵自己的属性，从而完成某一特定的行为。消息传递描述对象行为之间的依赖关系，用消息连接表示。一个类也可和其他的类协作完成某个行为。对象之间的通信只能通过消息的发送和接收完成。

标识一个类的关联可以通过确定该类是否能自己完成每个操作来标识，如果不能，则它需要和另一个类交互，从而可标识一个消息传递关系。可以通过检索两个类之间的协作关系来标识消息驱动：一个类必须从另一个类获取信息。

消息的类型：

• 对象 1 激活 对象 2。
• 对象 1 提供信息给 对象 2。
• 对象 1 询问 对象 2。
• 对象 1 命令 对象 2 完成某项功能。
• 对象 1 请求 对象 2 提供服务。

(3) 筛选对象间的关联

潜在的对象间的关联关系确定后，再进行筛选。筛选的原则：

• 原始性。删除衍生关联，这些关联是重复的。
• 单一性。删除多重关联关系，以降低复杂性，便于理解。
• 结构性。如对象间的关联是瞬间即逝的事件，而不是结构上的需要，则删除这种关联。
• 相关性。删除与实际操作无关的关联。

注意：对于有关联关系的对象类（协作者），任何一个对象类被删除，则与该对象的关联也要删除。另外，关联名应有确切的含义，防止产生误导。

标识完对象类之间的关联，CRC 卡片的"协作者"栏填写完毕。到此为止，对象类定义的全过程结束了。

3.3.5 复审类的定义

定义对象类后，也就是为对象类填好一张 CRC 卡片后，应对它们进行复审，复审由客户和软件分析人员共同参与进行。复审方法犹如"击鼓传花"，详细过程如下：

1）参加复审的人，每人拿一部分对象类 CRC 卡片。注意，有协作者的对象类 CRC 卡片要分开，即没一个人持有两张有协作关系的对象类 CRC 卡片。

2）将所有用例/场景分类。

3）复审负责人仔细朗读用例，当读到一个命名的对象类时，将令牌传送给持有该类 CRC 卡片的人员。

4）收到令牌的 CRC 卡片持有者要描述卡片上记录的责任——属性和操作，复审小组将确定该类的属性和操作是否满足用例的需求。当某个属性和操作需要消息传递时，将令牌传给有协作关系（相关联）的对象类 CRC 卡片的持有者，并重复第 4 步。

5）如果 CRC 卡片上的属性、操作和协作者不能适应用例，则需对相应对象类 CRC 卡片进行修改，这可能导致定义新的 CRC 卡片，或在现有的对象类 CRC 卡片上刻画新的或修正的属性、操作和相关联的对象（协作者）。

这种做法持续至所有的 CRC 卡片都介绍完为止。

3.3.6 定义类的结构和层次

在确定了系统的类后，就可定义类的结构和层次，通过使用继承、聚合机制来组织和简化类结构。类的结构主要有两种：

（1）一般-特殊结构

一般-特殊结构表示类之间的关系具有层次结构。可以从已有的面向对象需求分析的成果中发现可复用的系统成分，也可以按问题领域的分类或一般常识分类方法找寻，还可以从分析类的属性和操作入手，找寻可能的一般-特殊结构。一般-特殊结构反映了类间一般与特殊的关系——继承关系。找到一系列候选的一般-特殊结构后，还要对其进行逐个调整和筛选。

（2）整体-部分结构

整体-部分结构表示对象之间的聚合（组合）关系，也具有层次结构。通过它可以了解哪些类的对象使用了其他类的对象作为自己的组成部分。可以从其物理结构、组织结构、空间结构及其包含、从属对象中搜寻系统中可能存在的整体-部分结构。整体-部分结构反映了对象之间的整体与部分关系。找到一系列候选的整体-部分结构后，也要对其进行逐个调整和筛选。

（3）子系统

复杂系统的需求分析模型包含成百个类和对象，直接描述这些对象类可能会使整个系统看起来庞杂混乱。为了简洁清晰地描述一个系统的模型，可以把相互协作可完成某一特定功能的一组紧密结合在一起的类的集合定义为一个子系统。一个复杂系统可以由若干个子系统组成，每个子系统还可以由若干个下属的子系统组成，以此类推，就可以用由子系统组成的层次结构来表示整个复杂系统。子系统没有实例，是一种抽象，从外界观察系统时，可以将子系统看作黑盒子，它有自己的属性、操作功能和关联，观察者不必关心其细节。

3.4 客户需求分析规格说明

UML 软件开发过程中的需求分析阶段，主要通过建立用例模型来描述系统的业务需求，必要时可以用活动图进一步深入描述相关用例的功能。还要确定完成业务需求模型（用例模型）所需要的对象类，定义这些对象类的属性和操作，描述对象类相互之间的关联，划分这些对象类的层次结构。所有这些内容可以用软件需求说明书记录在案，作为文档资料存储起来。

软件需求说明书（Software Requirements Specifications，SRS）又称软件规格说明书，是作为需求分析的一部分而制定的可交付文件。SRS 把在软件计划中所确定的软件范围加以展开，对所开发软件的功能、性能、用户界面及运行环境等作出详细说明，制定出完整的信息描述、恰当的检验标准以及其他与需求有关的数据。SRS 是用户与开发人员双方在对软件需求取得共同理解的基础上达成的协议，是实施开发工作的基础，也是软件产品开发文件中唯一与用户共同协商、共同起草的一个文件。SRS 是软件设计的依据，也是软件测试的依据。因此，SRS 是软件的根本性文件，它对要完成一定功能、性能的软件产品提供说明，并用确定的方法（用例模型、活动图、对象图、正文）叙述这些功能和性能。

需求规格说明书中的内容主要包括功能需求描述、行为需求描述和非行为需求描述。而非行为需求是指目标软件系统在工作时应具备的属性，主要有运行效率、可靠性、安全性、可维护性、可移植性等。在需求规格说明书中不应包括如人员需求、成本预算、进度计划、质量保证计划等内容，以使其简洁、目标明确。图 3-13 给出了一个需求规格说明书的基本目录格式框架以供参考。

1. 序
   - 1.1 编写需求规格说明书的目的
   - 1.2 项目背景（软件产品的作用范围）
   - 1.3 定义（术语的定义和缩写词的原文）
   - 1.4 参考资料
2. 软件产品的一般性描述
   - 2.1 运行环境与资源
   - 2.2 软件产品的功能（用例模型）
   - 2.3 用户特征
   - 2.4 限制与约束
3. 功能行为需求
   - 3.1 引言
   - 3.2 业务需求功能模型——用例模型
   - 3.3 相关用例的展开——活动图
   - 3.4 输出结果
4. 性能需求
   - 4.1 数据精确度
   - 4.2 时间特性（响应、传输、运行时间等）
   - 4.3 适应性（运行环境、计划发生变化等应具有的适应能力）
   - 4.4 故障处理
5. 运行需求
   - 5.1 用户界面（屏幕、报表格式等）
   - 5.2 硬件界面
   - 5.3 软件界面
6. 其他要求（可使用性、安全保密、可维护性、可移植性等）
7. 附录

图 3-13 需求规格说明书的基本目录参考格式框架

3.5 需求分析中的用例建模步骤

每个待开发的软件项目无论采用何种开发方法，在开发前都要进行可行性分析研究以决定是否对该项目进行开发。在决定对该项目进行开发后，软件开发过程就进入到下一个阶段——客户需求分析阶段。

根据 UML 的面向对象软件开发过程的要求，客户需求分析首先要对问题域的业务模型包括业务用例模型和业务对象模型进行建模，再从业务模型向系统模型延伸。通过建立问题域的业务用例模型和系统用例模型，最终建立起代表客户需求的完整的用例模型。用例模型是开发者与客户交流的纽带，客户应该能够看得懂用例模型。用例模型既是软件项目开发的后续基础，也是开发活动的指南。因篇幅所限，在本章的客户需求分析案例中只介绍用例模型的建模过程，业务对象类建模案例的内容放到下一章介绍。

用例建模的步骤主要包括：

1）确定系统范围、用例和执行者。

2）描述用例。

3）用例分类、确定用例之间的关联。

4）建立用例图。

5）定义用例图的层次结构。

6）审核用例模型。

3.5.1 用例的类型

一般在客户需求分析时需要找到系统或子系统中的主要业务流，为每一个业务流建立一个相应用例，为业务处理过程中的各种例外（异常）情况事件流单独建立一个相应的用例。一个系统选取的用例太多或太少都是不可取的。总之，必须找出适当的、足够多的用例，清楚地表示出系统的功能。

寻找、确定业务用例与系统用例，并对这些用例进行详细描述是客户需求和系统分析过程中最重要的工作之一。不同的软件项目有不同的业务用例、系统用例和相应的执行者，根据这些用例在系统中的作用，可以将它们分为以下几种类型：

- 端点用例：使系统开始运行和终止运行的用例。
- 基本用例：维持系统基本功能的用例，如与系统数据的建立、修改、删除、查询、显示等有关的用例。
- 主要用例：主业务流功能，该用例运行后，其他基本用例才能执行的用例。也称关键用例，如端点用例、建立系统数据用例等。
- 辅助用例：为了使系统高效率运行而增加的用例，如设置用户操作模板用例、维护系统正常工作必需的一些用例等。

一个用例可以同时具有几种类型，如启动系统开始执行的用例，它既是端点用例，又是主要用例，还是基本用例。如在后面的图 3-14 里给出的“教务管理系统”用例图中，学生“选修课注册”用例，既是基本用例，又是主要用例。

3.5.2 建立用例图

一个系统或子系统由用例模型来描述。用例模型由若干用例图及相应的正文说明来描述。一个用例图描述用例模型的一个侧面，几个用例图就可以完整地描述一个系统或子系统。

建立一个用例图的步骤：

1）确定用例。根据需求寻找和确定用例及相应的执行者。

- 确定系统的边界和范围。
- 确定系统外部的每一个执行者（人或其他系统）。
- 确定系统的功能要求。
- 将这些系统功能命名为用例。

2）描述用例。按格式对每一个用例编写说明，描述其动作和功能。

3）筛选用例。用优化组合方法解决用例间重复和冲突问题，描述用例之间的关联。

- 合并一些功能类似或相近的用例。
- 合并一些不必独立且功能琐碎的用例。
- 提取若干用例的公共功能分解成一些新用例，由其他用例共享和引用。
- 把有限的变更动作分解成扩展用例。
- 简化用例中的动作和功能描述。

4）绘制用例图。绘制用例图注意区分主业务流和异常（例外）情况事件流。

- 为主业务流的功能描述建立一个用例图。
- 将异常（例外）情况事件流单独建立一个子用例图。

5）层次化用例图。对于功能要求复杂且用例图较多的系统，可以将用例图层次化。

3.5.3 层次化用例图

为了便于简洁、清晰、明了地描述一个复杂的大系统，可以将系统分解为若干子系统，子系统还可以有自己的下属子系统，形成一个系统层次结构。

每一个子系统都需要相应的用例图进行描述，这样一来，用例图之间也具有了层次结构。高层子系统用例图中的用例可以分解为若干下属子系统的用例图，这些具有层次结构的用例图可以简洁、全面、完整地描述用例模型。当然，对于一个功能需求相对简单的系统，用例图较少，可以不对用例图进行层次化。

图3-14给出一个“教务管理系统”用例图的层次结构示例。“教务管理系统”由“毕业论文管理”、“实验室管理”、“选修课管理”和“学生成绩管理”4个用例组成。这4个用例可以分别展开成为4个下属的用例图。图中只给出了“选修课管理”和“学生成绩管理”两个用例的下属用例图，形成了2级用例图的层次结构。

如果需要，还可以把第2层“学生成绩管理”用例图中的“学生成绩查询”用例展开为其下属的第3层用例图。该用例图应包括“按姓名查询”、“按学号查询”、“按专业查询”、“按年级查询”4个用例。

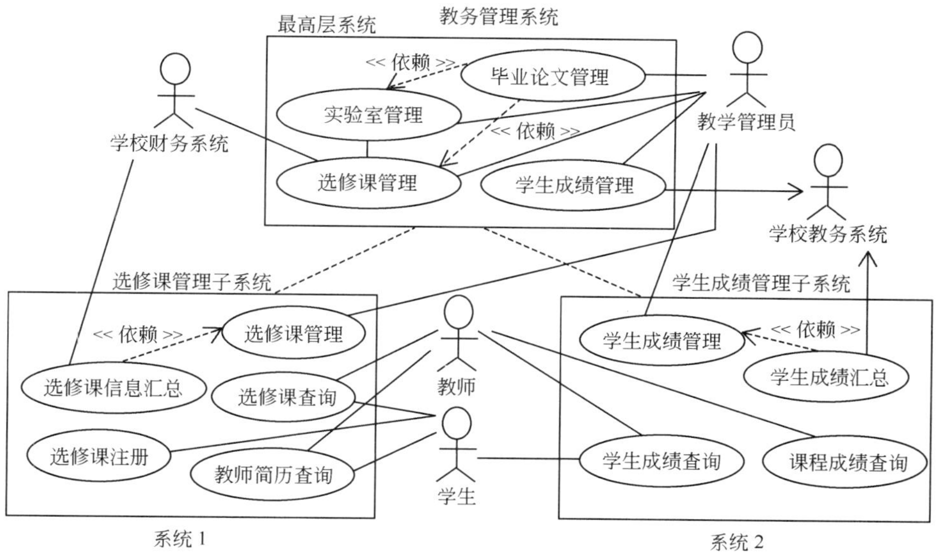

图 3-14 用例图的层次结构示例

用例图可以描述一个系统（或子系统）的系统生存环境或系统功能需求。

(1) 功能需求用例图：描述系统功能需求的用例图。要在图上列出执行者和相关用例，并对每一个执行者和用例给出说明描述。

(2) 生存环境用例图：描述系统生存环境的用例图。要在图上列出执行者和相关用例，并将用例和执行者、用例和用例之间的各种关联标注出来。

描述一个系统（或子系统）的系统生存环境或系统功能需求的用例图及其层次结构的具体应用实例在后面的案例中给出。

3.6 客户需求分析中的活动图

在面向对象的客户需求分析中，UML 的活动图是系统动态行为建模的图形工具之一，用来表示完成一个操作所需要的活动，或者是一个用例实例（场景）的活动。活动图实际上也是一种流程图，它描述活动的序列，即系统从一个活动到另一个活动的控制流。活动图特别适合描述动作流和并发处理行为。

在客户需求分析过程中建立起来的用例图，可以用文字来详细描述每一个用例。但有时候采用活动图配合来描述某个重要的用例，用图形的方式对用例具体实现的过程（流程）进行描述，会比文字描述更形象直观，使读者能够更准确地理解用例的功能和具体实现要求。所以在客户需求分析与系统分析过程中，经常需要用活动图来进一步深入描述用例图的具体功能实现流程。

3.6.1 一个简单的活动图例子

在图 3-14 描述的“教务管理系统”用例图中，其中第二层的“选修课管理子系统”用例图包含 5 个用例：“选修课管理”、“选修课注册”、“选修课查询”、“选修课信息汇总”和

"教师简历查询"。如果进一步细化，每个用例还可以展开为下一个低层（第三层）用例图。在这里，只将"选修课管理"用例展开，如图 3-15 所示。

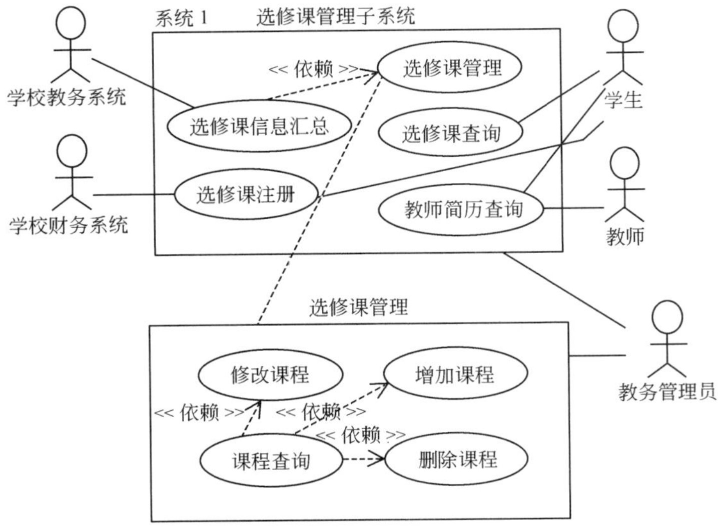

图 3-15 "选修课管理"用例展开后的用例图

在图 3-15 中，"选修课管理"用例展开后的下属用例图中包含 4 个用例"增加课程"、"删除课程"、"修改课程"和"课程查询"。在这层用例图中，"课程查询"用例分别依赖于"增加课程"、"删除课程"和"修改课程"用例，只有"教务管理员"执行者有权管理系统中的 4 个用例。我们可以用文字对这些用例的功能和实现方法进行详细描述，也可以对重要的用例配合采用活动图进行描述，详细描述该用例的工程流程及具体实现方法。图 3-16 就是对"增加课程"用例进行描述的活动图。

在图 3-16 中，实心圆图符表示活动的起始端，带有实心圆的圆形图符表示活动的终止端。图中共有 9 个活动（活动由左右边框为圆形边线的矩形表示），3 个泳道"用户界面"、"业务逻辑界面"和"数据库界面"（由贯穿活动图的 2 条竖直线分割而成）将这些活动按其性质分成 3 部分。由一些带箭头实线将这些活动连接起来，组成一个完整的活动图。

读者可以看出，在"用户界面"泳道包含 3 个活动："输入课程各项信息"、"显示增加成功信息"和"显示增加出错信息"，这几个活动都与用户界面有关。而与"业务逻辑界面"泳道有关的活动是："验证课程信息完整性"、"创建课程对象"、"判断加课是否合法"和"判断加课是否成功" 4 个活动。与"数据库界面"泳道有关的活动有 2 个："查询数据库中课程"和"数据库添加课程"活动。

该活动图从"输入课程各项信息"活动开始，到"显示增加成功信息"或"显示增加出错信息"终止。在"业务逻辑界面"泳道中还有 2 个逻辑判断（由菱形图符表示），活动流程将按满足条件的方向继续前进。

通过图 3-16 所示的活动图，读者可以清楚地了解"增加课程"用例的功能要求及其具体实现过程。我们也可以用如下文字描述该活动图的执行过程。

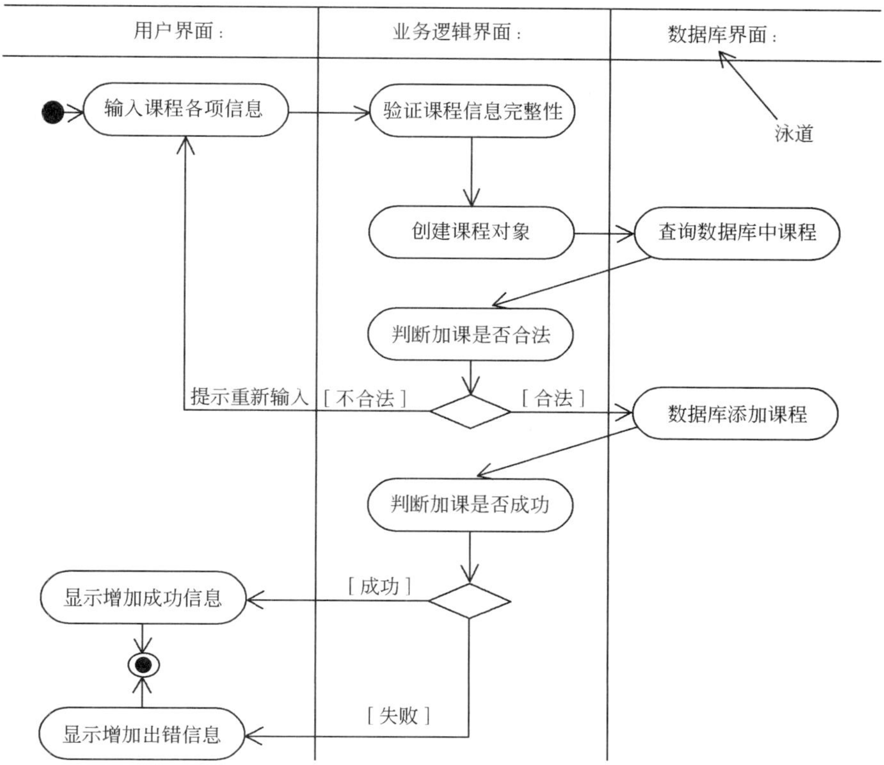

图 3-16　描述“增加课程”用例的活动图

“增加课程”用例从“用户界面”泳道开始“输入课程各项信息”活动，完成输入课程各项信息的工作后，进入“业务逻辑界面”泳道开展“验证课程信息完整性”活动，验证在“输入课程各项信息”活动中产生的各项信息是否完整。

“验证课程信息完整性”活动结束后，就要进行“创建课程对象”活动，即创建一个新的课程对象。然后转移到“数据库界面”泳道对这个新创建的课程对象在数据库（存放已经建立的课程）中进行“查询数据库中课程”的活动，查看课程数据库中是否已经存在该课程。根据查询结果，再转移到“业务逻辑界面”泳道进行“判断加课是否合法”活动，如果不合法（如课程重名等），则在屏幕上提示“重新输入”字样，提示用户返回到“用户界面”泳道重新进行“输入课程各项信息”活动。

如果合法，则转移到“数据库界面”泳道进行“数据库添加课程”活动，即在数据库中正式添加这个课程对象。然后再转移到“业务逻辑界面”泳道进行“判断加课是否成功”活动，如果成功，返回到“用户界面”泳道进行“显示增加成功信息”活动，提示用户：增加课程的所有活动结束。如果增加课程不成功，则返回到“用户界面”泳道进行“显示增加出错信息”活动，提示用户：增加课程的任务没有完成，“增加课程”的所有活动结束。

3.6.2　活动图的基本描述图符

在运行着的系统中各种对象时刻都处于某种活动状态中，正是这一系列的活动完成了某些特定的系统功能（用例）要求。描述系统中某个特定的功能（用例）可以使用活动图。各种活动以及引发这些活动的迁移组成一个完整的活动图。描述一个活动图的图符元素除了活动图符和迁移图符外，还有起始活动、结束活动、条件判定、发出信号、接收信号和并发等各种图符元素。

1）活动：活动的图符用一个两边为弧形的矩形框表示。

2）迁移：用带箭头的实线表示，箭尾连接出发活动（源活动），箭头连接到达活动（目标活动）。活动图中的迁移是无条件的，一个活动结束即可自动进入到下一个活动。

3）起始活动：代表活动图的起始点，本身无活动。起始活动是迁移的开始源点，不是迁移的目标。起始活动由一个实心圆表示。

4）结束活动：代表活动图的最后活动，本身无活动，是活动图的终止点。结束活动是迁移的最后目标，不是迁移的源。结束活动由一个圆形中套一个实心圆表示。

5）条件判定：与程序设计语言中条件分支类似，条件判定是一个转折点，活动迁移按照满足条件的方向进行。条件判定图符用空心菱形表示，条件判定通常为一个入迁移，多个出迁移。条件是一个逻辑表达式，活动迁移沿判定条件为真的分支迁移。

6）并发活动：并发活动描述活动的同步工作状态。并发活动分为分劈和接合两种图符：并发分劈表示将一个源活动分劈为多个目标活动，多个目标活动是并行迁移的；并发接合表示将多个源活动接合为一个目标活动，多个源活动也是并行迁移的。并发活动图符如图 3-17 中所示，其中的粗短实线称为并发（同步）杆。

一个对象的活动图就是由以上这些不同的图符元素排列组合而成。在 David Harel 的研究基础上，UML 提供了更加完全的活动图描述方式。UML 活动图的基本符号如图 3-17 所示。

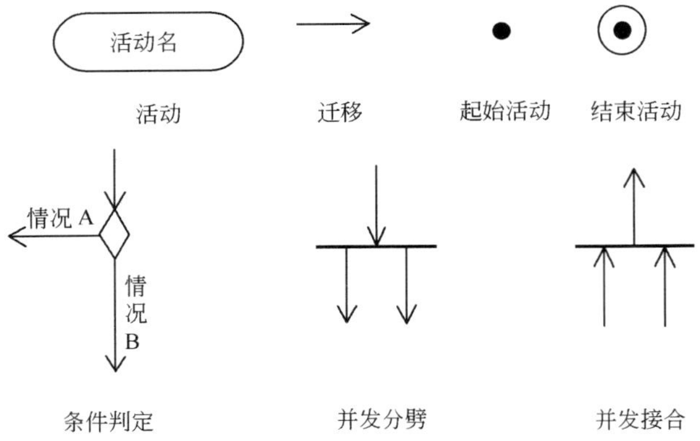

图 3-17　活动图的基本符号

活动图是描述对象间互动关系的一种方法，它的工作有两条：一是记录各种活动（将被执行的工作和各种活动），二是记录由于其对象状态转换而产生的各种结果。活动图的特点：

- 活动状态迁移不需要事件触发，活动执行完毕可以直接进入下一个活动状态。
- 活动置于责任区（泳道）中，责任区将活动按责任目标和组织归属的原则分类。

3.6.3 活动图中的几个基本概念

1. 动作状态

表达不可中断的动作或操作的执行，用于对实例中原子性（不可分割）动作或算法的执行步骤建立模型。动作状态使用活动图标符号进行描述，动作状态有如下特点：

- 活动的内部动作不可中断，即不能有入口动作、出口动作和内部迁移。
- 可以有入迁移和至少一个出迁移。
- 动作状态必须指定在单泳道内，指明负责该泳道的对象运行该活动的动作。
- 除了出现在动作状态的出迁移的事件外，其他无关事件不出现在出迁移的事件中。
- 在一张活动图中，同一动作状态可多次出现，表示同一动作的不同状态。

动作状态的入迁移是动作流或对象流，其出迁移不是基于外部事件触发，只表示其内部动作完成。如果画泳道的话，动作状态必须在指定的泳道内。动作状态必须延迟无关事件，使其不出现在出迁移的事件中。不能中断动作状态中的动作，在建模中可把其动作看成瞬间行为，动作的持续时间并不重要。动作状态的图符也可以表示活动状态。

2. 活动状态

拥有一组不可中断的动作或操作，表达一个非原子性活动的运行。活动状态使用活动图标符号进行描述活动状态有如下特点：

- 活动本身可以中断，且通常需要持续一个时间段才能完成。
- 活动状态中可以有入口动作、出口动作和内部迁移。
- 活动状态可以分解，也可以用另一个活动图来表达。
- 活动状态图符使用动作状态图符表示。

也可以说，一个活动状态是由一系列动作状态组成。活动状态的图符中可以只标明活动名称，也可以详细描述其入口动作和出口动作等。

3. 动作流

一个实例的不同动作状态之间的联系，说明状态之间的控制流。

- 动作流：由带箭头的实线表示，由源动作活动出发指向目标动作活动。
- 无条件动作流：动作流上无条件，表示无触发迁移或完成迁移，迁移自动进行。
- 条件动作流：动作流上条件为真时，触发迁移发生，进入下一个动作状态。
- 条件分支：一个入迁移和多个带条件的出迁移，各个出迁移条件互斥。
- 条件合并：两个以上的入迁移和一个出迁移。

图 3-18 描述一个打印所有履约合同信息的活动图。在该图中，各个动作状态执行的顺序如下：

1）在合同窗口选择“打印所有履约合同（）”操作。

2）判定磁盘是否有合适的可用磁盘存储空间（菱形框），有两种情况：

- 磁盘已满：条件成立，不能继续执行，在屏幕上显示“磁盘已满”信息，活动结束。
- 磁盘有空间：条件成立，继续执行，在屏幕上显示“打印履约合同”信息，继续执行到下一个动作状态。

3）在磁盘上建立后备打印“履约合同”文件，并开始在打印机上打印该文件。

4）打印完毕，在屏幕上删除显示信息。

5）活动结束。

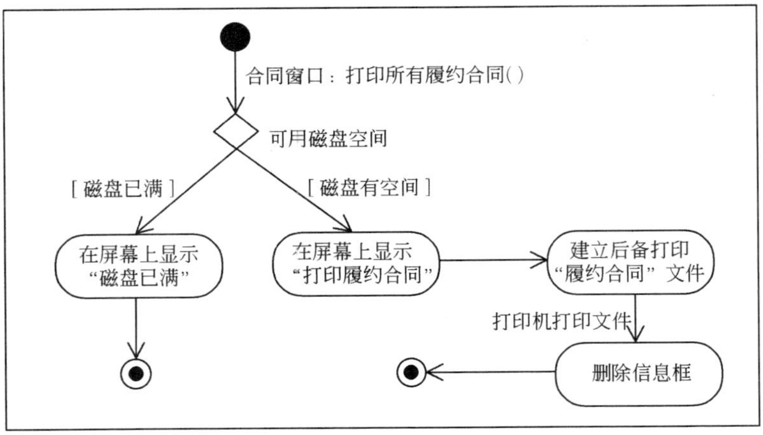

图 3-18　描述一个打印所有履约合同信息的活动图

4. 泳道

泳道代表对象对活动的责任。一张活动图可划分成若干矩形区，每个矩形区为一个泳道，泳道名放在矩形区的顶端。把这些泳道指定给对象，这些对象必须履行该泳道包括的活动。泳道是把指定对象和活动相联系的办法之一，它明确表明哪些对象进行了哪些活动。

通常根据责任把活动组织到不同的泳道中，它能清楚地表明动作在哪里执行（在哪个对象中），或者表明一个组织的哪部分工作（一个动作）被执行，如图 3-16 所示。

5. 活动图中的对象

在活动图中也可以表示对象。对象用对象符号（矩形）表示，它可作为活动的输入或输出（用带箭头虚线连接），也可展示一个对象受一特定动作的影响（用动作和对象之间的带箭头虚线表示）。在活动图中，带箭头虚线也称为对象流，对象流表示动作状态或活动状态与对象之间的关联。如图 3-19 所示。

在图 3-19 中，3 个泳道分别出现 3 个对象：“用户界面”对象、“课程”对象和“数据库”对象。在执行“输入课程各项信息”动作时，产生“用户界面”对象。在“用户界面”对象上输入课程需要的各项信息后，经过“验证课程信息完整性”活动后，如果检查无误，则产生（创建）一个新“课程”对象。利用一个“数据库”对象对新创建的“课程”对象进行“查询数据库中课程”和“数据库添加课程”活动，经过“判断加课是否合法”和“判断加课是否成功”活动，将新创建的“课程”对象添加进“数据库”对象。

通过活动图中的对象流，可以清楚地描述各项动作状态与不同对象之间的关系，方便系统的分析与设计。

3.6.4　活动图中的并发与同步活动

活动图中，一个动作（或活动）状态的迁移可以分劈成两个或多个导致并行动作（或活动）状态的迁移；若干个来自并行动作（或活动）的迁移也可以合并（接合）成一个迁移。值得注意的是，一个动作（或活动）状态迁移分劈后，在合并之前并行迁移上的活动必须全部完成。也就是说，动作状态的分劈和同步接合要成对出现。在一个分劈-同步接合对中，

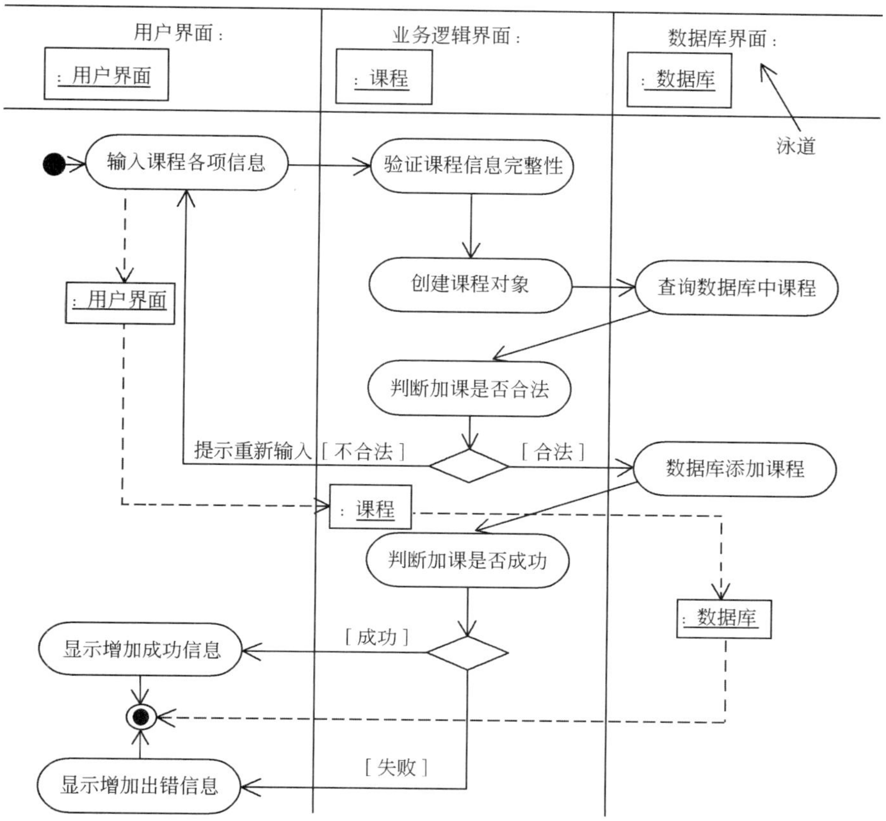

图 3-19 活动图中的对象及对象流

可以嵌套另一个分劈-同步接合对。在活动图中用一条黑体粗线（称同步杆）来表示迁移的同步分劈和接合。图 3-20 中就出现了同步分劈和接合图符。

1. 活动图中的同步线程

在活动图中，一个线程经过同步杆“分劈”后分为几个线程，当这几个线程全都执行完毕后，再经过同步杆“接合”为一个新线程，这就是同步并发迁移的概念。但是，在活动图中，经过同步杆“分劈”后分为几个线程，可能其中的某一线程只有在满足特定条件的情况下才能执行。此时，没有满足条件的线程可以不执行，只要其他几个线程执行完毕，就可以经过同步杆“接合”为一个新线程。“分劈”后附加条件的线程称为条件线程，在执行时，该线程的条件为“假”，对于同步“接合”而言，就认为该线程已执行完毕。

图 3-20 描述了一个学生学籍管理的活动图。在图 3-20 中，右边的“授予学位”活动状态就是一个条件线程。在该图中，只要核对“注册交费”线程和“选修应修课程”线程完成，就可以安排学生毕业。而同是并发分劈同步运行的条件线程“授予学位”，当其条件“修满学分”为真时，说明该学生可以“授予学位”，就可以和“准备毕业”线程同步并发接合为一个线程“学生毕业”。当条件线程的条件为“假”时，对于同步“接合”而言，就认为该线程已执行完毕（不执行“授予学位”线程），仍然执行“学生毕业”活动。

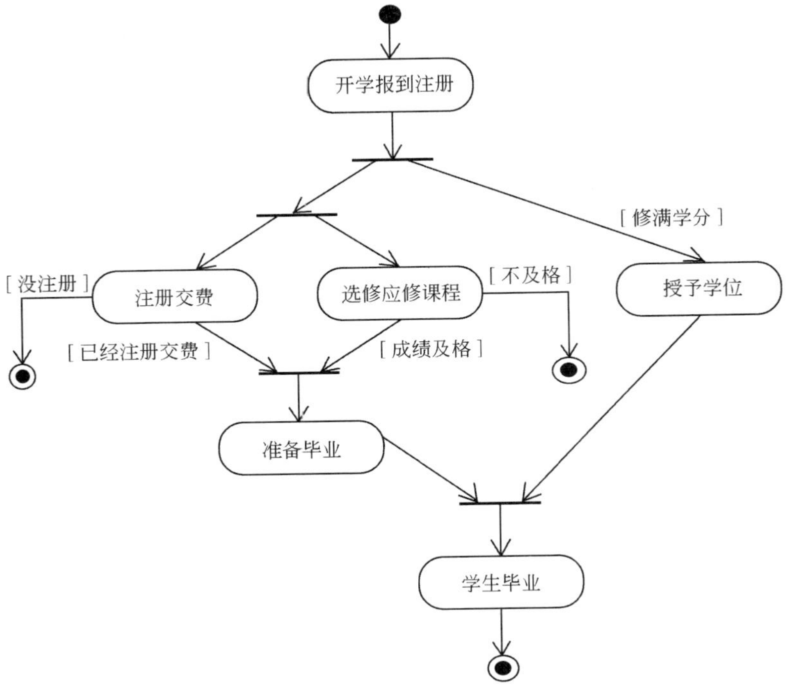

图 3-20 活动图中的条件线程

2. 动态并发活动

动态并发是指一个动作或活动可以并发重复执行，其并发执行次数由运行时的并发表达式确定。图 3-21 是图 3-20 的简化活动图，采用动态并发形式描述同一个活动。

图 3-21 描述一个学生学籍管理从“开学报到注册”开始，对“选修应选课程”和“注册交费”经过多次重复执行，最后完成取得“修满学分”、“授予学位”的全部活动，“学生毕业”离校。在“选修应选课程”活动状态中，有一个重复标记“ * ”。说明该活动状态是一个动态并发活动状态，即在执行“选修应选课程”时，可能要分多次才能执行完毕。学生可能分几学期分批选修应选课程，并进行相应的“注册交费”活动。如果所选修的课程成绩不及格，还有机会重修，但不能超过 3 次。

采用动态并发活动图来描述系统的工作，既清楚、简洁，又有层次性。当然，对于动态并发活动可以在另一个活动图中对其进行详细描述。

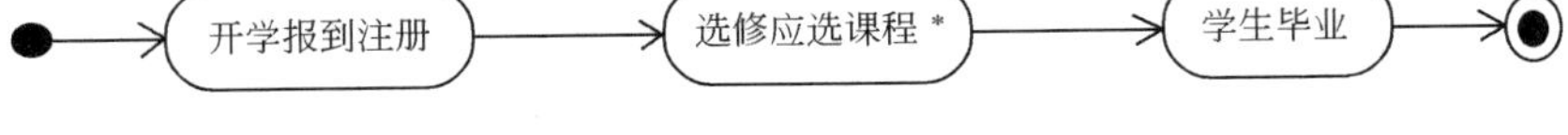

图 3-21 动态并发活动图

3. 具有层次关系的活动图

对于一个复杂的面向对象系统来说，需要很多个活动图对其进行描述。将这些描述系统不同部分的活动图按其结构层次关系进行排列，可以更简洁、清晰地展示该系统。在一个活动图中，其中的一个活动可以分解为若干个子活动或动作，这些子活动或动作可以组成一个新的活动图。

活动按其构成可以分为简单活动和组合活动。一个不含有内部嵌套活动或动作的活动，称为简单活动。简单活动是组成活动图的基本元素。一个内部嵌套了若干活动或动作的活动，称为组合活动，其中被嵌套的活动称为子活动。子活动也可以是组合活动，也可以有自己的内嵌套子活动。组合活动有自己的名字和相对应的子活动图。

按结构层次关系描述系统活动图时，可以在最高层只描述几个组合活动，不必涉及子活动图的内容。组合活动的内部行为可以在低一层的活动图中进行描述，这样便于突出主要问题，使图形更加简洁明了。

3.7 需求分析用例建模案例

本案例以“企业综合信息管理系统”为例，介绍需求分析阶段的业务和系统用例建模的步骤。

3.7.1 客户需求分析

1. 业务组织结构（综述）

“企业综合信息管理系统”的用户是企业各级管理部门的工作人员、公司经理和系统操作人员。该系统主要提供“财务管理”、“人力资源管理”、“生产调度管理”、“进销存管理”、“生产设备安全管理”和“行政事务管理”等方面的服务。

（1）财务管理

企业“财务管理”部门管理企业的所有资金往来。包括产品销售后资金的回收、购买原材料（零部件）的资金支取、组织产品生产的开销、员工工资的发放、差旅费用的报销、固定资产的折旧、行政办公费用的支出、定期向公司经理提供“企业财务状况汇总报表”等。还要跟银行打交道，办理借贷、还款、流动资金的存取支付，向税务局缴纳税金和上报相关报表等。

（2）人力资源管理

“人力资源管理”部门负责对企业员工进行管理。包括对员工进行招聘、录取、辞退工作，对企业各部门的人员需求进行调配，对各级管理部门的工作人员进行考核，对优秀员工进行奖励，对犯有错误的员工进行惩罚，对员工的工资调整提出意见，编制全体员工的工资报表等。

（3）生产调度管理

“生产调度管理”部门负责企业的产品生产调度工作。包括制定原材料（零部件）采购计划、产品生产计划，根据产品的销售状况和库存产品积压情况调整产品生产数量，制定月、季度、年终生产报表，向“人力资源”部门提出生产车间员工需求报告等。

（4）进销存管理

“进销存管理”部门实际上负责整个企业产品的销售、原材料（零部件）的购进、产品及原材料的存储和产品的售后服务。

细分，产品销售还包括制定产品销售计划、推销本企业的产品、与客户签订销售合同、产品销售后及时追缴客户的应付货款、检查合同履约率、提供售后服务等。

原材料（零部件）购进包括制定采购计划、与客户签订采购合同、合同执行后催促客户及时发送所订货物、向客户及时支付购货款、检查合同履约率等。

库存管理对企业所有的产品和生产原材料（零部件）进行验收、入库、存储和出库管理。包括编制库存货物清单、入库单、出库单，及时打印超过库存预警线的生产原材料（零部件）清单交给采购部门组织购进，编制月、季度、年终库存损耗报表以便上级管理部门进行核销，编制季度、年终库存资产财务报表等。

（5）生产设备安全管理

“生产设备安全管理”部门负责企业所有生产设备和工作人员的安全生产管理。包括对企业所有生产设备的登记造册，记录每台设备的使用状态，及时修理发生故障的设备以保证生产的持续进行。每年编制生产设备的折旧报表。对企业员工进行安全生产教育、定期检查生产第一线员工的安全生产环境和装备、对发生的安全生产事故及时进行处理等。

（6）行政事务管理

“行政事务管理”部门负责对企业的行政事务进行管理。包括制定计划购买办公用品、对员工的福利待遇进行审批、发放。负责办公生活设施的维护修缮，对非生产人员如秘书、司机、后勤人员进行管理，每年编制固定资产折旧表等。

2. 具体功能要求

“企业综合信息管理系统”是一个比较大的复杂系统，因篇幅所限，本案例只对其中的“进销存管理子系统”进行详细的需求分析用例建模。对于其他子系统的用例建模，读者可以参照本案例自己进行分析建模。“进销存管理子系统”包括“销售管理子系统”、“采购管理子系统”和“库存管理子系统”。下面对它们的功能要求分别进行描述。

（1）销售管理

销售管理包括制定产品销售计划、推销本企业的产品、与客户签订销售合同、产品销售后及时追缴客户的应付货款、检查合同履约率、提供售后服务等。

- 制定销售计划。根据企业生产能力和对当前市场行情的预测制定月、季度和全年产品销售计划。产品销售计划上报主管经理批准后，分送生产调度管理部门准备组织生产，送采购管理部门准备采购原材料（零部件），送财务管理部门准备流动资金。
- 与客户签订销售合同。销售合同内容主要包括：产品名称、规格、单位、单价、数量、总金额、发货时间、发货量、客户付款时间等。合同签订生效后，分送生产调度管理部门组织生产，送库存管理部门准备原材料，送采购管理部门采购原材料，送财务管理部门备查。
- 检查合同履约率。销售合同执行期间，定期检查合同履约情况。催促生产调度管理部门按合同组织生产，按时从仓库提取产品发送给客户，及时催要客户按合同应付的款项。
- 组织生产。生产调度管理部门按销售合同规定的产品规格、数量、交货时间组织生产。
- 对产品进行入库、出库处理。按销售合同规定的产品规格、数量、交货时间，库存管理部门对生产的产品进行入库验收、存储，根据销售部门的出库申请单对产品进行出库、发送。
- 财务管理部门收取客户货款。按销售合同及已发送产品的数量收取客户的货款，对没按时交货款的客户，通知销售部门进行催款。
- 售后服务。产品维修人员对销售出去的产品及时进行维修、更换，提供完善的售后服务，维护企业信誉，扩大产品销路。

(2) 采购管理

采购管理部门的工作包括制定采购计划、与客户签订采购合同、合同执行后向客户催促及时发送所订货物、向客户及时支付购货款、检查合同履约率等。

- 制定原材料（零部件）采购计划。根据销售管理部门发送来的销售计划制定月、季度和全年原材料（零部件）采购计划。采购计划上报主管经理批准后，分送生产调度管理部门备查，送库存管理部门准备储存原材料（零部件），送财务管理部门准备流动资金。
- 与客户签订采购合同。根据库存管理部门提出的“超过库存预警线的生产原材料（零部件）清单”和生产调度管理部门提出的产品生产计划组织原材料的采购。采购合同内容主要包括：产品名称、规格、单位、单价、数量、总金额、发货时间、到货时间、付款时间等。合同签订生效后，分送生产调度管理部门备查，送库存管理部门准备储存原材料（零部件），送财务管理部门准备付款资金。
- 检查合同履约率。采购合同执行期间，定期检查合同履约情况。催促供货方及时发送货物，通知仓库一起对原材料进行验收入库，通知财务部门按合同及时交付供货方应付款项。原材料按合同全部到齐并验收入库，货款也已经全部支付完毕，说明合同已经履约，执行完毕，设置履约标志。
- 库存管理部门对原材料进行入库验收、存储。库存管理部门按采购合同规定的产品规格、数量、来货时间，对原材料进行入库验收、存储。
- 财务管理部门支付货款。财务管理部门按采购合同及已收到的原材料数量按时支付货款给供货方。

(3) 库存管理

库存管理部门对企业所有的产品和生产原材料（零部件）进行验收、入库、存储和出库管理。包括编制库存货物清单、入库单、出库单，及时打印超过库存预警线的生产原材料（零部件）清单交给采购部门组织购进，编制月、季度、年终库存损耗报表以便上级管理部门进行核销，编制季度、年终库存资产财务报表等。

- 产品入库管理。库存管理部门对企业内生产部门送来的产品按产品的品名、规格、数量、单价进行验收入库，存放到指定库位，打印入库单。
- 原材料（零部件）入库管理。库存管理部门与采购部门一起，根据发货单共同对供货方发送来的原材料（零部件）按采购合同对产品的品名、规格、数量、单价进行验收入库，存放到指定库位，打印入库单。
- 原材料（零部件）出库管理。库存管理部门根据生产调度管理部门签署的原材料（零部件）提货申请单对原材料（零部件）进行清点验收出库，打印出库单。
- 产品出库管理。库存管理部门根据销售部门签署的产品提货申请单对产品进行清点验收出库，打印出库单。
- 库存管理。库存管理部门对仓库内的货物按时进行盘点，打印出月、季度和年库存货物盘点清单，对各种原因造成的货物损毁进行统计，打印货物损毁报表，报主管领导批准核销。每年 12 月底打印库存货物资产核对表，送财务部门进行统一核算。随时对超过库存预警线的企业产品打印清单，送生产调度管理部门组织生产。对超过库存预警线的原材料（零部件）打印清单，送采购部门进行采购。要求能对库存货物按货物编号、货物名称、规格等进行查询，进行入库、出库管理，打印入库、出库单。

- 采购管理部门组织采购。按库存管理部门送来的“超过库存预警线的生产原材料（零部件）清单”，采购管理部门组织采购，并反馈信息。
- 生产调度管理部门安排生产。生产调度管理部门按库存管理部门送来的“超过库存预警线的生产原材料（零部件）清单”安排生产，并反馈信息。
- 财务管理部门对库存货物资产进行核算。财务管理部门对库存货物资产核对表进行统一核算，并反馈信息。

3. 需求补充说明

（1）数据保存

进销存管理子系统需要长期保存在数据库（存入磁盘）中的数据有：

- 采购合同：每个合同执行期可能多达几个月，合同需要长期保留。
- 销售合同：每个合同执行期可能多达几个月，合同需要长期保留。
- 历年履约合同：履约后的合同需要长期（几十年）保留。
- 库存货物清单：库存货物量随出、入库有所消长，要长期保存。
- 货物损毁报表：长期保留以备查。
- 入库单：长期保留以备查。
- 出库单：长期保留以备查。
- 库存货物资产核对表：长期保留以备查。

（2）系统的用户

进销存管理子系统的用户包括客户、仓库管理员、销售人员、采购人员、公司经理、财务管理系统、生产调度管理系统等。

- 客户：与销售人员签订销售合同，与采购人员签订采购合同，从仓库领取出库货物。
- 仓库管理员：对仓储物资进行出入库检验和出库、入库、库存盘点等处理操作。
- 销售人员：与客户签订销售合同，进行货款催要、产品出库、合同履约等处理操作。
- 采购人员：与供货方签订采购合同，进行货物催要、产品检验入库、合同履约等处理操作。
- 公司经理：检查合同履约率、库存货物资产核对表等。
- 财务管理系统：根据采购、销售合同向客户支付或收取货款，处理库存货物资产核对表等。
- 生产调度管理系统：根据销售合同组织生产，向采购和库存管理部门提供生产计划，从仓库领取生产用原材料（零部件），将产成品送入仓库存储。

（3）系统运行用户界面

进销存管理子系统运行的用户界面有：

- 销售合同管理用户界面：操作人员输入销售合同的关键信息，在执行期监控合同的正常执行和履约标志设置。
- 采购合同管理用户界面：操作人员输入采购合同的关键信息，在执行期监控合同的正常执行和履约标志设置。
- 仓库货物清单管理用户界面：操作人员对货物进行入库、出库、库存盘点等处理操作。打印出库单、入库单、库存盘点清单、超出库存量预警线货物清单、货物损毁报表及库存货物资产核对表。

(4) 系统运行的软件、硬件环境

1) 系统运行的软件环境:

- 系统建模采用支持 UML 的 CASE 工具 ROSE2004 开发环境。
- 本系统实现语言采用 VC++6.0 和 Java 混合编程。
- 数据管理采用 Oracle 数据库管理系统。
- 系统操作平台采用微软的视窗操作系统 XP。
- 采用 XX.XX 网络操作系统。

2) 系统运行的硬件环境。进销存管理子系统共有 1 个服务器, 8 台用户终端机:

- 用户终端机:采用联想 PC-100,内存 512MB,硬盘 80GB,大屏幕液晶显示器。
- 服务器:采用联想 PC-1000,内存 1GB,高速硬盘组 200GB,高速缓存,液晶显示器。
- 网络连接硬件环境:XXXX 型号网卡,XXXX 型号网线,XXXX 型号路由器组成的局域网。

3.7.2 确定系统范围和系统边界

1. 进销存管理子系统的业务范围

"进销存管理子系统"只负责进行原材料(零部件)的采购、对企业产成品的销售和对这些物资的存储管理。不包括其他的管理内容,如"行政事务管理"、"人力资源管理"和"生产设备安全管理"等,也不包括其他如"财务管理"和"生产调度管理"等。

2. 进销存管理子系统的系统边界

"进销存管理子系统"与"生产调度管理子系统"和"财务管理子系统"有系统边界。

- "生产调度管理子系统"按销售部门提供的销售合同(订单)组织生产,提请采购部门订购生产所需原材料(零部件),从仓库领取生产所需原材料(零部件),将产成品存入仓库。
- "财务管理子系统"接收"进销存管理子系统"的销售合同和采购合同,并负责采购原材料(零部件)费用的支付,销售产品的资金收取,还要对库存管理中产生的"库存货物损耗(毁)报表"和"库存货物资产核对表"进行统一核算。
- "进销存管理子系统"保存在服务器数据库中的部分数据(如采购合同、销售合同、历年履约合同等)是企业核心机密信息,不能为"企业综合信息管理系统"的其他管理子系统共享。

3.7.3 确定执行者

从前面介绍的客户需求分析可以看出,"进销存管理子系统"有 5 个人执行者和 2 个系统执行者,即"采购人员"、"销售人员"、"仓库管理员"、"客户"、"公司经理"、"生产调度管理子系统"和"财务管理子系统"。这些执行者的业务活动和对系统的功能要求如下:

1) 采购人员:制定月、季度和全年采购计划。与客户签订采购合同,负责监督合同的正常执行。合同执行完毕,设置合同履约标志。

2) 销售人员:制定月、季度和全年销售计划。与客户签订销售合同,负责监督合同的正常执行。合同执行完毕,设置合同履约标志。

3) 仓库管理员:对仓储物资进行入库、出库和盘点等管理工作,编制"库存货物损耗

（毁）报表”和“库存货物资产核对表”。

4）客户：与采购人员签订采购合同，从财务管理部门提取货款并发送货物（原材料）入库。或与销售人员签订销售合同，向财务管理部门付款并从仓库提取产品。

5）公司经理：审批采购合同和销售合同，审批“库存货物损耗（毁）报表”和“库存货物资产核对表”。

6）生产调度管理子系统：根据销售合同组织生产，向采购和库存管理部门提供生产计划，从仓库领取生产用原材料（零部件），将产成品送入仓库存储。

7）财务管理子系统：根据采购、销售合同向客户支付或收取货款，处理“库存货物损耗（毁）报表”和“库存货物资产核对表”等。

3.7.4 确定用例

根据3.7.1节的需求分析中客户对系统功能提出的要求，可以试着粗略找出系统用例，并在后期的用例建模工作中合并、优化、筛选这些用例。在面向对象的系统分析与设计方法中，尽量不使用结构图描述其功能需求，单纯使用用例图描述可能更符合面向对象的概念。

（1）“企业综合信息管理系统”中的用例

在第一层，根据客户对“企业综合信息管理系统”的整体业务功能要求，可选的用例有：

- 财务管理。
- 人力资源管理。
- 生产调度管理。
- 进销存管理。
- 生产设备安全管理。
- 行政事务管理。

（2）“进销存管理子系统”中的用例

在第二层，根据客户对“进销存管理子系统”的业务功能要求，可选的用例有：

- 销售管理。
- 采购管理。
- 库存管理。

（3）“销售管理子系统”中的用例

在第三层，根据客户对“销售管理子系统”的业务功能要求，可选的用例有：

- 制定产品销售计划。
- 签订销售合同。
- 督促客户付款。
- 监督产品发货。
- 检查合同履约。
- 提供售后服务。

（4）“采购管理子系统”中的用例

在第三层，根据客户对“采购管理子系统”的业务功能要求，可选的用例有：

- 制定采购计划。

- 签订采购合同。
- 货物入库检验。
- 支付货款。
- 检查合同履约。

（5）“库存管理子系统”中的用例

在第三层，根据客户对“库存管理子系统”的业务功能要求，可选的用例有：

- 入库管理。
- 出库管理。
- 库存管理。

3.7.5 分层绘制用例图

根据系统需求分析中客户对系统的功能要求，我们已经确定了系统和子系统的边界、执行者和用例，现在就可以绘制用例图了。读者可以看出，“企业综合信息管理系统”是一个复杂的大系统，不可能用一页画面的用例图描述清楚，所以必须采用分层绘制用例图的方法建立系统的用例模型。

1. 最高层用例图

根据客户对“企业综合信息管理系统”的整体业务功能要求，可以绘制出如图 3-22 所示的最高层用例图。

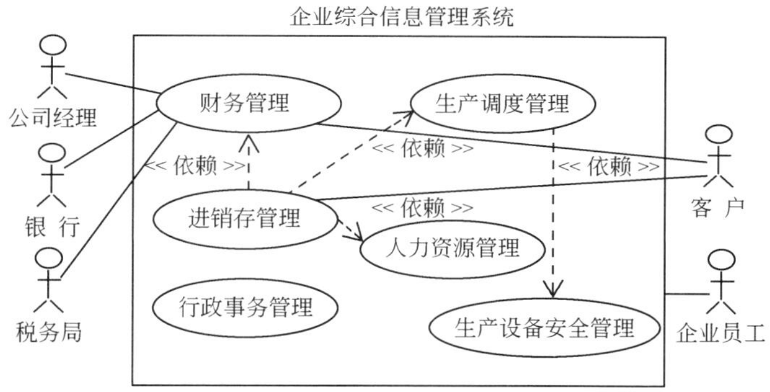

图 3-22 企业综合信息管理系统最高层用例图

在最高层用例图中，实线方框表示系统边界，在系统边界内共有 6 个用例。系统内的“进销存管理”用例依赖“财务管理”用例支付购买原材料（零部件）的费用和向客户收取销售产品应付款项，依赖“生产调度管理”用例提供销售的产品，还依赖“人力资源管理”用例调配工作人员。“生产调度管理”用例依赖“生产设备安全管理”用例维护生产设备的安全运行。

系统外有 3 个人执行者和 2 个系统执行者：

- “企业员工”执行者对系统内的所有用例进行操作。
- “客户”执行者参与“进销存管理”用例的业务运作。
- “公司经理”执行者关注“财务管理”用例中的财务报表和资金账目往来。
- “银行”执行者是系统执行者，与“财务管理”用例开展借贷、还贷、转账、汇款等金融往来。

- “税务局”执行者是系统执行者，检查“财务管理”用例财务账目并收取税金。

2. 第 2 层用例图

“企业综合信息管理系统”内的每个用例都可以作为第 2 层用例图之一加以展开，因篇幅所限，这里只对“进销存管理”用例展开。由“进销存管理”用例展开形成的“进销存管理子系统”用例图如图 3-23 所示。

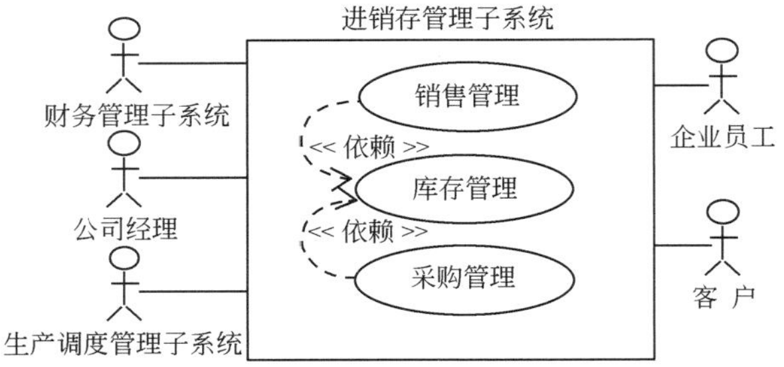

图 3-23 第 2 层用例图——进销存管理子系统

在图 3-23 的“进销存管理子系统”用例图中，实线方框表示系统边界。系统内有 3 个用例，“销售管理”用例、“采购管理”用例都依赖“库存管理”用例。系统外有 3 个人执行者，2 个系统执行者：

- “企业员工”执行者参与对系统内的所有用例的操作。
- “客户”执行者参与“销售管理”用例的销售合同的签订、交付货款并从“库存管理”用例提取产品，还参与“采购管理”用例的采购合同的签订、向“库存管理”用例发送原材料入库检验并提取货款。
- “公司经理”执行者要审批销售合同和采购合同，并关注“库存管理”用例产生的“库存货物损耗（毁）报表”和“库存货物资产核对表”的核算。
- “财务管理子系统”执行者根据销售合同向客户收取货款，根据采购合同向客户发放货款，并对“库存管理”用例产生的“库存货物损耗（毁）报表”和“库存货物资产核对表”进行统一财务核算。
- “生产调度管理子系统”执行者根据销售合同安排生产，向采购部门发送原材料（零部件）采购清单，向“库存管理”用例存放（入库）产品并从中提取（出库）原材料。

3. 第 3 层用例图

第 2 层用例图“进销存管理子系统”中包括 3 个用例，其中“销售管理”用例、“采购管理”用例都依赖“库存管理”用例。这 3 个用例也可以分别展开，形成第 3 层用例图。因篇幅所限，这里只对“销售管理”用例展开形成“销售管理子系统”用例图，如图 3-24 所示。

在图 3-24 的“销售管理子系统”用例图中，实线方框表示系统边界。系统内有 3 个用例，“销售合同管理”用例依赖“销售计划制定”用例，“售后服务管理”用例依赖“销售合同管理”用例。

系统外有 3 个人执行者，2 个系统执行者：

- “企业员工”执行者参与对系统内的所有用例的操作。
- “客户”执行者参与“销售合同管理”用例的销售合同签订、交付货款等操作，还参

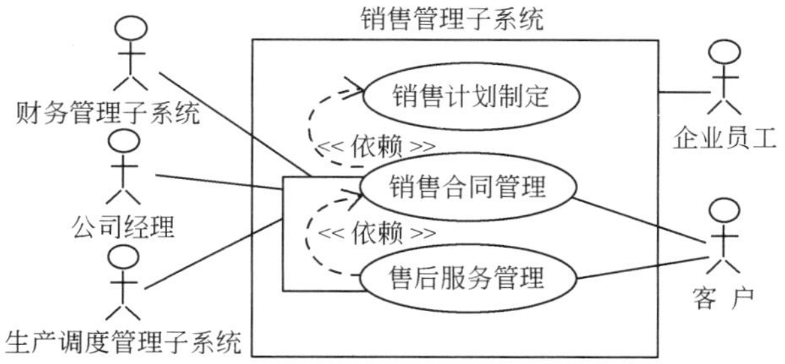

图 3-24　第 3 层用例图——销售管理子系统

与“售后服务管理”用例中的产品维修、产品更新换代等服务。

- “公司经理”执行者要审批销售合同。
- “财务管理子系统”执行者根据销售合同向客户收取货款，对“售后服务管理”用例产生的费用进行统一核算。
- “生产调度管理子系统”执行者根据销售合同安排生产，并根据“售后服务管理”用例产生的反馈信息（如客户对产品的改进意见等）对产品的设计进行修改。

4. 第 4 层用例图

第 3 层用例图“销售管理子系统”中包括 3 个用例——“销售合同管理”用例、“销售计划制定”用例和“售后服务管理”用例。这 3 个用例也可以分别展开，形成第 4 层用例图。因篇幅所限，这里只对“销售合同管理”用例展开形成“销售合同管理子系统”用例图，如图 3-25 所示。

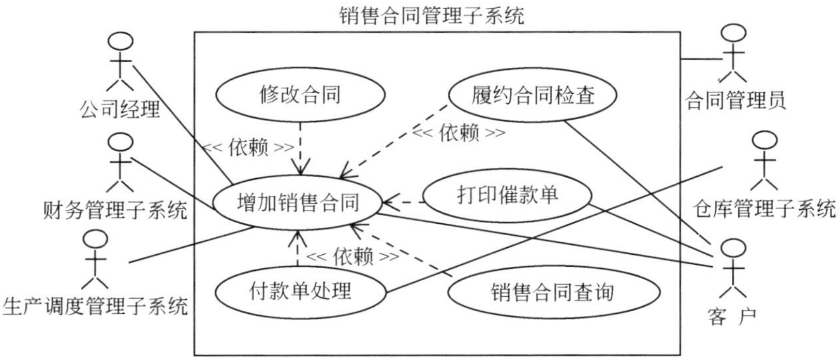

图 3-25　销售合同管理子系统的用例图

在图 3-25 的“销售合同管理子系统”用例图中，实线方框表示系统边界。系统内有 6 个用例，“增加销售合同”用例被所有其他用例依赖。

系统外有 6 个执行者，3 个人执行者，3 个系统执行者：

- “合同管理员”执行者参与对系统内的所有用例的操作。
- “客户”执行者参与“增加销售合同”用例的销售合同签订，参与“履约合同检查”用例的合同履约活动，还要接收“打印催款单”用例产生的催款单，支付货款。
- “公司经理”执行者要审批销售合同。
- “财务管理子系统”执行者根据销售合同向客户收取货款。

- "生产调度管理子系统"执行者根据销售合同安排生产。
- "仓库管理子系统"执行者根据销售合同履约情况，即客户每次付款的多少安排出库发货，直到销售合同完全履约。

上面给出的都是系统生存环境用例图，应将系统的用例与相应的执行者及其之间的关联标注清楚。而系统功能需求用例图只需要列出用例和执行者，不用标出它们之间的关联。这些用例图还可以进一步精化，直到满意为止。

例如，可以在第3层的"采购管理子系统"用例图、"销售管理子系统"用例图和"库存管理子系统"用例图这3个用例图中分别加上"身份验证"用例，检验用户的"标识码(ID号)"，防止非系统用户使用该系统，保证系统的安全。如图3-26所示。

每一个用户进入该系统时都必须进行身份验证。在图3-26中的3个用例都需要执行同一个"身份验证"功能，我们可以把"身份验证"功能独立出来，单独形成一个用例。采用包含关联将3个用例分别与其连接在一起，即每一个用例都包含"身份验证"用例。

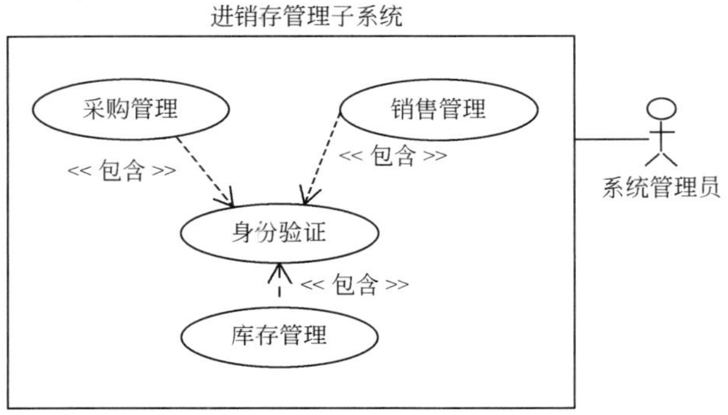

图3-26　用例之间的包含关联

图3-22到图3-25中的其他用例也都可以展开，建立自己的下属用例图。读者有兴趣可以尝试自己建立这些用例图。

3.7.6 描述用例

我们只选择第4层的图3-25"销售合同管理子系统"中的6个典型用例对其进行描述。可以用正文列表描述这些用例，参考格式如下所示。

1. "增加销售合同"用例

用例编号：04010101（共有4层用例图结构，每层用2位数字表示，采用8位编号）。

用例名：增加销售合同。

执行者：直接执行者：合同管理员。涉及到的执行者有，人执行者：合同管理员、客户、公司经理；系统执行者："财务管理子系统"和"生产调度管理子系统"。

目的：合同管理员将与客户签订的销售合同的详细内容录入管理系统，用于对销售合同进行统计、查询、检查是否履约等，监控正在履约的合同。

类型：端点、主要的、基本的。

级别：一级。

过程描述：

1）合同管理员输入标识码（ID），系统识别标识码的有效性。

2）初始化一个新销售合同，设置各种处室标志。

3）输入一个新的具有唯一性的合同编号。

4）将与客户签订的销售合同的详细内容录入管理系统。

5）退出系统。

与其他用例的关联：过程描述1）中包含身份验证用例；4）中包含编号自动生成用例。

异常事件流处理：

1）标识码有效性检查失败：系统检测标识码有效性失败，允许重新输入。

2）编号也可以由合同管理员手动输入，系统自动进行唯一性检查。出现错误，允许重新输入。

2.“修改合同”用例

用例编号：04010102。

用例名：修改合同。

执行者：直接执行者：合同管理员。涉及到的执行者有，人执行者：合同管理员、客户、公司经理；系统执行者：“财务管理子系统”和“生产调度管理子系统”。

目的：合同管理员对执行期合同内容进行修改。

1）填写发生的正常合同数据的修改，如收到按合同规定分期定时汇入货款时的填写数据（修改）。

2）经双方商定对合同的关键内容进行修改，如修改交货日期，修改汇款期限，调整货物销售的数量、价格等。

类型：主要的、基本的。

级别：一级。

过程描述：

1）合同管理员输入标识码（ID），系统识别标识码的有效性。

2）输入具有唯一性的合同编号，快速找到需要修改的合同。

3）填写发生的正常合同数据的修改。

4）对合同的关键内容进行修改。

5）退出系统。

与其他用例的关联：过程描述1）中包含身份验证用例；4）中包含显示警告提示用例。

异常事件流处理：

1）标识码有效性检查失败：系统检测标识码有效性失败，允许重新输入。

2）输入合同编号后，系统自动进行检索。检索失败，允许重新输入。

3.“履约合同检查”用例

用例编号：04010103。

用例名：履约合同检查。

执行者：直接执行者：合同管理员。涉及到的执行者有，人执行者：合同管理员、客户、公司经理。系统执行者：“财务管理子系统”和“生产调度管理子系统”。

目的：系统自动检查所有执行期销售合同是否履约，对已经履约的合同作出标记，监控正在执行期的合同。

类型：主要的、基本的。

级别：一级。

过程描述：

1）合同管理员输入标识码（ID），系统识别标识码的有效性。

2）系统自动检查本年度应履约的销售合同是否履约。

3）对已经履约的销售合同作出履约标记。

4）对未履约的销售合同作出标记、注明原因（甲方、乙方责任），并打印催款单。

5）将履约的销售合同存入历年履约销售合同库，删除当年履约的销售合同。

6）退出系统。

与其他用例的关联：过程描述1）中包含身份验证用例；4）中包含打印催款单用例。

异常事件流处理：

标识码有效性检查失败：系统检测标识码有效性失败，允许重新输入。

4. “付款单处理”用例

用例编号：04010104。

用例名：付款单处理。

执行者：合同管理员和仓库管理子系统。

目的：对“财务管理系统”传送过来的客户交纳的付款单自动依次循环进行“批处理”。进行付款单核对，并修改合同数据，向库存管理子系统发送“产品出库”申请。

类型：端点、主要的、基本的。

级别：一级。

过程描述：

1）合同管理员输入标识码（ID），系统识别标识码的有效性。

2）付款单自动依次循环进行“批处理”。

3）付款单核对：找出与付款单中合同编号相同的销售合同进行核对，正确后修改合同中对应付款金额。

4）向库存管理系统发送与付款单金额对应的货物品名、规格、单价、数量的“产品出库”申请单，申请向客户发送货物。

5）“仓库管理子系统”执行者根据销售合同履约情况，即客户每次付款的多少安排出库发货，直到销售合同完全履约。

6）退出系统。

与其他用例的关联：过程描述1）中包含身份验证用例；3）中包含核对出错处理用例。

异常事件流处理：

1）标识码有效性检查失败：系统检测标识码有效性失败，允许重新输入。

2）付款单核对出错，即找不到对应的合同，或付款金额出错时，剔除该付款单并作出标志，打印出错原因，退回财务管理系统。

5. “打印催款单”用例

用例编号：04010105。

用例名：打印催款单。

执行者：合同管理员、客户。

目的：系统以批处理方式自动检查所有执行期销售合同的执行情况，发现没有按时按量汇寄货款的客户，自动打印催款单，催促客户及时按量付款。

类型：主要的、基本的。

级别：一级。

过程描述：

1）合同管理员输入标识码（ID），系统识别标识码的有效性。

2）系统以批处理方式自动循环检查所有执行期销售合同。

3）发现没有按时按量汇寄货款的客户，自动打印催款单。

4）退出系统。

与其他用例的关联：过程描述 1）中包含身份验证用例。

异常事件流处理：

标识码有效性检查失败：系统检测标识码有效性失败，允许重新输入。

6. “销售合同查询”用例

用例编号：04010106。

用例名：销售合同查询。

执行者：直接执行者：合同管理员。涉及到的执行者有，人执行者：合同管理员、客户、公司经理；系统执行者：“财务管理子系统”和“生产调度管理子系统”。

目的：对执行期销售合同进行查询，了解合同执行情况，进行基本数据的统计。

类型：端点、主要的、基本的。

级别：一级。

过程描述：

1）合同管理员输入标识码（ID），系统识别标识码的有效性。

2）按关键字索引查询制定的销售合同。

3）按条件统计某个范围内销售合同的综合数据。

4）按月、季度、年打印执行期合同的综合统计报表。

5）退出系统。

与其他用例的关联：过程描述 1）中包含身份验证用例。

异常事件流处理：

标识码有效性检查失败：系统检测标识码有效性失败，允许重新输入。

7. “身份验证”用例

用例编号：04010107。

用例名：身份验证。

执行者：系统中各个用例在验证标识码时包含本用例，这些用例的执行者也是该用例的执行者。

目的：完成标识码验证功能。

类型：主要的、基本的、被包含的。

级别：一级。

过程描述：

1）执行者输入标识码（ID），系统识别标识码的有效性。

2）退出系统。

与其他用例的关联：过程描述 1）中本用例被需要进行身份验证的用例包含。

异常事件流处理：

标识码有效性检查失败：系统检测标识码有效性失败，允许重新输入。

我们在这里只举了 7 个用例描述的例子，其余用例读者可以自己尝试进行描述。当然，作为客户需求分析报告的内容，除了建立用例模型以外，还应当包括静态模型（类图等）和动态模型（顺序图、状态图、协作图等）。这些模型在后续的开发过程中还要进行详细分析与设计，其案例将在系统分析和系统设计阶段给出。

3.7.7 用活动图描述用例

UML 的活动图是用来表示完成一个操作所需要的活动，或者是一个用例实例（场景）的活动。

我们可以用文字来详细描述每一个用例（如上节内容所述），但有时候采用活动图配合来描述某个重要的用例，用图形的方式对用例的具体实现过程（流程）进行描述，会比文字描述更形象直观，使读者能够更准确地理解用例的功能和具体实现要求。活动图实际上也是一种流程图，因此也称为活动流程图。它描述活动的序列，即系统从一个活动到另一个活动的控制流。活动图特别适合描述动作流和并发处理行为。所以在客户需求分析与系统分析过程中，经常需要用活动图来进一步深入描述用例图的具体功能实现流程。下面就以“销售合同管理”用例为例，用活动图具体描述销售合同从签订到履约的活动流程全过程。

1. 销售合同履约过程活动流程图

图 3-27 就是描述一个销售合同从签订开始，到该销售合同履约为止的全部活动流程。该活动图涉及“增加销售合同”用例和“付款单处理”用例。

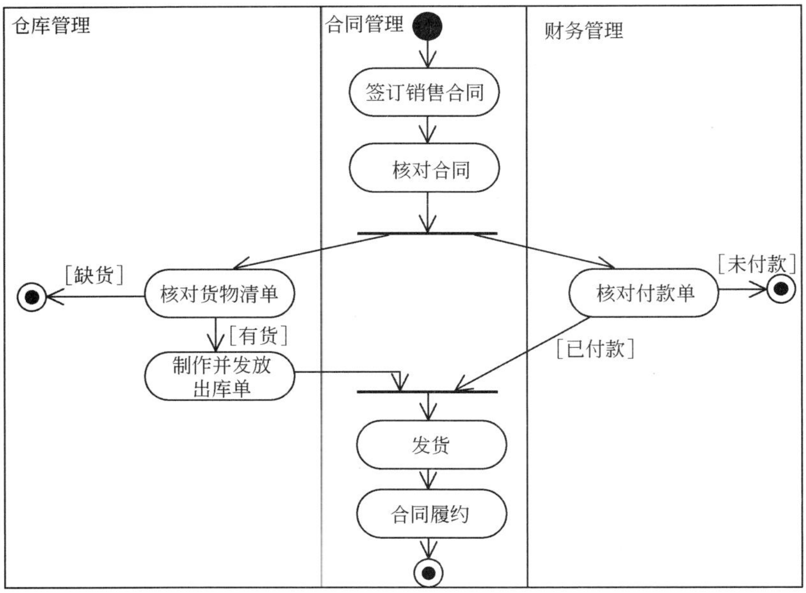

图 3-27 销售合同履约过程活动图

读者从图 3-27 可以清晰地看出，该活动图中的活动分别涉及“财务管理子系统”、“合同管理子系统”和“仓库管理子系统”这 3 个子系统，所以图中将这些活动归类为 3 个泳道：仓库管理、合同管理和财务管理。合同管理泳道负责销售合同的签订、合同核对、发送货物、合同履约的检查与履约标志的设置等工作。财务管理泳道负责对客户发来的汇款单进行结算。仓库管理泳道负责制作出库单和提供销售货物。每个泳道负责不同的工作，分工明确；三个泳道互相配合，共同完成从销售合同的签订到合同履约的全过程。

该活动图从“签订销售合同”活动开始，在“核对合同”活动完成后，该工作流程被分劈为两个进程：“核对付款单”进程和“核对货物清单”进程。

“核对付款单”进程负责检查该销售合同是否已经按合同约定付款，如果没有付款，则该进程结束。只有当该销售合同已经按合同约定付款，“核对付款单”进程才进行下一步活动：等待“核对货物清单”进程的执行结果，并将两个进程同步接合为一个新进程。

“核对货物清单”进程负责将该销售合同要求的“销售货物清单”与仓库中的库存货物清单进行核对，如果仓库中缺少销售合同里面要求的货物，即不能给客户供货，该进程结束。系统会要求“生产调度管理子系统”安排这些货物的生产，或向“采购管理子系统”发出要求来采购这些货物。如果仓库中有销售合同里面要求的货物，“仓库管理子系统”则会打印“出库单”，为客户准备货物，并进行下一步活动：等待“核对付款单”进程的执行结果，并将两个进程同步接合为一个新进程。

当“核对付款单”进程和“核对货物清单”进程都正常完成，则两个进程同步接合为一个新进程，执行“发货”活动。发送完货物后，该合同履约，在合同上标明“合同履约”。

至此，一个销售合同从签订开始到该销售合同履约为止的全部活动结束。

2. 销售合同履约过程活动图中的对象

在活动图中，用带箭头虚线表示对象流。对象流表示动作状态或活动状态与对象之间的关联，如图 3-28 所示。

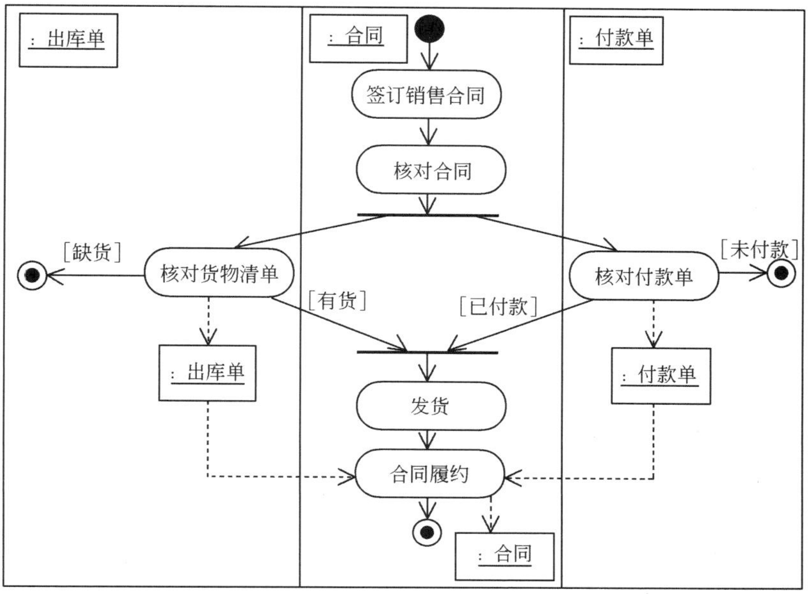

图 3-28　活动图中的对象及对象流

在图 3-28 中，出现 3 个对象："出库单"、"付款单"和"合同"。在"核对货物清单"动作后，如果库房中有销售合同所需货物，则会产生（输出）一个"出库单"对象。在"核对付款单"动作后，如果客户"已付款"，则产生（输出）一个确认"付款单"对象信息，并作出标记。当"发货"动作发生后，进入"合同履约"动作状态，此时，"出库单"对象和"付款单"对象又作为"合同履约"动作状态的输入信息，表明"合同履约"动作完成。"合同履约"动作完成后，在"合同"对象上标记"履约"标志。

通过活动图中的对象流，可以清楚地描述各项动作状态与不同对象之间的关系，方便系统的分析与设计。

3.7.8 活动图中的同步线程、层次关系及活动图的细化

1. 销售合同履约过程活动图中的同步线程

在图 3-29 中，右边的"合同履约"活动状态就是一个条件线程。在该图中，只要"核对付款单"线程和"制作出库单"线程完成，就可以安排发货。而同是并发分劈同步运行的条件线程"合同履约"，当其条件"已付款 = 合同总款并且已发货 = 合同总发货量"为真时，说明该合同履行完毕，做好合同履约标记，就可以和"安排发货"线程同步并发接合为一个线程"发货"。当条件线程的条件为"假"时，对于同步"接合"而言，就认为该线程已执行完毕（不执行"合同履约"线程），仍然执行"发货"活动。

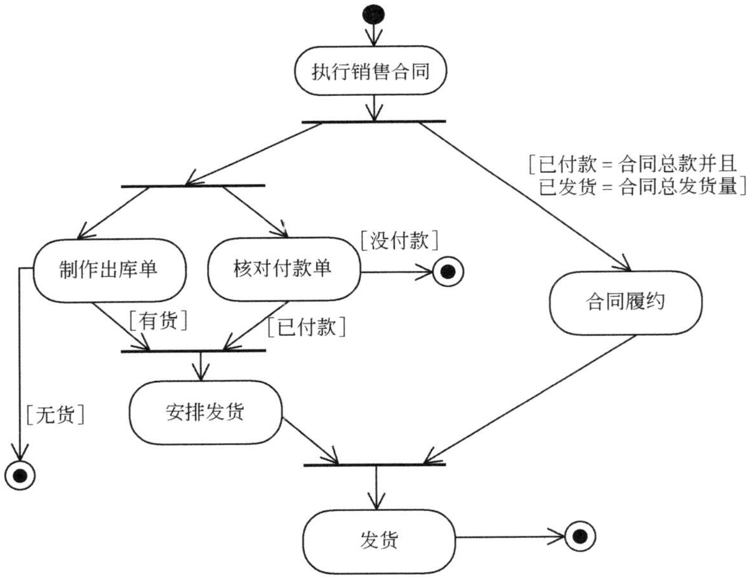

图 3-29　活动图中的条件线程

2. 销售合同履约过程活动图中的动态并发活动

动态并发是指一个动作或活动可以并发重复执行，其并发执行次数由运行时的并发表达式确定。图 3-30 是图 3-29 的简化活动图，采用动态并发形式描述同一个活动。

图 3-30 描述一个销售合同从签订开始，经过多次重复执行，最后完成销售合同、合同履约的全部活动。在"执行销售合同"活动状态中，有一个重复标记"＊"。说明该活动状

图 3-30 描述销售合同从签订到履约的动态并发活动图

态是一个动态并发活动状态，即在执行销售合同时，可能要分多次才能执行完毕。客户可能分几次汇来货款，厂商也可以在合同规定范围内分多次发货，而每次发货都有一个验货和验款的并发执行过程。采用动态并发活动图来描述系统的工作，既清楚、简洁，又有层次性。当然，动态并发活动也可以在另一个活动图中进行详细描述。

3. 销售合同履约过程活动图中的层次关系

在一个复杂的面向对象系统中，需要用多个活动图对其进行描述。为了简明清晰地描述该系统，可以将这些活动图按其结构层次关系进行排列，组成具有层次关系的活动图。

在图 3-27 所示的活动图中，其中“财务管理”泳道里的“核对付款单”活动状态，就是一个组合活动。该组合活动内嵌套有一组子活动和动作，这些子活动和动作可以组成一个独立的活动图。图 3-31 的“核对付款单”子活动图，就是用于详细描述“核对付款单”组合活动的。

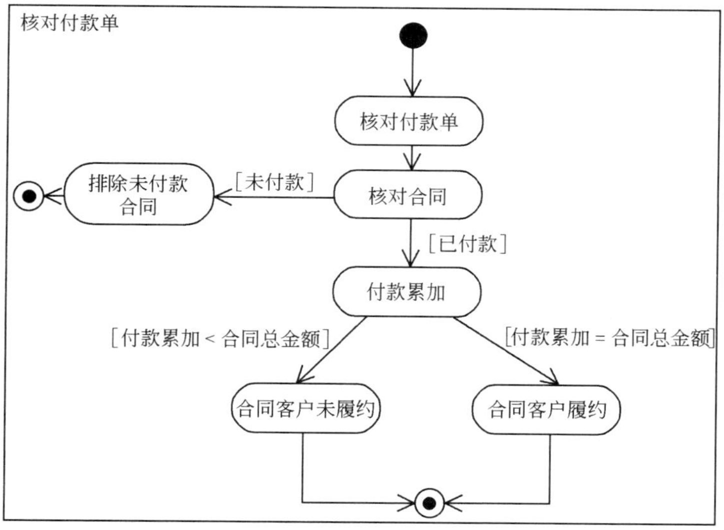

图 3-31 “核对付款单”子活动图

在图 3-31 中，子活动图上方注明子活动名称，该子活动名称与图 3-27 中的对应组合活动的名称相同。子活动图详细描述了“核对付款单”具体活动和动作，该子活动有自己的起始状态和结束状态。进入起始状态后，进入“核对付款单”活动状态，第一步要核对合同，以便确定该付款单与哪个合同有关。排除无关合同，找到对应合同后，对历次付款金额进行累加。累加后，将累加结果与合同总金额比较，如果等于合同总金额，说明全部货款交齐，应注明合同客户已经完全履约。如果少于合同总金额，说明全部货款没有交齐，合同客户尚未完全履约。不管合同客户是否完全履约，只要付款，就应该按付款额度发付相应的货物。

如果将该子活动图在图 3-27 中画出，会使活动图的画面显得拥挤、繁杂、零乱，而将其作为低一层子活动图，就使结构层次更加清晰，简洁明了。

活动图除了可以描述系统的动态行为外，还可以用来描述用例。例如，某“订货”用例的正文描述如下：接收顾客的订单，确认订单是否已付款。若未付款，则取消并退回订单；若已付款，则检查每个订单项，对有货的订单项更新库存，向顾客发放提货单；对缺货的订单项则向顾客发放缺货单，同时向采购员发放采购单。读者有兴趣可以自己尝试绘出描述该用例的活动图。

4. 销售合同履约过程活动图的进一步细化

图 3-32 是一个“检查合同”、“核对付款单”并“发放出库单”的活动图。也是对销售合同履约过程活动图的进一步细化。

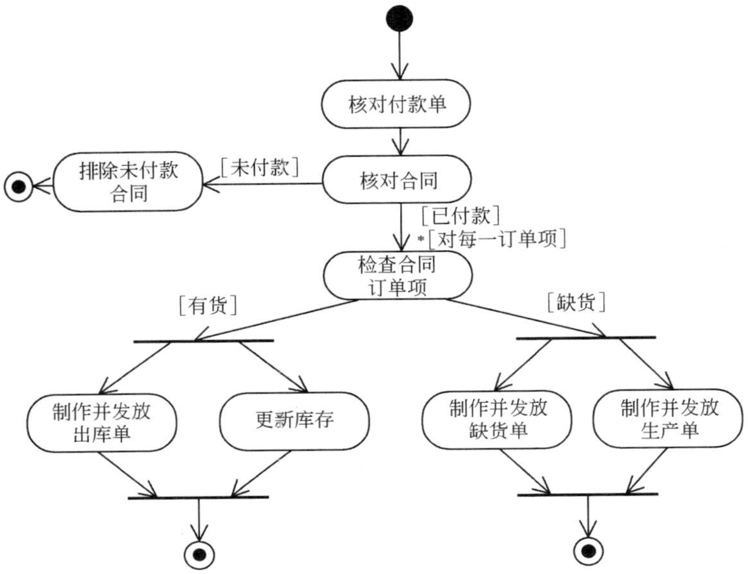

图 3-32 检查合同、核对付款单并发放出库单的活动图

在图 3-32 所示的活动图中，首先对财务系统传送来的付款单与销售合同进行核对检查，排除未付款的合同。对已付款的合同，将合同订单与库存清单进行逐项检查核对，检查核对有两种结果：有货或缺货。如果仓库有合同所需货物，制作并发放出库单，同时更新库存，发送货物并在相关合同上标注合同履约标志。如果仓库没有合同所需货物，则制作并发放缺货单，同时制作并向生产调度部门发放生产单。

3.8 本章小结

本章对 UML 软件开发过程中的客户需求分析阶段的主要内容进行了介绍。首先是对项目进行可行性研究与技术风险分析，明确待开发项目的意义和价值，确定是否要开发此项目。并按标准格式写出可行性分析报告。

客户需求分析规格说明必须要有用户参加制定，它是开发人员与用户进行交流的平台，用户必须理解、认同规格说明报告中的所有内容（包括系统功能要求，输入/输出报告的格式、内容，用户界面及形式，用例模型，活动图，类和对象模型等）。客户需求分析规格说明是客户在项目开发结束后，用来审查、认可、接收系统的依据，也是开发人员对项目进行系统开发、集成、测试和维护的依据和准则。

用例模型是 UML 软件开发过程的客户需求分析报告的主要成分，本章详细介绍了用例建模的方法步骤，给出了多个实例，并通过实际案例给出了一个用 UML 编写的需求分析报告中的用例模型。

采用活动图配合描述某个重要的用例，用图形的方式对用例的具体实现的过程（流程）进行描述，会比文字描述更形象直观，使读者能够更准确地理解用例的功能和具体实现要求。活动图实际上也是一种流程图，它描述活动的序列，即系统从一个活动到另一个活动的控制流。活动图特别适合描述动作流和并发处理行为。

本章还给出了可行性分析报告、客户需求分析规格说明等文档资料的参考格式。

3.9 习题

一、选择题

1. 可行性研究分析包括经济可行性分析、技术可行性分析和（　　）。
   A. 风险可行性分析　　B. 法律可行性分析
   C. 资源可行性分析　　D. 效益可行性分析
2. UML 的客户需求分析模型包括（　　）模型、类图、对象图和活动图组成。
   A. 用例　　B. 静态　　C. 动态　　D. 系统
3. UML 客户需求分析使用的 CRC 卡上“责任”一栏的内容主要描述类的（　　）和操作。
   A. 对象成员　　B. 关联对象　　C. 属性　　D. 私有成员
4. UML 客户需求分析产生的用例模型描述了系统的（　　）。
   A. 状态　　B. 体系结构　　C. 静态模型　　D. 功能要求
5. 在 UML 的需求分析建模中，用例模型必须与（　　）反复交流并加以确认。
   A. 软件生产商　　B. 用户　　C. 软件开发人员　　D. 问题领域专家
6. 在 UML 的需求分析建模中，对用例模型中的用例进行细化说明应使用（　　）。
   A. 活动图　　B. 状态图　　C. 配置图　　D. 构件图
7. 活动图中的分劈和同步接合图符是用来描述（　　）。
   A. 多进程的并发处理行为　　B. 对象的时序
   C. 类的关系　　D. 系统体系结构框架

二、填空题

8. UML 软件开发过程需求分析阶段产生的模型由三类模型图表示。它们是：________模型图、________模型图和________模型图。
9. CRC 卡中的描述由________、________、________、________和________共 5 部分组成。
10. 软件项目的可行性研究分析中，技术可行性研究包括________、________、________ 3 部分组成。
11. 在 UML 软件开发过程的需求分析阶段，建立用例模型的步骤分为________、________、________、________和________。
12. 用例图中以实线方框表示系统的范围和边界，在系统边界内描述的是________，在边界外描述的是________。

13. 用例模型中的执行者可以是________也可以是________。

14. 用例模型中的用例之间的关联有________关联、________关联、________关联和________关联。

三、解释名词

15. 需求规格说明书：

16. 用例模型：

17. 执行者：

18. 用例：

19. 经济风险分析研究：

20. 法律风险分析研究：

四、综合题

21. 简单描述可行性分析阶段的具体任务。

22. 试说明可行性分析报告包括的主要内容。

23. 简单描述客户需求分析阶段的具体任务。

24. 试说明客户需求分析规格说明的主要内容。

25. 简述UML软件开发过程客户需求分析的特点和涉及的模型。

26. 请读者将需求分析案例中第2层用例图——图3-23（进销存管理子系统）中的“采购管理”用例的第3层、第4层用例图展开。

27. 请读者将需求分析案例中第2层用例图——图3-23（进销存管理子系统）中的“采购管理”用例的第3层、第4层用例图中的用例用相应的活动图做进一步描述。

28. 请读者试将需求分析案例中第2层用例图——图3-23（进销存管理子系统）中的“库存管理”用例的第3层、第4层用例图展开。

29. 请读者试将需求分析案例中第2层用例图——图3-23（进销存管理子系统）中的“库存管理”用例的第3层、第4层用例图中的用例用相应的活动图进行进一步描述。

30. 请读者试将需求分析案例中第1层用例图——图3-22（企业综合信息管理系统用例图）中的“财务管理”用例的第2层、第3层、第4层用例图展开。

31. 请读者试将需求分析案例中第1层用例图——图3-22（企业综合信息管理系统用例图）中的“财务管理”用例的第2层、第3层、第4层用例图中的用例用相应的活动图进行进一步描述。

32. 请读者试写出自己选择的软件项目开发的可行性分析报告。

33. 请读者试写出自己选择的软件项目开发的需求分析规格说明书。

Chapter 4

第4章 系统分析与对象类建模

在UML软件开发过程中的客户需求分析与系统分析设计阶段，都会涉及对象类建模。类和对象建模用于描述一个系统的静态结构。面向对象系统的开发过程以体系结构为中心，以用例为驱动，是一个反复、渐增的过程。模型具有可追溯性，并且支持各开发阶段模型之间的无间隙转换。系统分析阶段的任务实际上就是在客户需求建模的基础上，重点考虑建立系统所采用的技术特点、算法实现、并发执行和环境特点，对已经建立的模型进一步细化。系统分析与客户需求分析所采用的模型和图符表示完全一样。

本章目的：

- 掌握系统分析的内容与方法。
- 掌握系统分析规格说明书的基本书写格式。
- 了解寻找和确定对象类的方法。
- 掌握UML中对象类属性和操作的定义及其描述方法。
- 掌握对象类之间的关系及其表示方法。
- 掌握利用包（子系统）的层次关系描述系统的体系结构。
- 掌握类和对象建模方法。

4.1 系统分析

根据建立的用户需求模型，在系统分析阶段要进一步确立三个系统模型：对象静态模型、对象动态模型和系统功能模型。

现实世界中事物的行为是极其复杂的，需要从中抽象出对建立系统模型有意义的行为。在分析中需要控制系统行为的复杂性，认识并发行为和状态对行为的影响。系统的静态结构模型和动态行为模型、必要的需求分析说明书、系统分析说明书等一起构成了系统的分析模型，这是系统分析活动的成果，成为下一步系统设计的基础。要想对某个系统有比较清楚的了解，首先应当考察该系统的对象静态结构模型，然后再考察在任何时刻对象及对象之间联系的改变，即对象的动态结构模型的描述，接下来就是观察系统如何进行内部数据的传送和处理，即系统功能结构模型的描述。

4.1.1 建造对象类静态结构模型

对象类静态结构模型描述了系统的静态结构，包括构成系统的类和对象、它们的属性和操作以及这些对象类之间的联系。面向对象方法是通过继承、合成机制来组织对象结构，建立对象类的静态结构模型，主要是将对象间的关系标注在关联线上，使对象之间的关联关系更加明了。建立对象类静态结构模型的开发过程是一个不断反复精炼的过程，并需要对对象类静态结构模型做整体性和一致性的检查。因此，对象类静态结构模型是系统开发模型的核心模型，实质上是定义系统“对谁做”的问题。

利用前面介绍的建立对象类 CRC 卡片技术，对象类静态结构模型建模步骤如下：

1）连线建立网络图。根据对象类 CRC 卡片，在图中画出有关联（协作）的类，将类和对象进一步组合。

2）连接线命名。复审对象类 CRC 卡片，评估属性、操作和消息传递的对象，为连接线起一个有确切含义的名字，也就是定义主题。

3）确定关联基数。对连线的每一端评估，以确定基数。基数表示它们之间消息传递的数目（如一对一、一对多或多对多等）。

4）简化模型。对于复杂系统的模型，建立子系统（包）图进行简化。

5）编制相应的文档资料。

4.1.2 建造对象动态结构模型

对象动态结构模型描述了系统的动态行为，它们指明了系统如何响应外部的事件或激励，涉及系统中对象的执行顺序和状态的变化，侧重于系统控制逻辑的描述，实质上是解决系统中的对象“何时做”的问题。

对象动态结构模型包括：对象状态模型和对象交互行为模型。建模的步骤如下：

1）建造对象状态模型。在状态模型中，状态是对一个对象在某一时刻属性特征的概括。而状态迁移则表示这一类对象在何时对系统内外发生的哪些事件做出何种反应。主要是为每个用例创建事件发生的轨迹，说明对象状态迁移变化的顺序，描述事件的活动是并发的还是顺序发生的。对象状态模型主要由状态图和活动图组成。

2）建造对象之间交互行为模型。对象之间的交互行为模型侧重于说明发生于系统执行过程中的一个特定的脚本，主要是描述完成系统某个功能时几个对象之间消息传送的时间序列，通常起始于一个系统外部的输入事件，结束于某个条件的满足或某个系统外部的输出事件。它可以包括发生在该时间序列期间内系统的所有内部事件，也可以只包括那些撞到或由系统中某些对象生成的事件。对象交互行为模型主要由顺序图和合作图组成。

3）复审对象动态结构模型，以验证其准确性和一致性。

4）编制相应的文档资料。

概括地讲，对象状态模型描述的是某个对象的个体行为，而对象之间交互行为模型则给出多个对象所表现出来的集体行为。它们从不同侧面来说明同一系统的对象活动，因此必然存在着密切的内在联系。另外，由于对象状态模型的复杂程度会随着应用问题的增大而迅速增加，所以要将一个复杂状态分解为一些比较简单的子状态，用前者对系统或系统的某一部分做高度的抽象和概括，用后者来提供在前者中忽略掉的有关细节。关于建立对象的动态状态模型和对象之间的交互模型的详细内容，将在第 5 章和第 6 章进行介绍。

4.1.3 建造系统功能处理模型

系统功能处理模型是为满足用户的需要而建立的，描述了系统所提供的功能，着重于系统内部数据的传送与处理。它的主要任务是对输入数据进行必要的计算处理，以得到需要的输出数据，实质上是解决系统“做什么”的问题。

系统功能处理模型由系统用例模型和活动图进行描述。它们指明从系统外部输入的数据，通过计算处理，输出到外部的整个数据流动情况，当然还包括对象模型内部数据间的限制。

系统功能模型建模的步骤如下：

1）确认功能需求。建立系统用例模型，与业务用例模型一起组成完整的客户需求用例模型，并确认是否真正符合用户的需求。

2）建活动流程图。对系统用例模型中的某些关键用例采用活动图进行进一步详细描述，说明系统环境中的对象交互关系，及数据处理的同步、并行、选择与反复的处理顺序等。

3）以上内容都要确认是否真正符合用户的需求。

4）编制相应的文档资料。

4.1.4 编制系统分析规格说明文档

系统分析规格说明的文档格式与客户需求分析规格说明类似，只不过更加侧重于计算机系统的软、硬件环境和算法模型的逻辑分析与实现。客户需求分析规格说明与系统分析规格说明最重要的区别是：客户需求分析规格说明必须要有用户参加制定，而系统分析规格说明主要是系统开发人员使用，是为下一步的系统设计进行的准备工作。系统分析规格说明书的参考格式如表 4-1 所示。

表 4-1 系统分析规格说明书目录的基本格式

1. 序	3.5 系统动态模型
1.1 编写系统分析规格说明书的目的	3.6 系统体系结构模型
1.2 项目背景（软件产品的作用范围）	3.7 输出结果
1.3 定义（术语的定义和缩写词的原文）	4. 系统性能分析
1.4 参考资料	4.1 数据精确度
2. 软件产品的一般性描述	4.2 时间特性（响应、传输、运行时间等）
2.1 运行环境与资源	4.3 适应性（运行环境、计划发生变化等应具有的适应能力）
2.2 软件产品的功能（用例模型）	4.4 故障处理
2.3 用户特征	5. 系统运行要求分析
2.4 限制与约束	5.1 用户界面（屏幕、报表格式等）
3. 系统功能行为分析	5.2 硬件界面
3.1 引言	5.3 软件界面
3.2 系统功能模型——系统用例模型	6. 其他要求（可使用性、安全保密、可维护性）
3.3 相关用例的展开——活动图	7. 附录
3.4 系统静态模型——对象类模型	

客户需求分析规格说明必须要有用户参加制定，它是开发人员与用户进行交流的平台，用户必须理解、认同规格说明报告中的所有内容（包括系统功能要求，输入/输出报告的格

式、内容，用户界面及形式，数据字典（类和对象）的内容与流向等）。客户需求分析规格说明是客户在项目开发完成后，最后在审查、验收、接收该系统时的依据，也是开发人员对项目进行系统开发、集成、测试和维护的依据与准则。

系统分析规格说明是为系统开发人员准备的，可以不为用户理解。该规格说明在对系统的资金投入、软硬件环境和使用人员的素质进行了深入的分析后，为了系统的实现而对可能采用的算法、模型进行逻辑上的分析和说明，是为下一步的系统设计而进行的准备工作。系统分析规格说明与客户需求分析规格说明采用的模型（图符）表示方法是一样的，可以进行无缝连接。系统分析是在客户需求分析规格说明的基础上对其进行的深入细化。

我们在第 3 章已经详细介绍了如何采用 CRC 卡的方法定义一个系统中的对象类及其之间的关系。本章重点介绍对象类静态模型的建模方法。

4.2 对象类的概念

由 UML 中的类图和对象图组成的可视化模型能有效地描述一个软件系统，它具有强大的模型描述表达能力。建立类和对象模型是面向对象分析与设计方法的核心技术之一，也是面向对象技术的基本任务，是软件开发的基础。

类和对象的静态模型由若干对象类图进行描述，类图由若干类的图形符号及表示其之间关系的图形符号组成。类之间的关系有关联、聚集、继承、依赖、细化等。类图是系统的一种静态模型，它是其他图的基础。一个系统的类模型可以由多张类图描述，一个类也可以出现在几张类图中。

4.2.1 对象类图的图形符号表示

类的图形符号表示分为长式和短式两种。短式图形符号由一个矩形实线方框及在方框内书写的类名表示。长式图形符号也是由一个矩形实线方框表示，但它用两条实线分成 3 部分，上边部分书写类名，中间部分描述类的属性，下边部分描述类的操作。

例如在平面几何中，点、线、圆是最基本的图形元素，我们可以从理论上抽象地描述它们之间的关系。在图 4-1 的简单类图中给出了“线段”类和“点”类及其相互之间关系的图形符号表示。

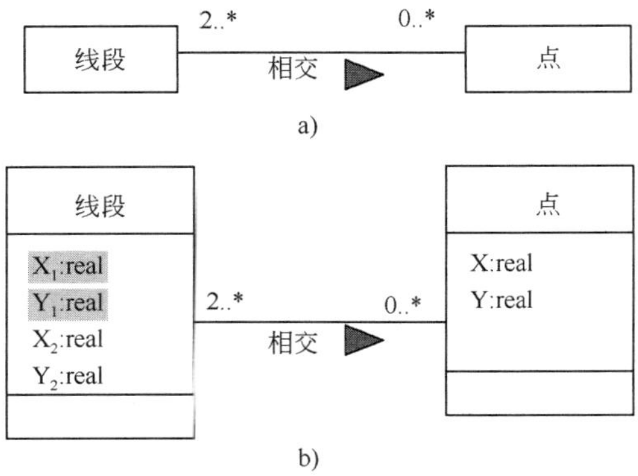

图 4-1　“线段”类和“点”类及其之间关系的短式与长式表示

一个线段至少需要两个点来确定，两条线段之间的交点可以有 3 种结果：

- 一个交点：两条线段相交。
- 无数个交点：两条线段重合。
- 无交点：两条线段平行或不相交。

所以“线段”类与“点”类之间的关联可以描述为：

- 关系：关联关系，由连接两个类的实线表示。
- 方向性：由“线段”类指向“点”类，反向不成立，由黑三角表示。
- 线段个数：在关联连线靠近“线段”类旁标明“2.. *”，说明至少有 2 条线段才可能有交点，多（*）者不限。
- 交点个数：在关联连线靠近“点”类旁标明“0.. *”，说明可能有零到多（*）个交点。

在图 4-1 中，图 4-1a 的类图是类的短式描述，图 4-1b 的类图是类的长式描述。在长式描述中，分别详细描述了两个类的属性。在“线段”类中，一条线段由两个点确定，每一个点由一个 X 坐标和一个 Y 坐标确定。X_1、Y_1 描述了一个点，X_2、Y_2 描述了另外一个点，都是实型数。在“点”类中，由一个 X 坐标和一个 Y 坐标来确定这个交点，X 和 Y 也都是实型数。

4.2.2 对象图是类图的一个实例

对象图是类图的一个实例，它描述了类图中类的特定实例以及某一时刻这些实例之间的特定连接。对象的图形符号使用了与类相同的图形符号，只是符号内部的表示内容不同。在短式对象图形符号中，矩形实线方框内的对象名下附加下划线，对象名后可接以冒号和类名，说明该对象所从属的类。即

<u>对象名：类名</u>

在长式图形符号中，也分为 3 部分，类与它的一个实例——对象——的图形符号表示区别为：

1）名称：类的类名是一个无下划线的标识符；对象的对象名（标识符）下附加下划线，对象名后可接以冒号和类名。

2）属性：类定义属性（数据成员）的类型与属性名（标识符）；对象的属性名与类的属性名相同，但每个属性都有具体值。

3）操作：类图符中定义操作（成员函数）时定义它的返回类型、操作名、传递的消息（参数）；对象图符中定义操作时与类图符中的操作定义相同。

对象图是类图的一个实例，它描述了类图中类的特定实例以及某一时刻这些实例之间的特定连接。图 4-2 描述了现实生活中的几条线段与它们的交点的一个实例。图 4-2a 表示在现实世界中的一个笛卡儿平面坐标上有 4 条线段：L_1、L_2、L_3 和 L_4，L_1、L_2 和 L_3 这 3 条线段相交于点 P_1（0，0），L_3 和 L_4 两条线段相交于点 P_2（6，3）。

图 4-2b 是 4 条线段与两个交点的对象图的短式表示，图 4-2c 是长式对象图表示。在长式对象图中，“线段”对象 L_1、L_2、L_3 和 L_4 的 X_1、Y_1、X_2、Y_2 属性有具体值，“点”对象 P_1 和 P_2 的 X、Y 属性也有具体值。3 个“线段”对象 L_1、L_2、L_3 与 1 个“点”对象 P_1 有关联，2 个“线段”对象 L_4、L_3 与 1 个“点”对象 P_2 有关联，它们只是图 4-1 类图的一个具体实例。

通过图 4-1 和图 4-2 可以清楚地表明，类图是一种抽象的描述，不具体表示某个现实世界的事物，其属性一般只有类型而无确定的值。而对象图是类图的一个实例，每个对象都是相应类的一个实例，具体表示某个现实世界的事物，其属性有确定的值。对象图中对象之间的关联，是相应类图中类之间关联的一个具体实例。

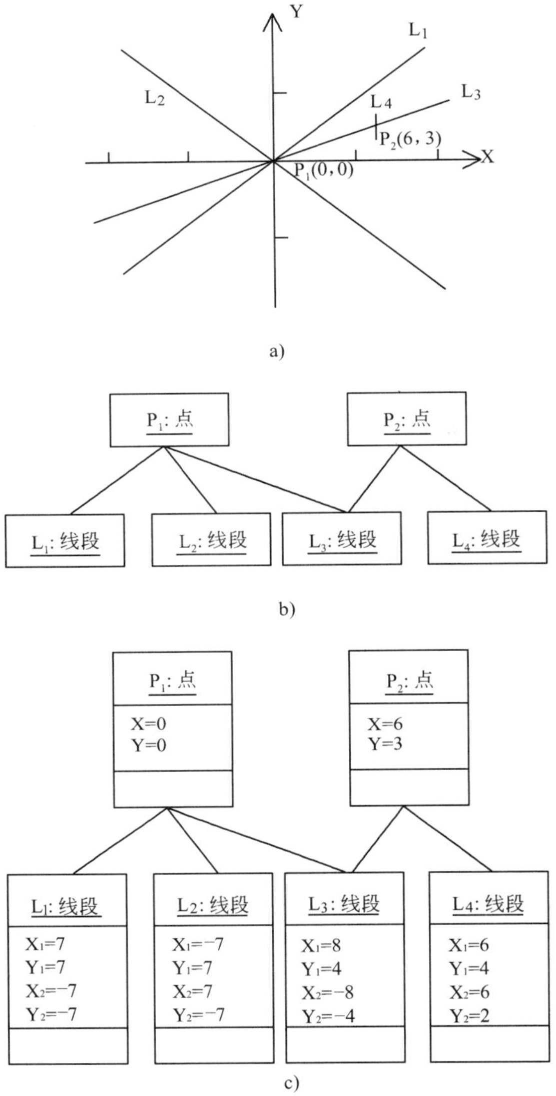

图 4-2 “线段”对象和“点”对象及其之间关系的长式与短式表示

4.2.3 一个对象类图的简单例子

按照 Steve Cook 和 John Dianiels 的观点，对象类图分为三个层次：概念层（conceptual）、说明层（specification）和实现层（implementation）。

概念层（conceptual）的对象类图描述应用领域中的概念。实现它们的类可以从这些概念中得出，但两者并没有直接的映射关系。事实上，一个概念模型应独立于实现它的软件和程序设计语言。

说明层（specification）的对象类图描述软件的接口部分，而不是软件的实现部分。接口可能因为实现环境、运行特性或者用户的不同而具有多种实现。面向对象开发方法非常重视区别接口与实现之间的差异，但人们在实际应用中却常常忽略这一差异。

实现层（implementation）：只有在实现层才会有真正类的概念出现，系统建模通过实现层揭示软件的具体实现。这就是大多数人最常用的对象类图。理解以上层次对于画对象类图和读懂对象类图都是至关重要的。但是由于各层次之间没有一个清晰的界限，所以大多数建模者在画图时没能对其加以区分。画图时，要从一个清晰的层次观念出发；而读图时，则要弄清它是根据哪种层次观念来绘制的。

细化表示对事物更详细一层的描述。两个元素 A、B 描述同一件事物，它们的区别是抽象层次不同，若元素 B 是在元素 A 的基础上的更详细的描述，则称元素 B 细化了元素 A，或称元素 A 细化成元素 B。

在这里给出一个对象类图的简单实例，读者可以从中初步领会到对象类图的基本概念。图 4-3 是一幅描述与企业销售订单有关的对象类之间相互关系的类图。该类图共涉及“客户”、“个人客户”、“团体客户”、“订单”、“产品”等 5 个类，该类图还包括一个执行者——

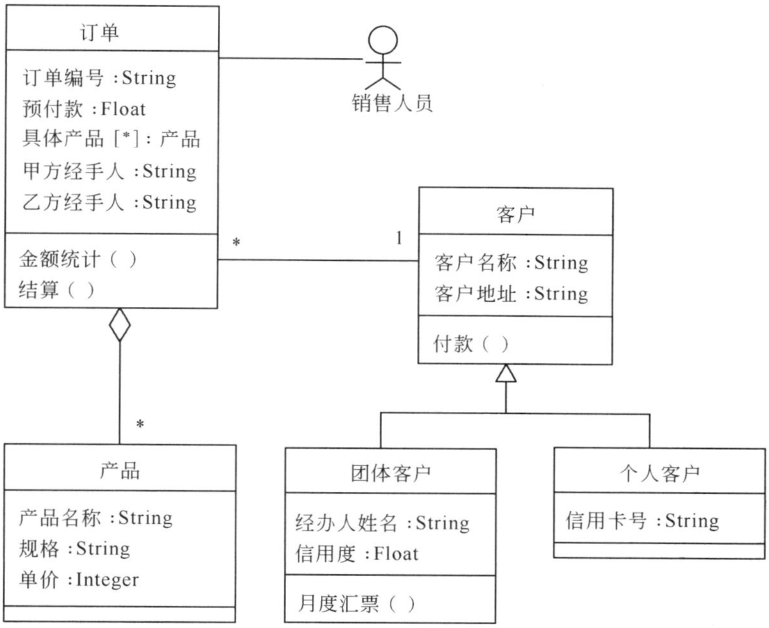

图 4-3 与订单有关的类图

"销售人员"，它也是一个类。

在该类图中，由"销售人员"负责处理销售"订单"，由连接这两个类之间的关联直线表示。每个"订单"都会涉及到一个特定的"客户"，而某个特定的"客户"可以与"销售人员"签订一到多个"订单"，"客户"与"订单"是一对多的关系。在连接"订单"与"客户"的类关联线中，标注在"订单"类一端的"*"表示"订单"类可以产生 1 到多个对象，即有一到多个具体的"订单"，而标注在关联线中"客户"类一端的"1"表示只能有一个具体"客户"与这些"订单"关联。

对于"客户"类来说，还可以具体分为"团体客户"和"个人客户"。而"团体客户"和"个人客户"都具有"客户"的一般特征，即具有一些共同点，如客户名称和客户地址，我们可以把这些共同的内容抽象为一个父类——"客户"类。"团体客户"和"个人客户"还各自具有自己的一些特征，所以在这里将"团体客户"和"个人客户"类设计为"客户"类的派生类。"客户"类与"团体客户"类和"个人客户"类是继承关系，用指向"客户"类的空心箭头连线表示它们之间的继承与派生关系。

对于"订单"类来说，每个"订单"都会涉及到一个或多个具体产品，所以"订单"类与"产品"类之间是 1 对多（*）的关系。由于具体产品是"产品"类的一个对象，"具体产品"又是"订单"类的组成部分（对象成员），即"订单"类离不开"产品"类，"产品"类只是为"订单"类而存在，所以两个类之间具有异常紧密的共生关系。这种关联关系称为组合聚集，用一个实心菱形箭线表示，箭线由部分指向整体。"产品"类代表部分，"订单"类代表整体，组合聚集关联的整体一端必须为 1。

当然，图中对每个类都应该有一些具体的描述，如类名、属性和操作等。在图 4-3 的例子中，有的类给出了较为详细地描述，有些类只给出了类名，省略了对属性或操作的具体描述。在实际的系统设计中，要根据类图在系统分析与设计中所处的位置（概念层、说明层和实现层）进行或简或繁（详细）的描述，包括对象类之间的关系和每个对象类的具体描述。

4.3 描述对象类

有关寻找和确定对象类、定义类的属性和操作的方法，在第 3 章已有详细介绍，这里不再重复。UML 中对类的属性和操作的语法描述有严格的规定，在此做简单介绍。

4.3.1 类的属性描述

属性用来描述类的特征。在 UML 中描述一个属性的语法格式如下：

可见性 属性名 [多重性]：类型 [＝初始值]

1）可见性：描述了该属性在哪些范围内可以使用。

- ＋：表示其为公有成员，其他类可以访问（可见）。
- －：表示其为私有成员，不能被其他类访问（不可见），可缺省。
- ＃：表示其为保护成员，一般用于继承，只能被本类及派生类使用。
- /：只读，可以与"＋"、"－"或"＃"同时使用，缺省表示可读可写。

2）属性名：代表属性的一个标识符。

- 类属性：用下划线标识的属性名，该类的所有对象之间共享该属性。

3）多重性：任选项，用多值表达式表示，表达格式为"低值..高值"。

- 低值、高值为正整数，表示该类的实例对象的属性个数。
- 0..* 表示从 0 个到无限多个。
- 缺省表示 1..1，说明只有一个属性。

4）类型：可以是系统固有的类型，如整型、实型等，也可以是用户自定义的类型。

5）＝初始值：任选项，初值可作为创建该类对象时这个属性的默认值。

描述属性时，属性名和类型是必须的，其他部分都任选。

4.3.2 类的操作描述

操作是类的行为特征或动态特征。操作通常叫做函数，它们在类的内部，一般只应用于该类的对象，用来操纵属性或完成其他动作。UML 中描述一个操作的语法格式如下：

可见性 操作名（[参数表]）：返回列表 [{特征描述}]

1）可见性：描述了该操作在哪些范围内可以使用。

- ＋：表示其为公有成员，其他类可以访问（可见）。
- －：表示其为私有成员，不能被其他类访问（不可见），可缺省。
- ＃：表示其为保护成员，一般用于继承，只能被本类及派生类使用。

2）操作名：代表操作的一个标识符。

- 操作名一般采用有意义的名字。
- 类操作：用下划线标识操作名，在没有对象实例的情况下被调用，只允许访问本类属性，通常把一些通用的操作定义为类操作，如何创建对象的操作。

3）参数表：用逗号分隔的形式参数序列。

• 每个参数的语法格式为“参数名：类型［＝初值］”。
• 当操作的调用者未提供参数时，该参数就使用默认初值。
• ［＝初值］：任选。

4）返回列表：回送调用对象消息的类型，格式为“返回类型”或“返回名＝类型，……”。
• “返回类型”：向调用对象回送一个类型的返回值。
• “返回名＝类型，……”：向调用对象回送多个返回类型的值。

5）［{特征描述}］：任选项，描述该操作的特征，通常不直接展示在类图中，特征描述可以是以下内容。
• 前置条件：满足该条件（为真）调用本操作。
• 后置条件：执行本操作后该条件为真。
• 某算法指定执行该操作。
• 用特征（操作名、回送型、参数表）来指定该操作。

描述操作时，操作名()和返回类型是必须的，其他部分都是任选的。

4.4 类之间的关系

在 UML 中规定类图中类之间的关系有关联、聚集、继承、依赖和细化等关系，这在第 1 章曾做过简要介绍，本章进一步详细介绍。

4.4.1 关联关系

类之间的关联关系有一般关联、多重关联、受限关联、递归关联和关联约束。

1. 一般关联

关联是类之间的语义联系，代表类的对象（实例）之间的一组连接（也称为链）。

（1）常规关联

最常见的关联是在两个类之间有一条直线连接，这条直线就是关联，上面写上关联名。关联通常是双向的，因此可以有两个名，可用实心三角指明关联名所指方向。图 4-4 给出教学管理系统中开设“课程”类和学生“选课注册”类的关联“选课”，这个关联表示学生可以对开设的选修课程进行选课注册。

在关联的两端可写上一个被称为重数的数值范围，表示该类有多少个对象可与对方一个对象连接，重数的默认值为 1，重数的符号通常有：
• “0..1”：表示“零或 1”。
• “0..*”或“*”：表示“0”或“多”。
• “1..*”：表示“1 或多”。
• “5..11”：表示“5 至 11”。
• “1，3，8”：是枚举型，表示“1 或 3 或 8”。

图 4-4 表示一个学生可以选修多门课程，而一个待选修课程也可以被多个学生所选修。当然，一个学生也可以一门课程都不选修，一个待选修课程也可以没有学生选修，所以两个关联的类的重数都是“0..*”。如果规定一个学生必须选修 6 门课程，则只需将“课程”端的重数改成“6”即可。黑三角表示关联的方向，由学生“选课注册”类指向“课程”类。

在选课关联的两端，还可以写上角色名，表示在这个关联中这个类所扮演的角色。

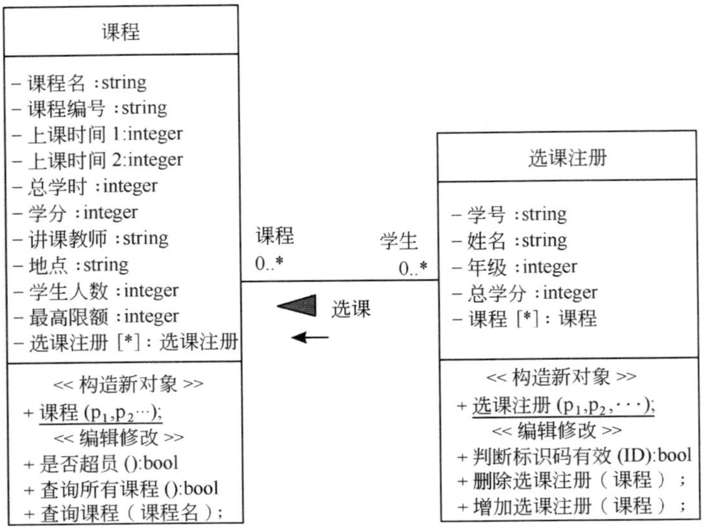

图 4-4 两个有“选课”关联的类（长式表示）

在“课程”类中，有 11 个私有属性，定义了该类的特性；还定义了 4 个公有操作，描述了该类的功能和提供的服务。其中一个操作（构造函数）带下划线，表明是一个类操作。“是否超员”操作有一个逻辑返回类型，判断选修本课程的学生人数是否超出最高限额（例如 40 人）。如果超出，返回值为“真”，否则返回值为“假”。在类中可以对操作进行分类，用以双尖括号表示的构造型进行说明，如<<构造新对象>> 和<<编辑修改>> 等。两个类都要分别对每次选课信息做好各自的记录。

两个类之间有关联，在具体程序编码的实施中，其关联关系可以通过在自己类的属性和操作定义中将相关联的类作为对象成员使用而体现出来。

例如，在图 4-4“课程”类的属性定义中最后一个属性“选课注册［*］：选课注册”，就是将相关联的“选课注册”类作为对象成员定义的。“选课注册［*］”指明该对象成员被定义为可变长度数组，用来存放选修某一门课程的所有学生信息。该可变长度数组的一个元素描述一个学生的信息，包括学生姓名、学号、年级等。

同样的道理，在“选课注册”类的属性定义中最后一个属性“课程［*］：课程”，也是将相关联的“课程”类作为对象成员定义的。“课程［*］”指明该对象成员被定义为可变长度数组，用来存放某一个学生选修的所有课程的信息。该可变长度数组的一个元素描述一门课程的全部信息，包括课程名、课程编号、总学时、学分、上课时间、上课地点、讲课教师等。

在操作的定义中也体现了关联关系。例如，在“选课注册”类的操作定义中最后两个操作“增加选课注册（课程）”和“删除选课注册（课程）”，将相关联类的“课程”对象作为参数成员使用。

当然，“选课注册”类也可以通过发送消息调用“课程”类的“查询所有课程()”操作，完成选修课查询功能。

下面给出“课程”类和“选课注册”类的对象之间在选课关联中的连接，即开设课程类和选课注册类的对象之间的那些连线（链），链和关联之间的关系好比对象与类的关系。链可看作关联的实例，一个关联可以有多个链（实例）。

比如，“选课”关联的几个链：

- 课程 1　王一　//链 1（选课关联的一个实例）：学生“王一”和课程 1 之间的连线
- 课程 2　张玉　//链 2（选课关联的一个实例）：学生“张王”和课程 2 之间的连线
- 课程 3　王一　//链 3（选课关联的一个实例）：学生“王一”和课程 3 之间的连线
- 课程 1　李平　//链 4（选课关联的一个实例）：学生“李平”和课程 1 之间的连线
- 课程 3　赵红　//链 5（选课关联的一个实例）：学生“赵红”和课程 3 之间的连线

（2）关联类

在 UML 中可以把类之间的关联定义成类，称为关联类，关联的每个链都是这个关联类的实例。关联类也有属性、操作，并与其他的类关联。图 4-5 给出的“供货商”类与“顾客”类之间的关联——“交易”——是多对多的关系，即在交易中，一家供货商可以向多个顾客供货，一个顾客也可以向多家供货商进货。我们可以将两个类之间的“交易”关联定义为一个类。

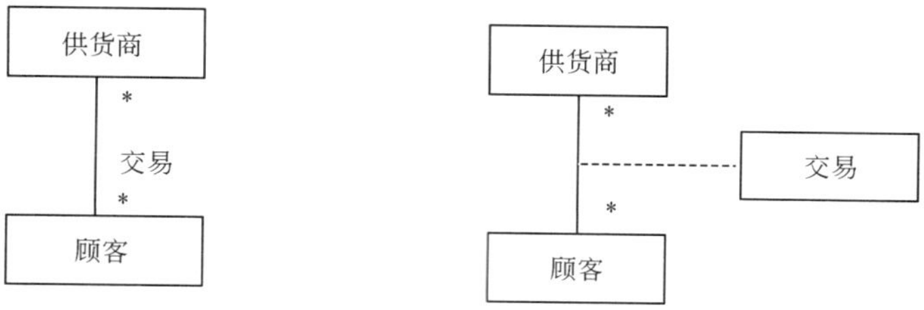

图 4-5　一个关联类的例子（短式表示）

关联类与关联之间由一条虚线连接，关联名就是关联类的名字。在图 4-5 中，“供货商”类、“顾客”类和它们的关联类“交易”，都是短式表示。采用关联类的好处可以在图 4-6 的长式描述中显现出来。

没有采用关联类时，每次交易后，进行交易的供货商与顾客分别对这次交易的商品名称、数量、单价、时间进行记录。如果要统计某种商品在某一时间段的市场销售量是很困难的，这对市场行情统计、分析、预测带来了麻烦。采用“交易”关联类后，“供货商”类、“顾客”类和它们的关联类“交易”之间的重数变为 1，关联类“交易”与“供货商”类、“顾客”类之间的重数为多(*)，即每一次交易只在一个供货商和一个顾客之间进行，他们可以有多次交易，这样使类之间的关系变得简单了。另外，每次交易的商品名称、数量、单价和交易时间只记录在“交易”关联类中，方便进行宏观统计和分析。

在图 4-6 中，“供货商”类、“顾客”类和它们的关联类“交易”之间有关联，这种关联通过各个类的属性定义来显示。

在“供货商”类和“顾客”类中除了定义自己的特有属性外，都定义了一个属性为“交易[*]”的可变长度数组，将关联类作为对象成员用来存放每次交易的信息，表示这两个类都与“交易”类有关联。

在关联类“交易”的属性定义中，除了定义自己的特有属性如商品名称、数量、价格外，还定义了两个属性为“供货商[*]”和“顾客[*]”的可变长度数组，作为关联类的对象成员用来存放每次参加交易的供货商和顾客信息，表示该“交易”类与“供货商”类和

“顾客”类有关联。

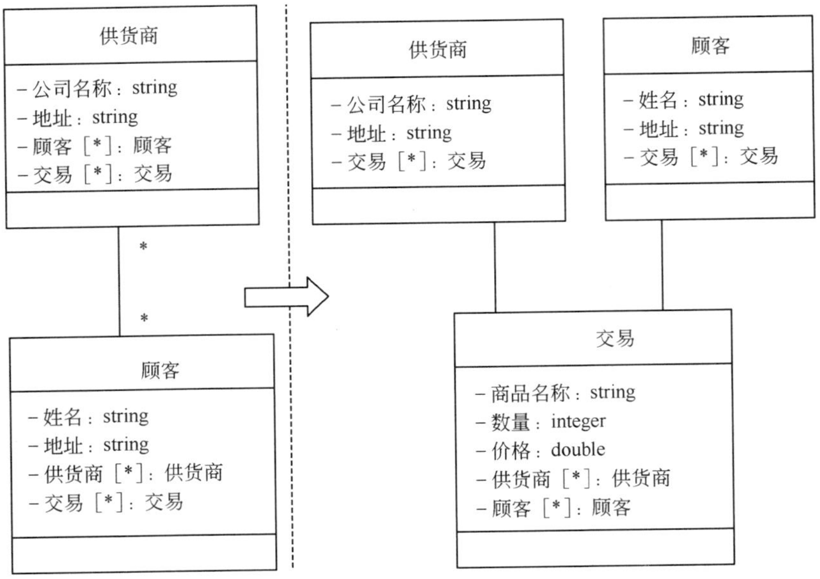

图 4-6 一个关联类的例子（长式表示）

在该类图中，没有显示每个类定义的操作的描述，读者一定可以想像出，在定义这些操作描述时一定会涉及关联类。一种形式是在操作中将关联类的对象成员作为其中的参数进行引用，另一种形式是直接调用关联类的操作。

2. 多重关联

两个以上的类之间也可以互相关联。图 4-7 给出一个三元关联的例子，它描述了开发商、建筑商和商品楼之间的关系。图中还可加上重数和角色名等。

图 4-7 的描述显示，一个开发商可以与多个建筑商签订合同，开发多个商品楼。一个建筑商也可以与多个开发商签订合同，开发多个商品楼。同样，一个商品楼也可以被多个开发商和建筑商开发。

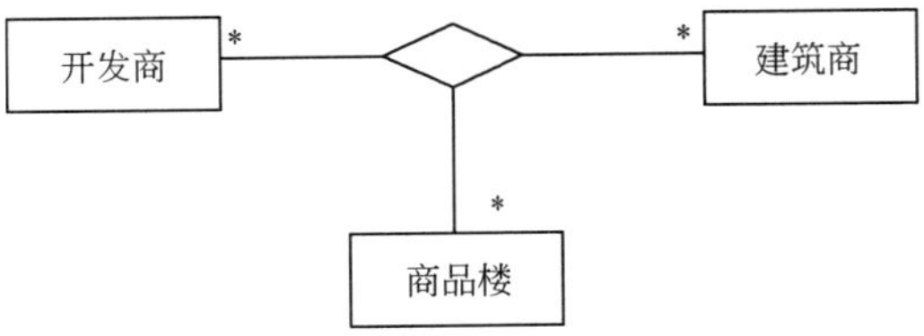

图 4-7 三元关联

当然，多重关联也可以设置关联类，以方便系统设计与实现。在这个例子中可以将开发合同作为关联类，每份合同都只涉及一个开发商、一个建筑商和一栋商品楼。而“开发商”类、“建筑商”类和“商品楼”类可以涉及多个开发合同。

3. 关联的约束

UML 规定可以在一些关联上添加约束，约束在花括号｛｝内用字串进行描述。

1）ordered：表示有序的对象。“多”端的对象可看作一个集合（无序的），可以在“多”端写上｛ordered｝来指明这些对象是有序的。如图 4-8 所示，它指出一个多边形可以有多个线段（有序），而多个线段只属于一个

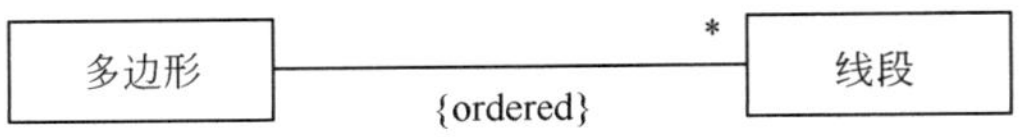

图 4-8 有序关联

多边形。

2）implicit：概念性关联，在模型的详细规划中不再使用。

3）changeable：关联对象的连接是可变的，可被任意添加、删除和修改。

4）addonly：在任何时候可从源对象添加新的连接。

5）frozen：源对象一经创建和初始化后就被冻结，不能被添加、删除和修改。

6）xor：代表一组互斥（异或）的关联。

图 4-9a 给出了一个人与开发商签署购房合同的类图，它指出一个人可拥有 0 或多份购房合同，一个公司也可拥有 0 或多份购房合同。但是个人和公司不允许拥有同一份购房合同，即一份购房合同只能归属于个人或公司中的一个。此时可在两个关联间加上虚线，上面标上约束｛xor｝来描述，如图 4-9b 所示。

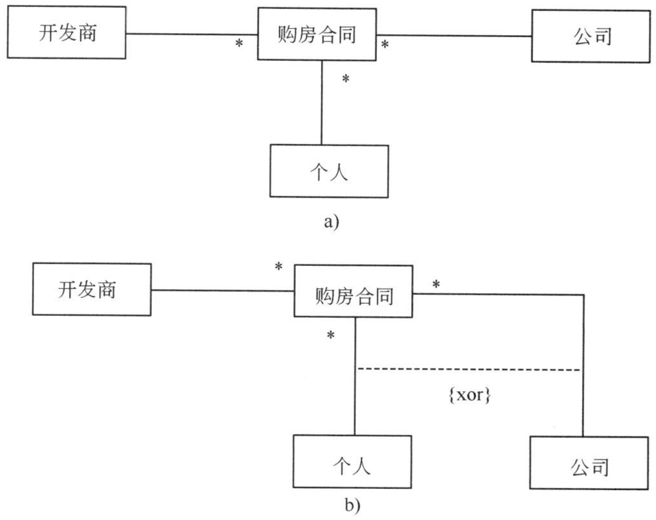

图 4-9 异或关联

4. 受限关联

受限关联用于一对多或多对多的关联，限制符号画成一个小方块，内标限制内容，位于靠近受限制方的关联末端。限制符号用来区分关联“多”端的对象集合，指明了在关联“多”端某个特殊对象受限制，将模型中的一对多关系简化为一对一，将多对多简化为多对一。

对于图 4-8 给出的多边形和线段间的关联，我们用线段名做限制符号，此时关联成为一对一的关系，见图 4-10 所示。

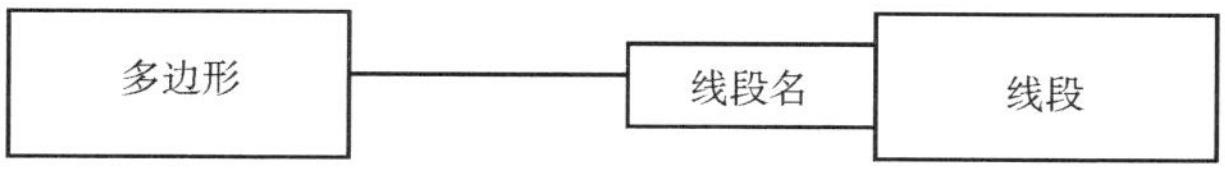

图 4-10 受限关联

5. 递归关联

UML 允许一个类自己和自己进行关联，称自返关联或递归关联。如图 4-11 所示，在“公务员”类中有递归关联。公务员包括领导和办事员，一个领导管理多个办事员，而每个办事员可能被 0 或 1 个领导管理。

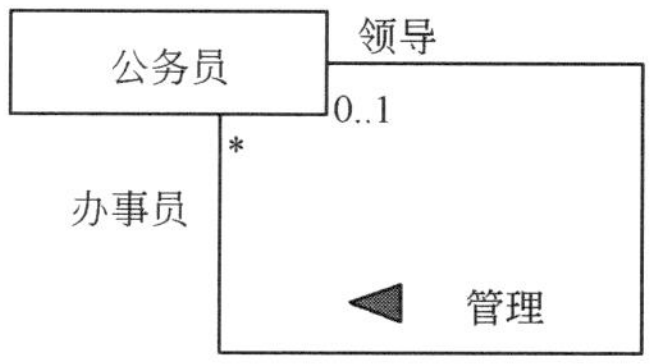

图 4-11 递归关联

4.4.2 聚集关联

聚集是一种特殊的二元关联，它指出类间的“整体-部分”关系。聚集是关联的特例，它可以有重数、角色、限制符号等。聚集关联有共享聚集和组合聚集。

1. 共享聚集

共享聚集的“部分”对象可以是任意“整体”对象的一部分，表示事物的整体/部分关系较弱的情况。如果“整体”端的重数不是 1，那这种聚集是共享的。空心菱形表示共享聚集，它画在代表事物整体的一端。如图 14-12 中代表事物整体的汽车类的多重性为*，表明某一零件的设计可用于多种不同的汽车上。

图 4-12 共享聚集的例子

2. 组合聚集

组合聚集是指“整体”拥有它的“部分”，它具有强的物主身份，表示事物的整体/部分关系较强的情况。实心菱形表示组合聚集，它画在代表事物整体的一端。“部分”生存在“整体”中，不可分离，它与“整体”一起存在或消亡。“整体”的重数必须是 0 或 1。而“部分”重数可以是任意的。如图 4-13 所示，“圆”类和“点”（圆心）类就是组合聚集：一个圆必有一个点（圆心），如果没有点（圆心），圆亦不复存在。在组合聚集中也将“整体”端类称为服务类，即“点”类是专为“圆”类服务的，具有极强的专用性，它们之间的重数是一对一的关系，同时存在，同时消亡。

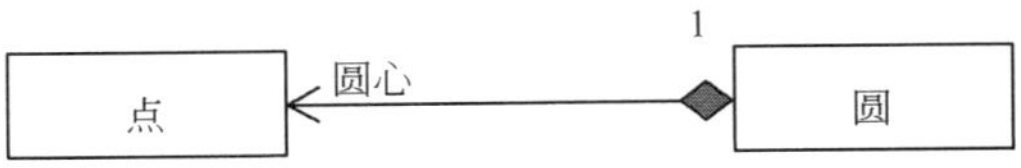

图 4-13 组合聚集的例子

服务类把原属于主类的属性和操作包装起来，而自身成为主类的一个属性。即一个服务类只能“忠心耿耿”地为一个主类服务，服务类与主类的关联是组合聚集。

类间的组合聚集和共享聚集具有传递性。即 A 是 B 的一部分，B 是 C 的一部分，则 A 也是 C 的一部分。例如在图 4-13 中，移动圆等价于移动圆心。在实施软件设计时，传递性意味着多层树状聚集中的运算，有些可用递归实现。

3. 一般关联与聚集关联的比较

聚集是关联的一种特例。一般关联和聚集关联之间有什么相同点和不同点，可以从表4-2 中看出。

表 4-2 一般关联和聚集关联的比较

特 征	一般关联	聚集关联	
		共享聚集	组合聚集
UML 标记	实线	加空心菱形	加黑色菱形
是否存在“拥有”关系	无	弱	强
多重性	任意	任意	“整体”端重数必为 1
传递性	无	有	有
传递方向	无	整体到部分	整体到部分

4.4.3 继承关系

继承关系指出类间的“一般-特殊”关系。例如汽车是特殊类，交通工具是一般类，则汽车是一种交通工具。我们可以把一些类的特殊情况或扩展部分分离出去，把这些类的公共属性的操作抽象成一般类。对一般类来说，可以扩展一些属性和操作，成为一个特殊类。一个类可以是另一个更一般类的特殊类，同时它又是另一些更特殊类的一般类，这样就形成了类的层次结构。一般类是特殊类的父类，反过来也可以说特殊类是一般类的子类。子类可以继承父类的属性、操作和关联，子类不可访问父类中具有私有可见性的属性和操作，父类中受保护的属性和操作可被父类及它的子类访问，但不能被其他类访问。

一个特殊类实际上是一般类的某种分类方法中的一种特殊的类，同一个一般类可以有不同的分类方法，如父类“人”可以按性别分成男人和女人，也可按职业分成教师、医生等。我们可以在继承关系的旁边加上鉴别符，指明按什么进行分类，如图 4-14 中父类“图”可按维数分为 0 维图、1 维图、2 维图等。

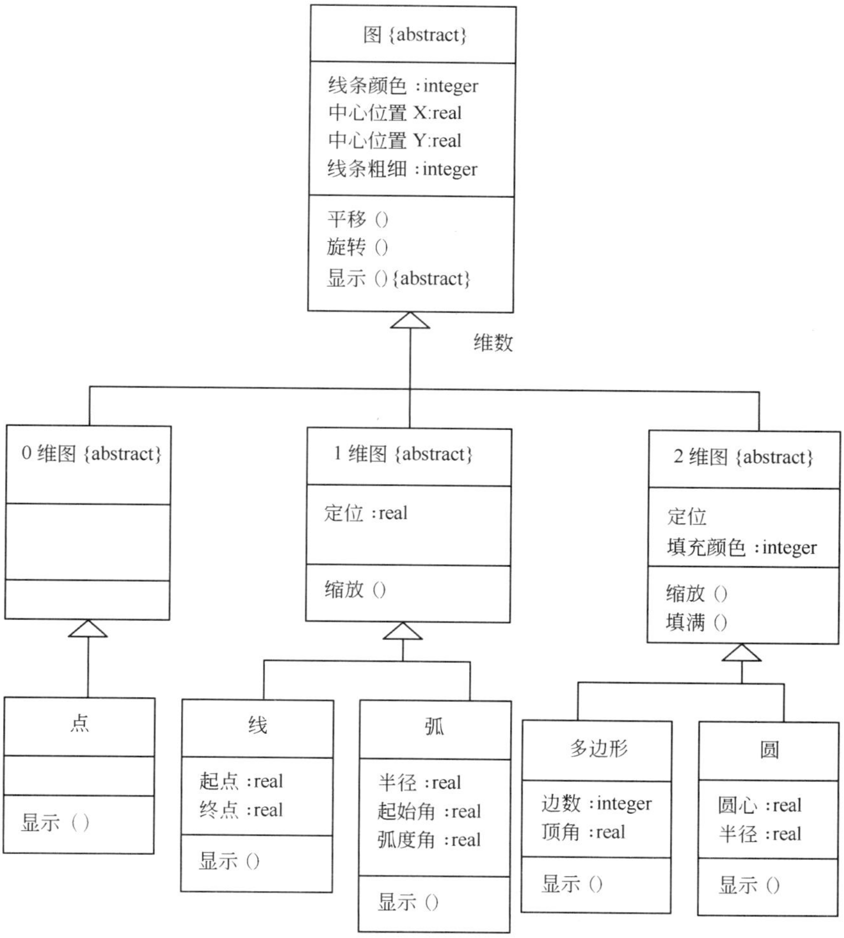

图 4-14 类的继承层次图

抽象类是指没有实例对象的类，附以 {abstract}。抽象类通常定义一些抽象操作，抽象操作是在所描述的类中不提供实现方法的操作（纯虚函数），它只提供操作的特征（操作名、回送类型、参数），并附以 {abstract}。UML 中，还可以将抽象类名和抽象操作名用斜体字标识出来以表示其为抽象类。所以继承抽象操作的子类必须为该操作提供实现的方法。与抽象类对应的是具体类，具体类能创建对象，并实现所有的操作。

子类可以定义自己的属性和操作，也可重新定义父类的操作，但重新定义的操作必须与父类具有相同的操作特征。

UML 中可以描述约束和派生的表示规则。前面叙述过的约束有异或关联、有序关联以及继承的约束（多态性、重载等）。派生是有关什么事能够被导出的规则，如年龄可通过当前日期和出生日期派生出来。

从前面叙述可以看出，继承只有约束，没有派生。继承的约束有：多态性、重载等。角色也可以约束，限制一个对象扮演的角色个数。

规则可以附加到任何模型元素上，规则写在花括号中，置于模型元素旁边，或者写在注解中。

典型的属性约束是该属性的取值范围，例如，“颜色”属性的约束可以是（红、黄、绿），或者 {0≤颜色≤255}。派生属性用符号“/”开头，计算公式写在花括号内，派生属性不储存在该类的对象中。

4.4.4 依赖和细化关系

依赖是两个模型元素之间的语义连接：一个是独立的模型元素，另一个是依赖的模型元素，独立元素的变化会影响依赖的元素。依赖的例子有：一个类把另一个类的对象作为参数，一个类访问另一个类的全局对象，或者一个类调用另一个类的类操作。依赖用带箭头的虚线表示，位于虚线箭头尾部的类（称为客户）依赖于箭头所指向的类（称为供应者）。图 4-15 给出了一个依赖关系的例子。

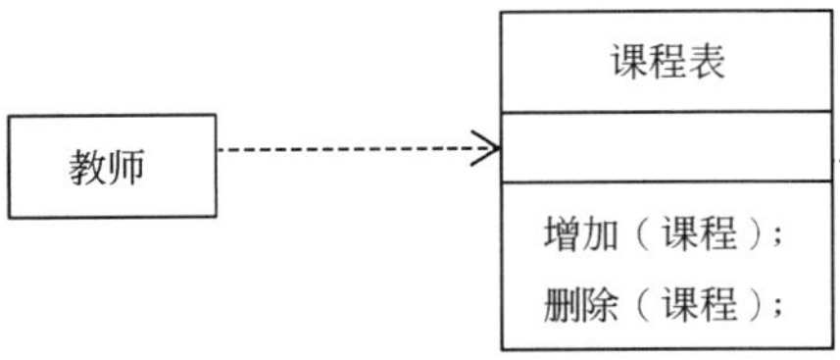

图 4-15　一个依赖关系的例子

在图 4-15 中，课程表的安排依赖于实际开设的课程。“课程”类是独立的类，而“课程表”类依赖于“课程”类。在“课程表”类中，“增加()”和“删除()”这两个操作都把课程作为对象参数进行调用，一旦课程发生变化，课程表一定也会跟着发生变化。任课教师按课程表上课，“教师”类依赖于“课程表”类，课程表发生变化，任课教师也要跟着发生变化。

细化用于描述同一事物不同抽象级别（发展阶段）的两个模型之间的关系，用来协调不同阶段模型之间的关系。例如，对同一事物建模的分析类与设计类之间是细化关系，设计类细化了分析类。细化关系用带空心三角的虚线表示：被细化的类位于空心三角一端，细化的类位于虚线的另一端。

4.4.5 对象设计模式

在面向对象软件开发项目的系统设计中，总有一些只包含少数几个对象的设计模块在设计图中反复出现，这些模块频繁地出现在各种更大更复杂的系统设计中，我们把这种模块称为“设计模式”(pattern)。

1. 设计模式的特征

一个设计模式有广为人知的外在表现或行为，可以反复使用以解决同类问题。一个好的对象设计人员必须精通这些模式，透彻理解其中对象之间的关系。掌握了这些设计模式，在系统分析和设计中就不是采用单个类，而是有效地反复采用模式进行模型的设计，高效率、高质量地进行软件开发。在设计模式中，对象之间通过属性互相联系，不随时间而变化，我们称其为静态设计模式。

一个通用的对象设计模式必须是面向对象的，即以基本的面向对象结构出现，其模型元素有类、对象及其之间的关系连接，应该具有以下的特征：

- 简单性：只包含少数几个类。
- 灵巧性：精巧并能解决实际问题。
- 验证性：已经在若干个实际运行的系统中成功地完成测试验证。
- 通用性：在各种系统设计中可以解决同类问题。
- 复用性：可在各种系统的各个层次的系统设计中反复使用。

一个通用的设计模式用问题描述说明其使用范围和拟解决的问题，用类和对象来描述问题的解决办法。一个面向对象的软件开发者掌握了设计模式的精髓，利用模式进行系统设计，就可以达到事半功倍的效果。

2. 两个最简单的设计模式

本节只介绍两个最简单的设计模式，其他的设计模式留待后面章节专门进行讨论。

(1) 对象集合管理器模式

对象集合管理器构造一组数量有限的对象并对其进行存储和管理，它用一个管理器类来管理一组对象的集合，是众多设计模式中使用最广泛的一种。图 4-16 给出了一个对象集合管理器的例子。

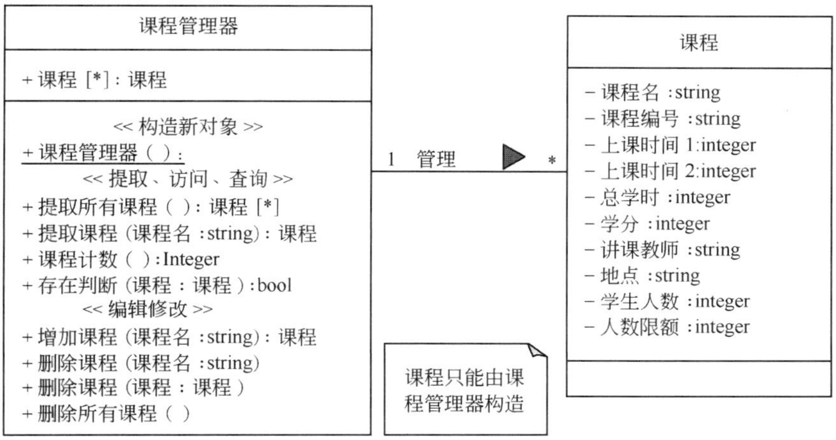

图 4-16 一个对象集合管理器的例子

在图 4-16 中，一个课程管理器（类）管理多个课程（对象）。课程管理器中只有一个成员对象（课程对象）属性，属性“课程[*]”代表可变长度课程数组。课程管理器中的操作由三个构造型分成不同类型操作，<<构造新对象>> 中只有一个构造函数，该构造函数创建一个新课程对象数组，用来存放课程。<<编辑修改>> 里“增加课程（课程名：string）：课程”操作中，括号内的参数是要增加的课程名，其执行结果是创建一个新课程对象，即课程对象只能由课程管理器构造。

对于一个较大的系统来说，一个对象管理器管理的对象数量可能较多，为了对这些对象进行有效的管理，必须对其建立索引。管理器一般以关键字作为索引快速查找指定对象，在本例中的关键字是课程名。因此，通过课程管理器的“增加课程（课程名：string）：课程”操作构造课程对象时，程序设计中应有更新索引功能；删除课程对象时也要更新索引。

(2) 对象容器模式

对象容器模式也称为对象池模式，只存储和管理一组数量有限的对象，而不构造对象。对象容器也是众多设计模式中使用最广泛的一种。对象容器可作为对象集合管理器的组成部分，对象集合管理器的大部分操作都可以放到对象容器中。图 4-17 给出了一个对象容器的例子，虚线框内是一个对象容器。

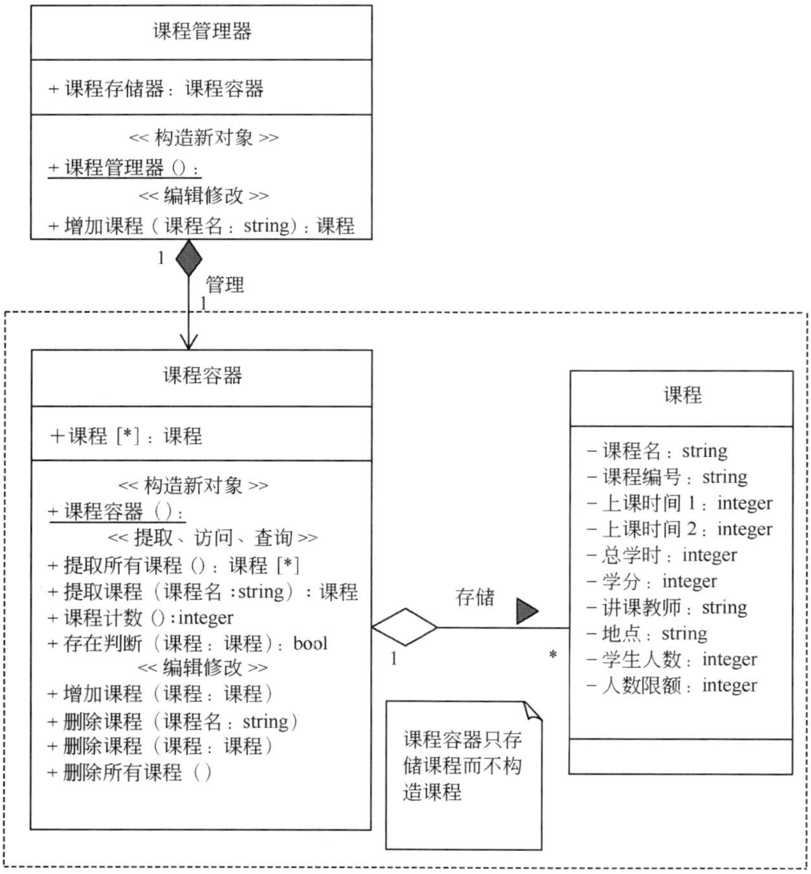

图 4-17 由对象容器组成的对象集合管理器的例子

作为特例，图中的对象容器只是作为对象集合管理器的组成部分出现，给出了如何用一个对象容器组成对象集合管理器。对象集合管理器与对象容器之间是组合聚集的关系，即该对象容器只为这个对象集合管理器服务，是对象集合管理器的服务类，它们之间的重数是一对一的关系，同时存在同时消失。在虚线框内，对象容器与其管理的对象是共享聚集关系，一个对象容器存储和管理多个对象。

在图 4-17 中，一个课程管理器（类）构造和管理多个课程（对象）。课程管理器中只有一个课程容器的成员对象属性，课程管理器操作中的构造型<<构造新对象>> 操作分类中只有一个构造函数，在创建课程管理器对象时同时创建课程容器对象，即在课程存储器中产生可变长度课程数组“课程[*]”，用来存放课程对象。在构造型<<编辑修改>> 中只有一个操作——“增加课程（课程名：string)：课程”，该操作括号内的参数是要增加的课程名，其结果是创建一个新课程对象，即课程对象只能由课程管理器构造。创建的这个课程对象放到课程对象容器中进行存储和管理。课程对象集合管理器的其余操作全部放到课程对象容器中。

课程对象容器用来存储和管理对象。课程容器中只有一个课程对象属性，课程[*]代表可变长度课程数组。课程管理器中的操作由三个构造型分成不同类型操作，<<构造新对象>> 中只有一个构造函数，该构造函数创建一个新课程对象数组，用来存放课程对象，该课程对象数组是在创建课程管理器对象时同时被创建的。“增加课程（课程：课程)”操作括号内的参数是要增加的课程对象，其结果是在课程对象阵列中增加一个新课程，这个新课程对象是由课程管理器中的操作“增加课程（课程名：string)：课程”构造。与图 4-16 中的课程管理器一样，在对象的存储和管理中，一般按关键字作为索引快速查找指定对象，这里的关键字也是课程名。因此，通过课程容器的“增加课程（课程：课程)”操作增加课程对象时，程序中应有相应的更新索引功能；删除课程对象时也要更新索引。

课程对象容器类与课程对象类之间是共享聚集关系，其连接一般都是单向的，由课程对象容器类指向课程对象类，多重性是一对多的关系，即一个对象容器可以存储和管理多个对象。

在一个复杂的系统设计中，对象集合管理器和对象容器往往可在多个地方出现。例如，一个保险公司类管理多个雇员对象和多个客户合同对象，可以用一个对象容器装载雇员对象，另一个对象容器装载客户合同对象，而这两个对象容器都是对象集合管理器的服务类。

4.5 接口

在面向对象系统中，类与类之间通过信息传递进行交互。对于一个经常被其他类访问的类来讲，为了保证系统的安全性、通用性和限制软件构件的对外运算，一般不允许其他类直接与其通信，通常对外只开设一个窗口供其他类进行间接访问。这个窗口称为接口，也称为界面，被访问的类与接口连接。其他类通过向接口发送消息，就可以间接驱动被访问的类完成相应的功能要求。

4.5.1 接口的定义

接口也是一个类，它定义了一组提供给外界的操作。接口是一个特殊的抽象类，它没有属性，只有抽象操作——即只有操作名，没有具体实现。类名上标明的构造型<<interface>>，说明该类是一个接口。一个类在使用接口时，必须把接口的所有抽象操作全部实现，类名上标明的构造型<< IF Impl>>，说明其是一个实施类。在 UML 中，接口实施的图形标记和继承类似，只不过用虚线代替了实线。图 4-18 给出了一个选课接口的例子。

图 4-18a 是一个选课接口的具体实施类图。在“选课”类中，类名上方标明的构造型<<interface>> 说明该类是一个接口。所以，这个类中没有属性，只有 3 个没有具体实现的抽象操作，抽象操作用斜体字书写操作名。用空心三角形和一条虚线与接口类连接的另一个类——“选课实施”类是该接口的实施类，三角形指向接口。“选课实施”类由构造型<<IF Impl>> 标明，说明其是一个实施类，在实施类中，将接口类中列出的抽象操作具体实现。

在 UML 中，接口可以用一个短式来表示，图 4-18b 就是图 4-18a 的短式表示。在这里，接口类用一个空心圆表示，接口的类名写在空心圆的旁边；实施类用短式表达，它们之间用一条实线连接，表明“选课实施”类的接口是“选课”。空心圆是其他类与实施类进行信息交换的接口，其他类通过向接口发送消息，就可以驱动接口的实施类完成相应的功能要求。

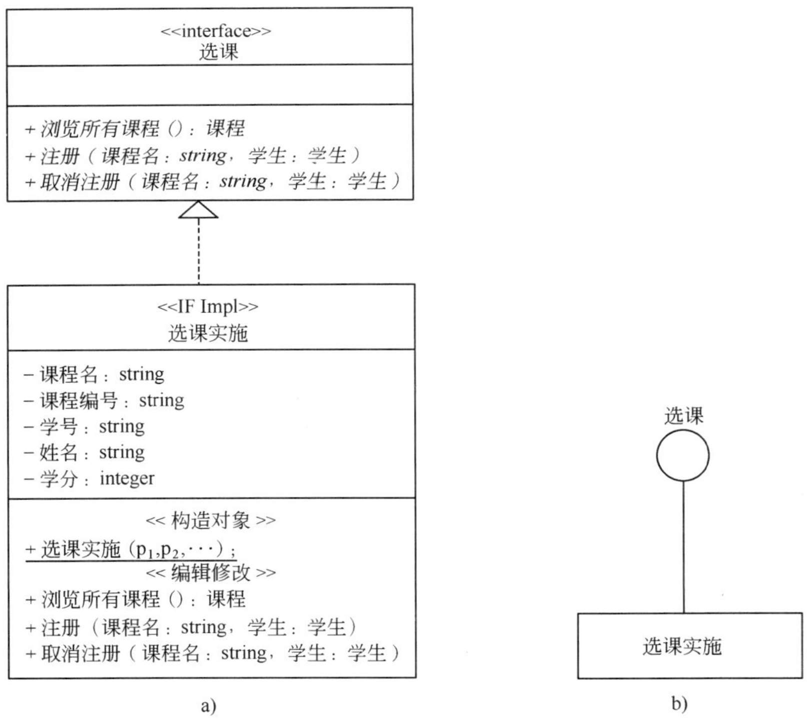

图 4-18 UML 表示的选课接口的例子

4.5.2 接口的实施

另一种表示接口的常用方法如图 4-19 所示。在图 4-19a 中，两个短式表示的类分别用<<interface>> 和<<IF Impl>> 两个构造型进行说明，“选课”类是接口，另一个类“选课实施”是该接口的实施类，它们之间用空心三角形和一条虚线相连，三角形指向接口。在虚线旁边要标明“实施”字样，说明它们之间有实施关系。这种标记常用于描述动态对象模型。

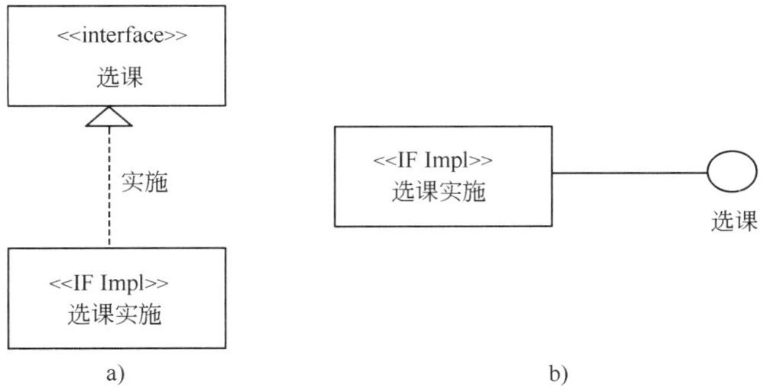

图 4-19　接口及其实施类

图 4-19b 是其短式表示法。与图 4-18 中的短式表示类似，只不过在类名上方加上构造型<<IF Impl>> 说明其是一个接口的实施类。接口类用一个空心圆表示，接口的类名写在空心圆的旁边，它们之间用一条实线连接。

一般地说，接口常用来定义或限制软件构件的对外运算。接口和其他正常类一样，也可以有继承等关系。

4.6 系统体系结构的分层次描述

一个复杂系统有很多个类图，类图之间又有很多关联，形成一个复杂的网络。为了清晰、简洁地描述一个复杂的系统，通常都是把它分解成若干较小的系统（子系统），如果需要的话，每个较小的系统还可以分解成更小的系统。形成了一个描述系统的结构层次，将复杂问题简单化，这是一种解决复杂问题的有效方法。在 UML 中使用了“包”的机制，一个包相当于一个子系统。

4.6.1 系统体系结构的基本单元——包（子系统）

包是 UML 的模型元素之一，包可以包含其他包和类。包之间可以有关系，如依赖等。包是一种分组机制，它把一些模型元素组织成语义上相关的组，包中拥有或涉及的所有模型元素叫做包的内容。作为模型组织的分组机制，包的实例是没有意义的。因此包仅在建模时有用，而不需要转换成可执行的系统。一个包可以拥有若干模型元素，图 4-20 给出了一个包的例子。

在图 4-20 左边的包中，包的路径名为：进销存：：销售<<subsystem>> 。双冒号“：：”后面的“销售”标明了该包的名称，双冒号前面的“进销存”标明该包的上属包名称，构造

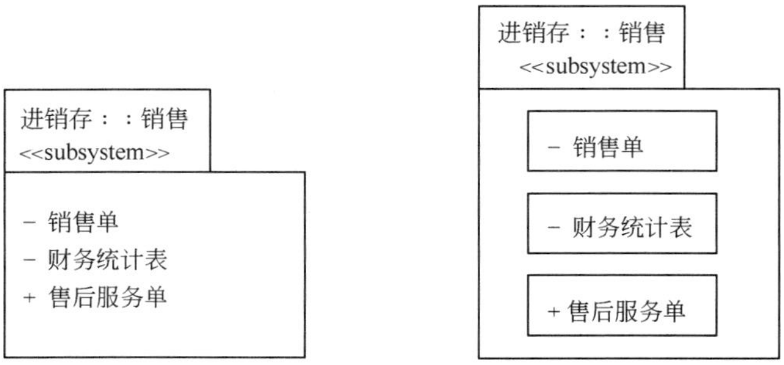

图 4-20 一个包的例子

型<<subsystem>> 说明该包是一个子系统。包中有 3 个模型元素：2 个私有类——“销售单”类和“财务统计表”类，1 个公有类——“售后服务单”类。图 4-20 右边的包是左边包的细化，表达的意思是一样的。

UML 中对包预定义的构造型有：

- <<system>> ：系统模型。
- <<subsystem>> ：子系统模型。
- <<facade>> ：仅仅是其他包的某一个视图，如业务模型中有关产品的信息。
- <<stub>> ：另一个包的公共内容的服务代理（存根）。
- <<framework>> ：模型的体系结构。

在软件项目开发过程中，为了加快开发进度，一个大型软件项目可能被分割成几块，由几个小组在不同的地点分头同时进行开发，为了保证各小组工作的协调开展，可以用构造型<<stub>> 进行系统的开发管理。每个小组各自用构造型<<stub>> 定义一个包，这个包有两个基本功能。

- 规定了系统之间的接口，便于各小组独立开展工作。
- 用来表示该小组当前工作的成果，供其他小组参考。

4.6.2 包的嵌套

如果在包的图符中又含有包，称为包的嵌套。UML 允许包的嵌套。包的嵌套有两种表示方法：内嵌式表示法和树形层次结构表示法。

图 4-21 给出了一个包嵌套的内嵌式表示法的例子。从图中可以看出，“进销存”管理系

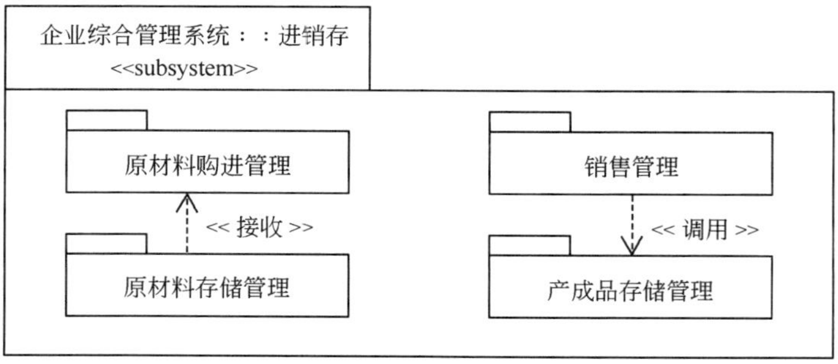

图 4-21 内嵌式表示法描述包的嵌套

统包是“企业综合管理系统”中的一个子系统，这个子系统下属还有 4 个内嵌套的子包（子系统）：“原材料购进管理”子包、“原材料存储管理”子包、“产成品存储管理”子包和“销售管理”子包。从图中还可以看出，这 4 个内嵌套的子包之间有两个依赖关系：“原材料存储管理”子包依赖于“原材料购进管理”子包；“销售管理”子包依赖于“产成品存储管理”子包。另外，UML 允许包名既可以标识在包名框中（长式形式），也可以标在内容框中（短式形式）。

包嵌套还可以将图 4-21 的模型画成树形层次结构，但这样一来包之间的依赖关系就不能表示出来。如图 4-22 所示。

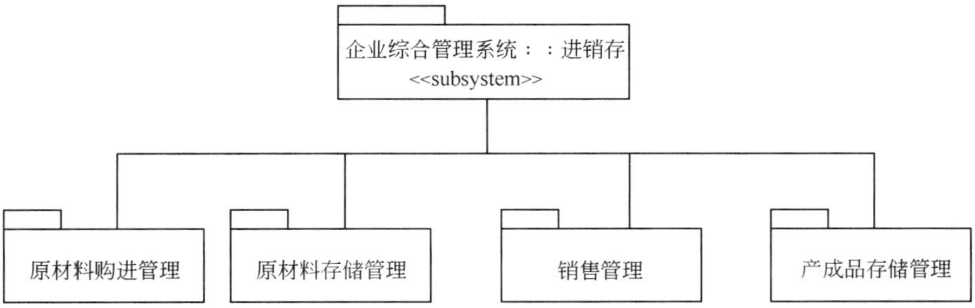

图 4-22 包中模型元素的树形层次结构

4.6.3 包之间的依赖和继承关系

包之间可以有依赖和继承等关系。

- 依赖：两个包中的对象类之间有依赖，则两个包有依赖。
- 继承：包之间的继承关系描述了系统的接口。

在图 4-23 中，显示了包之间嵌套、依赖和继承的关系。在图中，“销售管理”包依赖“产成品存储管理”包：它要调用“产成品存储管理”包中的一些对象类，查看某种规格的

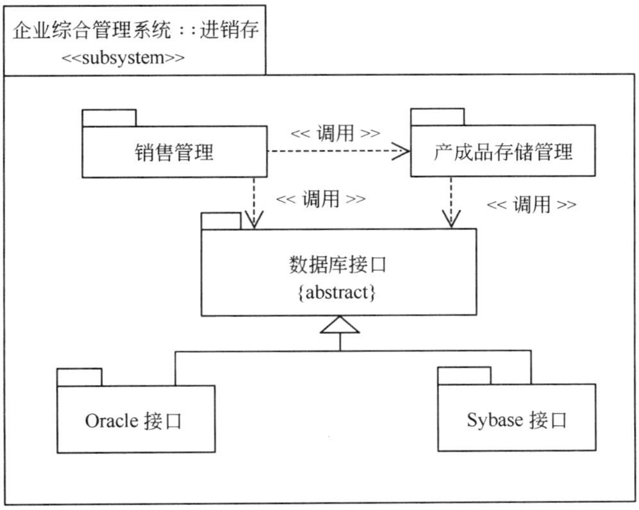

图 4-23 包之间的依赖和继承

产成品的数量有多少，是否能满足客户的需要。如果数量足够，马上与客户签订销售合同，确定客户交款时间和发货时间。如果数量不够，则要与生产管理部门协商，确定产品的交货时间，再与客户签订销售合同。

“销售管理”包和“产成品存储管理”包分别依赖于数据库以便进行信息存取。“销售管理”包要把与客户签订的销售合同数据信息存储在数据库中，还要随时调用这些合同进行查阅，看其是否履行完毕。如果合同尚未履行完毕，则要根据合同规定的交货时间督促和协调生产管理部门按时提供相应产品，进行入库登记和发运货物；另一方面，还要催促客户履行合同按时汇兑货款。“产成品存储管理”包要将入库的产品数据信息存入数据库，还要将产品出库的信息记录在案，存入数据库。

在一个大型项目的具体实施中，存储信息使用的数据库系统可能不止一个。从图中可以看出，“数据库接口”包和“Oracle 接口”子包、“Sybase 接口”子包之间有继承关系。这里的“数据库接口”包实际上是一个接口，通过这个接口可以与不同的数据库管理系统连接，分别进行信息的存取。“数据库接口”包标明性质 {abstract}，说明它只不过定义了一个接口。一般情况下，“数据库接口”包对相关数据库进行指定对象的加载和存储，而该对象则需要触发加载和数据存储。系统通过该接口，分别调用“Sybase 接口”子包和“Oracle 接口”子包中相关的对象类及其操作来实现数据信息的加载存取。因此，与类图中的多态性和重载相似，多态性和重载同样可以在包中实现。

采用包（子系统）的形式描述一个复杂系统，可以使系统结构更加清晰，方便团队分工合作快速开发一个软件系统。

4.7 对象类静态模型建模的步骤

在 UML 软件开发过程中的客户需求分析阶段、系统分析阶段和系统设计阶段都会涉及对象类建模问题，只不过随着开发过程的不断深入，对建立的模型的精度要求越来越精细。

- 客户需求阶段，建立粗略的业务对象类模型。根据客户业务需求，确定并抽象出基本的类，这些类的属性、基本操作及与其他类之间的关联。建立基本的满足客户需要的业务对象类图，并得到客户认可。
- 系统分析阶段，建立较系统的对象类模型。根据系统运行环境和所具备资源的分析，为了达到系统功能要求及提高效率和方便操作，在建成的业务对象类图基础上，再增加一些对象类，调整它们之间的关系，使对象类之间的关联更加合理，建立较系统的对象类模型。这种对象类模型是为开发人员进行详细设计而建立的，不必得到客户认可。
- 系统设计阶段，建立详细完备的对象类模型，作为系统实现的根据。这时的对象类模型是对系统分析阶段建立的对象类模型的进一步优化、细化，以便于开发人员据此模型采用相关程序设计语言实现系统设计。这种对象类模型也是为开发人员建立的，不必得到客户认可。

在 UML 软件开发过程中建立的各种模型，在客户需求分析、系统分析和系统设计阶段都是采用相同的图标符号表示，上一阶段产生的模型在下一阶段可以直接继续使用。各种模型都是以用例为依据，以体系结构为中心，采用循环迭代、逐步完善的方法建立起来的。

建立系统的对象类模型步骤如下：

- 寻找确定对象类。根据客户业务和系统实现需要，采用 CRC 卡方式建立对象类。
- 定义类的接口。为了系统的安全性和类之间的独立性，为一些通用的类建立接口。
- 定义类之间的关系。为满足系统功能要求和优化系统设计，定义类之间的关系。
- 建立对象类图。将确定的类、接口及类之间的关系用图形符号描述，建立对象类图。
- 建立系统包图。对一个复杂的大系统用包（子系统）的形式描述其系统体系结构。

下面列举一个实际设计案例来描述建立系统的静态对象类模型的过程。

4.8 对象类静态模型建模案例

我们仍以“企业综合信息管理系统”中的“进销存管理子系统”为例，在上一章完成该子系统用例建模分析的基础上，对系统进行对象类建模。建立系统的对象类图就是建立系统的静态结构模型，包括确定和建立对象类图、建立对象类及其之间的联系、确定其静态结构和行为。

4.8.1 建立对象类

根据已经建立的用例图和客户业务需求，采用 CRC 卡的方法确定对象类及其属性和操作。通过检查类的定义、分析问题的需求和运用该领域知识来完善和确定类的属性。根据系统功能要求和系统设计需要完善和确定类的操作。

下面将“进销存管理子系统”中几个典型的对象类及其属性和操作的定义简介如下：

（1） 销售合同

- 类名：销售合同。
- 类的编号：040101（共有 3 层包图结构，每层用 2 位数字表示，采用 6 位编号）。
- 类的类型：该类创建的对象为持久对象，存储在服务器上的数据库中，可以共享。
- 功能：负责建立销售合同的基本信息并对这些信息进行处理，包括添加、删除、查询操作等，进行添加和删除操作时要按合同编号进行索引处理。
- 属性：合同编号、甲方、乙方、商品名称、规格、单位、单价、数量、总金额、发货时间 1、发货时间 2、发货时间 3、发货时间 4、全部货发时间、发货量 1、发货量 2、发货量 3、发货量 4、全部货发量、标记 1、标记 2、标记 3、标记 4、标记 5、首付款到时间、首付款到额、款到时间 2、款到额 2、款到时间 3、款到额 3、款到时间 4、款到额 4、全部款到时间、全部款到额、签约日期、终止日期、甲方经手人、乙方经手人、审批人、履约标志等。
- 操作：添加新合同()、查询()、删除合同()、修改合同()、履约率()、过期预警()、已发货未付款分类统计()、已发货未付款总计()、打印催款单()等。

（2） 采购合同

- 类名：采购合同。
- 类的编号：040201。
- 类的类型：该类创建的对象为持久对象，存储在服务器上的数据库中，可以共享。
- 功能：负责建立采购合同的基本信息并对这些信息进行处理，包括添加、删除、查询购进合同等，添加和删除操作时要按合同编号进行索引处理。
- 属性：合同编号、甲方、乙方、商品名称、规格、单位、单价、数量、总金额、到货时间1、到货量1、到货时间2、到货量2、到货时间3、到货量3、到货时间4、到货量4、全部到货时间、全部到货量、标记1、标记2、标记3、标记4、标记5、首付款时间、付款时间2、付款时间3、付款时间4、全部付款时间、首付款额、付款额2、付款额3、付款额4、全部付款额、签约日期、终止日期、甲方经手人、乙方经手人、审批人、履约标志等。

- 操作：添加新合同()、查询()、删除合同()、修改合同()、履约率()、过期预警()、已付款未发货分类统计()、已发货未付款总计()、打印催货单()等。

(3) 销售合同统计报表

- 类名：销售合同统计报表。
- 类的编号：040102。
- 类的类型：该类创建的对象为持久对象，存储在服务器上的数据库中，可以共享。
- 功能：负责对所有销售合同（对象）的统计信息管理。
- 属性：销售合同[*]等。
- 操作：打印未履约销售合同清单()、销售合同履约率()、销售欠款金额统计() 、销售欠货统计()等。

(4) 采购合同统计报表

- 类名：采购合同统计报表。
- 类的编号：040202。
- 类的类型：该类创建的对象为持久对象，存储在服务器上的数据库中，可以共享。
- 功能：负责对所有采购合同（对象）的统计信息管理。
- 属性：采购合同[*]等。
- 操作：打印未履约采购合同清单()、采购合同履约率()、采购欠款金额统计() 、采购欠货统计()等。

(5) 入库单

- 类名：入库单。
- 类的编号：040301。
- 类的类型：该类创建的对象为持久对象，存储在服务器上的数据库中，可以共享。
- 功能：对外购和自产货物进行入库信息处理。
- 属性：货物编号、商品名称、规格、单位、单价、数量、货位、进货日期、产地、送货人、经手人、复验等。
- 操作：查询()、添加()、删除()、修改()、统计()、打印入库单()等。

(6) 出库单

- 类名：出库单。
- 类的编号：040302。
- 类的类型：该类创建的对象为持久对象，存储在服务器上的数据库中，可以共享。
- 功能：对库存货物进行出库信息处理。
- 属性：货物编号、商品名称、规格、单位、单价、数量、货位、出库日期、产地、提货人、经手人、复验等。
- 操作：查询()、添加()、删除()、修改()、统计()、打印出库单()、打印出门证()等。

(7) 库存单

- 类名：库存单。
- 类的编号：040303。
- 类的类型：该类创建的对象为持久对象，存储在服务器上的数据库中，可以共享。
- 功能：对库存货物进行库存信息处理。
- 属性：货物编号、商品名称、规格、单位、进货单价、出库单价、数量、货位、入库日期、产地、最低/高存量预警等。
- 操作：查询()、修改货位()、打印预警商品清单()、库存量分类统计()、库存资金分类统计()、库存资金总计()等。

当然，在“进销存管理子系统”中还有一些其他的类需要定义，读者如有兴趣，也可以尝试定义这些类及其属性和操作。

4.8.2 定义用户接口

系统的基本对象类定义完毕，还要对系统的对外接口进行定义，接口可以用对象类描述。“进销存管理子系统”中的“合同管理子系统”的接口可定义为：建立采购合同、建立销售合同、查询购进合同、查询销售合同和打印催货单等接口。利用接口可以有效保证系统安全。

(1) 建立采购合同接口

- 接口类名：建立采购合同。
- 接口类名编号：04010101（共有4层包图结构，每层用2位数字表示，采用8位编号）。
- 接口类型：抽象类。
- 功能：为合同管理人员提供建立新采购合同信息管理的操作。
- 抽象操作：创建新采购合同()、录入采购合同()、修改采购合同()等。

(2) 建立销售合同接口

- 接口类名：建立销售合同。
- 接口类名编号：04010102。
- 接口类型：抽象类。
- 功能：为合同管理人员提供建立新销售合同信息管理的操作。
- 抽象操作：创建新销售合同()、录入销售合同()、修改销售合同()等。

(3) 查询购进合同接口

- 接口类名：查询采购合同。
- 接口类名编号：04010103。
- 接口类型：抽象类。
- 功能：为合同管理人员提供合同履约信息、分类检索等管理的操作。
- 抽象操作：采购合同查询()、采购合同履约率()、未履约合同()、分类统计()等。

(4) 查询销售合同接口

- 接口类名：查询销售合同。
- 接口类名编号：04010104。
- 接口类型：抽象类。

- 功能：为合同管理人员提供销售合同履约信息、分类检索等信息管理的操作。
- 抽象操作：销售合同查询()、销售合同履约率()、未履约合同()、分类统计()等。

(5) 打印催货单接口

- 接口类名：打印催货单。
- 接口类名编号：04010105。
- 接口类型：抽象类。
- 功能：合同管理人员对尚未履约的采购合同对方，打印催货单进行催货操作。
- 抽象操作：打印催货单()。

(6) 打印催款单接口

- 接口类名：打印催款单。
- 接口类名编号：04010106。
- 接口类型：抽象类。
- 功能：合同管理人员对尚未履约的销售合同对方，打印催款单进行催款操作。
- 抽象操作：打印催款单()。

(7) 接收到货通知单接口

- 接口类名：接收到货通知单。
- 接口类名编号：04010107。
- 接口类型：抽象类。
- 功能：接收库房发来的到货通知单，记录收到货物的品名、规格、数量和时间，并设置到货标记。
- 抽象操作：设置到货标记()。

(8) 打印付款通知单接口

- 接口类名：打印付款通知单。
- 接口类名编号：04010108。
- 接口类型：抽象类。
- 功能：根据库房发来的采购合同的对方货物收到数量和时间通知单和到货标记，向财务处打印付款通知单，通知财务处向对方进行付款。
- 抽象操作：打印付款通知单()。

(9) 接收收款通知单接口

- 接口类名：接收收款通知单。
- 接口类名编号：04010109。
- 接口类型：抽象类。
- 功能：接收财务处发来的销售合同的对方付款单，记录金额和时间，并作出标记。
- 抽象操作：设置收款标记()。

(10) 打印发货通知单接口

- 接口类名：打印发货通知单。
- 接口类名编号：04010110。
- 接口类型：抽象类。
- 功能：根据财务处发来的记载合同对方付款金额和时间的通知单和付款标记，系统自动打印发货通知单通知库房发货。

- 抽象操作：打印发货通知单()。

(11) 合同统计接口

- 接口类名：合同统计。
- 接口类名编号：04010111。
- 接口类型：抽象类。
- 功能：对销售合同的履约率、欠款金额和采购合同的履约率、欠发货物数量、金额等进行统计。
- 抽象操作：销售合同的履约率()、采购合同的履约率()、销售欠款金额统计()、采购欠发货物数量()、采购欠发金额统计()等。

这里只给出了“采购管理子系统”、“销售管理子系统”两个子系统中的“合同管理子系统”的几个接口。同样，“仓库存储管理子系统”也有若干个接口定义，读者可以尝试将这些接口完整定义出来。

4.8.3 根据类之间的关系绘制类图

在“进销存管理子系统”里的“合同管理子系统”中，类之间有共享聚集、组合聚集、依赖、继承和关联等关系。可以根据类之间的这些关系绘制类图。

1. 类之间的关系

1）共享聚集：“销售合同容器”类与“销售合同”类之间是共享聚集关系，它们组成标准的对象容器模式。同理，“采购合同容器”类与“采购合同”类也是共享聚集关系，组成另一个对象容器模式。该对象容器将多个合同（销售合同和采购合同）对象存储起来，进行管理。如图 4-24 所示。

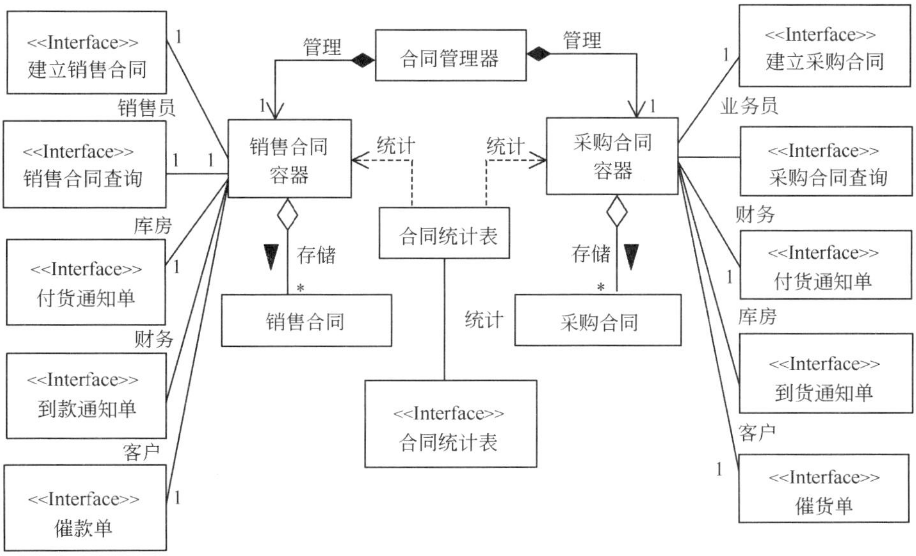

图 4-24 合同管理子系统的对象类图

2）组合聚集：图 4-24 中，“销售合同容器”类和“合同管理器”类之间有组合聚集的关系；“采购合同容器”类和“合同管理器”类之间也有组合聚集的关系。它们之间的重数都为 1，“销售合同容器”类是“合同管理器”类的服务类；同理，“采购合同容器”类也是“合同管理器”类的服务类。即“合同管理器”类有两个服务类。由两个对象容器模式和一个“合同管理器”类通过组合聚集组成一个对象集合管理器标准模式。一个对象集合管理器（合同管理器）管理两个对象容器。

3）依赖关系：从图 4-24 可以看出，“合同统计表”类与“销售合同容器”类之间有依赖关系，“合同统计表”类与“采购合同容器”类之间也有依赖关系。“合同统计表”类可以分别对“销售合同容器”和“采购合同容器”中的合同进行统计、打印等操作。

4）继承：在系统实际设计中，“销售合同”类和“采购合同”类都具有“合同”的共同特征，我们可以把“销售合同”类和“采购合同”类之间的共同部分提取出来，组成一个“合同”父类。而将“销售合同”类和“采购合同”类作为子类，使它们之间形成继承关系。如图 4-25 所示。

5）关联：如果去掉合同容器模式，直接建立合同管理器，合同管理器类与合同类之间就是关联关系，读者可以自己尝试画出。

在考虑对象之间的关系时，要注意它们与接口的关系。在描述类之间的关系时，注意对象类的多重性、角色和关联名等。

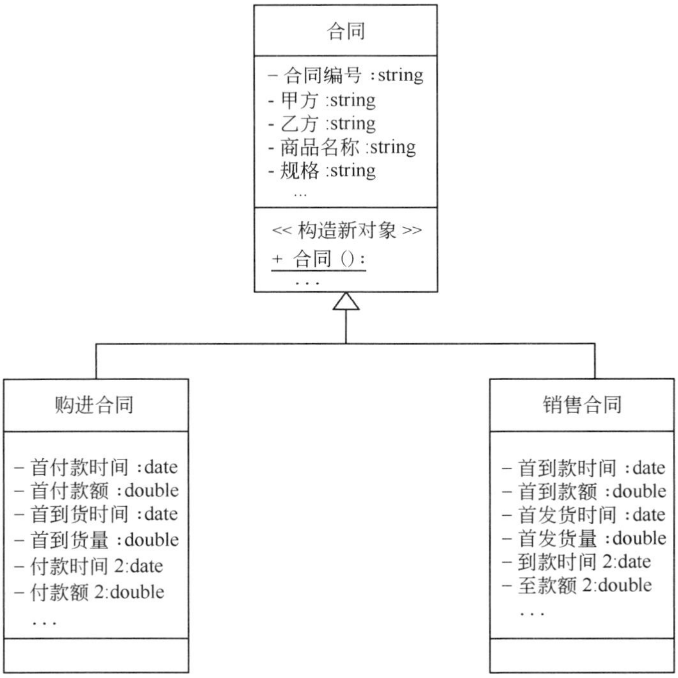

图 4-25 合同的继承关系

2. 建立对象类图

确定了系统的对象类、接口和类之间的关系，就可以据此建立起对象类图。图 4-24 和

图 4-25 就是一个系统的对象类图。这里只给出了“合同管理子系统”的部分对象类图，读者可以自己尝试将“进销存管理子系统”的其他子系统的对象类图画出。

4.8.4 确定和建立系统包图

对于一个复杂的大系统，对象类模型包含多个类图。为了完整、清晰地描述对象类模型，常用包图（子系统）来描述一个系统。比如，在“企业综合信息管理系统”中，系统是由多个包（子系统）组成，包还可以包含子包，形成层次结构。叶结点的包必须由类图进行描述。

“企业综合信息管理系统”需要一些辅助的类来完成系统功能，这些辅助的类包括用户接口、系统出错处理、支持数据库等。用户接口包、数据库包、出错处理包都与“企业综合信息管理系统”有依赖关系，如图 4-26 所示。

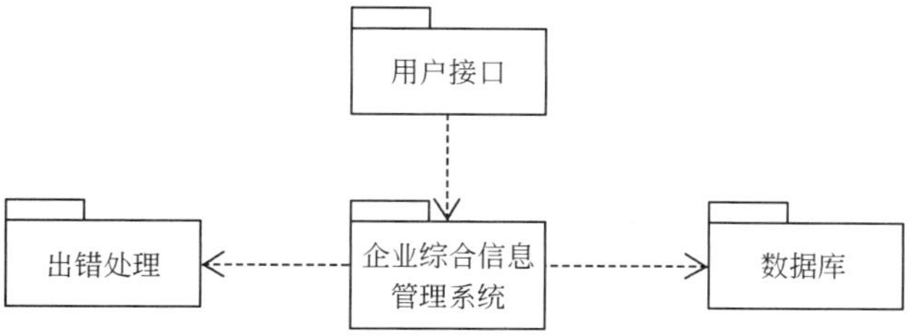

图 4-26 与企业综合信息管理系统相关的包

“企业综合信息管理系统”包含很多个子系统和对象类，如图 4-27 所示。从图中的描述可以看到，该“企业综合信息管理系统”包含四个包（子系统）：“财务管理系统”、“进销存管理系统”、“生产调度管理系统”和“人力资源管理系统”。这些包之间也有关系。

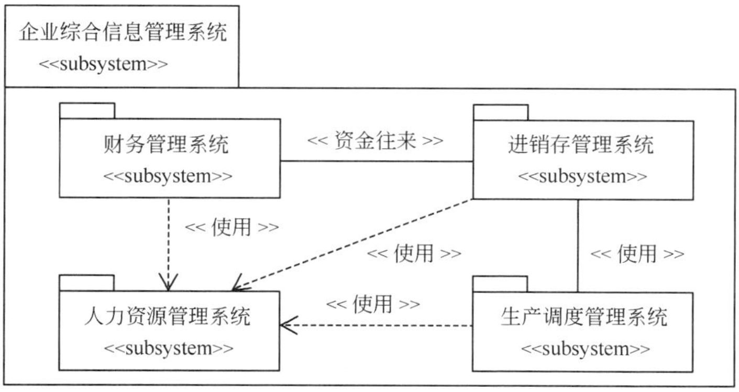

图 4-27 企业综合信息管理系统包含的子系统

图 4-28 给出“企业综合信息管理系统”的子系统（进销存管理系统）的包的组成以及包所包含的类。在这个包（子系统）中包含两个子包：“合同管理系统”子包和“仓库管理系统”子包，分别由构造型<<subsystem>> 说明。在合同管理系统子包中包含 7 个对象类：合同管理器、采购合同容器、销售合同容器、合同、销售合同、采购合同和合同统计。

“企业综合信息管理系统“中进销存管理子系统的对象类建模，可以由图 4-24 至图 4-28 等对象类图和关于这些对象类的详细文字说明来进行描述。其中缺少的部分，读者可以尝试

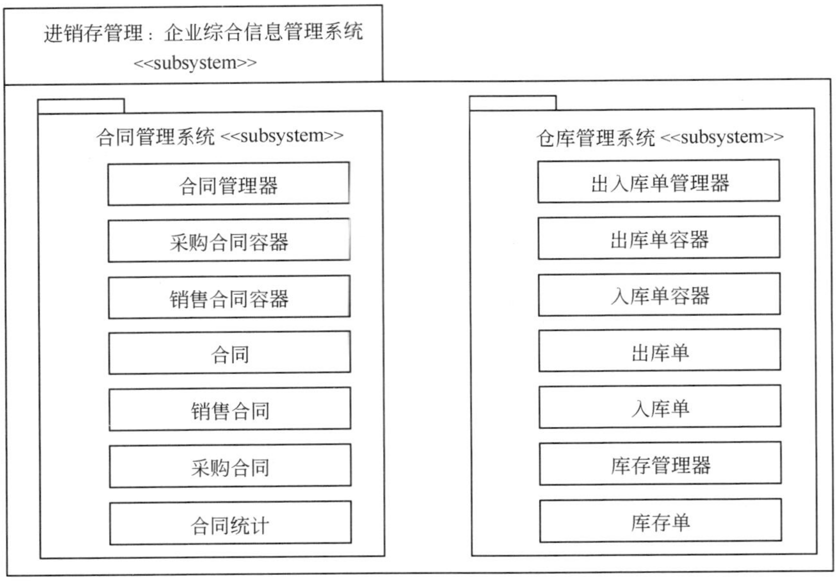

图 4-28 进销存管理子系统包所包含的类

自己进行补充，形成一个完整的进销存管理子系统对象类模型。

4.9 本章小结

建立了用户需求模型以后，在系统分析阶段要进一步确立三个系统模型：对象静态模型、对象动态模型和系统功能模型。本章主要介绍如何建立对象的静态模型。

本章在 UML 用例建模的基础上，定义系统的对象类及其之间的关系，画出对象类图，进而完成对象类建模的步骤和过程。并以一个实际的系统“企业综合信息管理系统”中进销存管理系统的对象类建模为例，详细描述了从确定对象类，定义对象类的属性和操作，确定对象类之间的关系，采用某些设计模式画出对象类图和包图，到完成系统对象类建模的全过程。

UML 中对类的图符表示和其属性和操作的语法描述有严格的规定，通过这些描述可以将一个对象类的性质和功能以图示的方法显现出来，作为对象类图的一个主要元素，进行对象类建模。

UML 中规定对象类图中类的关系有关联、聚集、继承、依赖和细化。类之间的关联包括二元关联和多元关联，聚集有共享聚集和组合聚集，继承分单继承和多重继承等各种关系。

接口也是一个类，它定义了一组提供给外界的操作。接口是一个特殊的抽象类，它没有属性，只有抽象操作，即只有操作名而没有具体实现。一个类在使用接口时，必须把接口的所有抽象操作全部实现。在 UML 中，接口实施的图形标记和继承类似，只不过用虚线代替了实线。一般地说，接口常用来定义或限制软件构件的对外运算。

包是 UML 的模型元素之一，包可以包含其他包和类。包之间可以有关联，形成依赖关系。包是一种分组机制，它把一些模型元素组织成语义上相关的组，包中拥有或涉及的所有模型元素叫做包的内容。作为模型组织的分组机制，包的实例是没有意义的。因此包仅在建模时有用，而不需要转换成可执行的系统。用包（子系统）建模，可以清晰、简洁地描述一个复杂的系统，形成一个描述系统的结构层次，将复杂问题简单化，这是一种解决复杂问题的有效方法。

4.10 习题

一、选择题

1. UML的系统分析进一步要确立的三个系统模型是（　　）、对象动态模型和系统功能模型。
   A. 数据模型　B. 对象静态模型　C. 对象关系模型　D. 体系结构模型
2. UML的客户需求分析、系统分析和系统设计阶段产生的模型，其描述图符（　　）。
   A. 完全相同　B. 完全不同　C. 不可以通用　D. 稍有差异
3. 类和对象都有属性，它们的差别是：类描述了属性的类型，而对象的属性必须有（　　）。
   A. 正负号　B. 动作　C. 具体值　D. 私有成员
4. UML系统分析阶段产生的包图描述了系统的（　　）。
   A. 状态　B. 系统体系层次结构　C. 静态模型　D. 功能要求
5. 设计模式在面向对象系统设计中是（　　）的一种形式。
   A. 软件调用　B. 设计方法　C. 子系统　D. 软件复用
6. “对象容器”设计模式对有限的对象进行管理，它不能（　　）。
   A. 查找对象　B. 修改对象　C. 创建对象　D. 删除对象

二、填空题

7. 在UML软件开发过程系统分析阶段产生的对象模型有三种模型。它们是：对象的________模型、对象的________模型和对象的________模型。
8. 在UML的对象类图中，类之间的关系有________、________、________、________和________5种。
9. 共享聚集的“部分”对象可以是任意“整体”对象的一部分，表示事物的整体/部分关系较弱的情况，“整体”端的重数应该是________。
10. 在UML软件开发过程的需求分析和系统分析阶段，建立对象类模型的步骤分为________、________、________、________和________。
11. 组合聚集是指“整体”拥有它的“部分”，它具有强的物主身份，表示事物的整体/部分关系较强的情况。“部分”生存在“整体”中，不可分离，它们与“整体”一起存在或消亡。“整体”的重数必须是________。
12. 系统分析是在客户需求分析规格说明的基础之上对其进行的________。
13. 类有实例，它的实例是一个对象。在UML中，包用来表示一个________，包没有实例。

三、解释名词

14. 包图：
15. 对象类模型：
16. 设计模式：
17. 对象集合管理器模式：
18. 对象容器模式：

19. 关联类：

四、综合题

20. 简单叙述系统分析阶段的具体任务。
21. 试说明系统分析规格说明的主要内容。
22. 简单叙述对象静态建模的步骤及在 UML 软件开发过程中的地位。
23. 对象的属性描述了对象的性质。这种说法对吗？
24. 对象类的操作描述了对象类的功能。这种说法对吗？
25. 对象类的属性描述有哪些成分？
26. 对象类的操作描述有哪些成分？
27. 试说明一个对象类的正文描述格式包括的内容。
28. 在 UML 中，什么是关联类？举例说明。
29. 什么是设计模式，它的特点是什么？
30. 请读者试将系统分析案例（进销存管理子系统）中的“库存管理子系统”使用的类依次用文字描述完整，并画出相应的对象类图。
31. 请读者试将需求分析案例（进销存管理子系统）中的“采购管理子系统”使用的类依次用文字描述完整，并画出相应的对象类图。
32. 请读者试将需求分析案例（进销存管理子系统）中的“销售管理子系统”使用的类依次用文字描述完整，并画出相应的对象类图。
33. 请读者试写出自己选择的软件项目开发的系统分析报告。
34. 请读者试建立起自己选择的软件项目开发的对象类静态模型。

第5章 系统设计与对象动态交互模型

系统设计是 UML 软件开发活动最重要的内容之一，是对系统分析阶段产生的模型进一步的细化和完善。在 UML 的系统分析和系统设计阶段都会涉及对象类的动态模型。动态模型用来描述系统的动态行为，分为状态模型和交互模型，显示对象在系统运行期间不同时刻的动态交互。在 UML 中，用顺序图和合作图为交互模型建模，用状态图和活动图为状态模型建模。本章主要介绍交互模型中的顺序图和合作图建模。

本章目的：

- 了解 UML 软件开发的系统设计方法与技术。
- 掌握系统设计规格说明报告文档书写格式。
- 掌握 UML 中顺序图的描述方法。
- 掌握同步消息和异步消息的定义和描述方法。
- 掌握 UML 中合作图的描述方法。
- 掌握利用顺序图与合作图建立动态交互模型的方法步骤。

5.1 系统设计

5.1.1 反复迭代的系统设计方式

面向对象的系统设计是在系统分析结果的基础上进行的。在对系统进行详细分析之后，就可转入系统设计阶段，在系统分析阶段建立的对象静态模型、对象动态模型基础上，根据系统需要，选择适当的开发环境对这些模型进行更加详细的设计、补充和完善。在系统分析时，主要考虑系统需要做什么，而在系统设计时，主要解决系统如何实现。

与传统的开发方法不同，在 UML 的面向对象系统中，系统设计和系统分析没有明显的分界线，两者都采用相同的符号表示，在系统设计阶段一般采用反复迭代的方式逐步细化和完善软件系统。因此需要在系统分析的模型中为系统的实现补充一些新的类，或在原有类中补充一些新的属性和操作。系统设计时应能从类中导出对象，以及这些对象如何互相关联，还要描述对象间的关系、行为以及对象间通信如何实现等。系统设计的一般步骤包括系统对象设计、系统体系结构设计和系统设计的优化和审查等。

5.1.2 系统对象设计

对象设计是为每个类的属性和操作作出详细的设计，并设计连接类及其相关联类间的消息规约。目的是加入接口对象，以便建立更完整的对象的静态、动态模型，满足用户的需求。确定子系统，分析各子系统间的相互依存关系，决定系统体系结构设计。主要活动有：

（1）对象接口设计

加入接口对象有助于完善对象静态模型、对象交互模型和对象状态模型，使其能更充分展现对象的静态、动态关系。对象接口的设计描述可以采取协议描述和实现描述两种形式，对于对象的使用者来说，只需协议描述就够了。

（2）设计算法和数据结构

根据用例模型、对象类模型、对象状态模型、对象交互模型，为对象中的属性和操作设计数据结构和实现算法。

（3）确认子系统

在系统分析阶段已将一个复杂系统划分为若干子系统。在面向对象系统设计时，通常以与所有元素共享的公共特性和它提供的服务来确定子系统，并建立系统整体体系结构模型。子系统应具有定义良好的接口，数量不宜太多，可以在子系统内部再划分子系统。

（4）子系统间的通信规约

子系统间不论采取客户/服务器连接的方式，还是端对端连接的方式进行通信，都要确定子系统间的通信规约。

5.1.3 系统体系结构设计

系统体系结构设计是对系统软、硬件资源做统一规划，包括数据结构设计、选择系统适合的开发环境、确定软硬件结构、图形用户界面、网络管理系统、数据库管理系统、程序设计语言，以及系统采用主从结构还是分布式结构等。一般的应用系统包括用户界面、任务管理和数据管理。

1. 任务管理设计

通过分析对象动态模型，可以发现系统是否具有并发性，从而决定系统采用主从结构设计还是分布式结构设计。

1）主从结构设计。如果对象（或子系统）不是同时活动的，则它们不需要并发处理，此时这些对象（或子系统）可以在同一个计算机上实现。

2）分布式结构设计。如果对象（或子系统）必须对一些事件同时异步地动作，则它们被视为是并发的。此时，可以将并发的子系统分别分配到不同的计算机，或者分配在同一个计算机，并由操作系统提供并发支持。

当并发任务较多时，可以增加一个协调者（计算机）来管理。另外，要设计一套控制机制和安全机制，以控制各个子系统同时对磁盘驱动器、数据库、对象等资源的访问，避免冲突。

2. 数据管理设计

1）定义数据类型。首先根据系统对象的种类和特性，给各对象类的属性赋予合适的数据类型。

2）设计数据管理。数据管理通常设计成层次模式，其目的是将操纵数据结构的低层次需求和处理系统属性的高层次需求加以分离。

数据管理设计提供了数据管理系统中存储和检索持久对象的基本结构，它分离了数据管理机构最关心的持久对象数据存储与数据使用问题。这部分的设计有：文件管理、关系数据库管理、面向对象数据库管理、数据存储的结构设计以及设计相应的操作。

3. 用户界面设计

通常在设计阶段根据系统分析阶段给出的对象类的属性和操作，把交互的细节加入到用户界面的设计中，包括有效的人机交互所必需的实际屏幕显示和数据输入，主要是强调如何操作使用系统，以及系统如何向用户提交信息。这方面的设计主要有：用户分类、描述用户及其任务的场景、设计命令层、设计详细的交互、设计人机交互类、根据图形用户界面进行设计等。

5.1.4 系统设计的优化和审查

在系统设计过程中，特别要注意系统的优化设计。我们把一个复杂系统划分为几个子系统，每个子系统还可以划分为更小的子系统，而最小的子系统就是构件（模块）。构件化是系统优化的前提，构件具有可复用性。设计中可以把几个功能相近的构件合并为一个构件，使系统更加简洁。在几个不同的子系统中可以使用具有某种功能的同一个构件，这种复用的结果，可以减少重复设计，提高开发效率。

系统设计审查就是根据用例/场景的描述，对所设计的系统和系统设计规格说明报告逐一进行严格审查，检查是否达到系统设计功能要求。如果发现系统功能没有达到用例的要求或有遗漏，依次返回逐步检查，找到问题所在，补充设计实现其功能。这是一个反复迭代的过程。

5.1.5 系统设计规格说明报告

在 UML 软件开发过程中，系统设计规格说明是在系统分析规格说明的基础之上对系统进行的进一步补充和细化。系统设计规格说明与客户需求分析规格说明、系统分析规格说明采用的模型（图符）表示方法是一致的，可以无缝连接，直接相互使用。

系统设计规格说明报告文档目录的参考格式如表 5-1 所示。

表 5-1 系统设计规格说明报告文档目录的参考格式

1. 系统范围
   - 1.1 系统目标
   - 1.2 软、硬件配置及人机界面
   - 1.3 系统功能
   - 1.4 使用的数据库
   - 1.5 设计约束和限制
2. 文档资料
   - 2.1 已有的软件文档
   - 2.2 系统文档
   - 2.3 软、硬件供应商文档
   - 2.4 技术参考资料
3. 系统设计描述
   - 3.1 数据结构（对象静态模型）
   - 3.2 过程描述（对象动态模型）
   - 3.3 软件体系结构（构件图、配置图）
   - 3.4 输出报表描述
   - 3.5 图形用户接口界面
4. 各个模块（子系统）描述
   - 4.1 子系统的划分与基本功能描述
   - 4.2 子系统接口（界面）描述
   - 4.3 各模块之间的关系（引用）
   - 4.4 设计语言描述
5. 数据库（文件）结构及全局数据
   - 5.1 数据库（文件）结构
     - 5.1.1 持久对象结构描述
     - 5.1.2 访问方式
   - 5.2 全局数据（类）
   - 5.3 数据库与持久对象关系
6. 测试准备
   - 6.1 测试指南（测试案例）
   - 6.2 系统集成策略
7. 系统集成
   - 7.1 特殊的软件程序覆盖要求
   - 7.2 跨平台操作的描述
   - 7.3 并发线程处理描述
8. 备注
9. 附录

5.2 交互模型建模

面对一个具体项目的开发，在进行面向对象的系统分析与设计中，如何理解和掌握系统全部的控制流是最困难的事情。系统中有很多个对象类，每个对象类都各有一组操作，对象之间通过哪些交互完成系统功能要求，而要通过这些众多的操作来理解和想像系统行为的先后顺序也非常困难。在 UML 中，利用顺序图和合作图可以有效地帮助人们观察和分析系统的交互行为。

顺序图和合作图是系统行为视图的组成部分，它们从不同的角度描述了系统的行为，并具体描述了为完成某种系统功能，系统中各对象间的交互与协作，可以有效地帮助人们观察和理解系统的行为。顺序图主要用来描述对象之间信息交换时的时间顺序，而合作图则用来描述系统对象之间如何协作共同完成系统功能要求，它们相互补充，并可以相互转化。

在面向对象的分析与设计中，顺序图和合作图主要用于对用例图中控制流的建模，用它们来描述用例图的行为。它们有共同的模型元素：对象、消息、连接等，用这些模型元素描述某个用例中的实例对象和这些对象之间如何进行消息传递，以此对系统的交互行为建模。

5.2.1 对象之间的通信

在面向对象方法中，对象之间通过发送消息来相互通信，消息发送应遵循一定的通信协议。当一个对象调用另一个对象的操作时，消息通常是通过简单的操作调用来实现的。一条消息被画成从消息的发送者指向接收者的一个箭头线，线上标有消息内容标识。消息一旦发送，系统控制权便从发送者转移到接收者。当一个操作被执行后，控制权将返回给消息发送者，并携带一个回送值。一个消息也可以通过某种通信机制发送，如网络上或计算机内部，这种方式广泛地应用于实时系统。

消息内容标识的格式为：

*[序号][警戒条件] * [重复次数][回送值表：=] 操作名（参数表）*

- [序号]：表示消息在对象间交互的时间顺序号。一般用正整数 1、2、3…表示。嵌套消息用十进制数 1.1、1.2、2.1、2.2…表示。

比如，1.1 和 1.2 表示嵌套在消息 1 中序号为 1 和 2 的两个消息；2.1 和 2.2 表示嵌套在消息 2 中序号为 1 和 2 的两个消息。

序号在合作图中必不可少。序号在顺序图中可缺省。

- [警戒条件]：选择项，为一布尔条件表达式。满足警戒条件时才能发送消息。缺省时，表示消息无条件发送。
- *[重复次数]：选择项，表示消息重复发送的次数。只有 * 号，无 [重复次数]，表示消息多次发送，次数未定。缺省，表示只发送一次。
- [回送值表：=]：以“,”区分的名字列表，分别表示完成指定操作后返回的系列值。可缺省。
- 操作名：必须是接收该消息的对象类角色中的操作名。
- ()：括号内列出参数表，参数表是以“,”号区分的实参表，传送给接收消息的对象中的某个操作，实参的个数、次序、类型必须与该操作的形参一致。

消息的内容标识必须标在表示消息的箭头线上，对于不同的动态图（顺序图、合作图、状态图和活动图），消息的内容标识略有差异，在后面介绍具体动态图内容时再详细讲解。

5.2.2 同步通信与异步通信

对象之间的通信可以同步进行，也可以异步进行。在 UML 中，消息的分类可以从两个角度区分，一是从消息触发的动作来区分，二是从消息的过程控制流进行区分。通过发送消息可以触发的动作有：

- 创建一个对象或释放一个对象。
- 调用另一个对象的操作。
- 调用本对象的操作。
- 发送信息给另一个对象。
- 返回值给调用者。

消息分为四种控制流，分别是简单消息、同步消息、异步消息和返回消息。如图 5-1 所示。

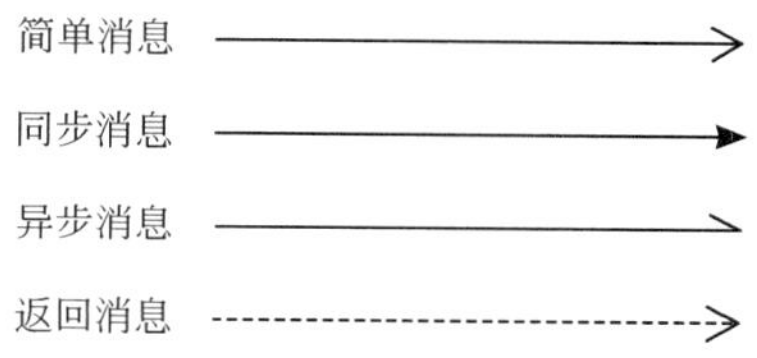

图 5-1 UML 中消息的类型

1）简单消息：表示控制流，用带叉形箭头的实箭线表示。它展示了控制如何从一个对象传递到另一个对象，但不描述任何通信的细节。当通信的细节不知道或在图中涉及不到时使用这种消息类型。

2）同步消息：它是一种嵌套的控制流，用带实心三角形箭头的实箭线表示。同步消息通常用操作调用来实现。这种消息的处理一般在被调用的操作执行后，调用者再继续执行。当消息被处理完后，可以回送一个简单消息，或者是隐含的返回。

3）异步消息：它是异步控制流，用带半叉箭头的实箭线表示。它没有明显的返回信息回送给调用者。消息的发送者在发送消息后就继续执行，而不等待消息的处理。这种通信方式通常用于对象并发执行的实时系统。

4）返回消息：表示控制流从过程调用的返回，用带叉形箭头的虚箭线表示。一般可以缺省，隐含表示每一个调用都有一个配对的调用返回。缺省时，返回值可以标在初始调用的箭线上。对于非过程控制流，包括并行处理和异步消息，表示返回的虚箭线不能省略。

5.3 顺序图建模

顺序图用来描述对象间的交互行为。它注重消息的时间顺序，即对象间消息的发送和接收的顺序。顺序图还揭示了一个特定场景的交互，即系统执行期间发生在某个时间点的对象之间的特定交互，它适合描述实时系统中的时间特性和时间约束。

5.3.1 一个简单的顺序图例子

1. 一个简单的顺序图例子

图 5-2 是一个简单的顺序图的例子，用来描述合同管理员如何通过采购合同数据库来创建一个新采购合同，并将该合同存入采购合同数据库。

在图 5-2 的顺序图中，图最左边的“合同管理员”（执行者）对象处在激活期（工作状态，图中用一个细长的矩形表示）。处在激活期的“合同管理员”向“采购合同数据库”对象发出简单消息，标在消息箭头线上的内容标识是“增加采购合同”，表示发送的是要求“增加采购合同”的简单消息。“采购合同数据库”对象接收到“合同管理员”对象发来的“增加采购合同”消息后，从休眠期（表示该对象活着，但不处在工作状态，图中用一段细虚线表示）转换成激活期，即“采购合同数据库”对象开始工作了。

“采购合同数据库”对象接收到“合同管理员”对象发来的“增加采购合同”消息后，在其激活期上端发出简单消息“构造新采购合同”，系统就在该消息发送的时间点上创建一个新的“采购合同”对象。

新创建的“采购合同”对象现在处于激活期，并向“采购合同数据库”对象返回一条消息，通知“采购合同数据库”，一个新的“采购合同”对象创建完毕。完成这些工作后，这个新的“采购合同”对象就处在休眠期。

随后，“采购合同数据库”对象向自己发出简单消息（称自调用或递归调用），将新创建的“采购合同”对象存入自己的“采购合同数据库”中，使其成为持久对象，本操作完成。

“采购合同数据库”对象在其激活期下端向执行者“合同管理员”对象发送返回消息和返回值，通知“合同管理员”对象，“构造新采购合同”的任务已经完成。至此，该工作进程结束。

读者可能已经注意到，在图 5-2 描述的顺序图中，所有的对象一般都放置在顺序图的顶端，而新创建的对象应出现在创建消息发送的时间点的位置。对象的存活期用一段虚线表示，对象的工作状态（激活期）用细长的矩形表示。图中的人形符号表示执行者，由它启动一个过程的进程，它也是返回值的接收者。

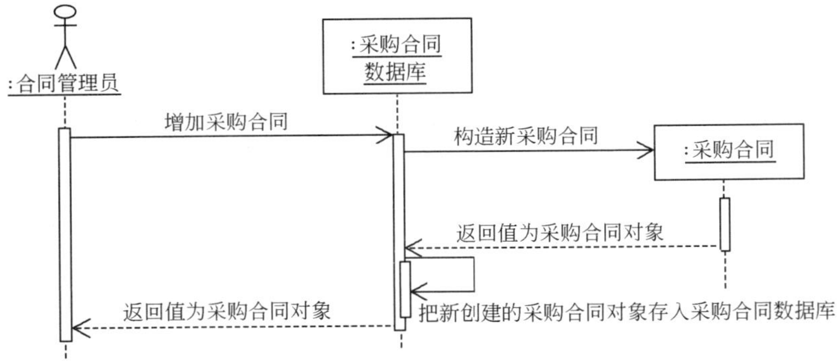

图 5-2 创建新采购合同并存入采购合同数据库的顺序图

2. 顺序图的组成成分

顺序图有两个坐标，垂直坐标表示时间顺序（从上到下），水平坐标表示一组对象。顺序图的组成成分包括：对象、生存线、消息和对象激活期。

（1）对象

顺序图中所包含的每个对象用一个对象框（短式）表示，对象名需带下划线。

- 对象名后面可以跟“：”及其创建该对象的类名。
- 对象框一般位于顺序图的顶部。
- 交互频繁的对象尽量靠拢，可以使画面清晰。
- 对整个交互活动进行初始化的对象放在图的最左边。

- 在交互过程中产生的对象框应放在产生该对象的时间点处。
- 过程中对象改变了属性值、状态或角色，则在生命线上该对象的改变点处画上该对象的图符副本，并注明有关的变更。

在图 5-2 中，对象框“采购合同”是在对象交互过程中新产生的对象，所以该对象框放在产生该对象的时间点处。

（2） 生存线

对象框下画的一条垂直虚线，称为该对象的生存线，表示对象的生存时间。

- 生存线从该对象创建开始到释放，其生存期多长，虚线就有多长。
- 生存线表示该对象的生命处在休眠期，等待消息的激活。

（3） 激活期

对象生存线上的一个细长方形框，表示该对象的激活时间段，即活动期间。

- 当一个休眠的对象接收到一个消息时，该对象开始活动，称为激活。
- 激活展示了某时间点哪个对象能够响应或发送消息，执行动作或活动。
- 一个激活的对象要么执行自己的代码，要么在等待另一个对象的返回。
- 按垂直坐标从上到下的次序读顺序图，可以观察到随时间的前进消息通信的顺序。
- 激活期长方形框的上端与动作的开始时间齐平，下端与动作的完成时间齐平。
- 激活期外，对象处在休眠期，什么事都不做，但它仍然存在，等待消息的激活。

（4） 消息

在顺序图中，对象之间消息的发送和接收用两个对象生存线（激活期）之间的消息箭头线（见图 5-1）表示，用来指出该对象执行期间的时序。

- 在顺序图中，不同的消息表示对象间不同类型的通信。
- 简单消息表示消息类型未知或与类型无关，或是一个同步消息的返回。
- 同步消息表示发送对象必须等接收对象完成消息的处理后才能继续执行。
- 异步消息表示发送对象在消息发送后继续执行，而不等待接收对象的返回消息。
- 传送延迟可用倾斜的箭头表示，意思是消息发送后需经历一段延迟时间才被接收（可以注明最大延迟时间）。

5.3.2 对象之间的同步与异步操作

对象之间的交互操作可以同步进行，也可以异步处理。同步操作表示同步消息是一个通过操作调用完成的嵌套控制流。异步操作表示异步消息是一个操作调用的非嵌套的控制流。它们之间的处理过程迥然不同。

1. 对象之间的同步操作

同步消息是通过操作调用完成同步操作的嵌套控制流。同步消息的接收者必须是一个被动对象，即它是一个需要通过消息的驱动才能执行动作的对象。同步消息用一条带实心三角箭头的箭线表示。其操作过程如下：

- 同步消息的发送者把进程控制传递给消息的接收者，然后暂停活动，等待消息的接收者放弃或返回控制。
- 同步消息的接收者执行所请求的操作，如果需要的话，可以把控制传递给另一个对象角色，请求做某个操作，并且当该操作完成后把控制返回给原来的同步消息的发送者。

• 同步消息的接收者也可以直接返回或发送信息给原来的消息发送者。

顺序图中，一般一个同步消息必有一个配对的返回消息。返回消息可以省略，返回消息一般隐含在激活期的底端，也可以用一条带叉形箭头的虚箭线表示。图 5-3 的顺序图给出了同步消息及返回消息的实例。

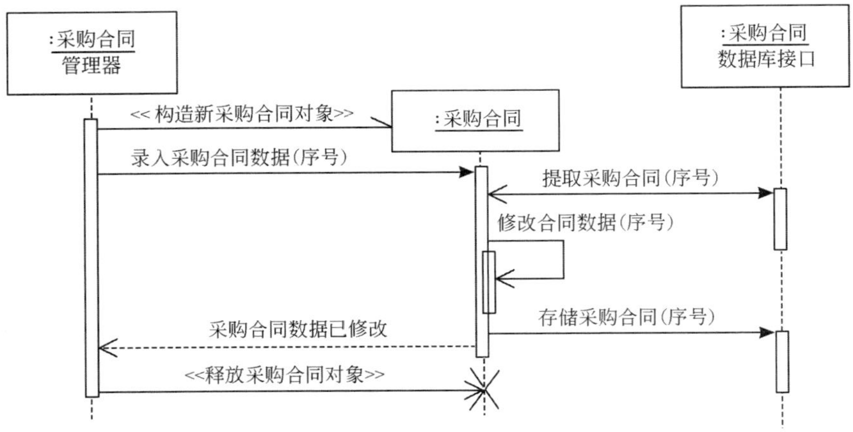

图 5-3 修改一个持久对象的顺序图

图 5-3 描述了修改已经存储在数据库中的持久对象的顺序图。图中最左边的“采购合同管理器”对象发出异步消息<<构造新采购合同对象>>（在顺序图中，对象之间传递消息实际上就是一个函数的调用，一般应该在表示消息传递的箭线上方标明该调用函数。如果设计人员不想在箭线上方标明具体调用某个函数，可以用<<>>围起的一段文字描述传递消息的内容，这段文字也可以不用<<>>围起。），系统调用其构造函数，在该消息的作用点产生一个新的“采购合同”对象。“采购合同管理器”对象在发出<<构造新采购合同对象>>消息后，不等待返回信息，继续执行下一个活动。

这时，“采购合同管理器”对象向新创建的“采购合同”对象发出同步消息，调用其“录入采购合同数据（序号）”操作，然后系统将控制权交给“采购合同”对象，暂时停止活动并等待其返回消息。

对象“采购合同”接收到该消息后，被激活进入激活期，“采购合同”对象根据关键字合同“序号”的值，向“采购合同数据库接口”发出同步消息，调用其操作“提取采购合同(序号)”，将系统控制权交给“采购合同数据库接口”对象，暂时停止活动并等待其返回消息。

“采购合同数据库接口”对象被激活，执行操作，根据关键字合同“序号”从数据库中提取持久对象。成功后，向发送消息的“采购合同”对象返回消息，该操作的返回值是存储在数据库中并且关键字值等于“序号”值的一个持久“采购合同”对象。此时系统将控制权又交回给“采购合同”对象，“采购合同数据库接口”对象暂时停止活动进入休眠期。

接收到返回值的“采购合同”对象接过控制权，调用自己的操作“修改合同数据（序号）”，对该持久对象的合同数据进行修改。合同修改完毕，“采购合同”对象又向“采购合同数据库接口”发出同步消息，调用其操作“存储采购合同（序号）”，又将系统控制权交给对象“采购合同数据库接口”，暂时停止活动并等待其返回消息。

“采购合同数据库接口”对象又被激活，执行操作，该操作根据关键字合同“序号”向数据库存储一个持久对象，替换原来的那个持久对象的数据，存储成功后，向发送消息的“采购合同”对象返回消息，其返回值是“持久对象已经存储成功”。此时系统将控制权又交回给对象“采购合同”，“采购合同数据库接口”自己则停止活动进入休眠期。

“采购合同”对象收到“采购合同数据库接口”对象发来的返回消息后，立即向“采购合同管理器”对象发送返回消息“采购合同数据已修改”，说明该持久对象的修改成功完成。

最后，“采购合同管理器”向对象“采购合同”发出消息“释放采购合同对象”，系统调用其析构函数，销毁“采购合同”对象。至此，该“修改采购合同持久对象”的进程全部完成。

在图 5-3 中，有三次同步消息的传递和操作调用，这些同步消息分别用一条带实心三角箭头的箭线表示。这三次同步消息传递中，有三种不同的返回消息描述：第一次同步消息的返回采用显式表示方式描述——一条带叉形箭头的虚箭线；第二次同步消息的返回也采用显式方式描述——一条左边带叉形箭头（表示含有返回消息），而右边为带实心三角箭头的实箭线；第三次同步消息的返回采用隐含方式描述——没有画出代表返回消息的箭线。虽然表示的方式不同，但它们的作用是一样的。

2. 对象之间的异步操作

异步消息是表达异步请求一个操作的非嵌套的控制流。在顺序图中，异步消息由一条带半叉箭头或半实心箭头的箭线表示，如图 5-3 中发送的第一条消息，就是异步消息，用来创建一个“采购合同”对象。异步消息的接收者必须是一个主动对象，即它是一个不需要消息驱动就能执行其动作的对象。其操作过程如下：

- 异步消息的发送者通过发送消息把信号传递给消息的接收者，然后继续自己的活动，不等待消息接收者返回信息或控制。
- 异步消息的接收者执行所请求的操作，操作完成后可以向异步消息的发送者返回信息。
- 异步消息的发送者和接收者采用并发工作方式。

在顺序图中存在大量的异步消息。一条异步消息每次只发一个信号，即只做一件事，可以做的事情有：

- 创建一个新对象。
- 创建一个新线程，此时异步消息连接到一个激活期的顶部。
- 与一个正在运行的线程通信。

顺序图有两种描述形式：一般形式和实例形式。实例形式详细描述一个特定的场景，它说明一次可能的交互，因此实例形式的顺序图中没有任何条件、分支和循环。图 5-2 就是个实例形式的顺序图。它描述了如何创建一个新采购合同对象实例，并把这个新合同对象存储到合同数据库中。图 5-3 也是一个实例形式的顺序图。

一般形式用来描述一个场景中所有可能的选择，因此它可以包含条件、约束、分支和循环等操作。

5.3.3 顺序图中的分支控制

对象之间传送的消息应该有消息内容标识，可带参数表，消息上可附加警戒条件，当条件为真时消息才被发送或接收。条件可用于描述分支，分支是指从一个对象的同一个时间点发出多个消息，其中每一条消息都有警戒条件，分支分为条件分支和并发分支。当几个消息箭线上的条件互斥时，表示某一时刻只有一个消息被发送，称为条件分支。如果条件不是互斥的，则这些消息会并行地发出。

图 5-4 给出一个带条件分支的顺序图。从该顺序图的描述中可以清晰地看到，当一台计算机接收到请求打印文件的消息后，立即向“打印机服务器”对象发送“打印（文件)”请求。“打印机服务器”对象接收到消息后，同时发出两条带警戒条件的消息：一条发送给“打印机”对象，警戒条件为：“［打印机空闲］打印（文件)”；另一条发送给“队列”对象，其警戒条件为：“［打印机忙］存储（文件)”，即将该文件存储到指定存储器中排队等候，当打印机有空闲时，再按文件排队的先后顺序依次打印。因为这两条消息的警戒条件是互斥的，因此，在同一时刻，只能执行满足条件的一条消息，而另一条消息则不会执行。

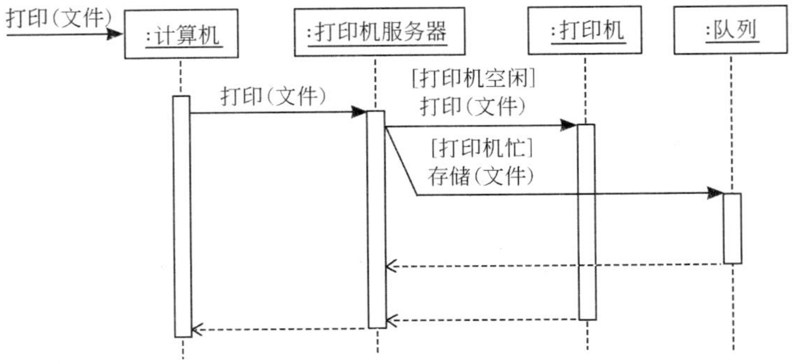

图 5-4　一个带条件分支的顺序图

图 5-5 给出带条件分支并发执行的顺序图。当一台计算机接收到请求打印文件的消息后，立即向“打印机服务器”对象发送“打印（文件)”请求。“打印机服务器”对象接收到消息后，同时发出两条带警戒条件的消息：一条发送给“打印机 1”对象，警戒条件为：“［打印机 1 空闲］打印（文件)”；另一条发送给“打印机 2”对象，其警戒条件为：“［打印机 1 忙］则到打印机 2 打印（文件)”。当两台打印机都处在空闲状态，而计算机只有两个文件需要打印时，这两条消息可以并发执行。当然，如果同时发出的打印文件消息的条数超出空闲打印机台数时，仍然有一个排队等待的问题。

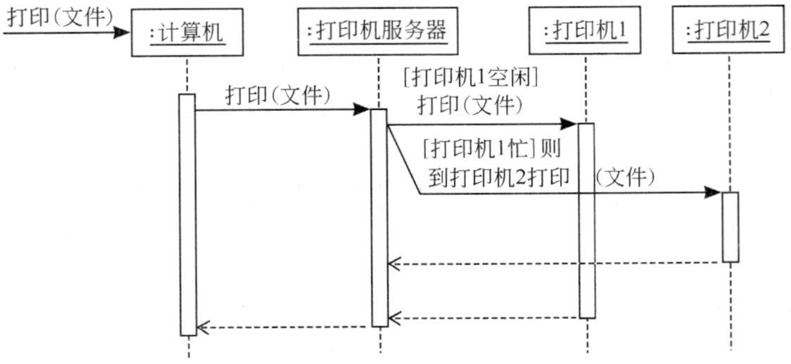

图 5-5　带条件分支并发执行的顺序图

5.3.4 顺序图中的约束标记

顺序图中可以用标记来定义约束，约束用分隔符“{}”围起。标记可以是任何类型的，如时间标记和时间约束。

图 5-6 给出一个带有时间延迟标记的顺序图。图中用标记“a，b，c”给出两个时间段：a～b 时间段和 b～c 时间段。在第一个时间段给出约束 {b－a＜5 sec}，要求系统显示饼形图的时间在 5 秒之内；在第二个时间段给出约束 {c－b＜3 sec}，要求系统在延迟 3 秒之后显示柱形图。用约束和标记给出两个消息之间的最长间隔时间，并用一条斜箭头线给出了消息传递延迟的最长时间。

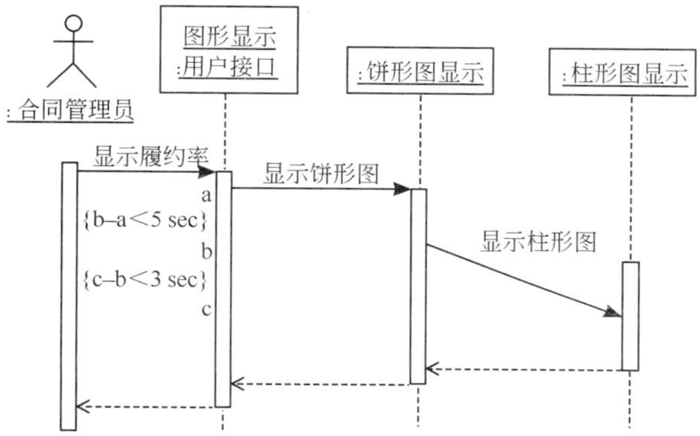

图 5-6 带有时间延迟标记的顺序图

该顺序图描述的是：当“图形显示：用户接口”对象接收到“合同管理员”对象发来的“显示履约率”的消息后，立即向“饼形图显示”对象发送“显示饼形图”消息。“饼形图显示”对象接收到消息后，根据约束 {b－a＜5 sec} 的要求，用 5 秒的时间显示当前合同履约率的饼形图。显示完饼形图后，又根据约束 {c－b＜3 sec} 的要求延迟 3 秒，将消息“显示柱形图”发送到“柱形图显示”对象。“柱形图显示”对象接收到消息后，显示柱形图。

5.3.5 顺序图中的循环处理操作

一个对象向另一个对象连续多次发送一系列消息，称为消息的循环处理。在 UML 的顺序图中，循环处理标记用一个矩形框与其包含的一组消息表示，表示停止（或继续）循环的条件用方括号围起并标识在矩形框内的底线上。图 5-7 给出一个带循环标记的顺序图。

图 5-7 中顺序图描述的过程如下：

1）“合同管理员”对象向“合同管理窗口：用户接口”对象发送“删除上年履约合同”的消息。

2）“合同管理窗口：用户接口”对象接到消息后，又向“采购合同容器”对象发出“查找合同”消息，将满足条件的上年履约合同全部查找出来。

3）“合同管理窗口：用户接口”对象向“采购合同”对象发出“核对采购合同”的消息。

4）核对无误后，如果该合同是已经履约的历年合同，则将该合同发送到历年履约合同库中保存，并删除该合同。

5）重复步骤 3）～4），再对下一个合同进行审核，直到全部合同都审查完毕为止。

步骤 3）～5）组成一个循环。在顺序图中由一个矩形框包含的两个操作组成一个循环，循环出口条件就是由方括号围起的［直到无上年履约合同］。

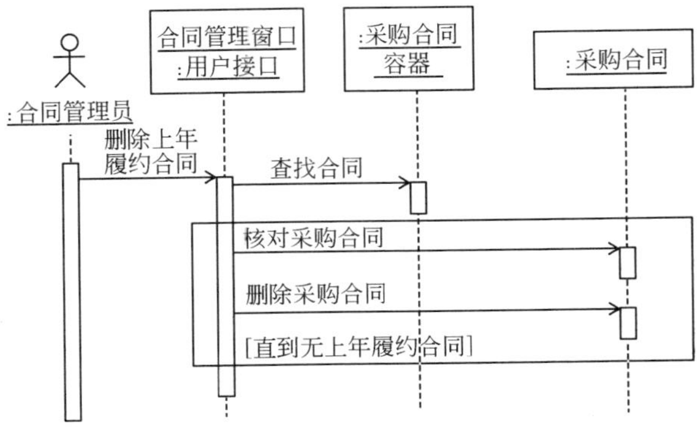

图 5-7　一个带循环标记的顺序图

图 5-8 是带循环标记的顺序图的另一种标记方法，用一条在发送方竖立的虚线代替方框，循环条件标记在虚线的下端。两种表示方法具有相同的意义。

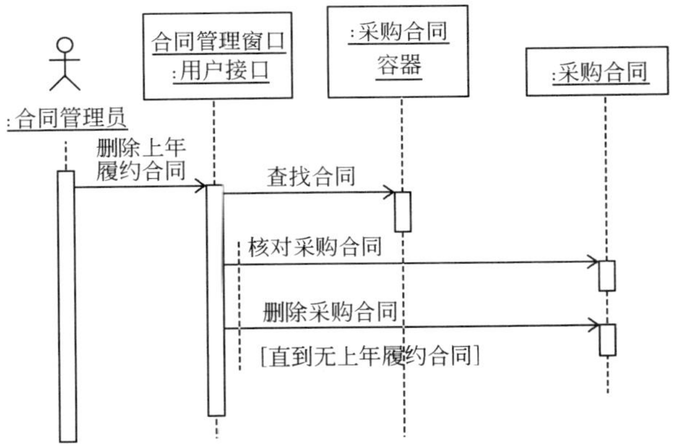

图 5-8　带循环标记的顺序图的另一种标记方法

5.3.6 对象的创建和消亡

在面向对象的系统中，一个对象可以被创建，完成使命后，该对象也可以被销毁。在 UML 的顺序图中，一个对象可以通过一条消息创建另一个对象，被创建的对象可在创建它的消息箭头所指地方（垂直时间轴上）画一个对象符号。当对象消亡时，在图中该对象图符位置上用一个×符号表示，此时对象的生命线仅画到消亡的点上，如图 5-3 所示。创建或消亡一个对象的消息通常是同步消息。

5.4 合作图建模

合作图和顺序图都可以用来描述系统对象之间的交互。顺序图强调一组对象之间操作调用的时间顺序，合作图则强调这组对象之间的关系。合作图中包含一组对象及其相互间的关联，通过关联上传递的消息描述组成系统的各个成分之间如何协作来实现系统的行为。

一个协作描述了系统中为实现某些服务所涉及的对象扮演的角色及其之间的交互。合作图着重于有协作关系的对象之间的交互和链接（指对象实例之间的物理或概念上的链接，一个链接是某关联的一个实例）。它可用于图示系统中的操作执行、用例执行或一个简单的交互场景。合作图描述了对象及其之间的链接，还描述了链接的对象之间如何发送消息。

图 5-9 是一个简单的合作图例子，描述在“进销存管理系统”中打印出库单的工作过程中各个对象之间的协作。图中涉及的对象有“合同管理员”、“销售合同”、“销售合同数据库”、“收款单”、“出库单”5 个对象。

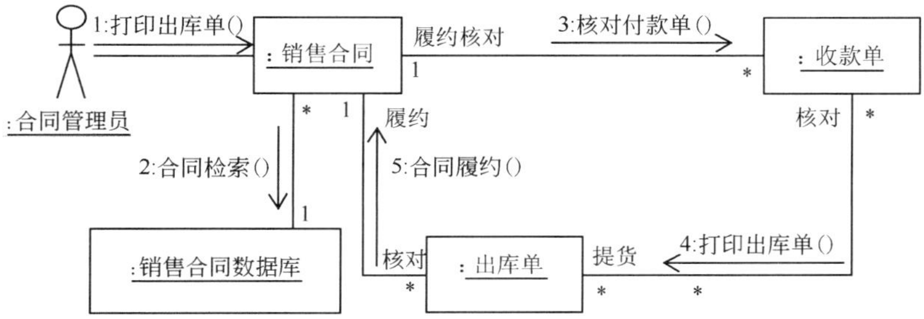

图 5-9 打印出库单过程中各关联角色的合作图

这些对象之间用实线连接，表示它们之间有关联，关联角色和多重性标志在关联的两端标出。“合同管理员”与“销售合同”对象之间有关联，它们是 1 对 1 的关系，即一个合同管理员正在管理一个“销售合同”对象。在“合同管理员”与“销售合同”对象之间的连线上标注的消息表明：“合同管理员”要对该销售合同进行“打印出库单”的操作。

“销售合同”存储在“销售合同数据库”中，要对指定的销售合同进行处理，必须首先从“销售合同数据库”中将该销售合同检索提取出来。“销售合同数据库”对象和“销售合同”对象之间的关联角色表明销售合同是销售合同数据库中的合同之一，它们之间的多重性是 1 对多的关系。

“销售合同”对象与“收款单”对象之间的关联角色表明销售合同与收款单之间进行“履约核对”，检查客户是否已经将全部应缴款缴齐，如果缴齐，表明该客户已经履约，该销售合同应该标注相应的履约标志。对于同一个销售合同，客户可以分批付款，所以可能会有多个“收款单”对象对应同一个“销售合同”对象，它们之间的多重性是 1 对多的关系。

“销售合同”对象与“出库单”对象之间的关联角色表明销售合同与出库单之间进行“核对”，即检查客户交付完相应款项后，仓库是否有相应的货物，客户能否拿到打印出的相应出库单来提取货物。客户交齐了货款并提走了全部货物，此时销售合同履约、应设置履约标志。客户可以分几次提货，所以它们之间的多重性也是 1 对多关系。

“收款单”对象与“出库单”对象之间的关联角色表明收款单与出库单之间进行“核对”，即对每个收款单中的合同编号与出库单中的合同编号进行核对，核对正确则允许客户进行“提货”，它们之间的多重性是多对多关系。

读者可能已经注意到，图5-9中各个对象之间传递的消息都标有序号，指明这些消息发送的时间先后顺序。消息的序号是合作图必备的元素。

5.4.1 合作图的组成成分

读者通过图5-9可以看出，组成一个合作图的图形元素包括：对象、链接和消息。

1. 对象

与顺序图一样，合作图中的对象也用短式标记，即在一个方框内标识对象名。对象一般在合作图中担当一个具体的角色，可以把对象名写为对象的角色名。如果不标明角色名，则说明该对象角色为匿名对象。

2. 链接

在合作图中，对象之间的链接用连接两个对象的实线表示。在连接线上可以标明角色名。链接角色名用来说明链接路径，规定在交互中对象之间链接的角色类型。图5-9给出一个带有链接角色的合作图。

在图5-9中，有5个对象：“合同管理员”、“销售合同数据库”、“销售合同”、“收款单”和“出库单”。这些对象之间用实线连接，表示它们之间有关联，关联角色和多重性标志在关联的两端标出。

“销售合同数据库”对象和“销售合同”对象之间的关联角色表明销售合同是销售合同数据库中的合同之一，它们之间的多重性是1对多关系。

“销售合同”对象与“收款单”对象之间的关联角色表明销售合同数据库与收款单之间进行“履约核对”，它们之间的多重性是1对多关系。

“销售合同”对象与“出库单”对象之间的关联角色表明销售合同与出库单之间进行“核对”，它们之间的多重性也是1对多关系。

“收款单”对象与“出库单”对象之间的关联角色表明收款单与出库单之间也进行“核对”，核对正确则客户可以“提货”，它们之间的多重性是多对多关系。

在链接的两端还可以标明约束，用来对角色进行约束的种类有：

- 全局性（global）：表明该角色是全局的。
- 局部性（local）：表明该角色是一个操作中的局部变量。
- 参数性（parameter）：表明该角色是一个操作中的参数。
- 自我性（self）：指明对象可以向自身发送消息。
- 表决性（vote）：用于约束回送消息，即通过对集合（信息集）中所有回送值的表决（多数），来选择回送值。
- 广播性（broadcast）：用于一组消息的约束，它指出这组消息没有确定的目标对象，系统中每个对象都是其潜在的目标对象。

3. 消息

合作图画成对象图，图中的消息箭头表示对象之间的消息流，消息上标以序号，说明消息发送的顺序，还可指明条件、重复和回送值等。一个合作图从一个引起整个系统交互或协作的消息开始，例如调用某一个操作。

图 5-10 是一个描述完成打印功能的合作图。在图中，由一个“合同管理员”对象开始向与其相链接的“计算机”对象发送“打印（合同文件）”的消息。“计算机”对象收到“合同管理员”对象发来的消息后，向“打印服务器”对象发送序列号为 1 的打印（合同文件）消息。“打印服务器”对象收到“计算机”对象发来的消息后，向打印机对象发送序列号为 1 的第 1 个嵌套的带条件的消息：［打印机空闲］条件为真时，调用其打印（合同文件）操作。

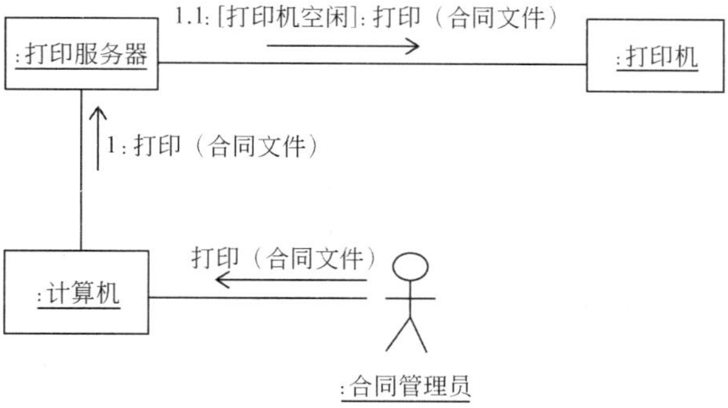

图 5-10　一个描述完成打印功能的合作图

消息的种类有：

1）嵌套消息。合作图中的消息必须用整数指定消息发送的顺序号。消息序列从消息 1 开始，消息 1.1 是消息 1 处理中的第 1 个嵌套消息；消息 1.2 是消息 1 处理中的第 2 个嵌套消息，依此类推。这种顺序号描绘了消息的发送顺序和嵌套关系。如果是同步消息，则嵌套地调用操作并等待返回。

2）并发消息。相同的顺序号后面的不同名字表示并行的控制线程。例如 1.2a 和 1.2b 是并行发送的两条并发的消息。

3）循环发送消息。表示有条件地重复执行，它的形式如下：

*［循环执行条件］

例如：消息“1.1:*[收款单！＝NULL]：打印出库单（）”表达的意思是消息序列 1 中的第 1 个嵌套消息要求根据收款单的个数依此循环顺序打印出库单，直到收款单为空才停止打印。

4）条件发送消息。表示当满足条件时发送该消息，它的形式如下：

［执行条件］

例如：消息“1.2:［已收款总额 ＝＝ 合同总金额］：设置合同履约标志（）”表达的意思是消息序列 1 中的第 2 个嵌套消息要求检查合同中已收款总额是否等于合同总金额，如果满足条件，证明该合同已经执行完毕，调用操作“设置合同履约标志（）”；如果不满足条件，则不调用该操作。

5.4.2　合作图中对象的创建与消亡

在合作图的对象框中，可以在花括号｛｝内填写文字用来表示该对象的创建或消亡：

• 对象创建：{new}，表示该对象在协作期被创建。

• 对象消亡：{destroyed}，表示该对象在协作期消亡。

• 对象创建并消亡：{transient}，表示该对象在协作期被创建并消亡。

图 5-11 描述的是一个电梯运行期间由“电梯控制”对象创建的“工作”命令对象和“工作”命令对象消亡过程的合作图，在该合作图中各个对象之间发送的都是同步消息。协作从一个乘客要求乘电梯时开始，电梯运行的合作图工作过程如下：

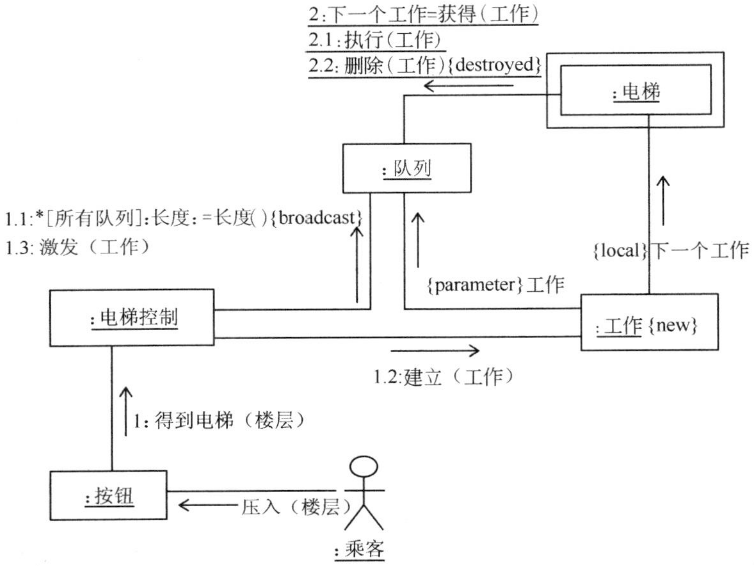

图 5-11 一个电梯运行的合作图

1）“乘客”对象：一个电梯的“乘客”按下（压入）按钮，向“按钮”对象发送消息，希望得到电梯。

2）“按钮”对象：接收到“乘客”发送的消息后，向“电梯控制”对象发送序号为 1 的消息，调用“电梯控制”对象的操作“得到电梯（楼层）”，即要求电梯来到乘客所在的楼层。

3）“电梯控制”对象：接收到消息后，为完成该操作，向不同对象发出一系列嵌套消息：

a）首先向“队列”对象发送序号为 1 的具有广播性的嵌套消息“1.1:*[所有队列]:长度：=长度()”，即对存储在队列中的所有工作队列的长度进行循环检查，找出其中最短的，也就是离乘客所在楼层最近且同方向的工作。

b）再发送序号为 2 的嵌套消息“1.2：建立（工作）”，创建一个“工作”命令对象，在该对象框的对象名后面标明 {new}，说明该对象被创建，创建的“工作”对象向“队列”对象发送带参数的消息“{parameter} 工作”，并将该工作命令置于最短的队列中；同时，“工作”命令对象向“电梯”对象发送一个局部消息“下一个工作”。

c）最后向“队列”对象发送序号为 3 的嵌套消息“1.3：激发（工作）”。

4）“队列”对象接收到“1.3：激发（工作）”消息后，“电梯”对象同时运转，并从队列中选出该“工作”，将电梯开到乘客所在楼层。该“工作”对象执行完毕，完成使命，被从“队列”对象中删除，释放掉。

5.4.3 嵌套消息与顺序消息的标识

在合作图中，对象之间传递的消息必须标明序号，用以说明消息传送的先后顺序。序号标识的方法有两种，一种是顺序标识法，另一种是具有层次关系的标识法——嵌套消息标识。

1. 嵌套消息序号的标识

在图 5-11 中各个对象之间发送的都是同步消息，采用消息嵌套表示方法描述对象之间消息传递的先后顺序，各个消息之间的层次隶属关系一目了然。我们采用对比的方法，比较一下采用消息嵌套描述和顺序描述的不同。图 5-12 是采用嵌套消息描述的销售合同管理系统中的一个合作图。

“销售合同管理窗口”对象管理的工作可能有：

- 增加销售合同。
- 修改销售合同。
- 处理付款单。
- 履约合同检查。
- 打印催款单。
- 合同统计等。

图 5-12 只是描述销售合同管理系统中处理付款单这项工作的合作图。在合作图中，合同管理员向“销售合同管理窗口”对象发送消息，调用其操作“启动系统（密码)”，检验密

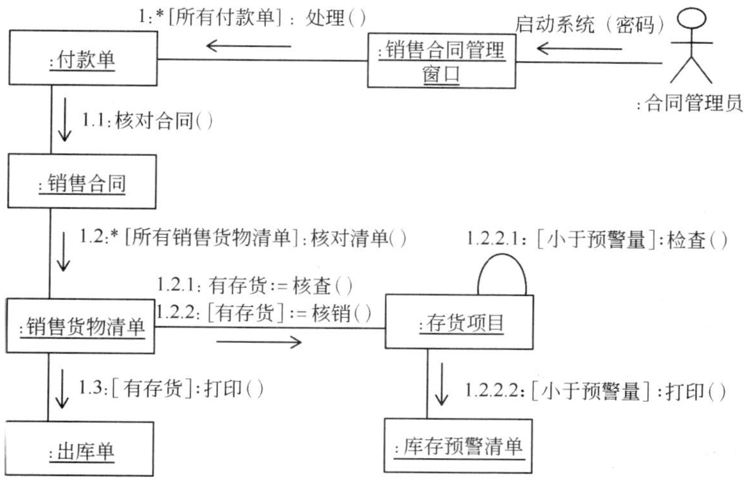

图 5-12 采用层次嵌套消息描述的销售合同管理系统中的处理付款单合作图

码正确后，销售合同管理系统开始工作。合同管理员在窗口下选择处理付款单功能，“销售合同管理窗口”对象向“付款单”对象发送序号为 1 的循环处理消息“1：*[所有付款单]：处理()”，检查是否有财务系统传送来的付款单，如果有付款单，依次循环对付款单逐一处

理，直到所有付款单处理完毕。

在循环处理过程中所有对象发出的消息都是嵌套消息，即“付款单”对象及后面所有对象发出的消息都是“消息 1”的嵌套消息，通过各条消息的序号排列，可以看出它们具有明显的层次隶属关系：

- 1：*[所有付款单]：处理()
- 1.1：核对合同()
- 1.2：*[所有销售货物清单]：核对清单()
- 1.2.1：有存货：=核查()
- 1.2.2：[有存货]：=核销()
- 1.2.2.1：[小于预警量]：检查()
- 1.2.2.2：[小于预警量]：打印()
- 1.3：[有存货]：打印()

2. 顺序消息序号的标识

当然，图 5-12 所示合作图中的各条消息的序号也可以按顺序依次排列，如图 5-13 所示。

图 5-13 所示的合作图采用顺序号排列消息，对象间的消息根据序号依次传递，作用与图 5-12 是一样的，但没有层次感。读者可以根据自己的习惯选择在合作图中如何描述消息的序号。

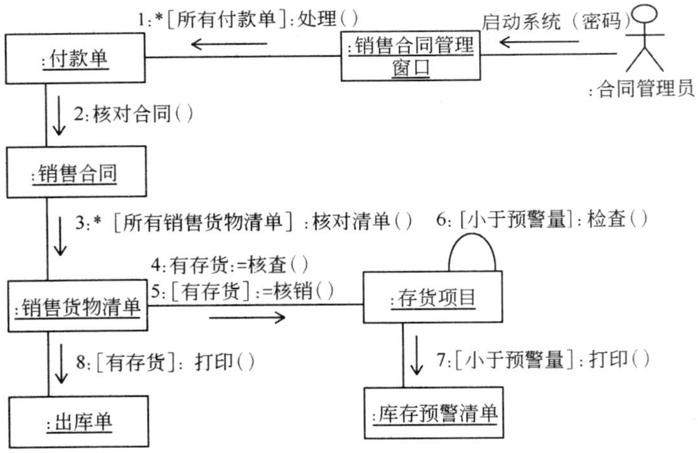

图 5-13 采用顺序消息序号描述的销售合同管理系统中的处理付款单合作图

5.4.4 异步操作中的回调消息

在合作图中，一个对象可以调用自己的操作，也可以在异步操作中向消息的发送者发送“回调”消息。

1. 自调用

在合作图中，一个对象可以调用自己的操作，即消息的自我调用（也称做递归调用）。在合作图中，消息的自我调用的表示方法是：链接线从消息的发送者对象返回到对象本身，可以在链接线旁标记构造型<<self>>。在图 5-12 中，对象“存货项目”发送的序号为 1.2.2.1 的消息及图 5-13 中对象“存货项目”发送的序号为 6 的消息都是自我调用消息。

2. 异步操作中的回调

在合作图中的对象之间也有消息的回调，即消息的接收对象也可以向消息的发送对象发送消息，称为回调。消息回调的标记是在对象链接线的上下方各有一条方向相反的消息，如果链接线上方的消息为正常消息传递方向，则其下方的反方向传送消息就称为回调。回调都是异步消息，可以并发运行。图 5-14 给出了一个回调的合作图。

在图 5-14 中，“客户机”对象向“服务器”对象发出一个异步消息，要求建立连接。注意，该消息的参数中有一个“self”参数，这是个保留字，它非常重要，它给出了“客户机”对象自身的句柄。“服务器”对象向“客户机”对象发送回调消息就是以它为根据的。其执行过程如下：

- “客户机”对象向“服务器”对象发出一个异步消息，要求建立连接。
- “客户机”对象不等待“服务器”对象返回消息，继续执行其他任务。
- “服务器”对象接到消息后，根据消息的优先级别进行排队等待处理。
- 当“服务器”对象连接完成后，根据“客户机”对象发来的消息的“self”句柄，向“客户机”对象发送异步回调消息，通知“客户机”对象连接成功。
- “客户机”对象收到消息后，就可以进行与服务器的通信。

回调消息都是异步消息，可以并发运行。

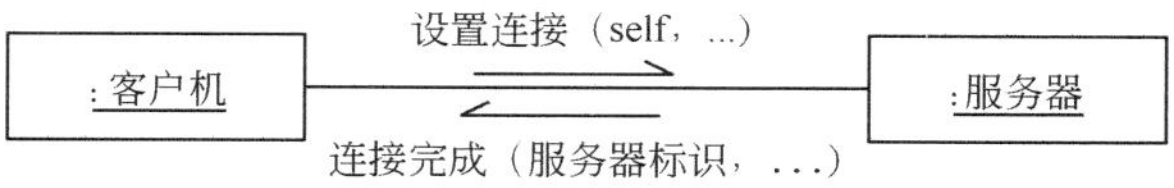

图 5-14　具有回调消息的合作图

同样的道理，在顺序图中也有回调机制。图 5-15 就是与图 5-14 的合作图相对应的顺序图。

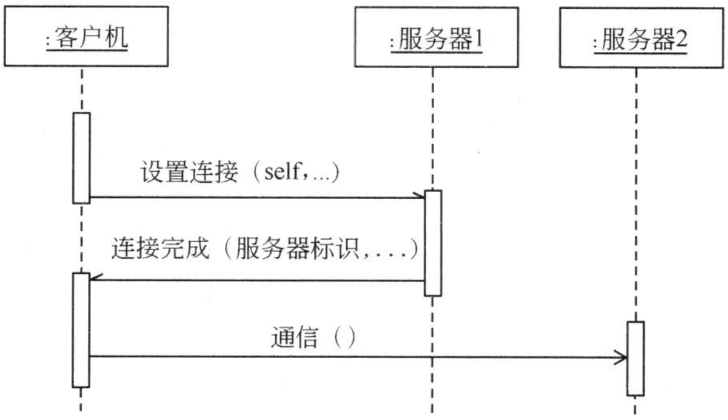

图 5-15　具有回调消息的顺序图

在图 5-15 中，“客户机”对象首先向“服务器 1”对象发送一条异步消息，要求连接“服务器 2”对象。发送完该消息后，“客户机”对象不等待“服务器 1”对象的返回消息，继续做自己的事情。“服务器 1”对象接收到“客户机”对象发来的消息，将其排队等待处理，当“服务器1”对象按照“客户机”对象的要求连接上“服务器2”对象时，马上就向“客户机”对象发送一条异步消息“连接完成”。“客户机”对象接收到该消息后，就可以采用发送同步消息的方式与“服务器2”对象进行通信。这两条异步消息都是并发运行的。

5.4.5 循环发送同一个重复消息

在第4章介绍过一个静态对象设计模式——对象容器（见图4-17），一个对象容器可以存储和管理多个对象，对象容器和它管理的对象之间是1对多的关系。一个对象容器中对象之间的动态交互关系可以用合作图来描述。在描述对象容器的合作图中，如果对象容器要在多个对象中查找满足某个条件的对象，对象容器就要向其管理的对象发送一个可重复循环执行的消息。这时，接收方就是多个对象，可以用重叠的对象框表示，如图5-16所示。

图5-16是个典型的对象容器通用设计模式。一个“课程容器”对象可以管理0到多个“课程”对象，它们之间是1对多的关系，多个“课程”对象用重叠的对象框表示。由“课程容器”对象向多个“课程”对象发送序号为1的带“*”符号的重复消息，表示该消息发送给多个“课程”对象。该消息依次循环检查容器内所有“课程”对象，凡是满足条件[选课人数<10]的“课程”对象都将被删除。

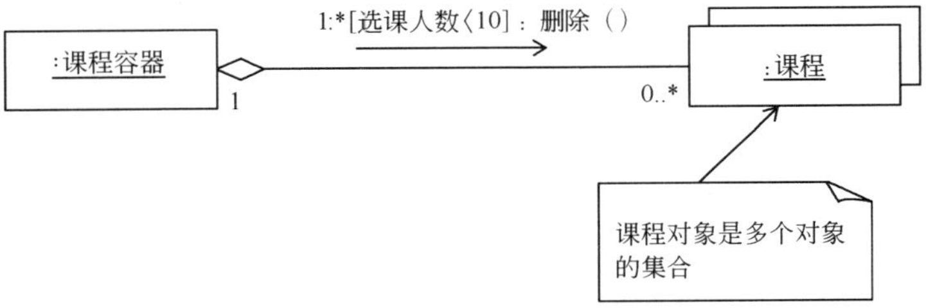

图5-16 循环将一个重复消息发送给多个对象的合作图

5.5 动态交互模型——控制流建模

面对一个具体项目的开发，在进行面向对象的系统分析与设计中，如何理解和掌握系统全部的控制流是最不容易的事情。系统中有很多个对象类，每个对象类都各有一组操作，对象之间通过哪些交互才能完成系统功能要求，要通过这些众多的操作来理解和想像系统行为的先后顺序也非常困难。在UML中，利用顺序图和合作图可以有效地帮助人们观察和分析系统的交互行为。

在进行面向对象的系统分析与设计中要对控制流进行建模，首先必须对系统中的对象进行分类，找出其中的主动对象类和被动对象类，并了解进程和线程等基本概念。

1）进程。进程是一个动作流，能够与其他进程并发执行。

2）线程。线程是进程内部的一个动作流，能够与其他线程并发执行。

3）主动对象。一个拥有进程或线程的对象，能初始化控制活动。主动对象一旦被创建，无须其他对象发来消息触发即能自动执行动作。主动对象提供主动服务，例如系统的操作界面（如窗口）或缓冲区管理可模型化为主动对象。一个系统中可以有多个主动对象，各自独立并发运行。

4）被动对象。必须由其他对象发来的消息进行触发才执行动作的对象。系统中绝大多数对象是被动对象。

5）主动对象类。主动对象类是主动对象的抽象。主动对象是主动对象类的实例。主动对象用约束｛active｝来说明或用粗线条的对象框表示。

在 UML 中，可以把一个独立的单控制流（单线程）模型化为一个主动对象，而对于多控制流（多线程）的建模可以用合作图描述。在一个合作图中，包含多个代表独立控制流（单线程）的主动对象，在这些主动对象之间、主动对象与其他被动对象之间、被动对象之间可以存在链接，它们之间相互发送消息或信号，共同协作完成某个特定的功能。

5.6 动态交互模型建模案例——销售合同管理子系统

在前两章的客户需求分析与系统分析介绍的案例中，我们以“企业综合信息管理系统”为例进行了用例模型和对象类静态模型的建模分析与设计。现在仍然以“企业综合信息管理系统”为例进行系统分析设计，看如何对系统建立动态交互模型。

5.6.1 子系统的用例模型和对象静态模型

在“企业综合信息管理系统”中包含多个子系统，“进销存管理”子系统中的销售合同管理子系统便是其中的一个。在本节，重点分析销售合同管理子系统的功能要求，确定对象类之间的关系，进而建立动态模型中对象间的交互模型，即顺序图和合作图。

图 5-17 是描述“销售合同管理”子系统的用例图（见图 3-25）。

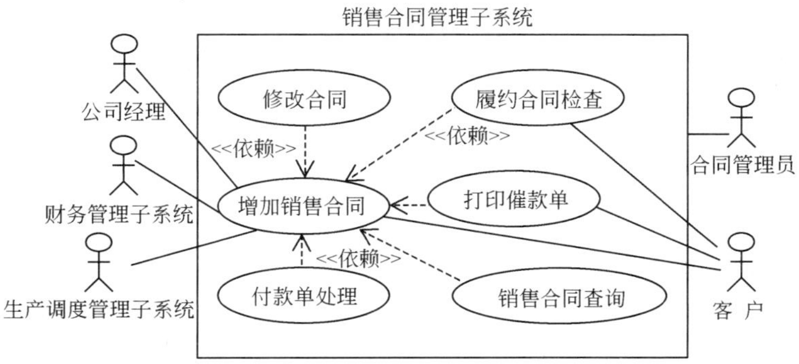

图 5-17 销售合同管理子系统的用例图

销售合同管理子系统的功能（用例）包括：

• 增加销售合同。
• 修改合同。
• 付款单处理。
• 履约合同检查。
• 打印催款单。

• 销售合同查询。

在“销售合同管理子系统”中，涉及的对象有：“销售合同管理窗口”、“付款单”、“销售合同”、“销售货物清单”、“存货项目”、“库存预警清单”、“出库单”、“催款单”、“客户”、“履约合同”等。根据这些对象之间的关系，标识出其关联，进而可以建立系统静态模型——对象图。对象图在此省略，有兴趣的读者可以尝试自己画出系统的对象图。

一个系统在完成静态建模（建立对象类模型）后，就可以根据对象之间的关系建立交互模型，即进行动态建模。交互模型包含顺序图和合作图，用来描述系统如何通过消息的传递来控制对象之间的交互，完成对控制流建模。它们描述系统行为的侧重点不同，作用也不同。

交互模型描述系统中对象间的交互行为。每一个交互都有发送者和接收者，它们可以是整个系统、一个子系统、一个用例、一个对象类或一个操作。交互模型可以用来描述一个用例所涉及的若干对象的行为。

顺序图描述对象间消息传递的时间顺序，用于分析交互的时序，是按时间顺序对控制流建模，可以有效地帮助人们观察系统的顺序行为。

合作图描述对象间的联系（链接）和传递的消息，用于描述一个操作的实现，是按对象组织关系对控制流建模，可以帮助开发者进行过程设计。

5.6.2 顺序图建模步骤

对于“销售合同管理子系统”的6个用例，这里重点对“付款单处理”用例按时间顺序对控制流建模。首先对“付款单处理”用例要完成的工作用文字进行描述。

合同管理员启动付款单处理用例开始工作，对财务处传送来的多个付款单依次与相应的销售合同进行核对。核对无误后，将每个合同约定的销售货物清单与仓库的存货单进行核对，如果货物的品种规格、数量、金额满足合同要求，在仓库的对应存货项目中核销相应品种货物的数量。在核销的同时，仓库对这些存货项目进行自我检查，是否存货数量少于预警线，如果少于预警线，打印预警货物清单。根据销售合同核销的货物品种规格、数量、金额打印出库单，客户可以持出库单到仓库提取货物。

绘制“付款单处理”用例的顺序图模型的具体步骤如下所述。

1. 确定交互和涉及的对象

在“付款单处理”用例中涉及的对象间的交互分析如下：

1）启动系统。“合同管理员”对象启动“销售合同管理窗口”对象，对财务处发来的“付款单”对象进行处理。涉及的对象有：

• 消息的发送者：“合同管理员”对象。

• 消息的接收者：“销售合同管理窗口”对象。

传递的消息：

• 消息：口令密码()。

• 消息的类型：同步消息。

• 返回消息：口令密码正确或出错信息。

2）循环处理付款单。对财务处发来的所有的“付款单”依次进行循环处理。涉及的对象有：

• 消息的发送者："销售合同管理窗口"对象。

• 消息的接收者："付款单"对象。

传递的消息：

• 消息：*[直到无付款单]：付款单处理()。

• 消息的类型：同步消息。

• 返回消息：付款单处理完毕或出错信息。

3）核对销售合同。根据合同编号，每个付款单与相应的销售合同进行核对。涉及的对象有：

• 消息的发送者："付款单"对象。

• 消息的接收者："销售合同"对象。

传递的消息：

• 消息：核对销售合同()。

• 消息的类型：同步消息。

• 返回消息：合同核对完毕或出错信息。

4）核对销售合同的销售货物清单。核对销售合同的销售货物清单过程涉及的对象有：

• 消息的发送者："销售合同"对象。

• 消息的接收者："销售货物清单"对象。

传递的消息：

• 消息：*[直到无货物]：核对货物清单()。

• 消息的类型：同步消息。

• 返回消息：合同货物清单核对完毕或出错信息。

5）核对库房货物清单。根据销售合同，核对库房是否有销售合同中列举的货物清单，如果有，则核销库房清单中相应货物的数量。涉及的对象有：

• 消息的发送者："销售货物清单"对象。

• 消息的接收者："存货项目"对象。

传递的消息：

• 消息：[直到无货物]：=核对货物清单()；[直到无货物]：=核销()"。

• 消息的类型：同步消息。

• 返回消息：货物核对、核销完毕或出错信息。

6）核查预警量。核查库房中某些货物的存储量是否小于预警量。涉及的对象有：

• 消息的发送者："存货项目"对象。

• 消息的接收者："存货项目"对象。

传递的消息：

• 消息："*[小于预警量]：检查()"。

• 消息的类型：自调用（递归调用）。

7）打印库存预警清单。如果库房中某些货物的存储量出现小于预警量时，打印库存预警清单。涉及的对象有：

• 消息的发送者："存货项目"对象。

• 消息的接收者：新创建的"库存预警清单"对象。

传递的消息：

- 消息：1. 创建()，2. 打印()。
- 创建对象：发出消息后，创建并打印“库存预警清单”对象。
- 消息的类型：同步消息。
- 销毁对象：返回消息前，销毁“库存预警清单”对象。
- 返回消息：打印完毕或出错信息。

8）打印出库单。核对库房是否有销售合同中的货物清单，如果有，打印出库单。涉及的对象有：

- 消息的发送者：“销售货物清单”对象。
- 消息的接收者：“出库单”对象。

传递的消息：

- 消息：1. 创建()，2. 打印()。
- 创建对象：发出消息后，创建并打印“出库单”对象。
- 消息的类型：同步消息。
- 销毁对象：返回消息前，销毁“出库单”对象。
- 返回消息：打印完毕或出错信息。

通过分析知道，销售合同管理子系统中的“付款单处理”用例中共有 8 个交互，交互的消息类型有循环、条件、自调用等。涉及的对象有 8 个，其中在交互中创建和销毁的对象有 2 个。

2. 顺序图中对象排列的原则

1）对象横向排列在顺序图的顶部。

2）最重要的对象在最左边（如对全局进行初始化的对象）。

3）交互密切的对象尽可能相邻。

4）交互中创建的对象，应放置在其创建的时间点上。

5）每个对象有一个下垂的生命线。

在“付款单处理”用例中共涉及 8 个对象，在一个顺序图里安排不下。可以将其分解成两个顺序图进行描述。前 5 个对象在一个顺序图中，其他的对象放在另一个顺序图中，用两个顺序图描述同一个用例，如图 5-18 和图 5-19 所示。

3. 消息传递

1）消息传递的方向：按时间顺序从上到下在对象的生命线之间传递。

2）在消息箭头线上标出消息标签的内容、约束或构造型。

3）发送和接收消息的对象生命线必须处在激活期。

4）交互中对象的创建和销毁必须绘出构造型和标记。

5）区别同步消息和异步消息的图符。

6）标出消息的循环结构及出口条件。

7）顺序图从初始化消息开始，以其返回消息终止。

根据上面所给的描述顺序图的步骤，“付款单处理”用例的顺序图如图 5-18 和图 5-19 所示。

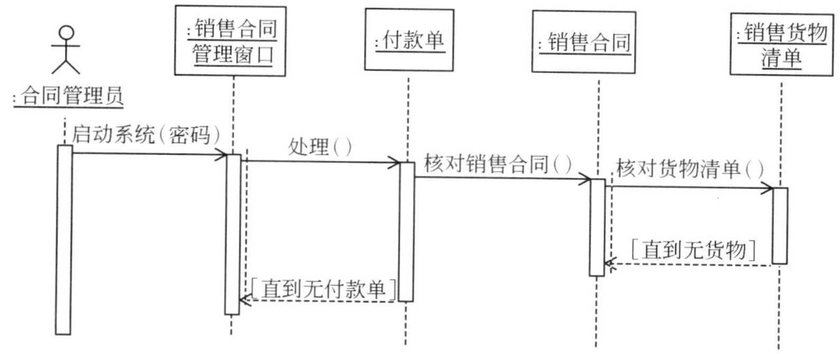

图 5-18 “付款单处理”用例的顺序图一

在图 5-18 中，最右边的“销售货物清单”对象的后面还有一些对象，后续这些对象的顺序图在图 5-19 给出。

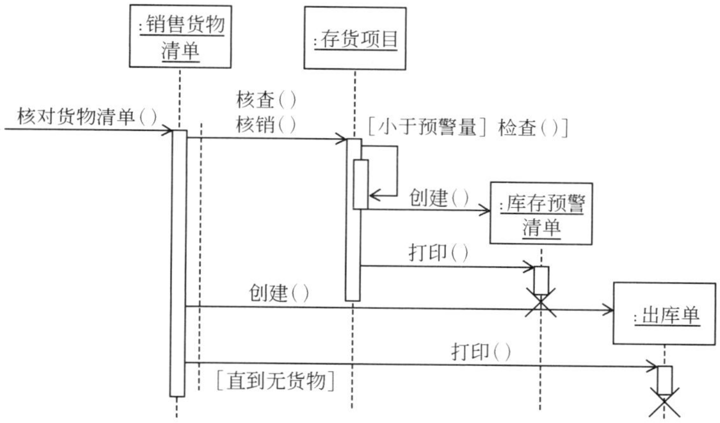

图 5-19 “付款单处理”用例的顺序图二

对于销售合同管理子系统中其他用例的顺序图，读者如有兴趣，可以按照顺序图描述的步骤，自己尝试分析绘制出来。

5.6.3 合作图建模步骤

销售合同管理子系统的“付款单处理”用例的合作图，已由图 5-12 和图 5-13 给出，它与图 5-18 和图 5-19 给出的顺序图描述同一个问题的两个不同侧面。

对于销售合同管理子系统，这里重点对“履约合同检查”用例的合作图按对象组织关系对控制流建模。首先把“履约合同检查”用例要完成的工作用文字描述如下：

合同管理员启动“履约合同检查”用例开始工作，对全部销售合同按循环方式依次检查是否履约，对已经履约的合同标识履约标志。对销售合同中往年的履约合同进行复制，再把复制的履约合同作为持久对象存储到历年履约合同数据库中。最后，把销售合同中的往年履约合同删除掉。“履约合同检查”执行完毕。

绘制“履约合同检查”用例合作图的具体步骤如下：

1. **确定交互及涉及的对象**

在“履约合同检查”用例中涉及的交互分析如下：

1）启动系统。合同管理员启动“销售合同管理窗口”对象，对履约合同进行检查处理。涉及的对象有：

- 消息的发送者：“合同管理员”对象。
- 消息的接收者：“销售合同管理窗口”对象。

传递的消息：

- 消息：口令密码()。
- 消息的类型：同步消息。
- 返回消息：口令密码正确或出错信息。

2）循环处理销售合同。对所有的销售合同依次进行循环处理。涉及的对象有：

- 消息的发送者：“销售合同管理窗口”对象。
- 消息的接收者：“销售合同”对象。

传递的消息：

- 消息：循环处理，*[所有的销售合同] 处理()。
- 消息的类型：同步消息。
- 返回消息：销售合同处理完毕或出错信息。

3）标识履约标志。对已履约合同标识履约标志。涉及的对象有：

- 消息的发送者：“销售合同”对象。
- 消息的接收者：“销售合同”对象。

传递的消息：

- 消息：“*[已履约合同] 标识履约标志()”。
- 消息的类型：同步、自调用消息。
- 返回消息：标识完毕或出错信息。

4）复制往年的履约合同。对当年库中已经履约的往年合同，复制到往年履约合同。涉及的对象有：

- 消息的发送者：“销售合同”对象。
- 消息的接收者：“往年已履约合同”对象。

传递的消息：

- 消息 1：<<创建>> “履约合同”对象。
- 消息 2：复制往年已履约合同()。
- 消息的类型：异步消息。
- 返回消息：合同复制完毕或出错信息。

5）把往年已履约合同存储到历年已履约合同数据库中。把复制的履约合同作为持久对象存储到历年已履约合同数据库中。涉及的对象有：

- 消息的发送者：“往年已履约销售合同”对象。
- 消息的接收者：“历年已履约合同接口”对象。

传递的消息：

- 消息：“存储持久履约合同()”。

• 消息的类型：同步消息。

• 返回消息：存储完毕或出错信息。

6）删除往年的履约合同。删除当年合同库中已经存储到历年履约合同数据库中的往年履约合同。涉及的对象有：

• 消息的发送者："往年已履约销售合同"对象。

• 消息的接收者："销售合同"对象。

传递的消息：

• 消息："删除往年已履约合同()"。

• 消息的类型：异步、回调消息。

• 返回消息：删除完毕或出错信息。

通过分析知道，销售合同管理子系统中的"履约合同检查"用例中共有 6 个交互，交互的消息类型有循环、条件、自调用、回调、异步、同步等。涉及的对象有 5 个，其中在交互中创建和销毁的对象 1 个。

2. 合作图中对象排列的原则

1）最重要的对象应在图的中央。

2）与其有直接交互的对象放置在邻近。

3）对象初始化。

4）选择初始对象。

3. 链接与消息传递

1）标明对象之间的链接。

2）在链接上标明消息的序号。

3）在消息箭头线上标出消息标签的内容、约束或构造型。

4）区别同步消息和异步消息的图形表示符。

5）合作图从初始对象开始，到其终止对象结束。

根据上面所给的描述合作图的步骤，"履约合同检查"用例的合作图如图 5-20 所示。与图 5-20 合作图相对应的顺序图，可以用图 5-21 描述。

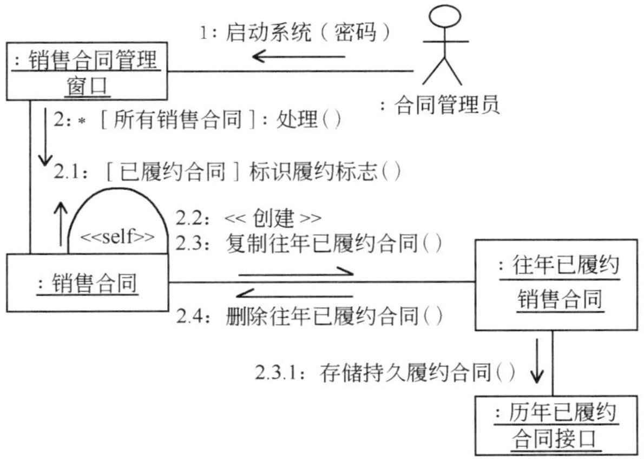

图 5-20 "履约合同检查"用例的合作图

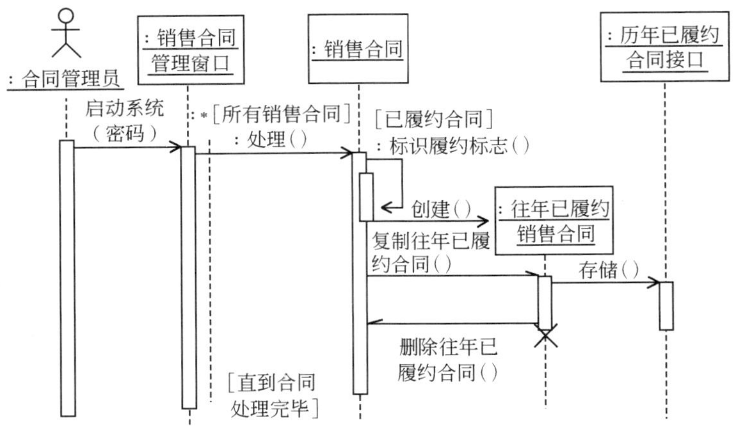

图 5-21 “履约合同检查”用例的顺序图

对于“销售合同管理”子系统的其他用例的合作图，读者如有兴趣，可以按照合作图描述的步骤，自己尝试分析绘制出来。

5.7 本章小结

在面向对象系统分析与设计中，动态建模用来描述系统的动态行为，显示对象在系统运行期间不同时刻的动态交互。本章给出了 UML 软件开发过程中系统设计规格说明报告的基本目录内容。

在 UML 中，采用顺序图、合作图、状态图和活动图来建立动态模型。顺序图和合作图用来表达对象之间的交互，是描述一组对象如何合作完成某个行为的模型化工具。顺序图和合作图主要用于对用例图中控制流的建模，用它们来描述用例的行为（功能）。它们有共同的模型元素：对象、消息、链接等，用这些模型元素表示某个用例中的若干个实例对象和对象之间所传递的消息，来对系统的行为建模。

在面向对象方法中，对象之间通过发送消息来相互通信，它们分别是简单消息、同步消息、异步消息和返回消息。

进程是一个动作流，能够与其他进程并发执行。线程是进程内部的一个动作流，能够与其他线程并发执行。

主动对象是一个拥有进程或线程的对象，能初始化控制活动，可以独立并发运行。被动对象必须由其他对象发来的消息进行触发才执行动作，系统中绝大多数对象是被动对象。

交互模型描述系统中对象间的交互行为，每一个交互都有发送者和接收者，它们可以是整个系统、一个子系统、一个用例、一个对象类或一个操作。顺序图和合作图用来描述对象间的交互行为，用于动态建模。交互模型可以用来描述一个用例所涉及的若干对象的行为。

5.8 习题

一、选择题

1. UML 系统设计的一般步骤包括系统对象设计、系统体系结构设计和系统设计的（　　）和审查等。

A. 建模　　B. 完善　　C. 优化　　D. 迭代

2. 顺序图和合作图主要用于对用例图中（　　）的建模，用它们来描述用例图的行为。

A. 数据流　　B. 控制流　　C. 消息流　　D. 数据字典

3. 顺序图的模型元素有（　　）、消息、链接等，这些模型元素表示某个用例中的若干个对象和对象之间所传递的消息，来对系统的行为建模。

A. 对象　　B. 箭线　　C. 活动　　D. 状态

4. 顺序图描述（　　）对象之间消息的传递顺序。

A. 某个　　B. 单个　　C. 一个类产生的　　D. 一组

5. 顺序图和合作图建立了 UML 面向对象开发过程中的对象动态（　　）模型。

A. 交互　　B. 状态　　C. 体系结构　　D. 软件复用

二、填空题

6. 在 UML 软件开发过程产生的对象动态模型中消息有四种类型，它们是________消息、________消息、________消息和________消息。

7. ________图和________图用来表达对象之间的交互，是描述一组对象如何合作完成某个行为的模型化工具。

8. 进程是一个________，能够与其他进程并发执行。

9. 线程是________的一个动作流，能够与其他线程并发执行。

10. ________是一个拥有进程或线程的对象，能初始化控制活动，可以独立并发运行。

11. ________是一个必须由其他对象发来的消息进行触发才执行动作的对象。

12. 交互图描述系统中对象间的交互行为。每一个交互都有________和________，它们可以是整个系统、一个子系统、一个用例、一个对象类或一个操作。

三、解释名词

13. 主动对象：

14. 被动对象：

15. 进程：

16. 线程：

17. 并发执行：

18. 同步消息：

19. 异步消息：

20. 自调用：

21. 回调：

四、综合题

22. 系统动态建模包括哪些模型？

23. 描述对象交互行为有哪几种图?
24. 顺序图的作用和特点是什么?
25. 绘制顺序图的步骤有哪些?
26. 绘制顺序图时应注意哪些问题?
27. 合作图的作用和特点是什么?
28. 绘制合作图的步骤有哪些?
29. 绘制合作图时应注意哪些问题?
30. 在交互图中，回调为什么是异步消息?举例说明。
31. 面向对象系统中并发运行机制是什么?
32. 根据自己的理解，绘制出销售合同管理子系统中“打印催款单”用例的顺序图。
33. 根据自己的理解，绘制出销售合同管理子系统中“打印催款单”用例的合作图。
34. 绘制出你所选设计项目的对象系统的顺序图。
35. 绘制出你所选设计项目的对象系统的合作图。

第6章 系统动态建模——状态模型

在 UML 软件开发过程的客户需求分析与系统分析设计各个阶段都要对对象的动态行为进行建模。在客户需求分析阶段需要用活动图对用例进行详细描述，在系统分析阶段要建立基本的对象动态模型，在系统设计阶段要对已经建立的对象动态模型采用循环迭代的方式进一步细化和完善。对象的动态模型包括交互模型和状态模型，对象的状态模型用状态图和活动图进行描述。本章主要介绍状态图建模。

本章目的：

- 了解 UML 系统中对象状态变化的描述方式。
- 掌握 UML 绘制状态图的方法和步骤。
- 掌握状态模型中并发行为的描述方法。
- 掌握用状态图来建立对象动态行为模型的方法和步骤。

在 UML 软件开发过程中，采用状态图和活动图来建立对象的动态状态模型。状态图可以表现一个对象在生存期的行为、所经历的状态序列、引起状态迁移的事件以及因状态迁移而引起的动作。活动图则用于描述系统中对象的一个活动到另一个活动的控制流、活动的序列、工作的流程和并发的处理行为。

6.1 状态图的基本组成成分

UML 软件开发过程中产生的状态图描述了系统中一个对象所具有的各种状态和这个对象从一种状态到另一种状态的转换（迁移），以及影响对象这些状态的事件（如收到消息、时间已到、报错、条件为真）等。它主要用来描述某个对象从一个状态到另一个状态变化迁移的控制流。

图 6-1 是一个简单的状态图例子，描述了一个汽车租赁店信息管理系统中汽车在几种状态之间发生变化的状态图。

要开展汽车租赁业务，汽车租赁店必须具备一定数量的各种类型的汽车以供客户租赁。汽车租赁店还需要不时购置新车以吸引那些对新型汽车情有独钟的客户。为了向客户展示新车和公司的实力，新车在两年内放置在汽车租赁店大堂内展示，供喜欢新型汽车的客户挑选。新车两年后成为普通车放进车库存放。

从图 6-1 中可以看出，新车和普通车是汽车的两个状态，它们都嵌套在汽车租赁店状态内，新车和普通车都向客户出租。

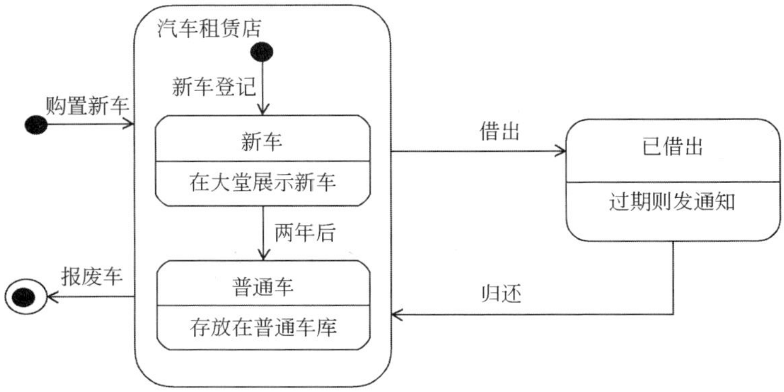

图 6-1 汽车租赁店信息管理系统中在租赁汽车时的状态图

客户要向汽车租赁店租赁汽车，必须交验相关有效身份证件进行注册登记，并登记说明租用的车辆的具体车型、发动机出厂车号、牌照号以及附属设备明细表，注明租赁天数，预先缴纳保证金和相应租金。系统则自动标明该车已经被租出。

如果超过约定期限没有归还，系统自动预警并打印催还通知书。并调查该客户的信用情况，再根据调查得来的情况，评定该客户的信用等级。

客户归还汽车后，客户与汽车租赁店根据实际使用天数和租用期间汽车的各种设备损毁情况结算费用，系统自动注销该汽车的已租赁标志。

当汽车使用到一定年限或出重大事故不能使用时，必须进行淘汰使其成为报废车，在待租赁车辆登记表中删除该车。

图 6-1 的状态图只简要地描述了汽车租赁店中汽车所处的几种状态。要想详细描述汽车租赁店的业务流程，还要对该状态图进行必要的补充和进一步的展开。

一般情况下状态嵌套尽量少用，这样可以使状态图更加清晰简洁。

6.1.1 对象状态的基本描述图符

在运行着的系统中的某一时刻，每个对象都处于某种状态中，该状态表示对象执行了前一个活动后的结果，它通常由其属性值和与其他对象的链接来确定。例如：火车（对象）已出站（状态），赵红（对象）在读博士学位（状态），货款（对象）已付清（状态）等。

一个类的对象的各种状态以及这些状态的迁移组成一个状态图。描述状态图的图符元素除了状态图符和迁移图符外，还有起始状态、结束状态、条件判定、发出信号、接收信号和并发等各种图符元素。

1）状态：状态的图符用一个圆角的矩形框表示。状态图符的长式由状态名、状态变量和内部活动三个部分组成，状态图符的短式只写上状态名就可以了。

2）迁移：实箭线表示，箭尾连接出发状态（源状态），箭头连接到达状态（目标状态）。

3）起始状态：代表状态图的起始点，本身无状态。起始状态是迁移的开始源点，不是迁移的目标。起始状态由一个实心圆表示。

4）结束状态：代表状态图的最后状态，本身无状态，是状态图的终止点。结束状态是迁移的最后目标，不是迁移的源。结束状态由一个圆中套一个实心圆表示。

5）条件判定：与程序设计语言中条件分支类似，条件判定是一个转折点，状态迁移按照满足条件的方向进行。条件判定图符用空心菱形表示，条件判定通常为一个入迁移，多个出迁移。条件是一个逻辑表达式，状态迁移沿判定条件为真的分支触发迁移。

6）并发状态：并发状态描述对象的同步工作状态。并发状态分为分劈和接合两种图符：并发分劈表示将一个源状态分劈为多个目标状态，多个目标状态是并行迁移的；并发接合表示将多个源状态接合为一个目标状态，多个源状态也是并行迁移的。并发状态图符由一条粗短实线表示，称为并发（同步）杆。

7）信号图符：在状态图中允许出现信号图符，信号图符分为发出信号和接收信号：发出信号图符由一个一侧为凸尖角的矩形表示；接收信号图符由一个一侧为凹尖角的矩形表示。虚箭线的箭头方向表示信号的传输方向。

一个对象的状态图就是由以上这些不同的图符元素排列组合而成。在 David Harel 研究的基础上，UML 提供了更加完全的状态图描述方式。UML 状态图的基本符号如图 6-2 所示。

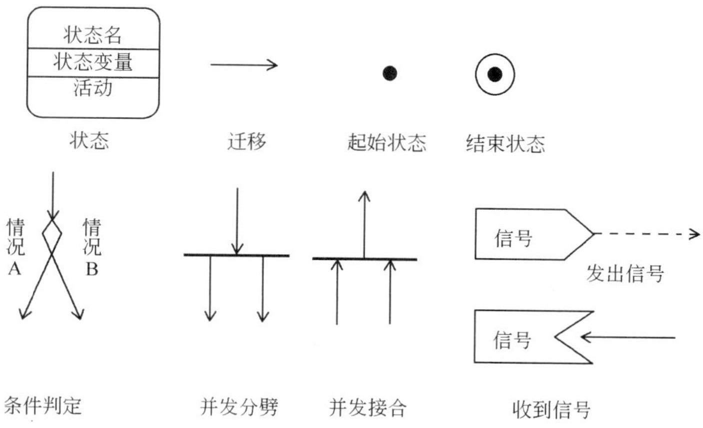

图 6-2 状态图的基本符号

状态图符的长式由状态名、状态变量和内部活动三个部分组成。

1）状态名。一个标识符，必须写。

• 在一个状态图中，状态名具有唯一性。
• 可以有匿名状态名。

2）状态变量。状态图所描述的类的属性，也可以是临时变量，如计数器等，为任选项。

• 响应对象所接收的事件，给属性赋值。
• 不改变对象自身的状态。

3）活动。列出了在该状态时要执行的事件和动作，是任选项，活动有 3 个标准事件。

• entry 事件：指明进入该状态时的特定动作。
• exit 事件：指明退出该状态时的特定动作。
• do 事件：指明在该状态中执行的动作。

活动区中的活动可以是简单事件或组合事件。组成事件的形式化语法如下：

事件名（参数表）/ 动作表达式

事件名：可以是包括三个标准事件在内的任何事件。

动作表达式：执行的动作（如：操作调用、增加属性值等）。

参数表：表示该事件所需的参数。

例如，在“销售合同管理子系统”中，“销售合同”对象在“统计已收款”状态时要对财务处发来的“付款单”的金额进行累加，此时在该状态中定义如下事件：

收款累加（付款单）/ 已付款累加()

系统提供了三种无参数的标准事件。图6-3给出某个对象的一个“统计已付款”状态的实例。

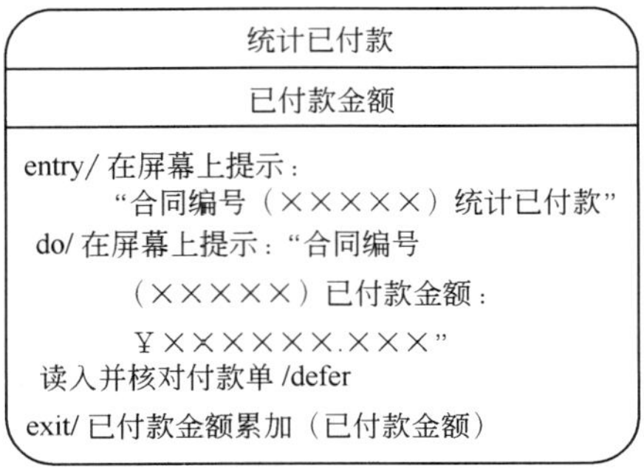

图6-3 一个对象的“统计已付款”状态的图形符号

在图6-3给出的“统计已付款”状态的图形符号中，描述如下：

1）状态名：“统计已付款”。

2）状态变量：只有一个对象属性——“已付款金额”，其值为当前统计已付款金额数。

3）状态内部活动：（按顺序）发生4个事件活动，3个标准事件，1个延迟事件。

- 入口事件：在屏幕上提示“合同编号（×××××）统计已付款”字样，表示进入该状态。
- do事件：在屏幕上提示：“合同编号（×××××）已付款金额：￥××××××.×××”。
- 延迟事件（defer）：本状态不对付款单对应的合同进行核对检查，要求延迟到下一个状态检查。
- 调用对象类的操作——已付款金额累加（已付款金额），将从付款单读入的已付款金额作为实参带入，并退出该状态。

6.1.2 状态的改变——迁移

一个对象的状态可以因某种原因而改变，一个对象从一个状态改变成另一个状态称为状态迁移。在状态图中，状态的迁移用连接这两个状态的实箭线表示，箭尾连接出发状态（源状态），箭头连接到达状态（目标状态）。在状态的迁移箭线上可写上引起该迁移的事件、条件和动作。

状态图告诉我们对象所具有的状态，以及哪些事件（如收到消息、时间已到、报错、条件为真等）影响着这些状态。在状态的迁移箭线上可以写上引起这一迁移的事件，即当该事件出现时，则该动作发生，执行从一个状态到另一个状态的迁移（从源状态转换为目标状态），称为迁移点火或迁移触发。

引起状态迁移的原因通常有两种。一是当出现某一事件时会引起状态的迁移，在状态图中把这种引起状态迁移的事件标在该箭线上。此时，当处于源状态的对象接收到一个事件，并且满足当前条件（如果有条件）时，首先执行引起迁移的事件中的动作（如果有的话），然后迁移到新的状态，执行新状态中的内部动作（包括 3 个标准动作 entry、do、exit 以及用户定义的动作）。

在执行 do 或用户定义的动作时，还可以被外部的事件中断，这意味着一个导致该状态迁移的事件可以中断正在执行的内部的 do 或用户定义的动作。然而 entry 动作和 exit 动作不能被中断，它们总是要执行完的，也就是说，即使状态中的某个 do 或用户定义的动作被中断，仍要执行完 exit 动作后再迁移状态。

状态迁移的另一种情况是，当迁移箭线上没有标识触发迁移的事件时，则从源状态转换为目标状态自动进行。在状态图中相应的迁移箭线上未指明事件，这表示当位于迁移箭线源头的状态中的内部动作（包括 3 个标准动作 entry、do、exit 以及用户定义的动作）全部执行完后，该状态迁移被自动触发。

6.1.3 一个无人职守电梯升降的状态图

下面举一个状态图例子，描述一个无人职守电梯升降的状态图，如图 6-4 所示，图中的状态图符分别用短式或长式表示。

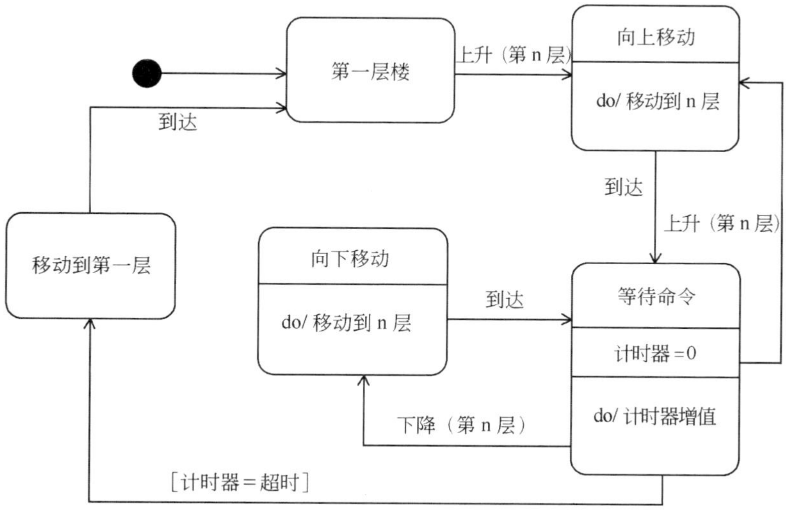

图 6-4 一个无人职守电梯升降的状态图

通常情况下，一个无人职守电梯的轿箱通常停放在大楼的第一层。当某楼层有乘客按下按钮，电梯轿箱便会按照指令上升到该楼层接乘客，然后按照乘客的指令上升（下降）到指定楼层，到达后的乘客走下电梯。电梯轿箱停在该楼层，等待下一个乘客的按钮指令。但是，系统对于等待的时间有一定的限制，在时间限制之内又有乘客按下按钮，电梯则重复前面的动作，电梯轿箱仍按照指令上升或下降到指定楼层，到达后，电梯轿箱继续等待下一个乘客的按钮指令。在每次的等待中，如果等待时间超过限制，电梯轿箱会自动返回到大楼的第一层，在那里继续等待乘客。

图 6-4 就是描述一个无人职守电梯升降的状态图。下面具体分析状态图中的对象（电梯）从一个实心圆的起始状态开始各个状态变化的过程：

（1）状态 0

“起始”状态：

1）状态：伪状态。

2）发生事件：无。

3）状态迁移：状态自动发生迁移，进入状态 1。

（2）状态 1

“第一层楼”状态：

1）状态：等待乘客。

2）发生事件：此时有乘客步入电梯，按下按钮发出消息，要求上升操作到达大楼第 n 层。

3）状态迁移：根据该事件的指令，状态发生迁移，进入第二个状态。

（3）状态 2

“向上移动”状态：

1）状态：电梯向上移动到第 n 层。

2）发生事件：当电梯上升移动到第 n 层后，“到达”事件产生，乘客步下电梯。

3）状态迁移：根据“到达”事件的指令，状态发生迁移，进入第三个状态。

（4）状态 3

“等待命令”状态：

1）状态：状态的属性计时器初始化为 0，计时器开始计时，计算等待时间，判断等待是否超过限定时间。

2）发生事件：在“等待命令”状态，可能有三种事件发生：

- “上升到第 n 层”：在等待时间限制之内有乘客发出指令。
- “下降到第 n 层”：在等待时间限制之内有乘客发出指令。
- “等待超时”：无乘客乘坐电梯，等待时间超过限制。

3）状态迁移：根据发生事件的不同，发生迁移的状态也不同：

- “上升到第 n 层”事件：状态发生迁移，进入状态 2。
- “下降到第 n 层”事件：状态发生迁移，进入状态 4。
- “等待超时”事件：状态发生迁移，进入状态 5。

（5）状态 4

“向下移动”状态：

1）状态：电梯向下移动到第 n 层。

2）发生事件：当电梯下降移动到第 n 层后，“到达”事件产生，乘客步下电梯。

3）状态迁移：根据“到达”事件的指令，状态发生迁移，进入状态 3。

（6）状态 5

“移动到第一层”状态：

1）状态：电梯向下移动到第一层。

2）发生事件：当电梯下降移动到第一层后，“到达”事件产生。

3）状态迁移：根据“到达”事件的指令，状态发生迁移，进入状态1。

在图6-4的无人职守电梯升降的状态图中，电梯在关闭前一直处在一个“等待”——“上升/下降”——“等待”的状态循环中，没有结束状态。这只是一个简单的状态图，读者可以从中看出，一个对象（电梯）的状态怎样在事件的触发下从一个状态迁移到另一个状态。

6.2 状态的分类与描述

在运行着的系统中的某一时刻每个对象都处于某种状态中，对象状态由对象的状态属性值决定。对象的状态可以分为嵌套状态、顺序状态、历史状态、同步状态和并发状态等。

6.2.1 对象的状态属性

从广义上讲，对象属性的任何不同值的组合就是对象的一个状态，全部状态的集合描述了一个对象的状态空间。在这个状态空间，总有一些关键（主要）的属性和属性值明显地影响着对象的行为，并决定对象所处的状态。我们在对系统中的对象行为建立动态模型时，主要关注的就是这样的一些状态和影响这些状态的对象属性。

对于确定对象的状态有重要意义的属性称为状态属性。状态属性的特征是：

- 一般具有少量的可选值。
- 属性值的转换有一定的限制。

满足以上特征的对象的属性就是状态属性，这些属性值反映所属对象的特定状态。在建立状态模型时，要正确地找到一个对象的全部状态属性，并根据它们的值划分对象的状态。

例如在设备管理系统中，对于类“设备”而言，它有两个属性，“使用时间”和“设备状况”。对于“设备”类的一个实例对象，即某一台具体的设备如M-501数控车床来讲，这两个属性对于设备管理有着本质的区别。

1）使用时间：随时间而变动，它有很多取值，对设备管理的意义不大。

2）设备状况：取值有限，且每个取值的变换都受到发生事件的限制：

- 使用中：正在使用，一切正常。
- 维修中：例行检修或有毛病，正在修理，不能使用。
- 闲置：设备正常，但因某种原因不适合生产使用。
- 报废：损坏严重不能修理或超过使用年限。

对于设备管理来讲，对象属性“使用时间”对设备的状态意义不大，不能作为状态属性。而对象属性“设备状况”满足状态属性的两个特征：属性只有几个可能的取值，并且该属性的值从一个值变成另一个值时（转换）有重要的限制。根据属性取值不同，使设备处于不同的状态，“设备状况”就可以选作状态属性。图6-5是“设备管理”子系统中一个设备使用状况的状态图。

在UML中，状态属性是表示对象状态的机制。状态是表示对象在其生存期的一种条件或状况，如进行某些活动、等待某些事件出现、满足某些条件等。为一个对象的行为建模时应当注意：

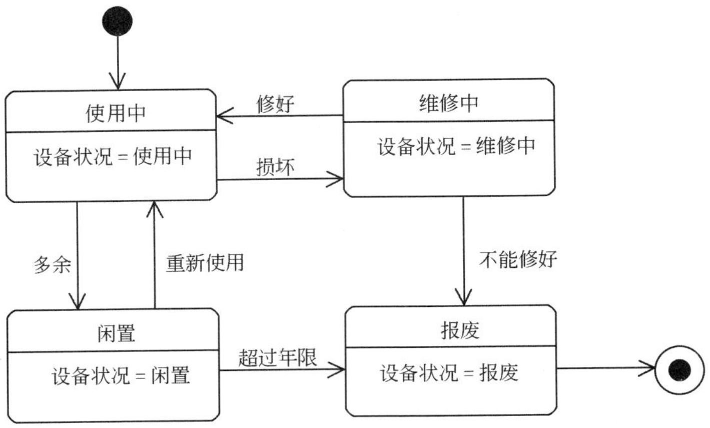

图 6-5　一个设备使用状况的状态图

1）对象生存期中状态的数量有限。

2）每个状态持续时间也有限。

3）以下情况可以触发状态迁移：

• 发生某个事件。
• 完成某个活动。
• 某个活动执行。

我们只要对系统、对象类和对象的行为进行认真分析，不难找出其状态。在 UML 中，对象类的状态图包括嵌套状态、不相交状态、并发状态和历史状态。

6.2.2　简单状态与嵌套状态

在一个状态图符的活动区还画有一个或多个状态图，称为嵌套状态，被嵌套的状态称为子状态。一个状态可以有嵌套的子状态，一个子状态还可以有自己的嵌套状态，一个状态所拥有的子状态可以画成另一张状态图。

不含嵌套状态的状态称为简单状态。简单状态对应一个动作，而嵌套状态中每个被嵌套的状态图都对应于该嵌套状态内正在进行的一个活动。在 UML 中，动作和活动的含义是不同的：

动作指一组可执行的语句，动作具有以下特征：

• 迁移性：与状态迁移有关。
• 原子性：这组语句不可中断。
• 连续性：一组语句必须连续执行，直到完毕。

活动指一组可执行的动作，活动具有以下特征：

• 有限性：完整的活动有一定的期限。
• 非原子性：这组动作可因某一事件发生而中断。

在一个嵌套状态中，被嵌套的子状态图必须有自己的起始状态和结束状态。在状态迁移中，一个嵌套状态的入迁移就是其子状态图的起始状态的入迁移；其子状态图的结束状态的迁移表示该嵌套状态的相应活动结束。

嵌套状态内的多个子状态可以是“并”关系的子状态（后面介绍）或者是“或”关系的子状态。“或”关系子状态表示在任一时刻这些子状态中只有一个子状态是活动的。例如，一部在正常使用的车床，其状态可以用两个状态属性值描述：设备使用状况和设备操作状况。这两个状态属性值的排列组合，就可以完全描述车床的全部状态变化。但在此例中，状态属性操作状况只对在使用中的车床才有意义，所以，只用 8 个状态便可以描述其全部状态迁移。采用嵌套状态图可以使画面清晰，简化了状态图，更清楚地表达了状态的结构关系，便于分清主次，简化对复杂行为的建模。如图 6-6 所示。

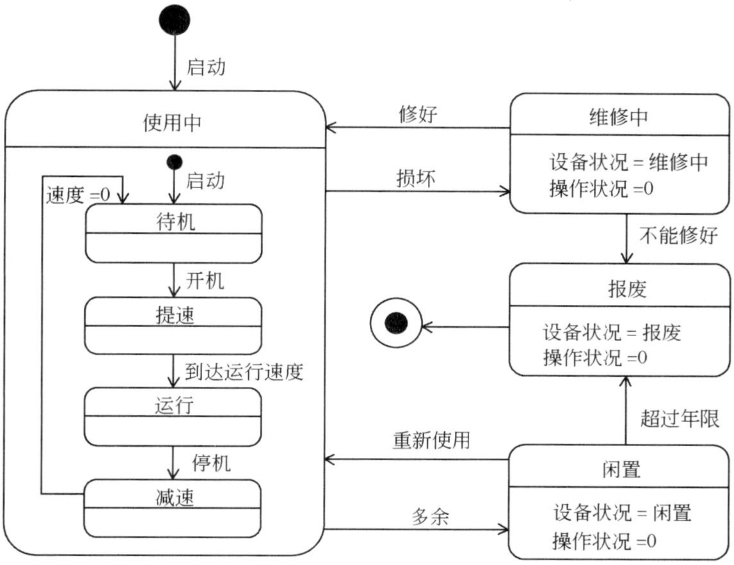

图 6-6　描述设备（车床）状况的嵌套状态图

1）设备状况：

• 使用中：正在使用，一切正常。
• 维修中：例行检修或有毛病，正在修理，不能使用。
• 闲置：设备正常，但不适合生产使用。
• 报废：损坏严重不能修理或超过使用年限。

2）操作状况：只有使用中的设备才有操作。

• 待机：车床已经启动，进入准备运行状态。
• 提速：得到运行命令，从 0 开始加速，逐渐进入运行所需速度。
• 运行：匀速正常运行。
• 减速：得到停止运行命令，正在减速，逐渐进入待命状态。

在图 6-6 中，描述设备（车床）操作状况的状态图嵌套在设备状况“使用中”状态内。嵌套在设备状况“使用中”状态内的状态图，也可以抽出来单独成为一个状态图，这样一来，可以更加详细地描述设备的操作状况的各个状态的属性值、对象做的具体动作及引起状态迁移所发生的事件。

6.2.3 状态的顺序迁移

顺序状态表示状态的顺序迁移，也称为“不相交状态”，表明状态图中的状态没有并发迁移现象，状态之间的迁移是串行的，即一个接一个顺序迁移。在图 6-6 中嵌套在“使用中”状态内的状态图就是一顺序状态图，状态图 6-4 和状态图 6-5 也是一个顺序状态图。

顺序状态是最经常使用的状态，但对于一个复杂的系统，只用顺序状态来描述一个对象的状态迁移往往显得力不从心。我们可以将顺序状态和嵌套状态描述结合在一起使用，可以使状态图看起来更加清晰，结构性更好。如图 6-6 所示。

6.2.4 状态的并发迁移与同步

一个状态也可以有多个并发的子状态，并发子状态之间用虚线分隔，用虚线分隔的每个区域表示一个并发的子状态，它有一个名字（任选），并有一个内部的状态图。图 6-7 描述一个按销售合同生产和销售产品的并发子状态图，状态图符用短式描述。

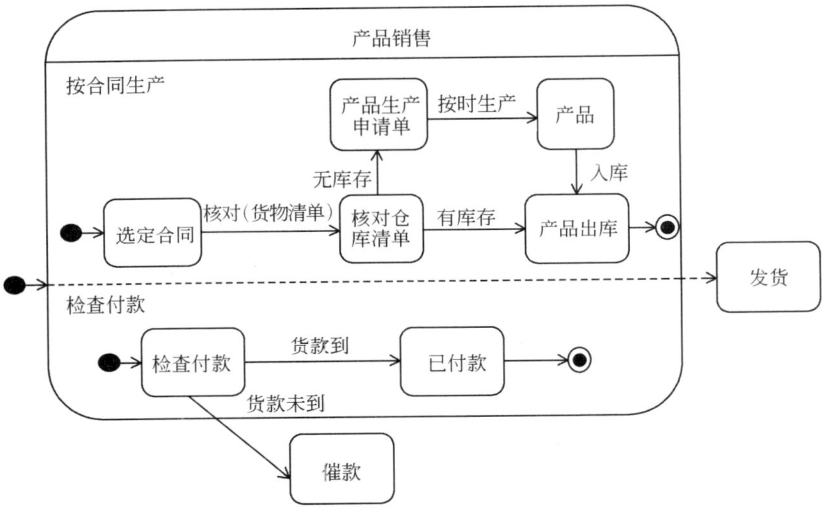

图 6-7 一个按销售合同生产和销售产品的并发子状态图

在按销售合同生产和销售产品的企业中，有两个过程是同时并发执行的：一个过程检查仓库是否有合同要求的产品，另一个过程是检查客户是否已付款。只有两个检查都成功，才能发货，缺一不可。在第一个过程中，首先检查合同，如果仓库中有合同清单所要求的货物名单和相应的数量，产品已经备齐，等待发货；如果仓库中没有合同清单所要求的货物名单或相应的数量，要等待一段时间，组织安排生产，生产完毕产品入库，等待发货。另一个过程是检查付款单，如果客户按合同约定汇来货款，说明该合同已付款，可以发货。如果超过合同期限没有汇款，应向客户发催款通知，不能发货。

我们还可用复合迁移的同步并发迁移图符来表示并发子状态。复合迁移就是由条件判定、并发分劈和并发接合这些图符将一些简单迁移组合而成的迁移。一个同步并发迁移图符可以有多个源状态或目标状态，它们可以把一个控制分解为并行运行的并发线程，或将多个并发线程合成单个线程。一个同步并发迁移图符用一个短而粗的线条表示，称为同步杆，可以从一个或多个状态（称为源状态），用实线箭头指向它，它还可以用一个或多个实线箭头指向其他状态（称为目标状态）。迁移的条件可写在同步杆旁边。只有当对象处于所有的源状态中，并且迁移的条件为真时，迁移才被触发，意味着并发执行的开始或结束。因此，同步杆实际上在并发活动中起同步的作用。

图 6-8 是采用并发同步迁移图符描述按销售合同生产和销售产品的并发子状态图。在图 6-8 中，左边的同步杆的两侧，一个源状态“签订销售合同”，被分劈为两个并发目标状态：“产品检查”和“付款检查”。同步杆旁边有条件“合同生效”，表示在条件为真时，该并发分劈迁移发生。

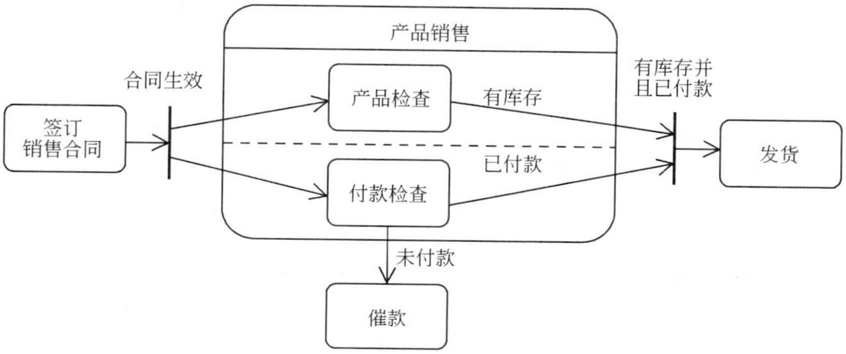

图 6-8 采用同步并发迁移图符描述的并发子状态图

在图 6-8 中的右边也有一个同步杆，它有两个并发源状态：“产品检查”和“付款检查”，一个目标状态“发货”。同步杆旁边标有条件“有库存并且已付款”，表示在条件为真时，该并发接合迁移发生。即只有当仓库里有合同要求的产品和相应的数量，并且合同客户已付款两个入迁移条件都满足时，才能发生出迁移到“发货”目标状态。

6.2.5 嵌套状态中的历史状态指示器

有时，当离开一个嵌套状态后，又需要重新进入该嵌套状态，但希望直接进入到上次离开该嵌套状态时的最后一个子状态，而不想从该子状态图的开始进入。在这种情况下采用一般的状态图描述都不方便，而使用历史状态的概念就很容易做到。历史指示器用来记忆状态图内部的历史状态，用里面标有 H 字母的圆圈表示。历史指示器作用于标有它的子状态图，如果指向历史指示器的迁移被触发，对象就会恢复到该状态区域当前状态的前一个状态，它使得对象能在活动被中断或需要逆行时回到最近的那个状态。历史指示器是一个伪状态，可以有几个进入它的状态迁移，但没有离开它的状态迁移。

图 6-9 中的状态图描述一个软件安装过程。一个“建立()”迁移触发使系统进入安装软件状态。在软件安装状态中嵌套有两个并发的子状态图：一个是正在运行的操作系统，另一个是运行安装软件的程序。只有在操作系统正在运行的情况下，才能启动安装软件的程序，因此，它们是并发执行。当软件安装完毕时，操作系统和安装软件的程序都要重新启动，安装的软件才能开始工作。操作系统运行子状态图的功能很清楚，这里重点讨论安装程序运行子状态图的状态迁移过程。

在安装程序运行的子状态图中有一个内有字母 H 的圆圈，表明该子状态图处于历史状态指示器的作用之下，当有迁移触发历史指示器时，应恢复到离开该状态图迁移时的前一个状态。

在图 6-9 的安装程序运行子状态图中，首先进入“启动安装程序”状态，再自动进入“安装”软件状态。在“安装”软件状态中，操作人员按照安装程序的提示进行软件安装。如果在安装过程中出现“磁盘错误”或“超出内存”错误时，安装程序暂时停止安装进程，在屏幕上提示出错信息并要求操作者进行选择。

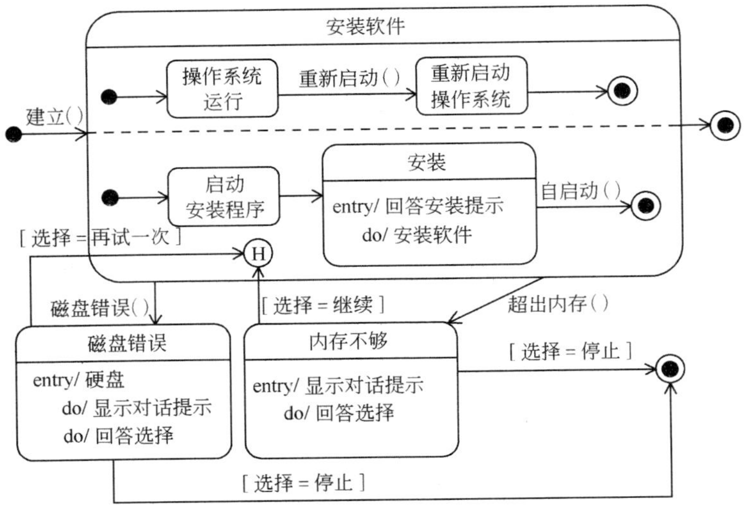

图 6-9 带有历史指示器的软件安装过程状态图

出现“磁盘错误”时，操作者可以选择“再试一次”或“终止安装”迁移；出现“超出内存”错误时，操作者可以选择“继续安装”或“终止安装”迁移。如果操作者选择“终止安装”迁移，则安装程序停止运行，退出安装程序，回到操作系统。如果操作者选择“再试一次”或“继续安装”迁移时，该迁移触发历史指示器，此时，并不是回到安装程序运行子状态图中的起始状态，而是返回到安装程序运行子状态图中发生迁移时的前一个状态（历史状态），即“安装”软件状态，继续进行软件安装。

6.3 状态迁移的触发与描述

6.3.1 状态的迁移触发

状态迁移触发表示当一个特定的事件发生或某些条件满足时，一个源状态下的对象将完成一些特定的动作，称为迁移触发，使对象从源状态迁移到一个新的目标状态。

- 活动状态：迁移发生时，该迁移进入的状态为活动状态，它将执行相应的动作。
- 非活动状态：迁移发生时，该迁移离开的状态为非活动状态。

描述状态迁移的形式化语法格式如下：

事件［条件］/ 动作表达式 发送子句

说明：

- 事件：指已发生并可能引发某种活动的一件事。
- [条件]：由方括号围起的关系或逻辑表达式。
- 动作表达式：一个触发状态迁移时可执行的过程表达式。
- 发送子句：动作的一个特例，说明调用的事件名（操作）是哪个对象的。

6.3.2 触发状态迁移的事件

事件是指已发生并可能引发某种活动的一件事。

事件的描述格式：

事件名（参数表）

说明：

- 事件名：必须引用接收事件的对象类中的一个操作或信号。
- 参数表：传送给该事件的形式参数，为任选项。

下面介绍事件的种类。

1. 状态内部事件

1）入口事件。

- UML 提供的标准内部事件。
- 以关键字 entry 说明，进入状态时最先执行的一个内部入口动作序列，不带条件。
- 该动作序列不能中断，具有原子性，为隐式调用。
- 入口事件只在最高层状态图创建该类的对象时有参数，一般不带参数。

2）出口事件。

- UML 提供的标准内部事件。
- 以关键字 exit 说明，退出状态时执行的一个内部动作序列，不带条件和参数。
- 该动作序列不能中断，具有原子性，为隐式调用。
- 出口事件在所有内部活动的最后执行，但先于任何出迁移。

3）do 事件。

- UML 提供的标准内部事件。
- 以关键字 do 说明，在入口事件之后，出口事件之前执行的内部一个动作序列。
- do 引用的不是包含它的对象的某个操作，而是其嵌套子状态图的全部动作序列。
- 该动作序列可以中断。

4）include 事件。

- UML 提供的标准内部事件。
- 以关键字 include 说明，在入口事件之后，出口事件之前执行。
- 标识一个内嵌套子状态图的引用，后面的动作表达式中包含该子状态图的名字。

5）自定义内部事件。

- 开发人员根据需要自定义的事件，如为用户提供在线帮助的事件等。
- 不引起状态迁移。

例如，自定义内部事件“帮助/口令格式帮助()”,为用户在线提示输入口令的格式。

2. 消息

消息包括信号事件和调用事件。

1） 调用事件。

• 对象之间，一个对象请求调用另一个对象的操作，标在迁移箭线上。

• 语法格式：事件名（参数表）。

• 可以是同步调用，也可以是异步调用。

例如：图 6-7 中“选定合同”状态在产生“核对（货物清单）”的调用事件后，引起状态迁移到“核对仓库清单”状态。

2） 信号事件。

• 用发出信号图符和接收信号图符表示信号事件。

• 发出信号图符标明发送子句，接收信号图符含有事件名称。

例如，在图 6-10 中“启动加热”是发出信号事件，“完成”是接收信号事件。

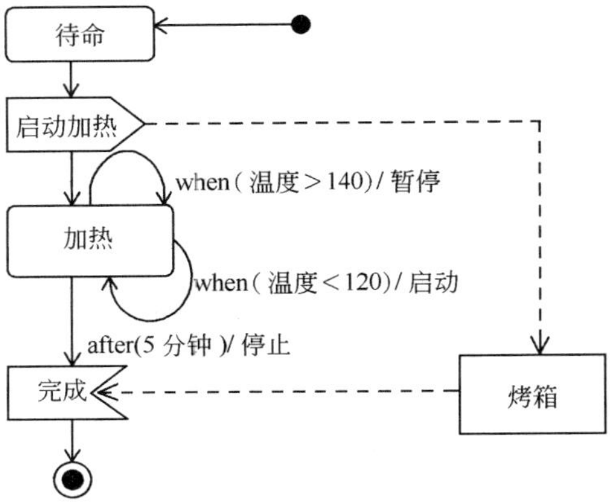

图 6-10 电烤箱控制系统状态图

3. 时间事件

1） after 事件。

• 时间事件，以关键字 after（时间表达式）说明，“/”后边跟有动作。

• 当括号内的时间表达式为真时，执行后边跟有的动作，触发状态的迁移。

图 6-10 中的时间事件是“after（5 分钟）/停止”，即加热状态只维持 5 分钟。

2） defer 事件。

• 延迟事件的标记格式为事件名/defer。

• 延迟事件就是在本状态中不进行处理，而将其推迟到下一个状态进行处理事件，或将事件放进队列中排队，根据排队的顺序，等到进入相应状态时才处理的事件。

例如，图 6-3 中第 3 个事件就是延迟事件，在当前状态下不对付款单对象输入的信息（付款金额及合同编号）进行检查核对，而将检查核对事件放进队列中排队，要求延迟到后面的状态中再进行检查处理。

3） when 事件。

• 改变事件，以关键字 when（逻辑表达式）说明，“/”后边跟有动作。

• 当括号内的逻辑表达式为真时，执行后边跟有的动作，触发状态的迁移。

• 与条件迁移不同的是，条件迁移是在事件触发时再求值，条件为真时触发迁移。

图 6-10 电烤箱控制系统状态图中的“加热”状态中可以发生两个改变状态事件：

- when（温度>140)/暂停：当温度超过 140 度时暂停加热。
- when（温度<120)/启动：当温度低于 120 度时重新加热，以保持恒温。

此外，出错情况也是一类事件，UML 并没有为出错事件提供明确的支持，但可以采用如下格式：<<error>> 出错事件名，如“<<error>> 磁盘空间溢出”。

6.3.3 触发状态迁移的条件

条件是一个由方括号围起的关系或逻辑表达式。如果状态迁移中既有事件又有条件，则表示仅当这个事件发生并且条件为真时相应的状态迁移才被触发，如果状态迁移上只有条件时，表示在该条件变为真时，触发状态迁移。

例如在图 6-9 中，安装软件过程中出现了 2 种错误：“磁盘错误”和“超出内存”错误。当发生“磁盘错误”事件时，安装软件过程进入对话框状态，按照对话框的提示，用户可以有两个选择：“停止”和“再试一次”。[选择=停止] 或 [选择=再试一次] 是互斥的两个触发状态迁移的条件，满足其中一个条件，状态就会向满足条件的分支进行迁移。当发生“超出内存”事件时，安装软件过程也会进入对话框状态，按照对话框的提示，用户可以有两个选择：“停止”和“继续”。[选择=停止] 或 [选择=继续] 也是互斥的两个触发状态迁移的条件，满足其中一个条件，状态就会向满足条件的分支进行迁移。这些条件都是触发状态迁移的条件。

6.3.4 触发状态迁移的动作表达式

动作表达式是一个触发状态迁移时可执行的过程表达式，表达式中可引用该状态所表示的对象中的属性、操作，或者事件中的参数。一个状态迁移上可以有多个动作表达式，但它们必须用“/”符号分隔，动作表达式按从左到右的次序依次执行，不允许有嵌套的动作表达式或递归的动作表达式。

发送子句是动作的一个特例，用来说明在两个状态的迁移期间发送的消息中所调用的事件名（操作）属于哪个对象。例如，对于消息“[计时器 = 超时]/下降（第一层)”，用发送子句表示为：“[计时器 = 超时] / self. 下降（第一层)”，即调用该对象自己的操作。

6.3.5 状态迁移的分类

UML 中描述的迁移的种类有：

(1) 自迁移

源状态和目标状态为同一状态的迁移。自迁移中有入口事件和出口事件，分别调用状态的入口动作和出口动作。图 6-10 中的“加热”状态就有两个自迁移。

(2) 内部迁移

该迁移在状态内部进行，不引起状态改变。内部迁移不调用状态的入口动作和出口动作。内部迁移由标准内部事件或用户自定义的内部事件引发，如 do、entry、exit、include 等动作。

(3) 自动迁移

在迁移箭线上没有条件和触发事件，当一个状态完成后，自动触发迁移，进入下一个状态。

(4) 复合迁移

由条件判定、并发分劈和并发接合将一些简单迁移组合而成。状态复合迁移的条件分支如图 6-11 所示，该状态图描述对毕业班学生进行成绩统计的状态迁移。图 6-11 中给出了两种描述状态复合迁移的条件分支状态图绘制方法。图 6-11 的上图中的空心菱形表示条件判定，对学生进行成绩统计后，“毕业”事件发生，这时候，根据学生成绩的好坏进行条件判定，沿着条件为真的分支分别迁移到不同的状态。当条件［总学分大于或等于毕业学分］为真时，触发迁移到“毕业”状态；当条件［总学分小于毕业学分 20 分以内］为真时，触发迁移到“结业”状态；当条件［总学分小于毕业学分 20 分以上］为真时，触发迁移到“肄业”状态。

在图 6-11 中，下图无菱形图符的描述法与上图的有菱形图符的描述是等价的，每一条迁移都有触发事件和条件。

图 6-8 采用同步并发迁移图符描述的并发子状态图也是一个复合迁移。

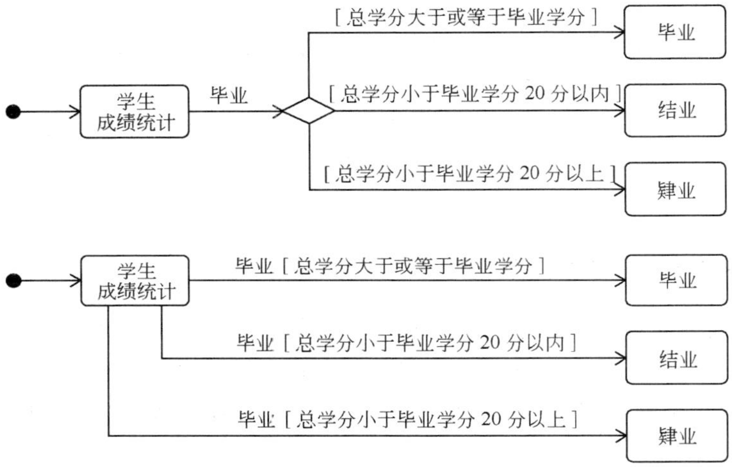

图 6-11 两种形式的条件分支状态迁移图

6.3.6 状态图之间的通信联系

状态图可向其他状态图发送消息，这可用动作（如在发送子句中指明接收者）或状态图之间的带箭头的虚线来表示。当采用虚箭线时，状态图必须画在矩形框中，在状态图之间画表示消息的箭头线可以有两种画法。第一种画法是从表示源对象状态图中的状态迁移上画虚箭线到表示目标对象状态图的边框上，此时，在目标对象状态图中应画有一个捕获这个消息的相应的迁移。第二种画法是在两个状态图的边框间（即两个对象间）画虚箭线，表示源对象在其执行期间的某时刻发送消息。此时，在目标对象状态图中也必须有一相应的迁移，以捕获该消息。

图 6-12 描述状态图之间的消息发送。图中左边矩形框内是描述温度计时控制器的状态图，右边矩形框内是描述电烤箱恒温加热的状态图，两个围有外框的状态图之间有消息传递。从温度计时控制器状态图的状态迁移线上发送两条消息给电烤箱恒温加热的状态图，从迁移线上引出两条虚箭线直达电烤箱恒温加热的状态图外框，消息的内容标识其上，一个是

“加热（）”，一个是“关机（）”。而在电烤箱恒温加热的状态图中，也有两个相应的迁移“加热（）”和“关机（）”与之对应，响应传递消息的触发。

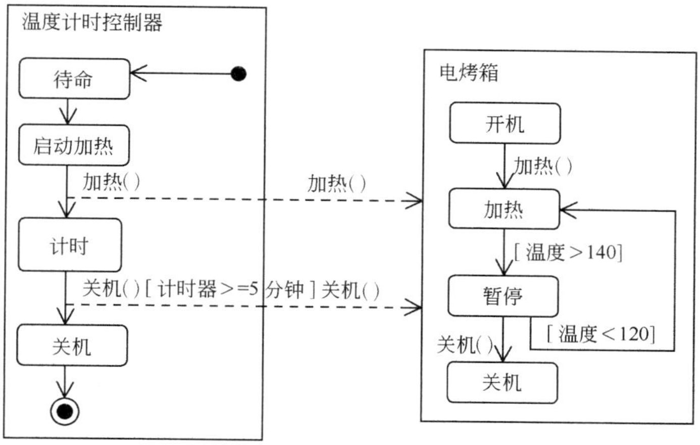

图 6-12　状态图之间的消息发送

图 6-10 电烤箱控制系统状态图与图 6-12 状态图是同一个问题的两种不同描述。

6.4　活动图与状态图的比较

在 UML 软件开发过程中，系统的动态模型主要包括对象交互模型和对象的状态模型。对象交互模型由顺序图和合作图进行描述，对象的状态模型则由状态图和活动图进行描述。

状态图可以表现一个对象在生存期的行为、所经历的状态序列、引起状态转移的事件以及因状态转移而引起的动作。本章前面已经详细介绍了状态图的图符表示和如何为某个系统或某个对象绘制一个复杂的状态图。

在 UML 中，活动图是系统动态行为建模的图形工具之一，用来表示完成一个操作所需要的活动，或者是一个用例实例（场景）的活动。活动图实际上也是一种流程图，它描述活动的序列，即系统从一个活动到另一个活动的控制流。活动图特别适合描述动作流和并发处理行为。我们在第 3 章也已经介绍了活动图的绘制方法，重点介绍了在客户需求分析阶段如何采用活动图对用例进行详细描述。

活动图是描述一个系统或对象动态行为的一种方法，是状态图的另一种表现形式。活动图的功能主要是记录各式活动（将要被执行的工作和各种活动）和由于其对象状态转换而产生的各种结果。

状态图与活动图有某些相同点，又有一些不同点。下面我们分别进行讨论。

6.4.1　状态图与活动图的相同点

状态图与活动图的相同点总结如下。

1）描述图符基本一样。在活动图与状态图中，除了活动的图符由两边半圆边线的矩形表示，状态的图符由圆角矩形表示外，其余的描述图符两者完全相同。

2）可以描述一个系统或对象在生存期间的状态或行为。状态图用来描述一个对象在生存期的行为、所经历的状态序列、引起状态转移的事件以及因状态转移而引起的动作。活动图用来描述一个系统或对象（或几个对象）完成一个操作所需要的活动，或者是一个用例实例（场景）的活动。

3）可以描述一个系统或对象在多进程操作中的同步与异步操作的并发行为。在活动图与状态图中，都有用于描述多进程中的同步与异步操作的分劈与接合图符。所以，都可以描述一个系统或对象在多进程操作中的同步与异步操作的并发行为。

4）可以用条件分支图符描述一个系统或对象的行为控制流。

- 活动图是一种流程图，它描述活动的序列，即系统或对象从一个活动到另一个活动的控制流，特别适合描述动作流和并发处理行为。
- 状态图用于描述一个系统或对象在生存期的行为、所经历的状态序列、引起状态转移的事件以及因状态转移而引起的动作。实际上也是一种流程图。

通过以上总结，读者不难看出：活动图是描述一个系统或对象动态行为的一种方法，它是状态图的另一种表现形式。因此，在建立 UML 的各种动态模型中，状态图和活动图并不要求必须同时出现，系统分析与设计人员可以根据需要选择其中一个模型图为主来建立系统或对象的动态状态模型，也可以再选择另一个模型图对系统中某些需要重点强调的状态行为建模。

6.4.2 状态图与活动图的不同点

状态图与活动图的不同点总结如下。

1）触发一个系统或对象的状态（活动）发生迁移的机制不同。

- 状态图中的对象状态要发生迁移，必须有一个可以触发状态迁移的事件发生，或有一个满足了触发状态迁移的条件产生。如图 6-5 所示。
- 活动图中的活动状态迁移不需要事件触发，一个活动执行完毕可以直接进入下一个活动状态。如图 6-13 所示。

活动图与状态图有很多相似的地方，图 6-13 是一个“客户到商场提取预定货物”的活动图。在图 6-13 的活动图中，客户要到商场提取预定的货物，商场首先要对客户提供的预定货物凭证进行核对检查，排除未交预付款的客户。对已交预付款的客户，开具提货单。并同时核对库存货物，如果仓库中有客户所需货物，仓库准备该货物。只有客户已经交预付款，并且仓库中也有客户需要的货物时，客户可以提货。客户提货的过程结束。当这两个活动中某一个活动没有发生，即客户没交预付款或仓库中没有客户需要的货物时，整个客户提货的过程就会中断。客户提货的过程会非正常结束。

读者通过图 6-13 可以看出，活动图和状态图非常类似。它有与状态图相同的开始点和结束点，活动图中的状态称为动作状态，由上下两条平行线段和两侧圆弧构成的图框表示。框内标示动作状态名和描述动作的语句，动作状态之间的迁移用箭头表示，迁移上可以附加条件、发送子句和动作表达式。活动图是状态图的变形，它根据对象状态的变化捕获动作（所完成的工作和活动）和它们的结果，它表示了各个动作及其之间的关系。

与状态图不同的是，活动图中动作状态之间的迁移不是靠事件触发，当动作状态中的活动完成时迁移就被触发。在活动图中，也可画条件判定符号（菱形符号）。条件判定符号可

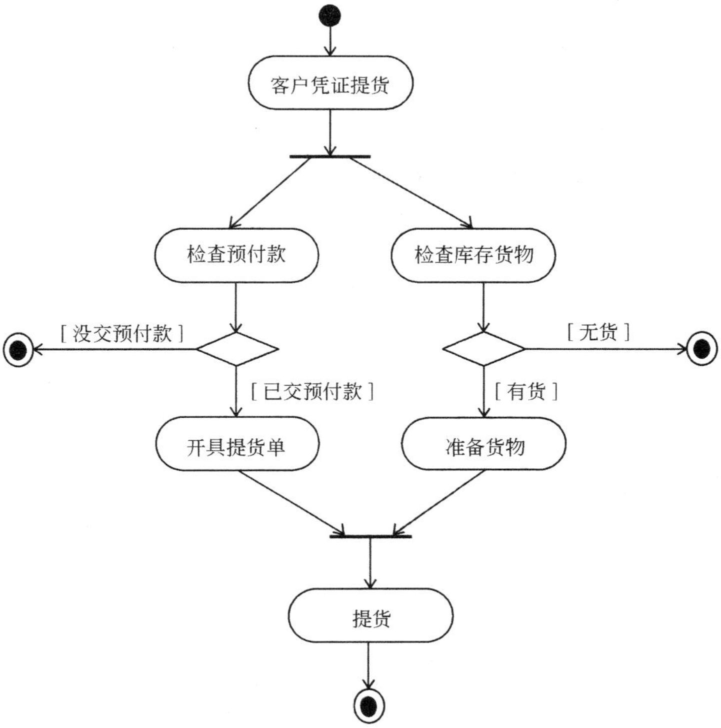

图 6-13　客户到商场提取预定货物的活动图

以有两个或两个以上携带条件的输出迁移，当其中的某个条件为真时，该迁移被触发。

2）描述多个对象共同完成一个操作的机制不同。

- 状态图一般用来描述一个系统或某个对象在生存期的行为、所经历的状态序列、引起状态转移的事件以及因状态转移而引起的动作。状态图采用状态嵌套的方式来描述多个对象共同完成的一个操作，如图 6-14 所示。

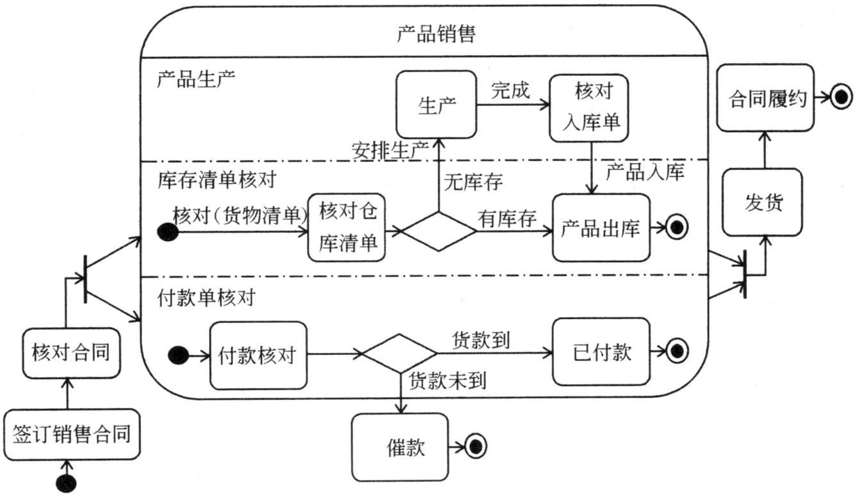

图 6-14　销售合同从签订到履约的状态图

- 活动图通过采用建立泳道的方法来描述一个系统中几个对象共同完成一个操作或一个用例实例（场景）所需要的活动。所以，活动图更适合用来描述一个系统或一个活动的并发行为。如图6-15所示。

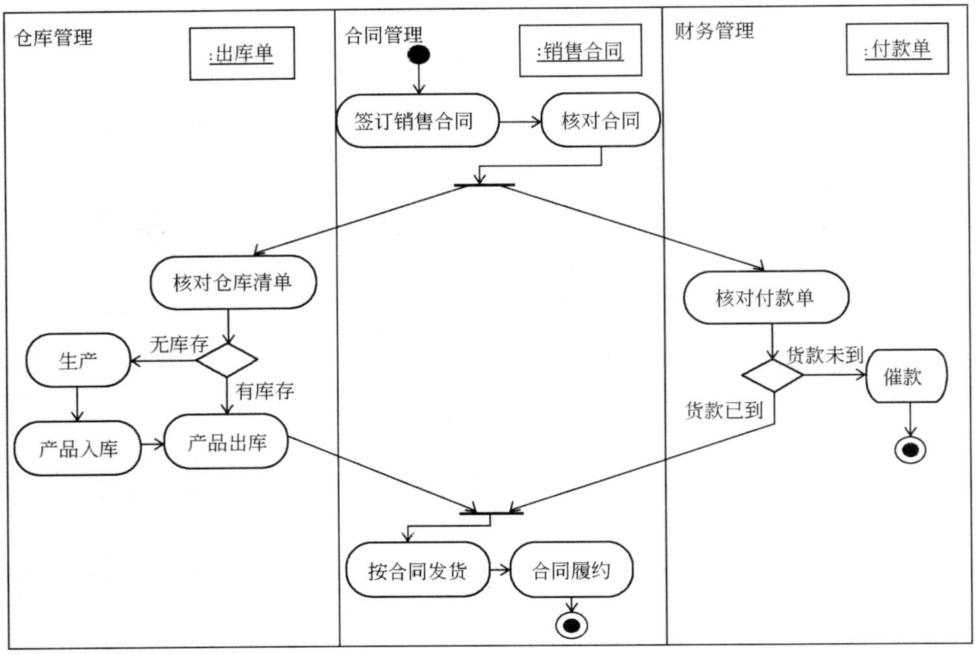

图6-15 销售合同从签订到履约的活动图及其中的对象流

图6-14是一个描述了“销售合同从签订到履约”的状态图。在这个状态图中涉及多个进程和对象，它采用并发分劈和并发接合图符描述了并发操作状态。读者不难想像出，在图6-14中可能涉及的对象有：销售合同、付款单、催款单、库存货物清单、生产调度单、入库单、出库单、提货单等多个对象。涉及的进程有：销售合同履约管理；付款单核对；库存清单核对；库存不足产品的生产调度、产品入库、产品出库等。

销售合同履约进程从“签订销售合同”状态开始，进入“产品销售”组合状态前要进行“核对合同”。进入“核对合同”状态后，利用“并发分劈”图符将“产品销售”组合状态分劈为2个进程：“付款单核对”进程和“库存清单核对”进程。只有当“付款单核对”进程确认了客户已经付款，并且在“库存清单核对”进程中确认仓库里有客户需要的产品，在规格、数量等方面符合在销售合同中客户的要求时，产品就可以出库。这两个进程都完成后，利用“并发接合”图符将“付款单核对”进程和“库存清单核对”进程合成为一个进程，此时，客户就可以“提货”了。销售合同“履约”，该进程结束。

注意，当“并发分劈”后的两个进程中有一个进程因某种原因不能完成时，这两个进程就不能进行“并发接合”为一个进程，即客户不能“提货”，销售合同不能“履约”。

在“并发分劈”的两个进程中，“付款单核对”进程如果发现客户没有按期付款，要向客户发送“催款单”进行催款，该进程中断，终止运行。在“库存清单核对”进程中，如果确认仓库里没有符合客户需要数量的产品时，该进程要向“生产调度部门”发出“安排生产”的要求。由“生产调度部门”安排组织生产，当有足够数量的产品生产出来并且办理“入库”手续后，“库存清单核对”进程才能进入到“出库”处理状态。

图 6-15 是描述“销售合同从签订到履约”的活动图，与图 6-15 的状态图描述的是同一个操作过程。读者可以清楚地看出描述同一个系统操作的状态图与活动图的相同点与不同点。

在活动图中，通常会根据责任把活动组织到不同的泳道中，它能清楚地表明动作在哪里执行（在哪个对象中），或者表明一个组织的哪部分工作（一个动作）被执行。

在图 6-15 中，共有三个泳道：仓库管理、合同管理和财务管理。合同管理泳道负责销售合同的签订、合同核对、发送货物和合同履约等工作。财务管理泳道负责客户发来汇款单的结算。仓库管理泳道负责提供销售货物。每个泳道负责不同的工作，分工明确；三个泳道互相配合，共同完成从销售合同的签订到合同履约的全过程。并标明了活动图中各个泳道涉及的对象及它们之间的关系。

在活动图中通过泳道描述“并发分劈”和“并发接合”使图示更加清晰，读者可以自行分析活动图中各个进程的活动。

6.5 动态状态模型建模案例——信贷管理子系统

本章通过对一个“金融机构综合管理系统”实例分析，看如何建立系统动态模型中的状态图和活动图。在“金融机构综合管理系统”中，包含多个子系统，“信贷管理”子系统是其中的一个。在本节，重点分析“信贷管理子系统”的功能要求，确定对象类之间的关系，进而建立动态模型中对象间的交互图、状态图和活动图。

6.5.1 系统的用例模型和对象静、动态模型

图 6-16 是描述“信贷管理子系统”的用例图。

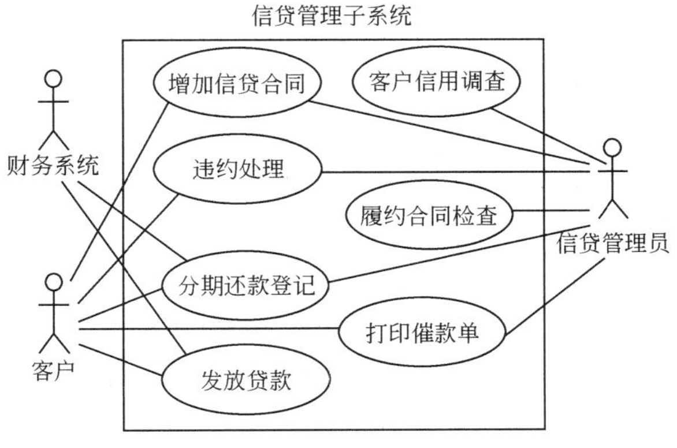

图 6-16 “信贷管理子系统”的用例图

1. 系统的用例模型

信贷管理子系统的功能（用例）包括：

• 客户信用调查。

- 增加信贷合同。
- 发放贷款。
- 分期还款登记。
- 履约合同检查。
- 打印催款单。
- 违约处理。

2. 对象静态模型

在信贷管理子系统中，涉及的对象有："信贷管理窗口"、"客户信用调查及风险分析表"、"客户"、"贷款合同"、"发放贷款登记表"、"分期还款登记表"、"抵押清单"、"催款单"、"违约记录"等。根据这些对象之间的关系，标识出其关联，进而可以建立系统静态模型——对象图。对象图在此省略，有兴趣的读者可以尝试自己画出系统的对象静态模型图。

3. 对象动态交互模型

一个系统在完成对象静态建模（建立对象图）后，就可以根据对象之间的关系建立交互模型图，即进行动态建模。交互模型图包含顺序图和合作图，用来描述系统如何通过消息的传递来控制对象之间的交互，完成对控制流建模。读者可以尝试自己画出系统的交互图，这里不作为重点介绍。

4. 对象动态状态模型

UML 的状态图主要用来建立对象的动态行为模型，表现一个对象所经过的状态序列，引起状态或活动迁移的事件，以及因状态或活动迁移而伴随的动作。状态图支持并发同步线程的描述。

活动图实质上也是一种流程图，只不过描述的是从一个活动到另一个活动的控制流。活动图描述活动的序列，并且支持带条件的行为和并发行为的描述。

状态图和活动图也可以用来描述用例图以及全系统的动态行为，可以帮助开发者进行过程设计。下面重点介绍如何绘制"信贷管理子系统"的状态图和活动图。

6.5.2 状态图建模步骤

在 UML 中，交互模型描述系统中的若干对象共同协作完成某一项工作，而状态图则是为某个对象在其生命期间的各种状态建立模型。状态图适合描述一个对象穿越若干用例的行为，不适合描述多个对象的相互协作。建立状态图模型的基本步骤如下：

1）确定状态图描述的主体，可以是整个系统、一个用例、一个类或一个对象。

2）确定状态图描述的范围，明确起始状态和结束状态。

3）确定描述主体在其生存期的各种稳定状态，包括高层状态和可能的子状态。

4）确定状态的序号，对这些稳定状态按其出现的先后顺序编写序号。

5）确定触发状态迁移的事件，该事件可以触发状态进行迁移。

6）附上必要的动作，把动作附加到相应的迁移线上或对应的状态框内。

7）简化状态图，利用嵌套状态、子状态、分支、分劈、接合和历史状态简化状态图。

8）确定状态的可实现性，每一个状态在事件的某些组合触发下都能达到。

9）确定无死锁状态，死锁状态是任何事件触发都不能引起迁移的状态。

10）审核状态图，保证状态图中所有事件都可以按设计要求触发并引起状态迁移。

每一个状态图只是反映系统动态模型的某一个侧面，没有任何一个状态图可以单独描述出系统的全貌。

一个结构良好的状态图，应满足以下要求：

1）能准确描述系统的动态模型的一个侧面。

2）图中只包含与描述该相关侧面有关的重要元素。

3）附加有助于理解状态图含义的必要特征信息。

在绘制状态图时应掌握的技巧和注意的事项：

1）为状态图取一个能准确表达其目的的名称。

2）首先为对象的稳定状态建模，然后为从状态到状态的合法迁移建模。

3）再考虑分支、并发、同步和对象流的绘制，也可将其作为子状态图在低一层绘出。

4）选择好摆放这些元素的位置，避免线段交叉。

6.5.3 "信贷管理子系统"状态图建模

对于"信贷管理子系统"，这里重点对子系统的全局用例图和贷款执行期"分期还款登记表"对象进行系统分析，分别找出信贷管理过程的不同状态序列和引起状态迁移的事件，绘制状态图，进行系统动态建模。

首先把"信贷管理子系统"的用例图要完成的工作用文字描述如下：

在"信贷管理子系统"中，首先对要求贷款的客户进行信用调查，如果该客户信用等级低（如无固定收入、抵押品不值信贷额度或有过不良信用记录等），不能对其贷款。如果该客户信用等级高（如有长期稳定的较高收入、没有不良信用记录或有高价值的抵押品等），可以与之签订信贷合同，财务部门向其发放贷款。客户应按合同约定，定期返还一定额度的本息。信贷管理员随时检查客户是否按时还款，如果每次均按时还款，直到合同履约完毕，该贷款合同终止。当信贷管理员检查时发现客户偶尔没有按时还款，则应及时打印催款单，催促客户及时还款；同时对客户进行调查，是什么原因使其拖欠还款。如果发现客户无还款能力（失去工作）或恶意拖欠，则对其进行违约处理。

图 6-17 描述的就是信贷管理子系统用例图的状态图。"信贷管理"对于上一层状态图来讲只是其中的一个组合状态，其内嵌套一组子状态，所以，在这里将"信贷管理"绘制成嵌套状态图。请注意，图中"合同履约检查"状态在信贷合同管理过程中，要对客户的还款能力随时进行动态跟踪检查，及时发现无还款能力或恶意拖欠的客户，对其进行违约处理，将损失控制在最低限度，减少不良贷款的比例。

状态图表现一个对象（类）的生命历程。对一些实现重要行为动作的对象应当绘制状态图。下面按照绘制状态图的步骤，对"信贷管理"系统中的一个用例——"分期还款登记"，对该用例中贷款执行期"分期还款登记表"对象的各种状态进行动态建模，绘制状态图。

1. 文字描述

发放贷款后，"分期还款登记表"对象要求客户分期、按时、足额返还贷款。对每次还款的时间、额度进行记录，并对还款额进行累加。如果客户还款总额达到贷款的还本付息要求，作出履约标志，给客户信用等级进行标记，该"分期还款登记表"对象完成使命。客户如果没有按时还款，"分期还款登记表"对象应作出违约警告标志：一次欠款为预警，作为打印催款单标志；多次欠款设警告标志，作为打印催款单标志，并且敦促贷款管理员对该客

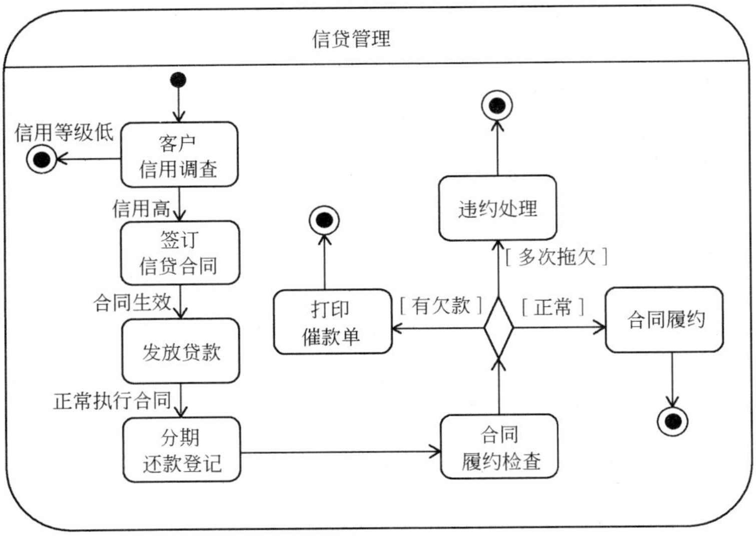

图 6-17 信贷管理子系统（用例）的状态图

户进行违约调查，同时上报主管部门。

2. 确定对象可能的状态序列、动作和引发状态迁移的事件

1）起始状态。

- 前置动作：当贷款合同签订后，向客户发放贷款完毕。
- 事件：无事件发生，自动迁移进入“初始化”状态。

2）“初始化”状态。

“分期还款登记表”对象一旦被创建，就进入“初始化”状态。

- 动作：对还款额、还款时间、还款额累加、应还款总额、还款时间间隔、履约标志、违约预警、违约警告和合同终止标志进行初始化。
- 事件：当有客户交款事件发生时，触发状态迁移，进入“分期还款”状态。

3）“分期还款”状态。

- 动作：记录还款额、还款时间，并进行还款额累加。当“违约警告”标志为 0 并且“违约预警”标志为 1 时，客户如补交欠款和违约款后，设置“违约预警”标志为 0。当“违约警告”标志为 1 时，客户如补交全部欠款和违约款后，设置“违约预警”标志为 0，并且设置“违约警告”标志为 0。
- 事件 1：当“还款累加值 = 应还款总额”事件发生时，触发状态迁移，进入“合同履约”状态。
- 事件 2：当“当前时间 > 还款时间间隔”事件发生时，触发状态迁移：如果“违约预警”标志为 0，进入“违约预警”状态。
- 事件 3：当“当前时间 > 还款时间间隔”事件发生时，触发状态迁移：如果“违约预警”标志为 1，进入“违约警告”状态。

4）“违约预警”状态。

- 动作：“违约预警”标志设置为 1，作为“打印催款单”标志。

• 事件：无事件，自动迁移进入“提示信息 1”状态。

5）“违约警告”状态。

• 动作：“违约警告”标志设置为 1，作为“打印催款单”和进行“违约调查”标志，并自动上报主管部门。

• 事件：无事件，自动迁移进入“提示信息 2”状态。

6）“合同履约”状态。

• 动作：“履约标志”设置为 1，作为合同履约标志，并对客户的信用进行登记记录在案。

• 事件：无事件，自动迁移进入“提示信息 3”状态。

7）“提示信息 1”状态。

• 动作：在屏幕上显示“注意：客户已有一次拖欠，提高警惕!”，停留 5 秒，并伴有警告铃声。

• 事件：无事件，自动迁移进入结束状态。

8）“提示信息 2”状态。

• 动作：在屏幕上显示“严重注意：客户已有多次拖欠，警惕！进行违约调查!”，停留 5 秒，并伴有警告铃声。

• 事件：无事件，自动迁移进入结束状态。

9）“提示信息 3”状态。

• 动作：在屏幕上显示“客户已经履约！合同终止!”，停留 5 秒。

• 事件：无事件，自动迁移进入结束状态。

10）结束状态。

• 动作：无动作。

• 事件：无事件，自动迁移进入后置状态——“合同履约检查”状态。

3. 绘制状态图

“分期还款登记”的状态图如图 6-18 所示。

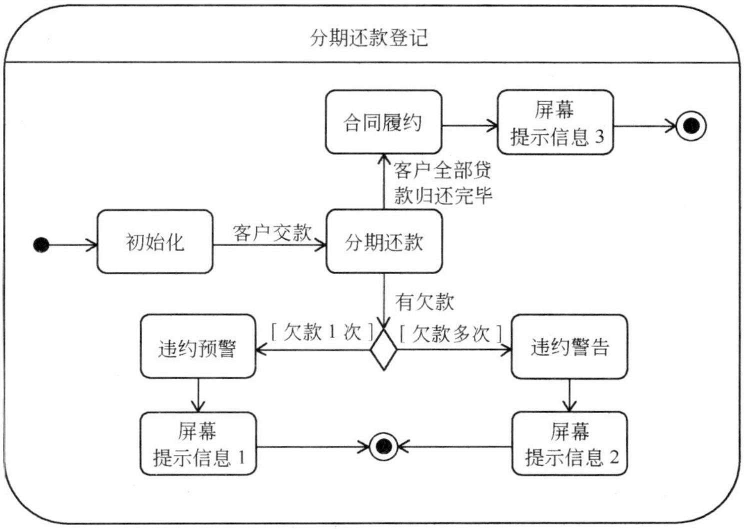

图 6-18 “分期还款登记”状态的嵌套状态图

4. 审核状态图

对系统分析时所列的各种状态，每个状态做的动作，以及触发状态发生迁移的事件，比照绘制的状态图进行认真审核。每个状态是否能顺利执行，是否达到设计要求，是否在发生事件的触发下进入下一状态，绘制的整个状态图是否满足系统总体功能设计要求。

注意：在图 6-18 的状态图中，由于状态图的篇幅所限，采用的都是短式状态框描述，只标记了该状态的名称，而对每个状态没有进行详细描述。例如，为某些属性赋值，描述入口动作、出口动作、执行了某些动作或调用了对象的某个操作等。这些详细描述在绘制状态图步骤 2 的“确定对象可能的状态序列、动作和引发状态迁移的事件”中已经列出。作为一个例子，这里仅把图 6-18 中的“初始化”状态的详细描述在图 6-19 中给出。其余各个状态的详细描述，读者有兴趣可以自己在各个状态框中绘制出来。

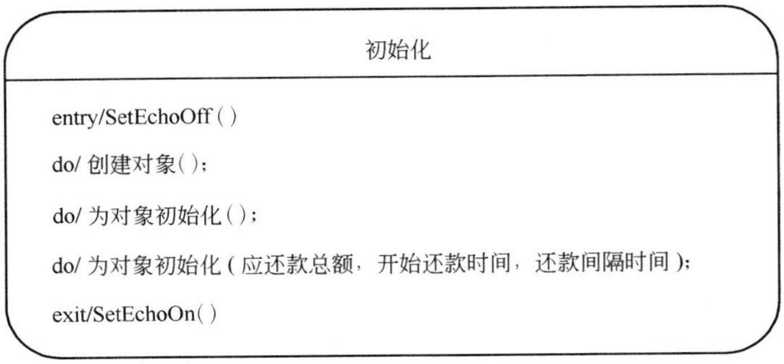

图 6-19 “初始化”状态的详细描述

6.5.4 活动图建模步骤

活动图实质上是一种流程图，只不过描述的是从一个活动到另一个活动的控制流。活动图描述活动的序列，可以用来分析和验证用例，理解工作流程，描述复杂过程的算法，并且支持带条件的行为和并发行为的多线程建模。在活动图中可以在一个活动上标记出对象名，或者用泳道划分对象的责任，还可以通过对象流来表达对象与这些动作（活动）之间的关系。但总体来说，活动图中动作与对象之间的关系不是很清晰，不如交互图中表现得直观明了。因此，活动图最好和其他动态建模工具（顺序图、状态图、合作图）同时使用。下面就从对系统的业务工作流建模和对操作建模出发，讨论活动图建模技术。

1. 业务工作流建模的步骤

1）确定对象：找出负责实现工作流的对象。

- 对象可以是业务工作中的一个实体。
- 对象也可以是抽象的概念。
- 为重要对象分配一条泳道。

2）确定范围（边界）：明确起始状态和结束状态。

3）确定活动（动作）序列。

- 从工作流的起始状态开始，说明随工作流变化发生的活动或动作。
- 将活动或动作在活动图中标明为活动状态和动作状态。

4）确定组合活动状态。

• 将复杂动作和多次出现的动作集合归并为一个（组合）活动状态。
• 每个组合活动状态可以展示为低一层单独的子活动图。

5）确定迁移（动作流）：找出连接这些活动状态或动作状态的迁移。
• 优先处理顺序流的状态迁移。
• 其次处理条件分支状态迁移。
• 最后考虑（并发和同步）分劈、接合状态迁移。

6）确定工作流中涉及的重要对象。
• 将这些对象加入活动图。
• 形成对象流：将对象与相应的活动（动作）状态用虚箭线连接。
• 在对象流中显示其变化的值和状态。

为了对某个建模元素进行详细描述并使其文档化、可视化，可以将活动图附加到该元素上。可以附加活动图的元素有：类、接口、用例、构件、结点和协作等。最常见的是为某个类中的一个操作附加一个活动图，此时，活动图只是该操作动作的流程图。活动图的优点是其每一个动作都明确与一个实际的基本对象类模型紧密相连，这就是对操作进行活动图建模。

2. 对操作建模的步骤

1）确定相关元素：与该操作有关。
• 该操作的参数。
• 所属类的属性。
• 有关联的某些类。

2）确定范围（边界）。
• 明确起始状态和结束状态。
• 该操作在执行的全过程必须保持其所属类不变。

3）确定活动（动作）序列。
• 从该操作的起始状态开始，说明随时间变化发生的活动或动作。
• 在活动图中标示为活动状态和动作状态。

4）仅在需要时，利用条件分支来说明路径和迭代。

5）描述同步与并发。
• 该操作的所属类必须是主动类。
• 必要时用分劈与接合说明并发的控制流。

细心的读者可以看出，用活动图为一个操作建立流程图，就好比将 UML 作为一个可视化编程语言来使用，是不是有点大材小用了？在解决实际问题中，当一个操作非常复杂时，读者只靠看程序代码很难理解该操作的功能。而利用活动图展示有关算法的一些信息，可以使读者更容易理解和读懂该操作，这是只靠关注代码来理解程序所做不到的。

每一个活动图只是反映系统动态模型的某一个侧面，没有任何一个活动图可以单独描述出系统的全貌。

一个结构良好的活动图，应满足以下要求：

1）能准确描述系统的动态模型的一个侧面。

2）图中只包含描述该相关侧面有关的重要元素。

3）提供与其抽象层次相一致的细节。

4）只加入对于理解问题必须的修饰。

5）注意，不应过分简化和抽象信息，使人产生误解。

6.5.5　“信贷管理子系统”的活动图建模

在绘制活动图时应掌握的技巧和注意的事项：

1）为活动图取一个能准确表达其目的的名称。

2）首先为主要的工作流建模。

3）然后再考虑分支、并发、同步和对象流，也可将其作为子活动图在低一层绘出。

4）选择好摆放这些元素的位置，避免线段交叉。

5）使用注解和颜色作为提示，标示出图中重要的特征。

活动图用来描述系统的工作流，而工作流常常是业务过程。但也有例外，例如，可以用活动图说明软件开发过程，用于其配置管理的过程。也可以用活动图描述一个非软件系统。例如，描述一个康复系统中某个病人的康复活动等。

在针对一个系统的主要业务流程进行活动图绘制时，要确定参与系统活动的对象、动作状态、动作流和对象流等。图 6-20 是“信贷管理子系统”的活动图。图中为涉及的每个对象开设了一条泳道，将相应的对象标记在每个泳道的上方，与对象有关的动作状态也标记在对应的泳道内，实箭线表示工作流。

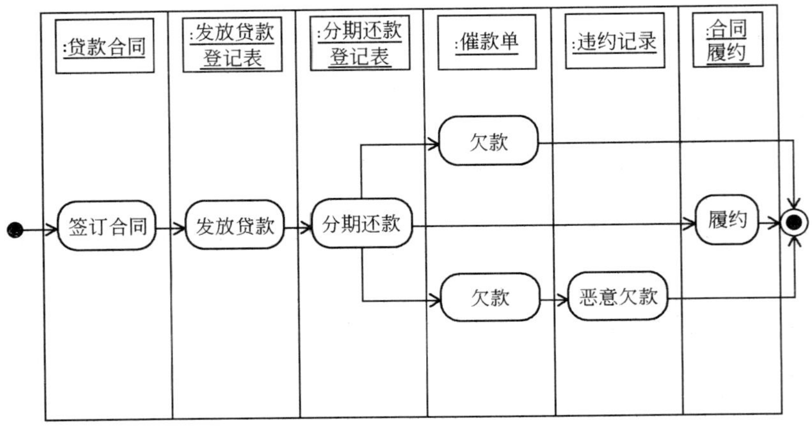

图 6-20　“信贷管理子系统”的活动图

以上只是简单地对“信贷管理子系统”建立了活动图。对于“信贷管理子系统”的其他用例也可以建立相应的活动图，读者如有兴趣，可以按照活动图建模的步骤，自己尝试分析绘制出来。

6.6　本章小结

在 UML 中，采用顺序图、合作图、状态图和活动图来建立动态行为模型。状态图可以表现一个对象在生存期的行为、所经历的状态序列、引起状态转移的事件以及因状态转移而引起的动作。活动图则用于描述系统中一个活动到另一个活动的控制流、活动的序列、工作的流程和并发的处理行为。

在 UML 中，状态属性是表示对象状态的机制。在一个状态图符的活动区还画有一个或多个状态图称为嵌套状态，被嵌套的状态称为子状态。一个状态可以有嵌套的子状态，一个子状态还可以有自己的嵌套状态，一个状态所拥有的子状态可以画成另一张状态图。

顺序状态表明状态之间的迁移是串行的，即一个接一个顺序迁移。我们还可用复合迁移的同步并发迁移图符来表示并发子状态。一个同步并发迁移图符可以有多个源状态或目标状态，它们可以把一个控制分解为并行运行的并发线程，或将多个并发线程接合成单个线程。

活动图和状态图非常类似。与状态图不同的是，活动图中动作状态之间的迁移不是靠事件触发的，当活动（动作）状态中的活动完成时迁移就被触发。活动图中还使用了泳道的概念。与状态图一样，活动图中也可以表示对象。在活动图中，虚箭线也称为对象流，对象流表示动作状态或活动状态与对象之间的关联。

动态并发是指一个动作或活动可以并发重复执行，其并发执行次数由运行时的并发表达式确定。

按结构层次关系描述系统活动图，可以在最高层只描述几个组合活动，不必涉及子活动图的内容。组合活动的内部行为可以在低一层的活动图中进行描述，这样便于突出主要问题，使图形更加简洁明了。

活动图除了可以描述系统的动态行为外，还可以用来描述用例。

6.7 习题

一、选择题

1. 状态图可以表现（　　）在生存期的行为、所经历的状态序列、引起状态转移的事件以及因状态转移而引起的动作。

   A. 一组对象　　B. 一个对象　　C. 多个执行者　　D. 几个子系统

2. 状态图描述一个对象在不同（　　）的驱动下发生的状态迁移。

   A. 事件　　B. 对象　　C. 执行者　　D. 数据

3. 一个（　　）迁移图符可以有多个源状态或目标状态，它们可以把一个控制分解为并行运行的并发线程，或将多个并发线程接合成单个线程。

   A. 状态　　B. 对象　　C. 活动　　D. 同步并发

4. 活动图中动作状态之间的迁移不是靠（　　）触发的，当活动（动作）状态中的活动完成时迁移就被触发。

   A. 对象　　B. 事件　　C. 执行者　　D. 系统

5. 状态图和活动图建立了 UML 面向对象开发过程中的对象动态（　　）模型。

   A. 交互　　B. 状态　　C. 体系结构　　D. 软件复用

二、填空题

6. 顺序状态表明状态之间的迁移是________的，即一个接一个顺序迁移。
7. 状态图还可用复合迁移的________迁移图符来表示并发子状态。
8. 状态图中的进程是一个________，能够与其他进程并发执行。
9. 在活动图中，________也称为对象流，对象流表示动作状态或活动状态与对象之间的关联。

10. 活动图既可以描述对象的动态行为，还可以用来描述________。
11. 活动图中活动状态的迁移________由事件进行触发，一个活动执行完毕________进入下一个活动状态。
12. 状态图和活动图描述系统中某个________的一系列状态变化。

三、解释名词

13. 起始状态、结束状态、顺序状态、组合状态、嵌套状态、历史状态。
14. 状态迁移、自迁移。
15. 并发分劈、并发接合、复杂状态。
16. 简单活动、组合活动、嵌套活动、动态并发。

四、综合题

17. 简述在面向对象的系统分析与设计中，状态模型的主要用途。
18. 简述状态图建模的步骤及应当注意的问题。
19. UML 中，状态的图符由几部分组成？每部分的内容是什么？
20. 对象的状态迁移一般是由哪些事件触发的？
21. 在描述某个对象的状态图中，这些状态如何与其他对象进行消息传递？
22. 状态图中表示同步并发线程执行的图符有哪些？说明其执行过程。
23. 什么是状态的属性？如何定义状态的属性。
24. 在面向对象的系统分析与设计中，活动图建模主要用来做什么？
25. 活动图建模的步骤有哪些？应当注意什么问题？
26. 活动图中有活动状态和动作状态，它们的区别在哪里？
27. 活动图的变化迁移是由事件触发的吗？为什么？
28. 在描述某个系统的活动图中，什么是动作流和对象流？如何表示？
29. 活动图中表示同步并发线程执行的图符有哪些？说明其执行过程。
30. 活动图中泳道表示的含义是什么？它和系统中对象的关系是怎样的？
31. 在绘制状态图和活动图时，为什么要解决它们的结构层次问题？如何解决？
32. 根据自己的理解，绘制出“销售合同管理”子系统中“打印催款单”用例的状态图。
33. 根据自己的理解，绘制出“销售合同管理”子系统中“打印催款单”用例的活动图。
34. 绘制出你选择的软件项目的对象系统的状态图。
35. 绘制出你选择的软件项目的对象系统的活动图。

第7章

系统体系结构建模

在面向对象的系统分析与设计中都涉及系统体系结构建模。在系统分析阶段建立的软、硬件系统体系结构模型只是一个粗略的框架，而在系统设计阶段要对已经建立起来的系统体系结构模型进一步细化、充实、完善，以便得到最终的软、硬件系统体系结构模型。UML中的系统体系结构模型用构件图和配置图来描述。本章介绍构件图、配置图以及它们在系统体系结构建模中的应用。

本章目的：

- 了解软、硬件系统体系结构模型的建模方法与步骤。
- 掌握 UML 中构件、构件接口和构件模型图的描述方法。
- 掌握 UML 中配置图的描述方法。
- 掌握配置图中结点、构件和对象之间的关系。

系统体系结构用来描述系统各部分的结构、接口以及它们用于通信的机制。系统体系结构建模首先是要建立基本的模型，这种模型不考虑任何具体的技术，然后把该模型映射到系统选取的硬件单元上。可以用 UML 描述硬件之间的互联关系，还能描述硬件单元上软件系统的分布。

7.1 系统体系结构模型

在面向对象的系统分析阶段建立的软、硬件系统体系结构模型只是一个粗略的框架，根据建立的系统体系结构模型，制定出相应的系统设计开发进度计划。而在系统设计阶段要对已经建立起来的系统体系结构模型采用循环迭代的方法进一步细化、充实、完善，以便得到最终的软、硬件系统体系结构模型。

UML 提供两种系统体系结构描述图：构件图和配置图。构件是前面介绍的逻辑体系结构中的物理包。构件图描述系统中的不同物理构件及其相互之间的联系，表达系统代码本身的结构。配置图由结点构成，结点代表系统的硬件，构件在结点上驻留并执行。配置图描述系统软件构件与硬件之间的关系，它表达的是运行时的系统结构。

系统体系结构建模可分为软件系统体系结构建模和硬件系统体系结构建模。所谓软件系统体系结构，就是对系统的用例、类、对象、接口以及相互间的交互和协作进行描述。而硬件系统体系结构则是要对系统的构件、结点的配置进行描述。为了构造一个面向对象软件系统的系统体系结构，必须从系统的软件系统体系结构和硬件系统体系结构两方面进行考虑。

7.1.1 软件系统体系结构模型

软件系统体系结构模型实际上就是系统的逻辑体系结构模型。软件系统体系结构把系统的各种功能分配到系统的不同组织部分，并详细地描述各个组织部分之间是如何协调工作来实现这些功能的。

一个复杂系统由很多个模型元素组成，如对象类、构件、接口、各种模型图等，这些模型元素之间又有很多关联，形成一个复杂的网络。为了清晰、简洁地描述一个复杂的系统，通常都是把它分解成若干较小的系统（子系统）。如果需要的话，每个较小的系统还可以分解成更小的系统，形成了一个描述系统的结构层次，将复杂问题简单化，这是一种解决复杂问题的有效方法。在UML中使用了“包”的机制，一个包相当于一个子系统。

包是UML的模型元素之一，包可以包含其他包和模型元素。包之间可以有关联，形成依赖关系。包是一种分组机制，它把一些模型元素组织成语义上相关的组，包中拥有或涉及的所有模型元素叫做包的内容。作为模型组织的分组机制，包的实例是没有意义的。因此，包仅在建模时有用，而且不需要转换成可执行的系统。在UML中，通常采用包的概念来描述系统的软件系统体系结构模型。

在面向对象的系统分析与设计中，软件系统体系结构模型的作用是：

- 指出系统应该具有的功能。
- 完成这些功能将涉及哪些类，这些类之间如何相互联系。
- 类和它们的对象如何协作才能实现这些功能。
- 指明系统中各功能实现的先后时间顺序。
- 根据软件系统体系结构模型，制定出相应的开发进度计划。

图7-1给出一个由通用接口界面层、系统业务对象层和系统数据库（持久对象和数据）层组成的三层结构的通用软件（逻辑）系统体系结构，每层中有其内部的体系结构，每个包可以用类和它们的内部协作（各种模型图）来描述。

1. 通用接口界面层

该层的功能是：设置连接该软件系统的运行环境（如计算机设备及使用的操作系统、采用的编程语言等）的接口界面和设置本系统用户窗口使用的接口界面以及支持系统。该层由系统接口界面类包、用户窗口包和备用构件库包组成。

- 系统接口界面类包。设置连接该软件系统的运行环境（如计算机硬件设备及使用的操作系统、采用的编程语言等）的接口界面类，以便使开发的软件系统与其运行环境进行无缝连接。而用户窗口只不过是系统接口界面类的一个派生类，继承了系统接口界面的部分特性。
- 用户窗口包。设置本系统用户窗口使用的接口界面，用户可以通过系列用户窗口的引导，选择合适的功能，对本系统进行正确的操作，最终达到用户的目的，以便使系统正常运行。用户窗口是系统接口界面类的一个派生类，继承了系统接口界面的部分特性，但也有具有自己特征的操作和功能。用户窗口还可以依赖和借助备用构件库中的构件搭建自己的系统。
- 备用构件库包。备用构件是指那些通过商业购买或在开发其他软件系统时创建成功的构

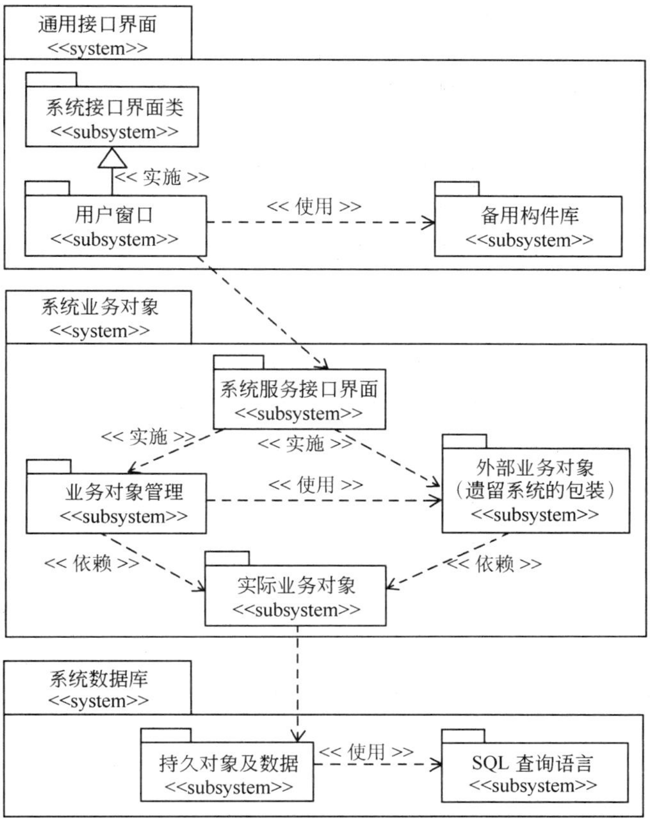

图 7-1 通用三层软件（逻辑）系统体系结构

件，据此组成一个备用构件库。开发者可以根据系统的需要，选择合适的构件，组建该系统。省却了大量繁琐的程序编码和调试工作，降低了成本和费用，大大加快了系统开发的进度。

2. 系统业务对象层

该层的功能是：设置用户窗口与系统各种实现具体功能服务的接口界面的连接，通过对系统的业务对象的有效管理，包括对过去系统遗留下来的有使用价值的部分“遗留系统”进行成功的包装，形成能实现系统功能的实际的业务对象集。该层由系统服务接口界面包、业务对象管理包、外部业务对象（遗留系统的包装）包和实际业务对象包组成。

- 系统服务接口界面包。起承上启下的作用，设置用户窗口与系统各种实现具体功能服务的接口界面的连接。
- 业务对象管理包。根据用户窗口接口界面的要求，实施对系统的业务对象的有效管理。其管理的对象除了包括系统新创建的业务对象以外，还包括外部业务对象——对过去系统遗留下的有使用价值的部分“遗留系统”进行成功包装的对象——的管理。
- 外部业务对象（遗留系统的包装）包。对过去系统遗留下来的有使用价值的部分“遗留系统”进行成功的包装，该包装的成功依赖于业务对象管理包的要求而进行。包装成功的新对象，可以成为实际业务对象的一部分参加本系统各种功能的实现。

- 实际业务对象包。形成能实现系统功能的实际的业务对象集，包括系统新创建的业务对象和外部业务对象。

3. 系统数据库（持久对象和数据）层

其功能是：将能实现系统功能的对象集作为持久对象及数据存储在磁盘中，便于系统在需要时再将这些持久对象和数据提取出来进行处理和操作。这些操作依赖于 SQL 查询语言进行。该层由持久对象及数据包和 SQL 查询语言包组成。

- 持久对象及数据包。将能实现系统功能的实际业务对象集，以及这些对象在交互过程中产生的数据和新的对象，作为持久对象和数据存储在磁盘中。系统在需要时再将这些持久对象和数据提取出来，继续对其进行处理和操作。
- SQL 查询语言包。负责处理和操作存储在磁盘中的持久对象和数据，包括对象的索引、查询、提取、存储、插入和删除等，所有这些操作都依赖于 SQL 查询语言进行。

在每一层的每个包中还可以进一步展开，分成更小的包，在基础（不可再分）包中用类和它们的内部协作来进行详细描述。

7.1.2 硬件系统体系结构模型

硬件系统体系结构模型涉及系统的详细描述（根据系统所包含的硬件和软件）。它显示硬件的结构，包括不同的结点和这些结点之间如何连接，它还用图形展示了代码模块（这些代码模块实现了逻辑体系结构中定义的概念）的物理结构和依赖关系，并展示了对进程、程序、构件等软件在运行时的物理分配。

在面向对象的系统分析与设计中，硬件系统体系结构模型的作用是：

- 指出系统中的类和对象涉及的具体程序或进程。
- 标明系统中配置的计算机和其他硬件设备。
- 指明系统中各种计算机和硬件设备如何进行相互连接。
- 明确不同代码文件之间的相互依赖关系。
- 如果修改某个代码文件，标明哪些相关（与之有依赖关系）的代码文件需要重新进行编译。

7.2 软件系统体系结构建模

面向对象的软件系统体系结构一般采用包图的形式进行描述。在 UML 中，包可以由构件组成。构件图描述构件及其之间的相互依赖，构件是逻辑体系结构（类、对象及它们间的关系和协作）中定义的概念和功能在物理体系结构中的实现，它通常是开发环境中的实现性文件。

构件是系统中遵从一组接口并提供实现的一个物理的、可替换的单元。构件是软件复用的基本物理实现单元，是逻辑模型元素（如类、接口、协同等）的物理包。在 UML 中，对象库、可执行体、COM+构件和企业级 JavaBeans 都可以描述成构件。构件内部模型元素所实现的服务，通过其提供的一组接口来实现。在系统物理配置的结点上通常采用构件图建立模型。

图 7-2 是一个简单的构件图，描述一个进销存管理系统源代码形成可执行代码的过程。读者可以从图 7-2 中清晰地了解一个进销存管理系统源代码的基本组成结构，以及这些源代码形成可执行代码的过程。

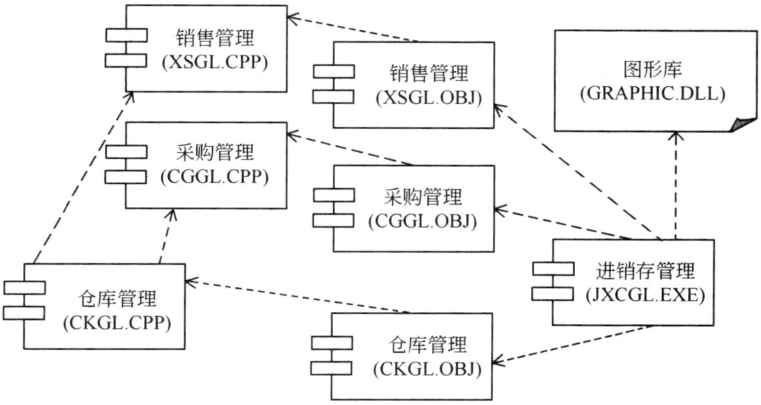

图 7-2　一个简单的进销存管理系统源代码形成可执行代码过程的构件图

该构件图表明，进销存管理系统源代码由 C++语言编写，它们由 3 个构件（由右边框线带有两个小矩形的矩形表示）组成：销售管理子系统（XSGL. CPP）构件、采购管理子系统（CGGL. CPP）构件和仓库管理子系统（CKGL. CPP）构件。这 3 个构件之间连接的虚箭线标明它们之间有依赖关系，即仓库管理子系统构件依赖采购管理子系统构件提供仓储物资，还要依赖销售管理子系统构件将这些仓储物资销售出去，它们组成一个完整的进销存管理系统。

每个源代码构件经过各自独立编译形成中间目标代码（OBJ）构件，即销售管理子系统（XSGL. OBJ）构件、采购管理子系统（CGGL. OBJ）构件和仓库管理子系统（CKGL. OBJ）构件。这些目标代码构件与对应的源代码构件有依赖关系，它们各自与源代码构件之间连接的虚箭线标明了这点。

最后形成的进销存管理系统的可执行软件（JXCGL. EXE）构件，是对销售管理子系统（XSGL. OBJ）构件、采购管理子系统（CGGL. OBJ）构件、仓库管理子系统（CKGL. OBJ）构件这些目标代码构件和图形动态链接库（GRAPHIC. DLL）构件进行统一连接处理后形成的。所以，进销存管理系统的可执行软件（JXCGL. EXE）构件对销售管理子系统（XS-GL. OBJ）构件、采购管理子系统（CGGL. OBJ）构件、仓库管理子系统（CKGL. OBJ）构件这些目标代码构件和图形动态链接库（GRAPHIC. DLL）构件等 4 个构件具有依赖关系，这可以从标注在它们之间的虚箭线显示出来。

通过这个简单的构件图，读者可以清晰地从整个体系结构框架的角度了解到一个进销存管理系统源代码形成可执行代码的软件构造过程。

7.2.1　软件构件的图符表示和特点

1. 软件构件的图符表示

UML 中的构件图符如图 7-3 所示，是由一个矩形方框和嵌在左边框线上的两个小矩形框组成。每一个构件必须有一个有别于其他构件的名称，名称是一个标识符字串。只有单独一个名称的称为简单名，在简单名前加上构件所在包的名称叫做路径名。构件中可以包含类，类可以有实例，同样，构件也可以有实例。图 7-3a、图 7-3b 是构件图符的短式表示，图 7-3c、图 7-3d 是构件图符的长式表示。

- 图 7-3a 的构件名“图形.Java”是带扩展名的简单名，构件名也可以不要扩展名。
- 图 7-3b 的构件名“查询::图形.Java”是路径名，说明构件“图形.Java”属于“查询”包，在构件名下面用 {} 围起的文字是标记值，说明该构件的版本。
- 图 7-3c 是构件“图形”的长式图符，在图框中列出其包含的三个类：矩形图、圆形图和饼形图。与类一样，构件也可以有实例，构件的实例代表系统运行期间的可执行软件模块。
- 图 7-3d 是“图形”构件的实例“图形：查询图”，在该实例图框中构件实例名和所列出的三个对象名都带下划线。

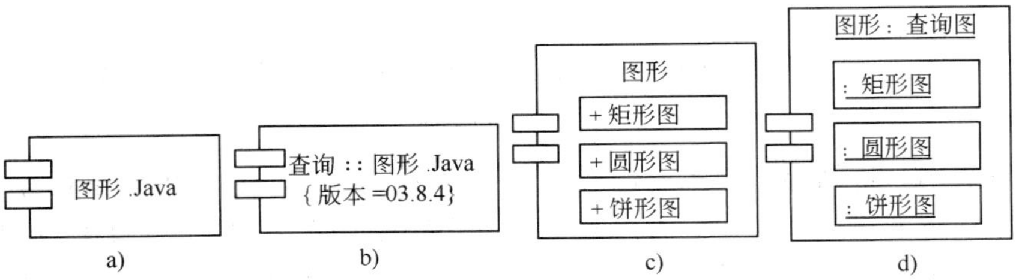

图 7-3 构件的图符表示

2. **构件与类的比较**

构件是一组逻辑元素（对象类、关系及协作等）的物理实现。构件包含类，类通过构件来实现，构件与类之间是依赖关系，如图 7-4 所示。构件与类有很多相同点和不同点。

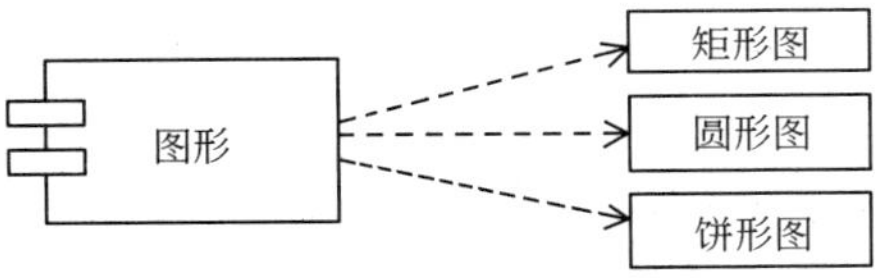

图 7-4 构件与包含的类有依赖关系

(1) 构件与类的相同点

- 二者都有名称。
- 都可以实现一组接口。
- 都可以参与依赖、继承、关联等关系和交互。
- 都可以被嵌套。
- 都可以有实例。

(2) 构件与类的显著不同点

1) 抽象的方式不同：

- 构件：程序代码（源代码和二进制代码）的物理抽象，构件可以驻留在结点上。
- 类：逻辑抽象，不能单独存在于结点上。

2) 抽象的级别不同：

- 构件：表示一个物理模块，构件可以包含多个类，构件依赖它所包含的类。

- 类：表示一个逻辑模块，只能从属于某个构件，类通过构件来实现。

3）访问方式不同：

- 构件：不直接拥有属性和操作，只能通过接口访问其操作。
- 类：直接拥有自己的属性和操作，可以直接访问其操作。

4）与包的关系：

- 构件：包可以包含成组的逻辑模型元素，也可以包含物理的构件。
- 类：一个类可以出现在多个构件中，却只能在一个包内定义。

3. 软件构件的特点

1）接口。接口用来描述一个构件能提供服务的操作（只提供操作名称而没有具体实现）的集合。外部接口与构件的内部实现截然不同。接口位于两个构件中间，隔断了它们之间的依赖关系，使构件具有极好的封装性。一个给定的接口，可以被一个构件输出，也可以被另一个构件输入。一个构件可以即输出接口又输入接口。构件必须遵从输入接口并以此为基础来构造构件。

2）操作。构件通过消息传递方式进行操作，每个操作由输入输出变量、前置条件和后置条件来决定：

- 前置条件：操作执行前必须满足的条件，若前置条件不满足，则不执行操作。
- 后置条件：操作执行结束时必须满足的条件，若不满足，则操作的执行不完全，必须进行调整。

3）实例化。构件是一个物理实体，实例化代表运行期间的可执行软件模块。（而类是一个逻辑抽象，可有多个实例。）

4）与配置环境的亲合性。构件设计从内、外两方面满足与配置环境的相容性：

- 外部：利用配置环境提供的某组操作，可降低构件的复杂程度。
- 内部：构件提供一组其配置环境需要的操作，达到亲合的目的。

5）能与同环境下的其他构件进行交互。可以调用其他构件和被其他构件发现和使用。

6）构件可以是可执行代码、二进制代码和源代码形式。

7）可替换的物理实体。构件是物理的实体而不是逻辑概念，具有可替换性。

8）系统的组成部分。构件是系统的一部分，很少独立存在，可在多个系统中复用。

9）构件是软件复用的基本单元。

4. 构件的组织形式

可采用两种方式组织构件：

1）用包来组织构件。与对象类的组织方式相似，通过包（子系统）对系统中的构件进行层次划分，按层次来组织构件。

2）用构件之间的交互关系来组织构件。通过定义构件间的依赖关系、继承关系、关联关系（包括聚合、复合关系等）和实现关系来组织构件，组成构件图。

7.2.2 构件的分类

构件是软件逻辑体系结构（类、对象、它们间的关系和协作）中定义的概念和功能在物理体系结构中的实现，它通常是开发环境中的实现性文件。在 UML 中，软件构件分为源代码构件、二进制代码构件和可执行代码构件。

1. 源代码构件

源代码构件也称编译时构件，是实现一个或多个类的源代码文件，二进制构件和可执行构件都是由源代码构件经编译后产生的。源代码构件也称为工作产品构件，是开发过程的产物。这些构件并不直接参加可执行系统，而是开发工作过程中的工作产品，用来产生可执行系统。源代码构件上可标上如下构造型符号：

- <<file>> 表示包含源代码或数据的文件。
- <<page>> 表示 Web 页。
- <<document>> 表示文档（包含文档，而不是可编译代码）。

2. 二进制构件

二进制构件也称连接时构件，是源代码构件经编译后产生的目标代码。它可以是编译一个源代码构件而产生的目标代码文件，或者是编译一个或多个源代码构件而产生的静态库文件或动态库文件。目标代码文件和静态库文件在运行前连接成可执行构件，而动态库文件（也称动态链接库，DLL）在运行时才连接成可执行构件。UML 定义的构件可以表达典型的对象模型，如 COM＋、CORBA 及企业级 JavaBeans 等，它也可以表达可选对象模型，可涉及动态 Web 页、数据库表以及利用专用通信机制的可执行系统。二进制构件上可标上如下构造型符号：

<<library>> 用来指出构件是静态库或动态库。

3. 可执行构件

可执行构件也称运行时构件，是系统执行时使用的构件（可执行程序构件）。一个可执行构件表示处理机上运行的一个可执行单元，如由 DLL 实例化形成的 COM＋对象。可执行构件可以从二进制构件产生，也可以直接从源代码构件产生，如从 Java 源代码生成 Java “executable” 字节码。可执行构件上可标上如下构造型符号：

- <<application>> 表示一个可执行程序。
- <<table>> 表示一个数据库表（它也可看作运行时使用的构件）。

构件图显示的只有构件，而配置图中必须使用构件的实例，且可执行构件的实例被分配到执行它们的结点上。

7.2.3 构件的接口

一个构件可以定义对其他构件来说是可见的接口。接口可以是源代码级（如 Java）定义的接口，或者是运行时使用的二进制接口（如 OLE）。构件之间的依赖通过指向所使用的构件接口来表示。

接口用来描述一个构件能提供服务的操作（只提供操作名称而没有具体实现）的集合。外部接口与构件的内部实现截然不同。构件有两种接口：

- 输出接口：构件实现接口，即构件被使用的接口。一个构件可有多个输出接口。
- 输入接口：构件使用的接口，即使用其他构件的接口。构件必须遵从该接口并以此为基础来构造构件。一个构件可遵从多个输入接口。

一个构件可以既输出接口又输入接口。一个给定的接口，可以被一个构件输出，也可以被另一个构件输入，接口位于两个构件中间，隔断了它们之间的依赖关系，使构件具有极好的封装性。一个构件可以有多个接口。

接口也是一个类，是一个有操作而无实现的类，操作的实现由相应的构件来实施。在UML 中，接口的图符模型元素分短式和长式两种表示法，短式用一个圆形图符表示，旁边可以标明接口的名称，如图 7-5a 所示；长式用一个在名称的上方标明构造型<<interface>> 的矩形类框表示，还可以在矩形类框中描述接口的操作。实现接口的构件用完整的实现关系连接到接口上，而通过接口访问其他构件服务的构件都采用依赖关系连接到接口上，如图 7-5b 所示。

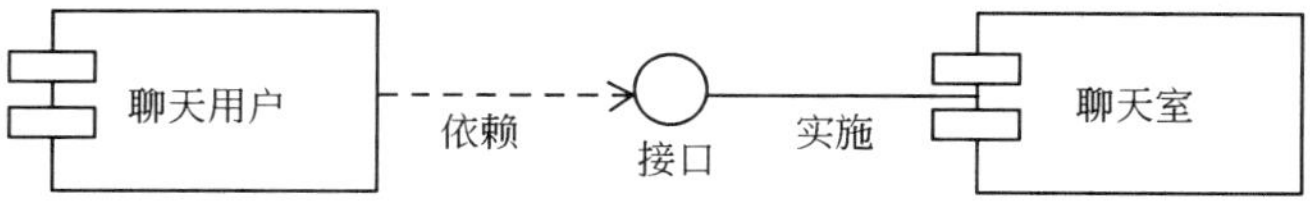

a)

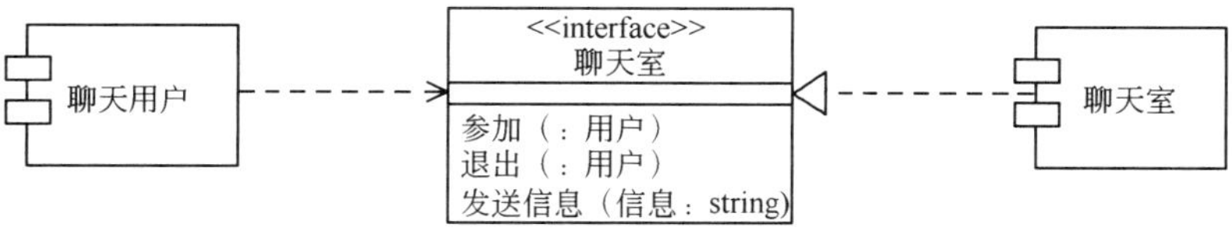

b)

图 7-5 构件与接口的连接关系

图 7-5 描述了“聊天用户”构件通过接口与“聊天室”构件之间进行信息交互的关系。图 7-5a 中以短式圆形图符简略地描述接口类，图 7-5b 中以长式图符描述接口类，这种扩展方式可以显示接口类的操作。描述接口的长式矩形框分为 3 部分，在接口名“聊天室”的上方标明构造型<<interface>>，说明该矩形框不是普通类，而是一个接口类。该接口提供的操作有 3 个：

- “参加（：用户）”操作（注册登记）。
- “退出（：用户）”操作（撤销注册登记）。
- “发送信息（信息：string）”操作（用户聊天信息的发送）。

三个操作都没有具体的实现，实现由相应的“聊天室”构件来实施。而通过该接口进行访问的其他构件都采用依赖关系连接到接口上，可以有多个聊天用户通过接口访问聊天室。

UML 中构件之间的依赖关系用虚箭线表示，含义是一个构件需要另一些构件才能有完整的定义。从构件 A 到构件 B 的一个依赖意味着从 A 到 B 有特定的语言依赖，在所编译的语言中，这意味着 B 的改变将需要 A 重新编译一次，因为编译 A 时使用了 B 中的定义。如果构件是可执行的，那么依赖连接可用来指出一个可执行程序需要哪些动态链接才能运行。

7.2.4 构件图建模步骤

构件分为源代码构件、二进制代码构件和可执行程序构件，构件图由这些构件、接口及构件之间的关系组成。构件图主要用于建立系统的静态实现视图模型，通过构件之间的依赖（虚箭线）关系描述系统软件的组织结构，展示了系统中的不同物理构件及其之间的联系。构件图中的构件没有实例，只有在配置图中才能标识构件的实例。

1. 用构件图建立系统模型

在 UML 中，构件图可以用于建立以下模型：

- 系统业务模型：其构件是业务的过程和文档。
- 系统开发管理模型：根据系统开发期间的软件产物（源代码构件）之间的依赖关系，制定系统开发进度计划。
- 系统实现模型：对构成系统实现的实施构件建模，如可执行代码构件、相关的对象库等。
- 系统物理配置模型：如对数据文件构件、帮助文档构件、日志文件构件、初始化文件构件及安装/卸载文件构件等建模。
- 集成系统模型：对应用程序编程接口（Application Programming Interface，API）建模，帮助软件构件集成工程师利用已有的构件组装（集成）一个完整的新系统。

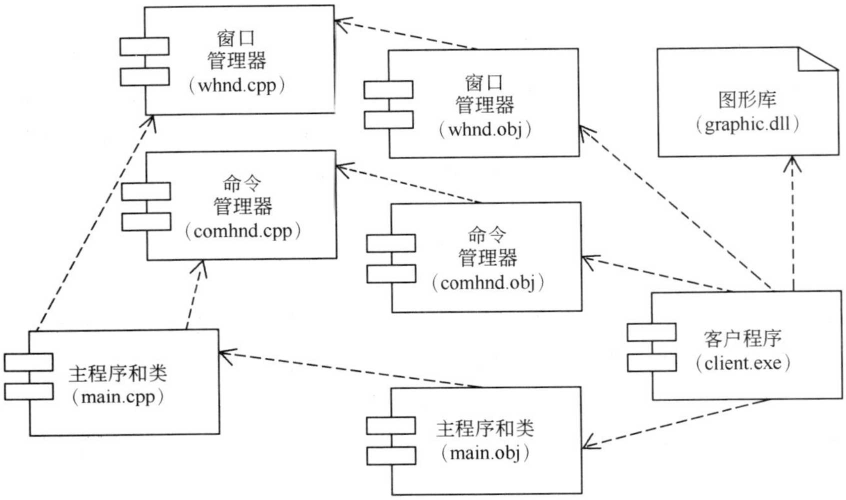

图 7-6 源代码成为可执行代码过程的构件图

一个大型复杂的软件系统，一般由多个可执行程序和相关的持久对象库构成。采用构件图建模，利用可视化图形来说明系统的构成，便于开发者对开发计划作出决策。图 7-6 描述了一个客户的软件系统从 C++源代码构件编译成相应的二进制代码（目标码）构件，最后通过连接成为可执行代码构件的全过程。

图 7-6 中，3 个源代码构件“main. cpp”构件、“comhnd. cpp”构件和“whnd. cpp”构件构成一个完整的客户软件源代码程序。在这 3 个构件中，源代码构件“main. cpp”构件依赖（调用）“comhnd. cpp”构件和“whnd. cpp”构件才能达到系统要求的完整功能。

3 个源代码构件分别经过编译，产生相应的 3 个二进制代码构件：“main. obj”构件、“comhnd. obj”构件和“whnd. obj”构件，这 3 个二进制代码构件依赖于对应的 3 个源代码构件才能产生。

这 3 个二进制代码构件经过连接，形成一个可执行构件“client. exe”。可执行构件“client. exe”的产生依赖于对应的 3 个二进制代码构件；同时，它在执行过程中还要依赖和调用动态链接库“graphic. dll”才能完成系统要求的功能。动态链接库用注释结点表示。

2. 构件之间的依赖关系

根据图中构件的种类不同，可以分为两种依赖关系：开发期的依赖关系和调用依赖关系。

(1) 开发期构件依赖关系

编译、连接阶段构件之间的依赖关系。如图 7-6 中 7 个构件之间的依赖，在这里，提供服务的构件称为供应者构件，使用服务的构件称为客户构件。供应者构件在开发期存在，在运行期不存在，只有最终客户构件（可执行构件）在运行期存在。

1）编译阶段：

• 供应者构件：源代码构件“main. cpp”、“comhnd. cpp”、“whnd. cpp”。

• 客户构件：二进制代码构件“main. obj”、“comhnd. obj”、“whnd. obj”。

2）连接阶段：

• 供应者构件：二进制代码构件“main. obj”、“comhnd. obj”、“whnd. obj”。

• 客户构件：可执行构件“client. exe”。

(2) 调用依赖关系

一个构件调用另一个构件的服务，在开发期和运行期都可以存在。调用可以直接进行，也可以通过接口来完成。开发期的调用依赖用构件图表示，供应者可以是构件，也可以是对象。

1）编译前的调用依赖（供应者用构件表示）：

• 供应者构件：源代码构件“comhnd. cpp”、“whnd. cpp”。

• 客户构件：源代码构件“main. cpp”。

2）连接后的可执行构件的调用依赖（供应者用对象表示）：

• 供应者对象：动态链接库“graphic. dll”。

• 客户构件：可执行构件“client. exe”。

运行期的调用依赖发生在构件的实例之间，用配置图表示。

3. 一个可执行软件系统的构件图建模步骤

1）确定构件。按以下几方面分析系统，从中寻找和确定构件：

• 系统组成结构：根据系统的功能和结构模块，从方便管理出发确定构件。

• 软件复用：考虑在同领域不同系统或更大范围内进行软件复用，据此来确定构件。

• 物理结点配置：根据网络计算机（结点）分布的配置来确定构件。

• 系统归并：将关系密切的可执行程序及与之相关的持久对象库归并为一个构件。

• 确定构件成分：为每个构件找出并确定相关的对象类及各种接口等。

2）说明构件。利用构造型来说明构件的性质：

• UML 标准构造型：<<file>> 、<<page>> 、<<document>> 、<<library>> 、<<application>> 和<<table>> 。

• 开发者自定义新的构造型。

3）标识构件之间的联系。确定构件之间通过接口依赖产生的联系：

• 输出接口：构件实现接口，即构件被使用的接口。一个构件可有多个输出接口。

• 输入接口：构件使用的接口，即使用其他构件的接口。构件必须遵从该接口并以此为基础来构造构件。一个构件可遵从多个输入接口。

• 一个构件可以既是输入接口又是输出接口。

4）组织构件。对于复杂的大系统，采用包的形式组织构件，形成清晰的结构层次图。

图 7-7 的构件图描述了一个“医院诊疗管理系统”软件产品的一个系统构件模型。其中只有一个可执行程序构件——“医疗管理 . exe”，它在执行过程中还要依赖和调用动态链接库等

辅助系统和文件才能完成系统要求的功能。这些辅助文件由 3 个动态链接库（图形库.dll、持久对象库.dll 和打印数据库.dll）、系统初始化文件（后缀为.ini）、帮助信息文件（后缀为.hlp）和格式文件（后缀为.tbl）组成。这些动态链接库、表格和文件都以注释形式描述。

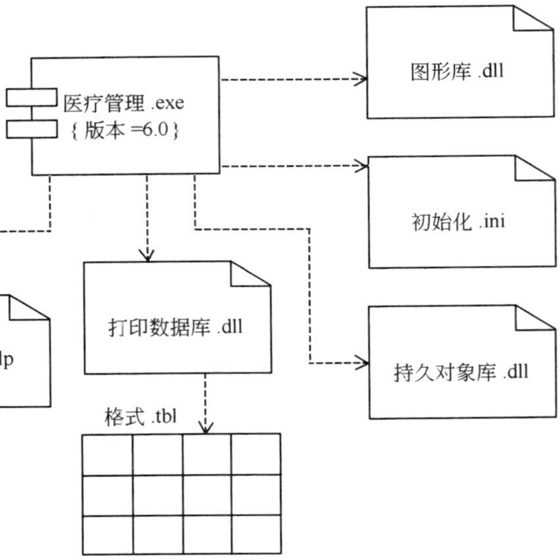

图 7-7 医院诊疗管理系统软件的一个系统构成构件模型图

7.2.5 构件图建模的方法和技巧

在 UML 中对一个系统的构件和构件图建模就是在物理结构上建模。每一个构件图只是系统静态视图的某一个图形表示，描述系统的某一个侧面。也就是说，任何一个构件图都不必面面俱到，若试图全面地描述系统的整个面貌，则系统中所有的构件图结合起来才能描述系统的完整的静态视图。

1. 构件描述的方法与技巧

构件是系统中遵从一组接口并提供实现的一个物理的、可替换的单元。构件是软件复用的基本物理实现单元，是逻辑模型元素如类、接口、协作等的物理包。构件内部模型元素所实现的服务，通过其提供的一组接口来实现。

在创建和绘制一个构件时应从两方面进行考虑：

1）一个结构良好的构件应具备的特点：

- 从物理结构上对软件系统进行抽象。
- 提供一组小的、定义完整的接口实现。
- 构件应包含与其功能有关的一组类，以便满足接口要求。
- 与其他构件相对独立，构件之间一般只有依赖和实现的关系。

2）在 UML 中绘制一个构件时应掌握的技巧：

- 为构件标识一个能准确表达其意义的名字。
- 接口一般采用短式图符表示。
- 只在必须显示接口的操作（不展示不能清楚描述构件的功能）时才用长式表示。

• 只显示那些对理解构件功能有重要影响的接口。
• 构件为源代码或库时，注意显示有关版本标记。

2. 构件图描述的方法与技巧

构件图由构件、接口及构件之间的联系组成。它描述了系统代码本身的结构，展示了系统中的不同物理部件及其之间的联系。构件图中的构件没有实例，只有在配置图中才能标识构件的实例。

在创建和绘制一个构件图时应从两方面进行考虑：

1）一个结构良好的构件图应具备的特点：

• 侧重描述系统静态视图的某一侧面。
• 只包含那些对描述该侧面内容有关的模型元素。
• 提供与抽象层次一致的描述，只显示有助于理解该构件图的必要的修饰。
• 图形不要过于简化，以防产生误解。

2）绘制一个构件图时应注意的问题：

• 为构件图标示一个能准确表达其意义的名字。
• 摆好各个构件的位置，尽量避免连接线的交叉。
• 语义相近的模型元素尽量靠近。
• 用注解和颜色提示重点部位。
• 谨慎采用自定义构造型元素。
• 采用尽量少的图符标记描述构件图，保持所有构件图风格一致。

7.3 硬件系统体系结构建模

一个面向对象系统模型包括软件和硬件两方面的模型，经过开发得到的软件系统的构件和重用模块，必须部署在某些硬件上予以执行。在 UML 中，硬件系统体系结构模型由配置图建模。配置图由结点和结点之间的联系组成，描述了处理器、设备和软件构件运行时的体系结构。在这个体系结构中可以看到某个结点上在执行哪个构件，在构件中实现了哪些逻辑元素（类、对象、协作等），完成了何种功能，最终可以从这些元素追踪到系统的需求分析（用例图）。组成配置图的基本元素有结点、构件、对象、连接、依赖等。

图 7-8 是一个描述医院诊疗系统的配置图。该图是一个对象配置图，结点“数据库服务器”、“客户机”和“心血管病服务器”都是可视的某个结点的实例，每个结点由一个 3 维的立体矩形表示。

“心血管病服务器”结点通过 TCP/IP 与结点“数据库服务器”和“客户机”连接。结点上可以驻留构件和一些对象。结点“数据库服务器”上驻留两个构件：“ObjectDatabase”（对象数据库）构件和“Health Care”（心血管病领域）构件。节结点“客户机”上驻留的构件“Heart Unit Client Facade”（心血管病客户）通过接口依赖于“心血管病服务器”结点中驻留的构件“Heart Unit Server Application”（心血管病服务器应用程序），即心血管病客户可以通过网络获得心血管病服务器的服务，在网上看病。

并不是所有的系统都需要建立配置图，一个单机系统只需建立包图或构件图就可以。配置图主要用于在网络环境下运行的分布式系统或嵌入式系统的建模。

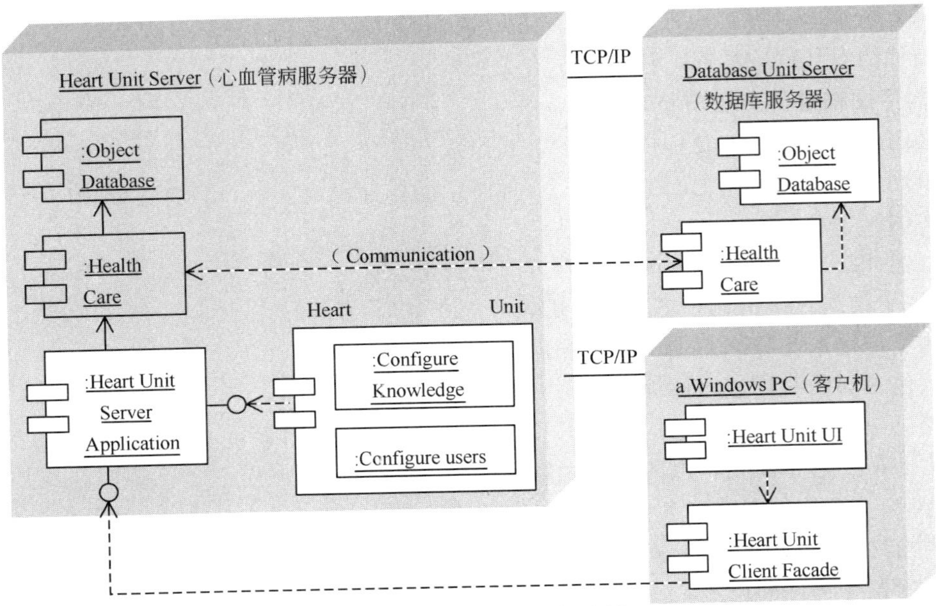

图 7-8 医院诊疗系统的配置

配置图可以显示计算机结点的拓扑结构和通信路径、结点上执行的软构件、软构件包含的逻辑单元等，特别是对于分布式系统，配置图可以清楚地描述系统中硬件设备的配置、通信以及在各硬件设备上各种软构件和对象的配置。因此，配置图是描述任何计算机应用系统的物理配置或逻辑配置的有力工具。

7.3.1 配置图的基本元素——结点

配置图最基本的元素是结点。结点表示某种计算资源的物理（硬件）对象，包括计算机、外部设备（如打印机、读卡机、通信设备）等。结点既可看作类型，也可看作实例。当结点被看作实例时，结点名应有下划线。结点的图符用三维立方体表示，如图 7-9 所示。结点图符有两种：短式图符（如图 7-9a 和图 7-9c 所示）和长式图符（如图 7-9b 所示）。

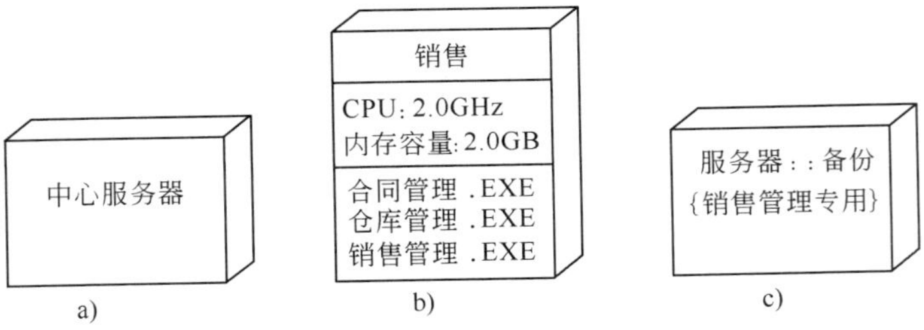

图 7-9 结点的图符表示

结点名称：一个结点必须有一个名字，结点名是一个标识符，写在立方体中间。在 UML 中，结点有短式与长式描述图符，短式图符一般只写简单结点名称，如图 7-9a 结点的名称“中心服务器”。短式图符也可以写成路径名，如图 7-9c 结点的名称“服务器：：备份”，其中双冒号前面的“服务器”是指“备份”系统所在的包名。结点名在其所在的包内具有唯一性。

结点可以用 {} 围起的标记值说明该结点的性质，如图 7-9c 结点在其名称“服务器::备份”下面标识标记值 {销售管理专用}，说明了该结点的使用性质。当结点表示实例时，名字应加下划线。结点上还可以附加诸如<<printer>>，<<router>>，<<carcontroller>> 等符号，表示特定的设备类型。

长式图符将表示结点的立方体用横线分成 3 部分，上面部分标明结点名称；中间部分描述结点的属性，即该设备的一些性能指标，如计算机的速度、内存大小、外存磁盘的容量或显示器的分辨率等；下面部分标明部署在该结点上的构件，可清楚地表示结点的内容。如图 7-9b 所示的结点，在其名称“销售”下面写上该结点包含的 3 个可执行构件：“合同管理.EXE”、“仓库管理.EXE”和“销售管理.EXE”。

7.3.2 配置图中的构件

可执行构件实例可以包含在配置图中的结点实例图形符号中，表示它们在该结点实例上驻留并执行，如图 7-10 所示。图中左边的图示说明，结点类型“网络工作站 1”与可执行构件“销售管理.EXE”之间的<<支持>> 依赖关系表示该结点支持这个构件。当一个结点类型支持一个构件时，表示可以在这个结点类型的实例上执行这个构件实例。

图 7-10 中右边的图示表明：一个结点的实例“联想 PC6000：工作站 1”是一台高档“联想”PC 机，冒号后面的“工作站 1”是该实例所属的结点类型。注意，结点名有下划线，说明是它一个结点实例。该结点实例上驻留有 3 个可执行构件实例：“合同管理.EXE”、“仓库管理.EXE”和“销售管理.EXE”。它们之间的虚箭线表明有依赖调用关系，即可执行构件“销售管理.EXE”实例使用其他两个可执行构件（“合同管理.EXE”实例和“仓库管理.EXE”实例）的服务。由于这 3 个构件是可执行构件实例，所以它们的构件名一定要有下划线。

注意某些结点不支持某种构件，如 AS/400 不支持 Windows 程序。

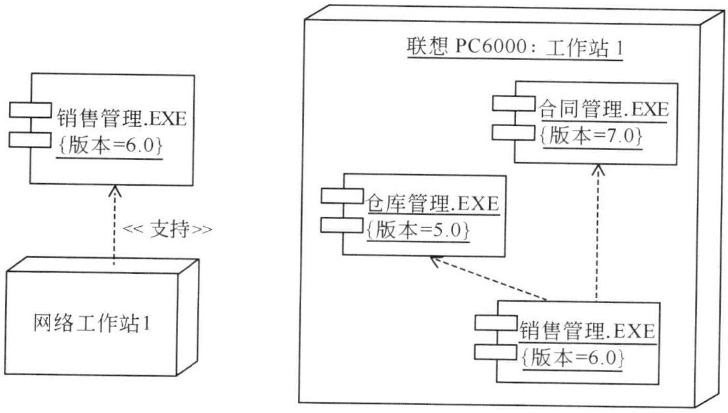

图 7-10　配置图的结点中包含构件

7.3.3 配置图中的对象

一个对象也可以画在配置图中的结点实例中，表示它驻留在该结点上，还可以用嵌套的方式把对象画在一个构件实例中或另一个对象中（如图 7-11 所示）。

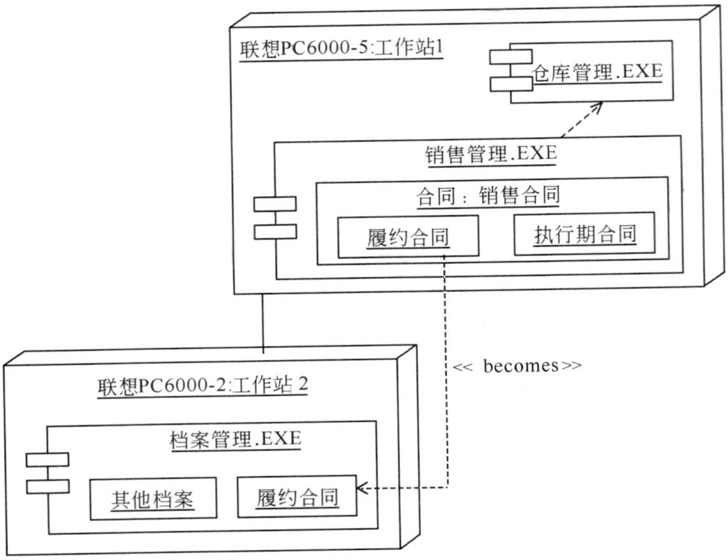

图 7-11 结点的构件中包含对象和对象嵌套

构件和对象的实例可以驻留在结点上，而且可以从一个结点向另一个结点迁移，结点执行构件。在分布式系统中，一个对象可以在系统的生存期内在不同的结点间传送（在技术上通过 OLE 或 CORBA 技术实现）。图 7-11 中的<<becomes>>（成为）构造型表示了这种依赖关系。图 7-11 表示一个分布式系统中的两个结点，在结点“联想 PC6000-5：工作站 1”上驻留的两个构件实例有依赖关系：“销售管理 . EXE”构件依赖“仓库管理 . EXE”构件。在“销售管理 . EXE”构件实例上有一个对象“销售合同”，在“销售合同”对象之内又嵌套有两个对象：“履约合同”和“执行期合同”。而在另一个结点的实例“联想 PC6000-2：工作站 2”上驻留有一个“档案管理 . EXE”构件实例，在此构件实例上有两个对象：“其他档案”和“履约合同”。

请注意，图中的两个结点之间有通信关联（分布式系统结点之间的关联）。同时，结点实例“联想 PC6000-5：工作站 1”上的构件实例“销售管理 . EXE”中，“销售合同”对象内嵌套的对象“履约合同”，与结点实例“联想 PC6000-2：工作站 2”上的构件实例“档案管理 . EXE”内的对象“履约合同”有直接的依赖关系，并标记构造型<<becomes>>。

一个结点可以和其他结点、构件、对象有关联。结点与构件、对象类和协同等模型元素一样，可以通过打包来组织结点，以便清晰地描述系统体系结构的层次关系。也可以通过定义结点之间的依赖、关联和实现关系来组织结点。

7.3.4 结点之间的关联

结点与结点之间通过物理连接发生联系，以便从硬件方面保证系统各结点之间的协同运行，如以太网、共享总线等。结点之间、结点与构件之间的联系包括通信关联、依赖联系等。

1. **结点之间的通信关联**

结点通过通信关联相互连接，连接用一条直线表示，它指出结点之间存在着某些通信路径，并指出通过哪条通信路径可使这些结点间交换对象或发送信息。在连接线上可附加诸如通信协议<<TCP/IP>> 或网络<<Ethernet>> 等符号，以指明遵循的通信协议或所使用的网络，如图 7-12 所示。

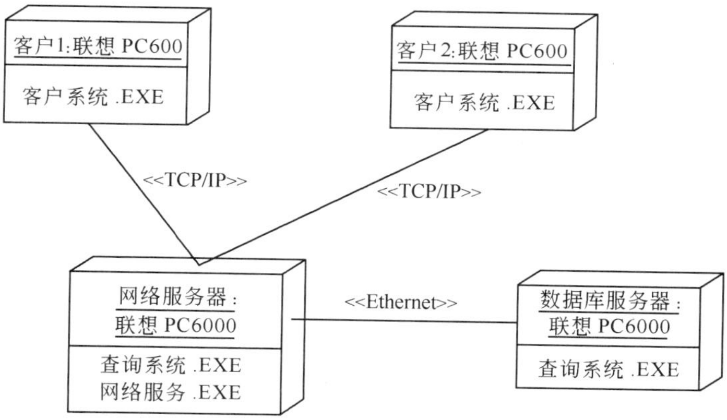

图 7-12　结点之间的通信关联

在图 7-12 中，客户 1 和客户 2 结点配置的都是联想 PC600 计算机，在两个结点上驻留的都是名为“客户系统 . EXE”的构件。这两个结点通过通信协议<<TCP/IP>> 与服务器通信联系，进行信息的传递。再执行服务器结点的“信息查询 . EXE”构件，通过<<Ethernet>> 网络对数据库结点进行数据查询。网络服务器和数据库结点配置的都是高性能大容量的联想 PC6000 计算机，分别通过驻留在各结点上的“查询系统 . EXE”构件、“网络服务 . EXE”构件和“数据库查询 . EXE”构件进行信息的查询和交换。

2. **结点和构件之间的依赖**

结点和构件之间，驻留在某一个结点上的构件或对象与另一个结点上的构件或对象之间也可以发生联系，这种联系称为依赖。依赖有两种：同一结点上构件与结点的支持依赖；分布式系统中不同结点上驻留构件或对象之间迁移的“成为”依赖。依赖用虚箭线表示。

支持依赖联系如图 7-10 所示。描述一个结点对构件的支持依赖，以构造型<<支持>> 声明，其实现是该构件驻留在这个结点上。

“成为”依赖联系如图 7-11 所示。描述一个分布式系统中不同结点上驻留的构件或对象之间迁移的依赖联系，以构造型<<becomes>> 声明。

7.3.5　配置图建模步骤

利用结点可以对单机式、嵌入式、客户/服务器式和分布式网络系统的拓扑结构中的处理器和设备建模。在 UML 软件开发过程的系统分析与系统设计阶段，一个局域网应用系统或 Internet 互联网应用系统的配置模型图的一般建模步骤如下：

1）确定结点。根据硬件设备和软件体系结构的功能要求统一考虑系统的结点。

• 根据硬件设备的配置如系统使用的服务器、工作站、交换机、网络设备和输入/输出设备等确定结点。因为计算机能处理信息和执行构件，一般将一台计算机作为一个结点；一个设备也看做一个结点，设备一般不能执行构件，但它是系统与外界交互的接口。

- 根据软件体系结构功能要求，确定网络服务器、应用服务器、数据库服务器、客户机、数据库等。
- 结点的大小：根据需要，以方便用户与开发人员交流为准。
- 描述属性：描述硬件结点的速度、容量等特性。

2）确定驻留构件。根据软件体系结构和系统功能要求分配相应构件驻留到结点上。

3）注明结点性质。用 UML 标准的或自定义的构造型描述结点的性质。

4）确定结点之间的联系。如果是简单通信联系，用关联连接描述结点之间的联系；可在关联线上标明使用的通信协议或网络类型。对于分布式系统，应当注意各结点驻留的构件或对象之间迁移的依赖联系，以构造型<<becomes>> 声明。

5）绘制配置图。对于一个复杂的大系统，可以采用打包的方式对系统的众多结点进行组织和分配，形成结构清晰具有层次的配置图。注意，每个包中结点名称要具有唯一性，还要注意包与包之间的联系。

7.3.6 硬件系统体系结构模型

我们以“企业综合信息管理系统”中的“销售管理子系统”为例，为该子系统建立硬件系统体系结构模型。图 7-13 是一个简单的“销售管理子系统”的配置图。下面从该配置图出发，分析其建模过程。

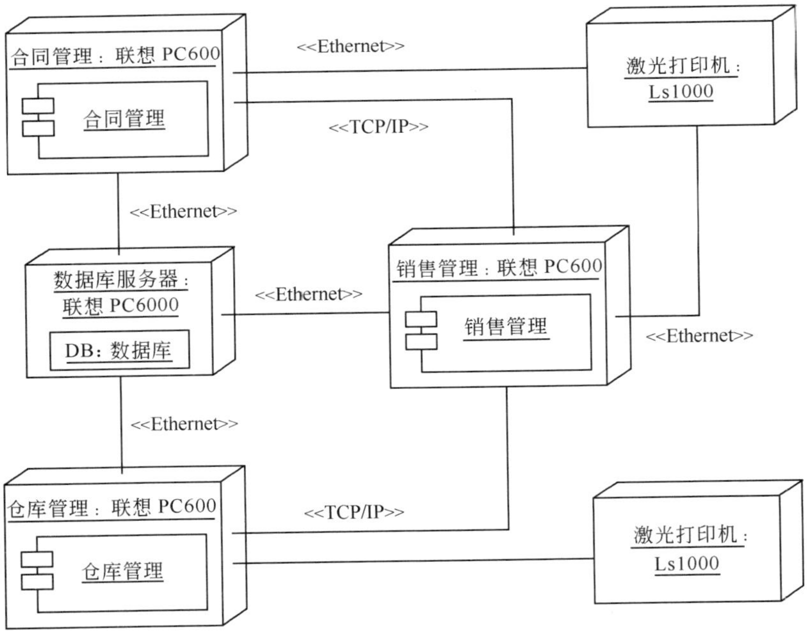

图 7-13 “销售管理子系统”的配置图模型

1）确定结点。该系统使用的硬件设备：3 台联想 PC600 计算机作为终端机，1 台联想

PC6000 高性能大容量计算机作为网络数据库服务器，2 台 Ls1000 激光打印机。采用<<Ethernet>> 网连接系统。根据软件体系结构功能要求：需要一个网络数据库服务器、3 个客户机等 4 个结点，一台激光打印机作为网络共享，另一台打印机为仓库管理专用。

2）描述结点的属性。该系统各结点计算机的性能指标：

• 联想 PC600：速度 1.6GHz，内存容量 1GB，自带硬盘容量：60GB。

• 联想 PC6000：速度 2GHz，内存容量 6GB，自带硬盘容量：400GB。

3）确定各结点驻留的构件。作为客户机的 3 个结点，分别驻留“销售管理”构件、“仓库管理”构件和“合同管理”构件，网络数据库服务器结点驻留数据库对象。

4）确定各结点之间的联系。作为客户机的 3 个结点是简单通信联系，采用<<TCP/IP>> 通信协议，3 个客户机与数据库服务器之间采用<<Ethernet>> 网连接，一台激光打印机作为网络共享，另一台打印机为仓库管理专用。各结点之间通过相互连接的实线段（关联）连接成一个局域网系统，注意在各连接线段上标识出关联的内容。

7.4 系统体系结构模型建模案例——诊疗管理子系统

系统体系结构建模就是绘制系统的构件图和配置图。我们通过分析一个“医院诊疗综合管理系统”实例，看如何对系统进行系统体系结构建模。

7.4.1 “诊疗管理”子系统的功能分析

在“医院诊疗综合管理系统”中包含多个子系统：如“财务管理”子系统、“门诊管理”子系统、“住院部管理”子系统、“手术管理”子系统、“诊疗管理”子系统、“药品管理”子系统和“后勤管理”子系统等。图 7-14 给出了“医院诊疗综合管理系统”用例图，在该用例图中涉及的执行者包括：来医院就诊的患者、医院的医护人员、行政管理人员和操作这些系统的操作员。

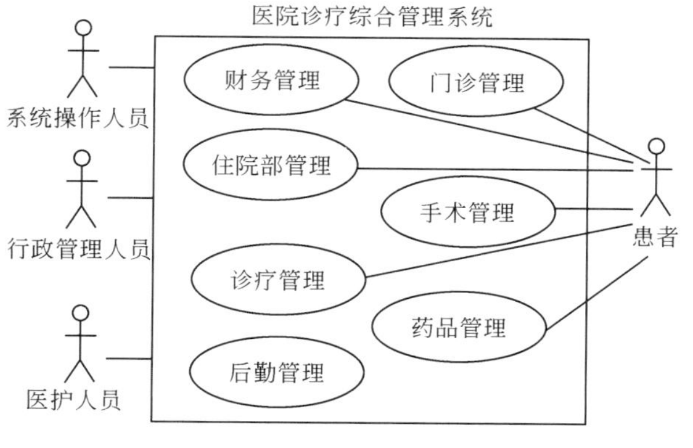

图 7-14　医院诊疗综合管理系统的用例图

本节对“医院诊疗综合管理系统”中的“诊疗管理”子系统进行重点分析。分析其功能要求，确定该子系统的软件系统体系结构的分布，该子系统使用的硬件设备的布局及相互之间的关系，进而建立系统的构件图和配置图，完成子系统的硬件（物理）体系结构建模。

“诊疗管理”子系统的用例图如图 7-15 所示。下面从分析该用例图出发，确定软件系统的构件组成，以及这些构件在网络中各结点上的分布，最终建立该子系统的硬件（物理）系统体系结构模型。

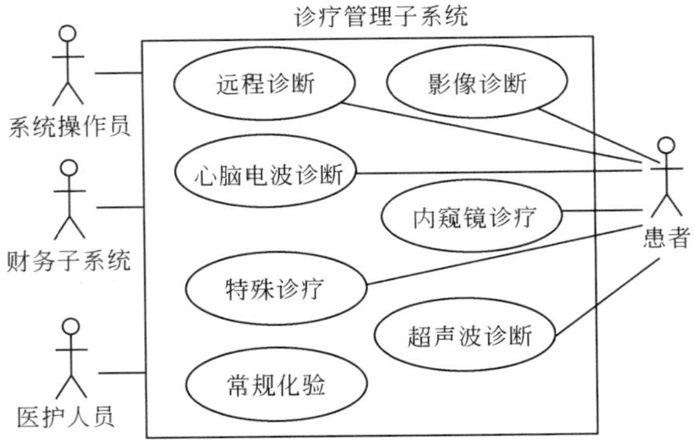

图 7-15 诊疗管理子系统的用例图

1. **用例图**

“诊疗管理”子系统的功能（用例）包括：

- 常规化验：包括血液、排泄物等一般生化指标的化验，形成报告并存入数据库。
- 特殊诊疗：放射性同位素诊断等，形成报告并存入数据库。
- 影像诊断：X 光，计算机断层扫描、核磁共振成像等，形成报告并存入数据库。
- 内窥镜诊疗：气管镜、胃镜、肠镜、膀胱镜等诊断治疗，形成报告并存入数据库。
- 超声波诊断：形成报告并存入数据库。
- 心脑电波诊断：形成报告并存入数据库。
- 远程诊断：形成报告并存入数据库。

2. **构件图**

根据用例图的功能要求，将软件系统划分为若干模块，每个模块为一个构件。每个构件有自己的数据库和报表，以供其他子系统（门诊、住院部等各科室）共享。最终形成构件图。

3. **配置图**

根据系统的硬件（计算机、打印机、数据库服务器及各种诊疗仪器设备）分布，建立网络结点，并将各构件驻留在相应的结点上，完成配置图。

7.4.2 “诊疗管理”子系统软件系统体系结构建模

一个大型复杂的软件系统，一般由多个可执行程序和相关的持久对象库构成。采用构件图建模，利用可视化图形来说明系统的构成，便于开发者对开发计划做出决策。

1. **建模的步骤**

一个可执行软件系统的构件图建模的步骤如下：

1）确定构件。按以下几方面分析系统，从中寻找和确定构件：系统组成结构、软件复用、物理结点配置、系统归并、为每个构件找出并确定相关的对象类及各种接口等。

2）说明构件。利用适当的构造型来说明构件的性质。

3）确定构件之间通过接口依赖产生的联系。

4）对于复杂的大系统，采用包的形式组织构件，形成清晰的结构层次图。

对于“诊疗管理”子系统，可以根据其用例图和结点的分布设定构件。该系统有7个构件，各构件的功能要求在用例图中有简单描述。它们是：“常规化验”、“特殊诊疗”、“影像诊断”、“内窥镜诊疗”、“超声波诊断”、“心脑电波诊断”和“远程诊断”构件。由它们组成的源代码到执行代码过程的构件图如图7-16所示。

该系统的源代码程序采用C++程序设计语言完成，经过系统编译，生成二进制中间目标代码，再经过系统连接，形成最终可执行代码。因为各个用例的功能相对独立，并且安装在不同的结点（终端计算机）上执行，所以完成每个用例功能的程序代码就是一个构件。当然，对于每个用例来说，达到系统要求的功能只有一个可执行代码构件是不行的，还要有一些支持构件如数据库构件、持久对象库、动态链接库、系统帮助信息和一些特定对象等，共同协作完成用例的功能要求。

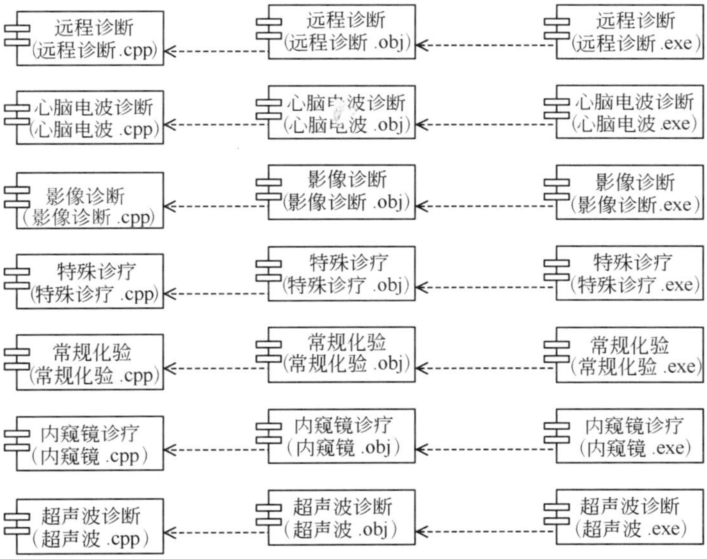

图7-16　“诊疗管理”子系统源代码到执行代码过程的构件图

2. 详细的构件图

对于每个可执行代码构件，还可以绘制出详细的构件图。下面就以“影像诊断”构件为例，绘制出其支持系统的详细构件图，如图7-17所示。

在图7-17中，“影像诊断”构件在执行过程中要完成如下工作：

1）分门别类存储从各种诊断仪器设备产生的数码影像。这些影像除了供医学专家写诊断报告外，通过网络还可提供给各专业科室临床医生作为确定患者病情的依据，并可以长期保留，作为医学跟踪的参考资料。数码影像的种类有：

- X光机拍摄的X光片数码影像。
- 计算机断层扫描成像仪拍摄的CT数码影像。

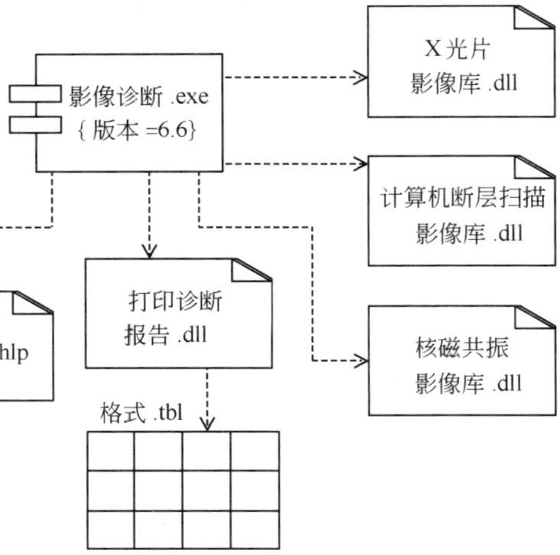

图 7-17 “影像诊断”用例的详细构件图

• 核磁共振扫描成像仪拍摄的 MR 数码影像。

2）根据影像资料由专家按规定的表格格式写出诊断报告并存储、打印。

3）根据需要将存储在数据库中的各种数码影像打印出来。

4）为方便系统的使用，为用户（操作人员）提供清晰的帮助信息。

在构件图中，以上几项任务由注释图符表示。有关“医院诊疗综合管理系统”其他用例的构件图，读者如果有兴趣，可以自己尝试将它们绘制出来。

7.4.3 “诊疗管理”子系统硬件系统体系结构建模

在 7.3 节已经介绍过，建立一个客户/服务器式局域网应用系统或 Internet 互联网应用系统的配置图的一般步骤如下：

1）确定结点。根据系统硬件设备和软件体系结构的功能要求统一考虑系统的结点。

2）确定驻留构件。根据软件体系结构和系统功能要求分配相应构件驻留到结点上。

3）注明结点性质。用 UML 标准的或自定义的构造型描述结点的性质。

4）用关联或依赖描述结点之间的联系。

5）绘制配置图时，用打包方式形成结构清晰的具有层次的配置图。注意每个包中结点名称的唯一性，还要注意包与包之间的联系。

图 7-18 是根据“诊疗管理”子系统用例绘制的配置图，这是一个典型的客户/服务器式的局域网络应用系统。在图中，共有 9 个结点，其中“常规化验”、“特殊诊疗”、“影像诊断”、“内窥镜诊疗”、“超声波诊断”、“心脑电波诊断”和“远程诊断”等 7 个结点采用联想 PC600 计算机作为客户终端机。在各自的结点上驻留相应的可执行代码构件，通过网络服务器对数据库应用服务器进行数据的存取。采用 VAX2000 计算机作为网络服务器结点。采用 VAX2000 计算机作为数据库应用服务器结点。在结点上驻留相应的构件和对象。

在配置图中，7 个客户终端机和数据库应用服务器结点通过以太网<<Ethernet>> 与网络服务器连接。客户终端机通过网络对数据库应用服务器进行数据的存取和查询。

对于每个结点，根据需要还可以进一步绘制详细配置图。例如，在“影像诊断”结点

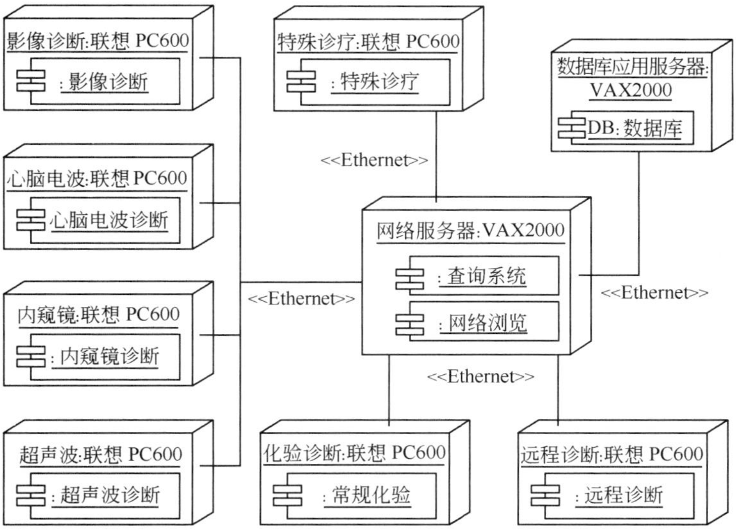

图 7-18 “诊疗管理”子系统客户/服务器式配置图

上，要做的工作有：

- 将各种诊断摄影设备产生的数码影像通过网络存储到数据库应用服务器。
- 根据患者摄制的影像写出诊断报告，并通过网络存储到数据库应用服务器。
- 根据需要，将摄制的影像和写出的诊断报告打印出来给患者。
- 根据需要，将摄制的影像和写出的诊断报告通过通信联系发送到门诊或住院部相关科室。

根据上面所述，可以绘制出“影像诊断”用例的配置图，如图 7-19 所示。

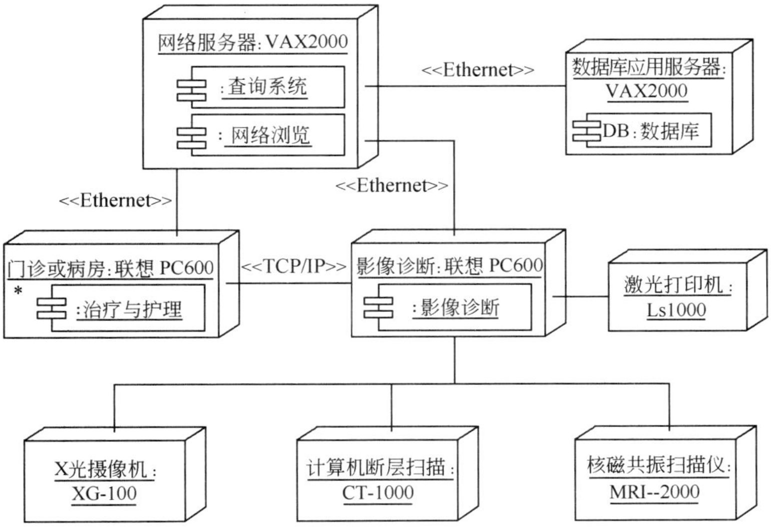

图 7-19 “影像诊断”用例的配置图

在图 7-19 中，有 4 台计算机结点，3 个输入设备结点和一个打印机结点。每个结点的工作如下：

- “影像诊断”结点。终端客户机结点，通过网络存取摄制的影像和写出的诊断报告，并将摄制的影像和写出的诊断报告通过通信联系发送到门诊或住院部相应科室或打印出来给患者。
- 网络服务器结点。为各终端客户机提供网络服务，访问数据库应用服务器。
- 数据库应用服务器。存储摄制的影像、写出的诊断报告和病历等。
- 门诊或病房结点。客户终端机结点，通过网络存取摄制的影像、诊断报告和病历，并可以通过通信联系接收“影像诊断”结点发送的摄制影像和诊断报告。
- X光摄像机结点。将摄制的影像发送给“影像诊断”结点。
- 计算机断层扫描成像仪（CT）。将摄制的影像发送给“影像诊断”结点。
- 核磁共振计算机断层扫描成像仪（MR）。将摄制的影像发送给“影像诊断”结点。
- 打印机结点。将摄制的影像和写出的诊断报告打印出来给患者。

在图7-19的配置图中，“门诊或病房”结点上有“*”符号，表示其有多个结点。“影像诊断”结点与“门诊或病房”结点通过通信协议<<TCP/IP>>进行信息传送。各个客户终端机通过以太网与网络服务器和数据库应用服务器连接，是典型的客户/服务器模式。

有关“医院诊疗综合管理系统”其他用例的配置图，读者可以自己尝试将它们绘制出来。

7.5 本章小结

UML软件开发过程中的系统分析与系统设计阶段都会涉及系统的体系结构建模。系统的体系结构是用来描述系统各部分的结构、接口以及它们用于通信的一种机制。系统体系结构建模分为软件系统体系结构建模和硬件系统体系结构建模。所谓软件（逻辑）系统体系结构模型，就是对系统的用例、类、对象、接口、构件以及相互间的交互和协作进行描述；而硬件（物理）系统体系结构模型则是要对硬件结点及在其上驻留的构件或对象的配置进行描述。要构造一个面向对象的软件系统，必须从系统的软件（逻辑）系统体系结构和硬件（物理）系统体系结构两方面进行考虑。

构件图描述构件及其之间的相互依赖，构件是软件（逻辑）系统体系结构（类、对象及它们之间的关系和协作）中定义的概念和功能在物理体系结构中的实现，它通常是开发环境中的实现性文件。软件构件分为源代码构件、二进制代码构件和可执行代码构件。构件图中的构件没有实例，只有在配置图中才能标识构件的实例。

配置图由结点和结点之间的联系组成，描述了处理器、设备和软件构件运行时的系统体系结构。在配置图上可以看到某个结点上在执行哪个构件，在构件中实现了哪些逻辑元素（类、对象、协作等），完成了何种功能，最终可以从这些元素追踪到系统的需求分析（用例图）。配置图的基本元素有结点、构件、对象、连接、依赖等。

结点与结点之间通过物理连接发生关联，以便从硬件方面保证系统各结点之间的协同运行，如Ethernet网、共享总线等。结点之间、结点与构件之间的联系包括通信关联、依赖联系等。

7.6 习题

一、选择题

1. 系统体系结构是用来描述系统各部分的结构、接口以及它们用于通信的（　　）。
   A. 一种机制　B. 形式　C. 原理　D. 结构
2. UML 可以描述硬件之间的互联关系，也能描述硬件单元上的（　　）系统的分布。
   A. 对象　B. 软件　C. 系统体系结构　D. 数据
3. （　　）是对系统的用例、类、对象、接口以及相互间的交互和协作进行描述。
   A. 系统体系结构　B. 软件（逻辑）体系结构
   C. 硬件（物理）系统体系结构　D. 系统框架
4. （　　）要对系统的构件、结点的配置进行描述。
   A. 软件（逻辑）系统体系结构　B. 系统体系结构
   C. 系统架构　D. 硬件（物理）系统体系结构
5. （　　）是软件（逻辑）系统体系结构（类、对象、它们间的关系和协作）中定义的概念和功能在物理体系结构中的实现。
   A. 构件　B. 结点　C. 软件　D. 模块
6. （　　）由结点和结点之间的联系组成，描述了处理器、设备和软件构件运行时的体系结构。
   A. 构件图　B. 状态图　C. 配置图　D. 顺序图
7. （　　）的基本元素有结点、构件、对象、连接、依赖等。
   A. 构件图　B. 状态图　C. 顺序图　D. 配置图

二、填空题

8. 系统体系结构建模可分为____________建模和____________建模。
9. 构件是____________（类、对象、它们间的关系和协作）中定义的概念和功能在____________中的实现。
10. 软件构件分为____________构件、____________构件和____________构件。
11. 构件图主要用于建立系统的____________模型。
12. 构件图中的构件没有实例，只有在____________中才能标识构件的实例。
13. 配置图由____________和____________之间的联系组成，描述了处理器、设备和软件构件运行时的体系结构。
14. 结点之间、结点与____________之间的联系包括通信关联、依赖联系等。

三、解释名词

15. 系统体系结构、软件（逻辑）系统体系结构、硬件（物理）系统体系结构。
16. 构件、接口、依赖。
17. 源代码构件、二进制代码构件、可执行构件。
18. 结点、结点实例。
19. 分布式体系结构、客户/服务器模式。

四、综合题

20. 在系统分析与设计中，构件图建模主要用来做什么？
21. 构件图建模的步骤有哪些？应当注意什么问题？
22. UML中，构件的图符由几部分组成？每部分的内容是什么？
23. 构件有哪些种类？
24. 什么是接口？有几种接口？如何定义？
25. 构件之间有哪些联系，这些联系的意义何在。
26. 什么是构件的实例？在什么情况下使用构件的实例？表示什么意思？
27. 在系统分析与设计中，配置图建模主要用来做什么？
28. 配置图建模的步骤有哪些？应当注意什么问题？
29. 配置图的组成成分是什么？
30. 什么是结点？其表示的意义是什么？
31. 结点有实例吗？在结点上可以驻留哪些模型元素？
32. 说明结点之间的联系方式。
33. 通过结点之间不同的连接，配置图可以描述系统的哪几种建模模式？
34. 在绘制构件图和配置图时，为什么要解决它们的结构层次问题？如何解决？
35. 请读者自行绘制出“企业综合信息管理系统”中“合同管理”子系统用例的构件图。
36. 请读者自行绘制出“企业综合信息管理系统”中“合同管理”子系统用例的配置图。
37. 绘制出自己选择的案例的构件图和配置图。

第8章 设计模式及其应用

设计模式是面向对象软件工程中的一个重要概念，是由软件模式分支中衍生出来的一个解决具体问题的重要方案之一。目前，人们对软件模式的研究已基本覆盖了软件产品开发的各个过程，对其进行了详尽的划分。尽管至今没有一个完整、统一的分类，但基本形成了概念模式、设计模式和编程模式三个重要的类别。其中，设计模式为子系统或子系统间关联的精确定义提供了方案，描述了在特定语境条件下的通用子系统中为解决一般设计问题而反复出现的通用结构，它独立于具体的编程语言。

本章目的：

- 了解设计模式的概念。
- 掌握设计模式的三大分类。
- 掌握 11 种常用的设计模式（其中简单工厂是工厂方法的最初表现形式）。
- 了解各设计模式的优点、不足。
- 掌握设计模式的使用原则及策略。

8.1 设计模式概述

模式概念的提出最初源于建筑学领域，由建筑工程师 Christopher Alexander 于 1977 年在他的描述建筑体系结构模式的著作中首次提出。由于 Alexander 在计算机科学领域的影响较大，因此，他的思想被许多计算机科学家所接受，并逐渐被引入到面向对象的软件开发过程中。1994 年，由 Eric Gamma、Richard Helm、Ralph Johnson 和 John Vlissides（世人称"Gang of Four"——四人帮）合著的《设计模式：可复用面向对象软件的基础》（该书中文版已由机械工业出版社出版）详细描述了设计模式的概念，介绍了 23 种基本设计模式及实现代码。到了 1996 年，由 Frank Buschmann 等五人合著的《面向模式的软件体系结构》（该书中文版已由机械工业出版社出版）一书，从体系结构的角度总结出了 16 种以模式为基础的软件体系结构，进一步细化了模式的思想。今天，模式和设计模式已经成为软件开发设计人员的共同话题和必备知识。

8.1.1 模式和设计模式的概念

其实，模式的核心思想是总结和积累前人成功的设计经验，通过对这些经验的学习，使得人们在面对新的设计问题时不用再重复所有环节，而是尽量套用已有的模式实施，以提高编程效率。简单一点儿讲，模式就是解决特定问题的经验，实质上就是软件的复用。模式由特定的环境、问题以及解决方案三个基本要素组成，按照软件开发的层次可以分为体系结构模式、设计模式和程序模式。体系结构模式属于层次较高的模式，例如 MVC（Model-View-Controller）、Layers、ClientPServer、Broker 等。设计模式属于中间层次的模式，它描述特定环境下解决特定问题的方法。程序模式则属于层次较低的模式，有时甚至指程序设计中的一些习语。

广义上讲，设计模式是对被用来在特定场景下解决一般设计问题的类和相互通信的对象的描述。从狭义的角度理解，设计模式就是对特定问题的描述或解决方案，往往直接对应一段程序代码。由于在以往的软件开发过程中，经常在某种特定场合中遇到一些以前经常出现或感觉似曾相识的问题，直截了当的解决方案就是套用原有的经过证明的解决方案，或参考别人成熟的思路来解决。久而久之，通过不断完善并文档化就形成了针对这种问题的处理模式，并逐渐将经验固化，形成特定问题的解决方案。在面向对象研究领域中，这种方式被称为设计模式。

8.1.2 设计模式的描述

设计模式与其他解决方案一样，也要具备基本要素。一般而言，一个设计模式有四个基本要素：

- 模式名称：一个助记名，它用一两个词来描述模式的问题、解决方案和效果。模式名可以帮助我们思考，便于与其他人交流设计思想及设计结果。找到恰当的模式名也是设计模式编目的一项重要工作。
- 问题：描述了应该在何时使用模式。它解释了设计问题和问题存在的前因后果，它可能描述了特定的设计问题，如怎样用对象表示算法等。有时，问题部分会包括使用模式必须满足的一系列先决条件。
- 解决方案：描述了设计的组成成分，它们之间的相互关系及各自的职责和协作方式。解决方案并不描述一个特定而具体的设计或实现，而是提供设计问题的抽象描述和怎样用一个具有一般意义的元素组合（类或对象组合）来解决这个问题。
- 模式效果：描述了模式应用的效果及使用模式应权衡的问题，大多关注对时间和空间的衡量，也表述了语言和实现问题。因为复用是面向对象设计的要素之一，所以模式效果包括它对系统的灵活性、扩充性或可移植性的影响，显式地列出这些效果对理解和评价这些模式很有帮助。

在实际运用中，可以将上述四个基本要素细化，分门别类地详细表述。通常情况下，一个设计模式应按如下内容进行表述：

- 模式名：用于描述一个设计问题及其解决方案和后果的词。
- 意图：明确其作用、基本原理以及要解决的特定问题。
- 别名：易于为人理解的别名。
- 动机：用以说明一个设计问题以及如何用模式中的类、对象来解决该问题的特定情景。
- 适用性：什么情况下可以使用，有什么地方需要改进，以及如何识别。
- 结构：用图形进行直观描述。

- 参与者：指设计模式中的类和对象以及它们各自的职责。
- 协作：设计模式的参与者怎样协作以实现它们的职责。
- 效果：所需做的权衡取舍，以及实现中的优点与不足。
- 实现：实现时需要注意的一些问题。
- 代码示例：一般以动机中提出的问题为例，给出设计模式实现的代码例子。
- 已知应用：实际系统中发现的设计模式的例子。
- 相关模式：与这个设计模式紧密相关的其他设计模式。

8.1.3 设计模式的作用和研究意义

设计模式记录和提炼了软件人员在面向对象软件设计中的成功经验和问题的解决方案，是系统可复用的基础。正确地使用设计模式，有助于快速开发出可复用的系统。

设计模式的作用和研究意义表现在：

1）优化的设计经验。设计模式为开发者提供了良好的经过优化的设计经验。模式中所描述的解决方案是人们从不同角度对某个问题进行研究，然后得出来最通用、最灵活的解决方案。其中蕴含了有经验的程序员的设计经验，反映了开发者的经验、知识和洞察力，使新系统的开发者更容易理解，避免没必要的失误。

2）极高的复用性。设计模式为重用面向对象代码提供了一种方便的途径，使得复用某些成功的设计和结构更加容易。没有经验的程序员也可借助设计模式提高设计水平。多个模式可以组合起来构成完整的系统，这种基于模式的设计具有更大的灵活性、可扩展性和更好的可重用性。

3）丰富的表达能力。设计模式极富表现力。在面向对象的编程中，软件编程人员往往更加注重以往代码的重用性和可维护性。通过提供某些类和对象的相互作用关系以及它们之间潜在联系的说明规范，设计模式甚至能够提高已有系统的文档管理和系统维护的有效性。

4）极低的耦合度。设计模式的基本思想是将程序中可能变化的部分与不变的部分分离，尽量减少对象之间的耦合，当某些对象发生变化时，不会导致其他对象都发生变化。这样使得代码更容易扩展和维护，而且也让程序更容易读懂。

8.2 设计模式的分类及其相互关系

软件设计模式的分类有不同的方法，比较通用的分类方法是根据设计模式完成的任务和目的进行区分。四人帮把他们总结的 23 种设计模式，按照模式的目的将其分为创建型、结构型和行为型。这三种类型的设计模式分别描述了对象在创建、组合以及相互作用的过程中如何降低它们之间的耦合性及提高复用性的种种成功方案。

8.2.1 创建型设计模式

应用程序在运行时通常需要创建对象，而创建型设计模式正是基于此目的产生的。创建型模式就是描述怎样创建一个对象，它隐藏了对象创建的具体细节，使程序代码不依赖具体的对象。因此当我们增加一个新对象时几乎不需要修改任何代码即可完成。创建型的类模式将对象的部分创建工作延迟到子类，而创建型的对象模式则将它延迟到另一个对象中。创造型模式以灵活的、可修改的、能重用的方式来创建类或对象。

创建型类的模式有工厂方法（Factory Method）模式。创建型对象模式包括抽象工厂（Abstract Factory）、建造（Builder）、原型（Prototype）、单例（Singleton）四种模式。Abstract Factory 模式由工厂对象产生多个类的对象；Builder 模式是由这个工厂对象使用一个相对复杂的协议，逐步创建一个相对复杂的产品；Prototype 模式是由该工厂对象通过拷贝原型对象来创建产品对象；Singleton 模式确保一个类只创建一个实例；Factory Method 模式先生成所要创建对象的类的子类，即由其子类进行实例化创建对象。

上述模式中，Abstract Factory 与 Factory Method 模式的关系是：Abstract Factory 模式仅声明一个创建产品（Product）的接口，真正创建 Product 是由 AbstractProduct 类的子类 ConcreteProduct 类来实现，实现办法通常是为每一个 Product 定义一个 FactoryMethod，而一个 ConcreteFactory 类将为每个产品重定义 Factory Method 以指定产品。当然 Abstract Factory 中的 ConcreteFactory 也可以用 Prototype 模式来实现，即具体工厂使用产品系列中每一个产品的原型实例来初始化，再通过复制原型来创建新产品。Abstract Factory 模式与 Builder 模式的区别是：Builder 模式着重一步步构造一个复杂对象，并在最后返回产品，而 Abstract Factory 模式着重于创建多个系列的产品对象，其产品是立即可见的。

8.2.2 结构型设计模式

结构型模式处理类或对象的组合，即描述类和对象之间怎样组织起来形成更大的结构，从而实现新的功能。结构型的类模式采用继承机制来组合类，如适配器（Adapter）类模式。结构型的对象模式则描述了对象的组装方式，如适配器（Adapter）对象模式、桥接（Bridge）模式、组合（Composite）模式、装饰（Decorator）模式、外观（Facade）模式、享元（Flyweight）模式、代理（Proxy）模式等。

结构型模式中，Adapter 模式是将一个类的接口转换成用户希望的另外一个类的接口；Bridge 模式是将产品的抽象接口部分与具体实现部分分离；Composite 模式是将对象组合成树型结构以表示“部分-整体”的层次结构；Decorator 模式动态地给一个对象增加一些额外的职责；Facade 模式是为子系统中的一组接口提供一个一致的界面；Flyweight 模式通过使用共享技术来支持大量细粒度的对象；Proxy 模式则是为其他对象提供一种代理以控制对这个对象的访问。

上述模式中，Adapter 模式与 Bridge 模式的区别是：Bridge 模式的目的是将接口部分和实现部分分离，使它们相对独立，从而可以较为容易地调整、修改它们，而 Adapter 模式则意味着要改变一个已有对象的接口。Decorator 模式与 Adapter 模式的区别是：Decorator 模式增强了对象的功能而又不改变对象的接口，但 Adapter 模式将给对象一个全新的接口。Proxy 模式与 Adapter 模式的区别是：Proxy 模式提供的是与其实体相同的接口，即在不改变接口的条件下，为另一个对象提供代理，而 Adapter 模式为其所适配的对象提供一个不同的接口。

8.2.3 行为型设计模式

行为型设计模式描述算法以及对象之间的任务（职责）分配，它所描述的不仅仅是类或对象的设计模式，还有它们之间的通信模式。这些模式描述了在运行时刻难以跟踪的复杂的控制流。行为型的类模式使用继承机制在类间分派行为，如模板方法（Template Method）

模式和解释器（Interpreter）模式。行为型的对象模式使用对象复合方法而不是继承，它描述一组对象怎样协作完成单个对象所无法完成的任务，如职责链（Chain of Responsibility）模式、命令（Command）模式、迭代器（Iterator）模式、中介者（Mediator）模式、备忘录（Memento）模式、观察者（Observer）模式、状态（State）模式、策略（Strategy）模式、访问者（Visitor）模式等。

行为型模式中，Chain of Responsibility 模式是将处理某个请求的对象连成一条链，用户可以沿着这条链传递该请求，直到有一个对象处理它为止。Command 模式是将一个请求封装成一个对象，从而可将不同的请求参数化。Interpreter 模式描述的是如何为某个语言定义文法，如何在该语言中表示一个句子以及如何解释这些句子。Iterator 模式提供一种方法顺序访问一个聚合中的各个元素而又不暴露该对象的内部表示。Mediator 模式是用一个中介对象来封装一系列复杂对象的交互，使各对象不需要显式地相互引用。Memento 模式是在不破坏封装性的前提下，捕获一个对象的内部状态并在该对象之外保存这个状态，这样以后就可将该对象恢复到原来的某一个状态。Observer 模式定义对象间的某种一对多的依赖关系，当一个对象的状态发生改变时，所有依赖于它的对象都得到通知，并自动更新。State 模式是允许一个对象在其内部状态改变时改变它的行为。Strategy 模式定义一系列的封装算法，把它们一个个封装起来，并使它们可以相互替换。Template Method 模式是定义一个操作中的算法构架，而将一些步骤延迟到子类中（即一次性实现一个算法的不变部分，并将可变的行为留给子类来实现）。Visitor 模式是在不改变各元素类的前提下定义作用于这些元素的新操作。

上述行为模式之间是相互补充的关系，例如 Iterator 模式可以遍历一个集合，而 Visitor 可以对集合中的每一个元素进行一个新操作。行为型模式和其他类型的模式也能很好地协同工作，如一个使用 Composite 模式的系统可以使用 Iterator 模式进行遍历或用一个 Visitor 模式对该集合中的个别元素进行一些新操作。

如上所述，创建型模式与对象的创建有关，结构型模式处理类和对象的组合，行为型模式描述算法以及对象之间的任务分配。因此所有模式之间都是通过类或对象的创建、组合或通信发生联系。

8.3 经典设计模式

下面介绍几个经典的设计模式。

8.3.1 工厂模式

一般情况下人们认为，创建一个新类型的对象，只需要在继承新类的地方修改代码就可以了，但这样做似乎并不恰当。有时即使修改了部分代码以后，仍需要再创建其他新类型的对象，并指定要使用的准确的构造函数。假设创建对象的代码遍布整个应用程序，在增加新类型时仍然必须找出代码中所有与新类型相关的地方进行修改。所以，尽量将长的代码分段“切割”，将每段再“封装”起来（减少段和段之间的偶合性），这样就会将风险分散。以后如果需要修改，只要更改相关的那段代码，便不会再发生牵一动百的事情了。

解决这个问题的方法是通过一个通用的工厂来生成对象，而不允许将创建对象的代码散布于整个系统。如果程序中所有需要创建对象的代码都转到这个工厂执行，那么在增加新对象时所要做的全部工作就是只需修改该工厂。这就是我们通常所称的工厂模式，工厂模式就是专门负责将大量有共同接口的类实例化。客户端完全不知道实例化哪些对象、如何实例化对象等细节。工厂模式有以下 3 种形态：

- 简单工厂（Simple Factory）模式。
- 工厂方法（Factory Method）模式，又称多态性工厂（Polymorphic Factory）模式。
- 抽象工厂（Abstract Factory）模式。

1. 简单工厂模式

简单工厂模式是类的创建模式，又称为静态工厂方法模式。就是由一个工厂类根据传入的参数决定创建出哪一种产品类的实例。简单工厂模式涉及以下三个角色：

1）工厂类角色（Creator）：工厂类角色是简单工厂模式的核心，含有与应用紧密相关的业务逻辑。工厂类在客户端的直接调用下创建产品对象，它往往由一个具体类来实现。

2）抽象产品角色（Product）：这个角色由简单工厂模式所有要创建的对象的父类或它们共同拥有的接口担任。抽象产品角色可以用一个接口或抽象类来实现。

3）具体产品角色（ConcreteProduct）：简单工厂模式创建的任何对象都是这个角色的实例。具体产品角色由一个具体类来实现。

简单工厂模式的类图结构如图 8-1 所示。

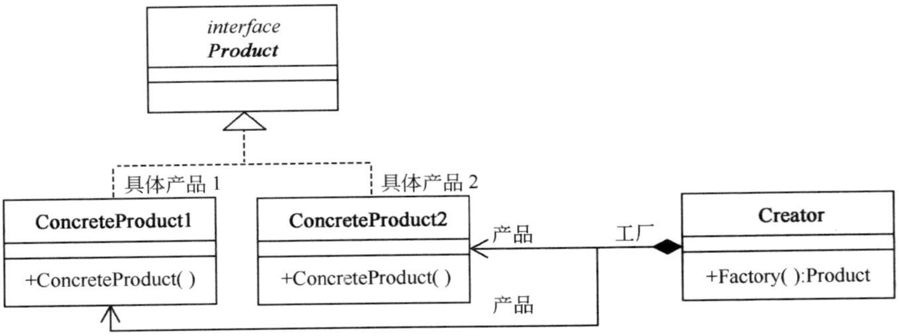

图 8-1 简单工厂模式的类图结构

简单工厂模式的优缺点：

1）该模式比较简单，核心是工厂类。这个类含有必要的判断逻辑，可以决定在什么时候创建哪一个产品类的实例。而客户端则可以免除直接创建产品对象的责任，而仅仅负责“消费”产品。简单工厂模式通过这种做法实现了责任分割。

2）增加新的产品时，必然要修改工厂类，这不利于软件的扩展和修改，违反了面向对象设计的基本原则。

3）产品类可以有复杂的多层次等级结构，而工厂类只有一个具体工厂，一旦它本身不能正常工作了，整个程序都会受到影响。

4）由于简单工厂模式使用静态方法进行工作，而静态方法无法由子类继承。因此，工厂角色无法形成基于继承的层次结构。

读者可以回想一下 4.4.5 节介绍的“对象集合管理器”模式，它就是“简单工厂”

模式。

2. **工厂方法模式**

工厂方法模式又称为多态性工厂模式，显然是因为具体工厂类都有共同的接口，或者都有共同的抽象父类，这里应尽量使用抽象机制和多态技术。工厂方法模式的类图结构如图 8-2 所示。

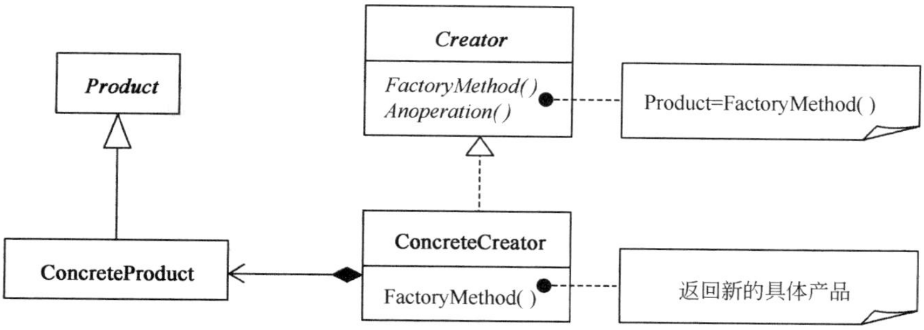

图 8-2 工厂方法模式的类图结构

在图 8-2 中，具体工厂类 ConcreteCreator 的工厂方法 factoryMethod()返还的数据类型是一个抽象工厂接口 Creator，而不是某一个具体的产品类。这种设计使得工厂类将创建产品类的实例细节完全封装在工厂类内部。这样，整个实现过程就不涉及产品类 Product 的具体子类，达到封装效果，也就减少了发生错误修改的机会。参与的角色有：

1）抽象工厂接口（Creator）：抽象工厂接口角色是工厂方法模式的核心，它与应用程序无关。任何要在模式中创建对象的工厂类必须实施这个接口的实现。

2）具体工厂类（ConcreteCreator）：这个角色与应用程序紧密相关，在应用程序的直接调用下，这些类用于创建产品实例。

3）产品（Product）：担任这个角色的类是工厂方法模式所创建的对象的父类，或它们共同拥有的接口。

4）具体产品（ConcreteProduct）：担任这个角色的类是工厂方法模式所创建的任何对象所属的类。

工厂方法模式为系统提供了非常灵活强大的动态扩展机制。一般来说，如果一个系统不能事先确定某个产品类在何时进行实例化，而需要将实例化的细节局域化并封装起来，以便将产品类的实例化操作与使用这些实例的操作隔离开来的时候，就需要考虑使用某种形式的工厂方法模式。

工厂方法模式和简单工厂模式在定义上的不同是很明显的。它们的区别是：

- 工厂方法模式的核心是一个抽象工厂类；简单工厂模式把核心放在一个具体类上。
- 工厂方法模式允许多个具体工厂类从抽象工厂类继承而来，实际上成为多个简单工厂模式的集合，从而推广了简单工厂模式。
- 反过来讲，简单工厂模式是由工厂方法模式退化而来。

如果某个系统只用一个产品类等级就可以描述所有已有的产品类和在可预见的未来可能引进的产品类时，采用简单工厂模式是很好的解决方案。因为一个单一产品类等级只需要一个单一的具体工厂类。然而，当发现系统只用一个产品类等级不足以描述所有的产品类，及以后可能要添加的新的产品类时，就应当考虑采用工厂方法模式。由于工厂方法模式可以容许有多个具体的工厂类，每个具体工厂类负责某个产品类等级，因此这种模式可以容纳所有的产品等级。

3. 抽象工厂模式

抽象工厂模式是最具一般性的工厂方法，不过实际使用的机会很少。抽象工厂是向客户提供一个接口，使得客户可以在不必指定产品的具体类型的情况下，创建多个产品族中的产品对象。抽象工厂模式的类图结构如图 8-3 所示。抽象工厂模式也有 4 个角色：

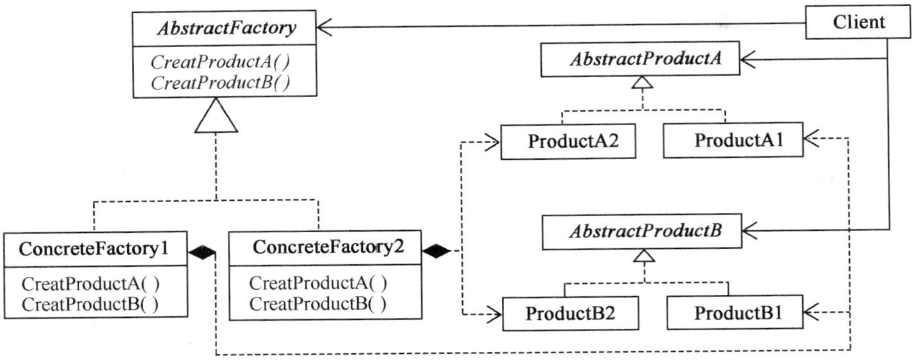

图 8-3 抽象工厂模式的类图结构

1）抽象工厂类（AbstractFactory）：抽象工厂角色是工厂方法模式的核心，它与应用程序无关。任何在模式中创建对象的工厂类必须实现这个接口，或继承这个类。

2）具体工厂类（ConreteFactory）：这个角色与应用程序紧密相关，是在应用程序的直接调用下，创建产品实例的一些类。

3）抽象产品类（AbstractProduct）：该类是抽象工厂模式所创立的对象的父类，或它们共同拥有的接口。

4）具体产品类（ConcreteProduct）：该类是抽象工厂模式所创立的任何对象所属的类。

在下述几种情况中可以使用抽象工厂模式：

1）一个系统要独立于它的产品的创建、组合和表示时。

2）一个系统要由多个产品系列中的一个来配置时。

3）当要强调一系列相关的产品对象的设计以便进行联合使用时。

4）当提供一个产品类库，而只想显示它们的接口而不是实现时。

抽象工厂模式有比较强的优势，它分离了具体的类，将客户与类的实现分离。由于一个抽象工厂模式创建了一个完整的产品系列，使得修改某个应用的具体工厂变得很容易，这样易于交换产品系列。而且，当某个系列中的产品对象被设计成一同工作时，有利于产品的一致性。但是，由于要支持增加新类型的产品，就需要扩展抽象工厂的接口。众所周知，这实现起来相当困难。

在实现抽象工厂模式时，要注意：

- 最好将抽象工厂设计为单例模式。
- 创建产品时，最好为每一个产品定义一个工厂方法。
- 将抽象工厂定义为可扩展的。这样在每增加一种新的产品时就可以改变抽象工厂 AbstractFactrory的接口以及所有与它相关的类。

与抽象工厂模式相关联的模式有原型模式和单例模式。

8.3.2 适配器模式

适配器模式可以将某个类的接口转换成客户希望的另外一个类的接口。适配器模式使得原本由于接口不兼容而不能一起工作的那些类可以一起工作，它又名包装器（Wrapper）。

在软件开发过程中，有时专为复用而设计的工具箱类不能被复用，其原因仅仅是因为它的接口与专业应用领域所需要的接口不匹配。然而，不可能为了一个特殊的实现就去修改源代码，以使工具箱与特定领域相关的接口兼容。于是，我们就想到了适配器模式。

通常在如下情况中可以使用适配器模式：

1）想要使用一个已经存在的类，而它的接口不符合需求。

2）创建一个可以复用的类，该类可以与其他不相关的类或不可预见的类（即那些接口可能不一定兼容的类）协同工作。

3）（仅适用于对象适配器）意图使用一些已经存在的子类，但是不可能对每一个子类都单独匹配它们的接口，对象适配器可以适配它的父类接口。

适配器模式有类适配器和对象适配器两种。类适配器使用多重继承对一个接口与另一个接口进行匹配，类适配器模式如图 8-4 所示。

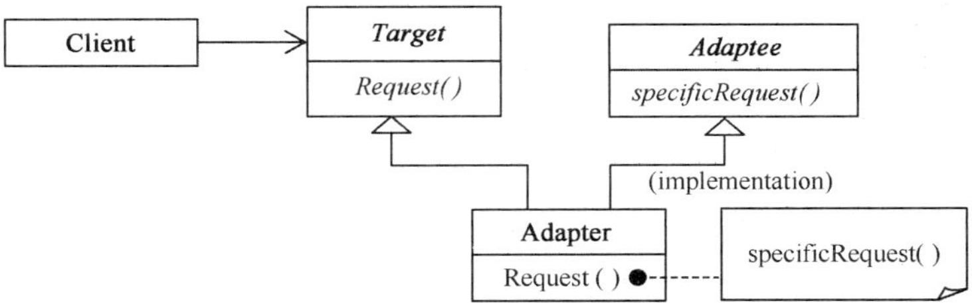

图 8-4 类适配器模式的类图结构

对象适配器依赖于对象组合，如图 8-5 所示。

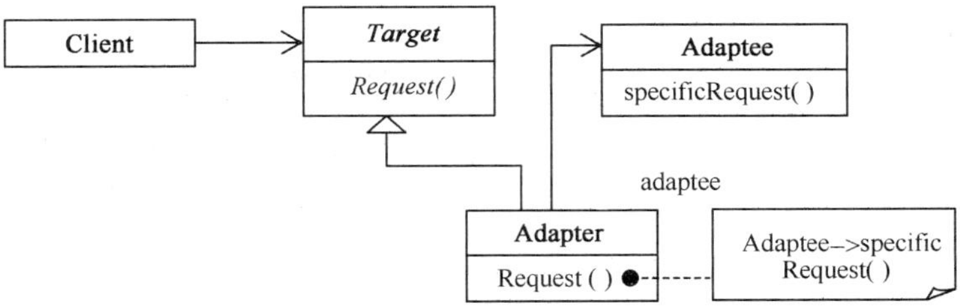

图 8-5 对象适配器模式的类图结构

由图 8-4 和图 8-5 可以看到，Target 是定义 Client 使用的与特定领域相关的接口，Client 与符合 Target 接口的对象协同，Adaptee 则定义一个已经存在的接口，这个接口需要适配，而适配器 Adapter 是对 Adaptee 接口与 Target 接口进行适配。

类适配器和对象适配器有不同的权衡。类适配器用一个具体的 Adapter 类对 Adaptee 和 Target 接口进行适配。结果是当我们想要适配一个类以及它所有的子类时，适配器类 Adapter将不能胜任工作。对象适配器则允许一个适配器 Adapter 与多个 Adaptee 同时工作，适配器 Adapter 也可以一次给所有的 Adaptee 添加功能。使得重定义 Adaptee 的行为比较困难。这就需要生成 Adaptee 的子类并且使得 Adapter 引用它的子类而不是引用 Adaptee 本身。在实际应用适配器模式时，需要考虑多方面的因素。

- 适配器 Adapter 的匹配程度。对 Adaptee 的接口与 Target 的接口进行匹配的工作量各个 Adapter 可能不一样。适配器 Adapter 的工作量取决于 Target 的接口与 Adaptee 的接口的相似程度。
- 可插入的适配器 Adapter。当一个类使用另一个类时，需要的假定条件越少，这个类的可复用性就越大。有许多方法可以实现可插入的适配器。如为 Adaptee 找一个可用于适配的最小操作集的“窄”接口，通过使用抽象操作、代理对象或者参数化的适配器等方法，实现一些操作并匹配具体的层次结构。
- 使用双向适配器，对所有客户都提供透明操作。

与适配器模式相关的模式有代理模式等。

8.3.3 命令模式

命令模式属于行为型的设计模式，它将一个请求封装为对象，从而可将不同的请求参数化，对请求进行排队，记录请求日志和支持可撤销的操作等。

通常在遇到下列情况之一时可使用命令模式：

1）抽象出待执行的动作以参数化某个对象时。

2）在不同的时刻指定、排列和执行请求时。

3）支持取消操作时。

4）支持修改日志，当系统崩溃时，根据已有的日志修改可以被重做一遍。

5）用构建在原语操作上的高层操作构造一个系统。

命令模式的结构类图如图 8-6 所示。

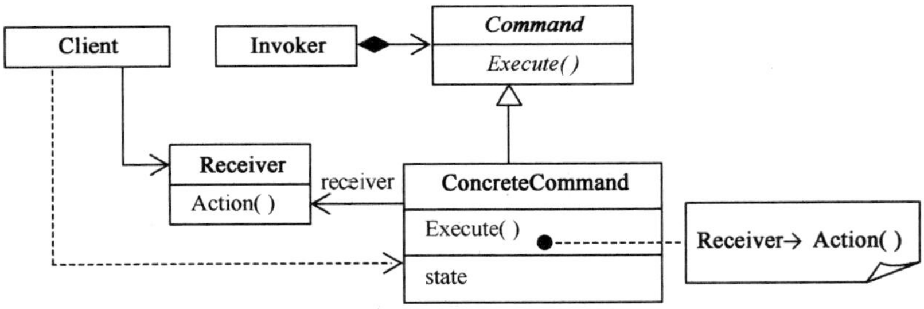

图 8-6　命令模式的类图结构

命令模式的关键是一个抽象的命令类 Command，它定义了一个执行操作的接口，其最简单的形式是一个抽象的 Execute()操作。

图 8-6 显示了各对象间的交互。客户类 Client 创建一个具体命令对象 ConcreteCommand 并指定它的接收者对象 Receiver，其中某一个 Invoker 对象存储该具体命令对象 ConcreteCommand，并通过调用具体命令对象 ConcreteCommand 的执行操作 Execute()提交一个请求。如果命令撤销，具体命令对象 ConcreteCommand 就在执行操作 Execute()之前存储当前状态以用于取消该命令。具体命令对象 ConcreteCommand 调用它的接收者对象 Receiver 的一些操作以执行该请求。

参与模式运行的角色有：

- 抽象类 Command 声明执行操作的接口。
- 具体命令类 ConcreteCommand 将接收者对象 Receiver 绑定于一个动作，同时调用接收者相应的操作，以实现 Execute。
- 客户类 Client 创建一个具体命令对象并设定它的接收者。
- Invoker 要求该命令执行这个请求。
- 接收者对象 Receiver 知道如何实施并执行一个与请求相关的操作。

图 8-6 所示的结构也说明了命令模式的灵活性：它提交一个请求对象，仅需知道如何提交它，而不需知道该请求将会被如何执行。而且，命令模式将调用操作的对象与知道如何实现该操作的对象解耦。Command 对象可以像其他的对象一样被操纵和扩展，也可将多个命令装配成一个复合命令。另外增加新的 Command 无需改变已有的类，实现起来比较容易。

开发人员在实现命令模式时应注意的问题：

- 应考虑一个命令对象应达到何种智能程度，以动态地找到它们的接收者。
- 是否支持取消（undo）和重做（redo）。如果抽象类 Command 拟提供方法支持取消和重做的功能，如采取 Unexecute 或 Undo 操作，则具体命令类 ConcreteCommand 可能需要存储额外的状态信息。状态信息包括：接收者对象执行处理请求的各操作、接收者执行操作的参数、接收者提供的一些恢复某些存储值的操作。
- 在抽象类 Command 中存入更多的信息以保证这些对象可被精确地复原成它们的初始状态，避免取消操作过程中的错误积累。
- 如何很好地使用 C++模板。

与命令模式相关的模式有：组合（Composite）模式和备忘录（Memento）模式。其中前者可用来实现宏命令，后者则可用来保持某个状态，命令模式用这一状态来取消它的效果。

8.3.4 解释器模式

解释器模式是类行为型模式。如果某种特定类型的问题发生频率很高时，就需要构建一个解释器，将该问题的各个实例表述为一个简单语言的句子。

当有一个语言需要解释执行，并且可将该语言中的句子表示为一个抽象语法树时，可使用解释器模式。

解释器模式的类图结构如图 8-7 所示。

由图 8-7 可知，客户对象 Client 构建某个文法定义的语言中一个特定句子，是非终结符表达式结点类 NonterminalExpression 和终结符表达式结点类 TerminalExpression 的实例的一个抽象语法树，它初始化语境并调用解释操作。每一个终结符表达式结点定义相应子表达式的解释操作，而各非终结符表达式的解释操作构成了递归的基础。每一结点的解释操作用语境来存储和访问解释器的状态。

参与解释器模式的对象有：

- 抽象类 AbstractExpression 声明一个抽象的解释操作，被抽象语法树中所有的结点共享。
- 终结符表达式结点类 TerminalExpression 实现与文法中的终结符相关联的解释操作。

- 非终结符表达式结点类 NonterminalExpression 解释一般要递归地调用表示每一条规则的那些对象的解释操作。
- 语境类 Context 包含解释器之外的一些全局信息。
- 客户类 Client 构建表示该文法定义的语言中一个特定句子的抽象语法树。

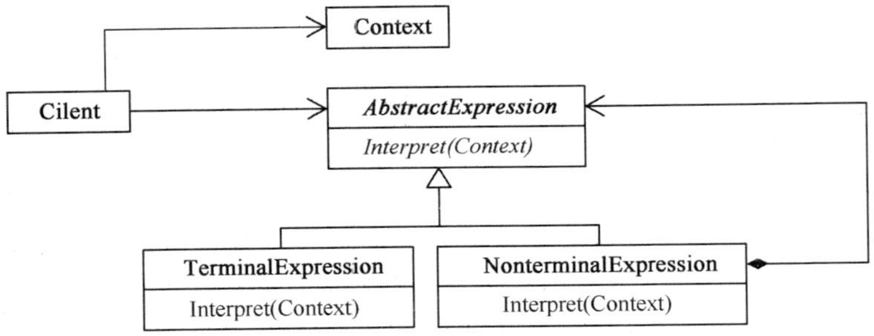

图 8-7 解释器模式的类图结构

解释器模式使用类来表示方法规则，可比较容易地使用继承来改变或扩展文法，也比较容易实现文法。同时，它使实现新的表达式的计算变得更加容易。但是，如果为文法中的每一条规则定义了一个类，包含许多规则的文法可能难以管理和维护。

解释器模式与合成模式在实现上有许多相同的地方，但解释器模式也有一些特殊的问题：

- 用一个语法分析程序创建抽象语法树。
- 定义解释操作可以在表达式类中定义，也可通过其他模式解决。
- 如果一个句子多次出现同一个终结符，就需要与享元模式共享终结符。

通常解释器模式需要与合成模式、访问者模式、享元模式以及下一节讲到的迭代器模式相关联。

8.3.5 迭代器模式

迭代器模式属于对象行为型模式，它提供一种顺序访问某个对象集合中各个元素的功能，而又不需暴露该对象的内部表示的方法。其关键思想是将对一个对象集合的访问和遍历从对象中分离出来，并放入一个迭代器中。迭代器类定义了一个访问该列表元素的接口，迭代器对象负责跟踪当前的元素。迭代器和对象集合具有极强的耦合性。

迭代器模式可在下列情况时使用：

1）访问一个对象集合的内容而又不暴露它的内部表示。

2）支持对对象集合的多种遍历。

3）为遍历不同的集合结构提供一个统一的接口，即支持多态迭代。

迭代器模式的类结构图如图 8-8 所示。

具体迭代器类 ConcreteIterator 跟踪集合中的当前对象，并能够计算出待遍历的后继对象。参与的对象有：

- 抽象迭代器类 Iterator 定义访问和遍历元素的接口。
- 具体迭代器类 ConcreteIterator 实现迭代器接口，并在对该集合遍历时跟踪当前位置。

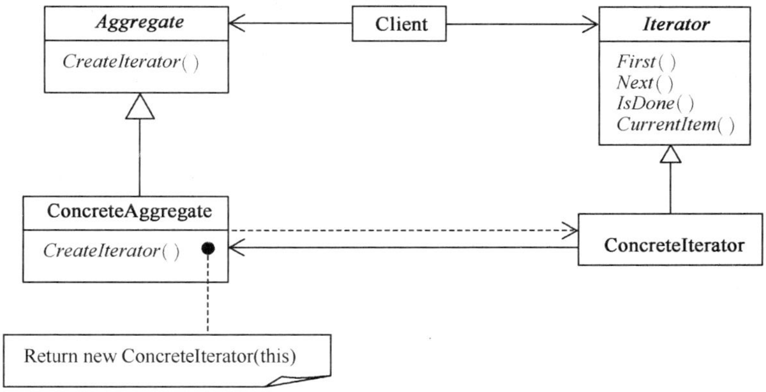

图 8-8 迭代器模式的类图结构

- 抽象集合类 Aggregate 定义创建相应迭代器对象的接口。
- 具体集合类 ConcreteAggregate 实现创建相应迭代器的接口，该操作返回具体迭代器类 ConcreteIterator 的一个适当的实例。

迭代器模式有三个重要的作用：

- 支持以不同的方式遍历一个集合，复杂的集合可用多种方式进行遍历。
- 迭代器简化了集合的接口。
- 在同一个集合上可以有多个遍历。

迭代器模式在实现上有许多变化和选择，因此在实现上常常要根据实际需要进行权衡。

- 由谁控制迭代。通常由客户或者迭代器自身来控制，前者更灵活，后者使用起来较容易。
- 由谁定义遍历算法。迭代器不是唯一可定义遍历算法的，集合本身也可以定义，并在遍历过程中用迭代器来存储当前迭代的状态。
- 由于在遍历一个集合的同时，还要更改这个集合，这可能很危险，所以要考虑迭代器健壮程度。
- 迭代器附加的操作。迭代器的最小接口由 First、Next、IsDone 和 CurrentItem 操作组成，其他如 Previous、SkipTo 操作也很有用。
- 多态迭代器的使用。只有当必须使用时才使用它们，否则代价太大。
- 迭代器是否有特权对集合进行访问。
- 用于复合对象的迭代器。复合常常需要多种方法遍历，前序、后序、中序以及广度优先遍历都是常用的，所以用不同的迭代器支持不同的遍历。
- 空迭代器更容易遍历树形结构的集合。

与迭代器模式相关联的模式有：合成模式、工作方法模式、备忘录模式等。

8.3.6 观察者模式

观察者模式属于对象行为型模式，是定义对象间一种一对多的依赖关系，当一个对象的状态发生改变时，所有依赖于它的对象都得到通知并被自动更新。此模式的关键对象是目标和观察者，一个目标可以有很多依赖它的观察者，一旦目标状态发生变化，观察者都将得到通知。作为对这个通知的响应，这些观察者将对目标进行查询并自动更新，以使其状态与目标的状态同步。这种交互也称为发布-订阅模式。目标是通知的发布者，只需发出通知而并不需要知道谁是它的观察者。可以有任意多个观察者订阅并接收通知。

一般在遇到下列情况时可以使用观察者模式：

- 当一个抽象模式可以分为两个方面，将二者封装在分别独立的对象中，各自独立地改变和复用。
- 当对一个对象的改变需要同时改变其他对象，而不知道具体有多少对象有待改变。
- 当一个对象必须通知其他对象，而它又不能假定其他对象是谁。

观察者模式的类结构图如图 8-9 所示。

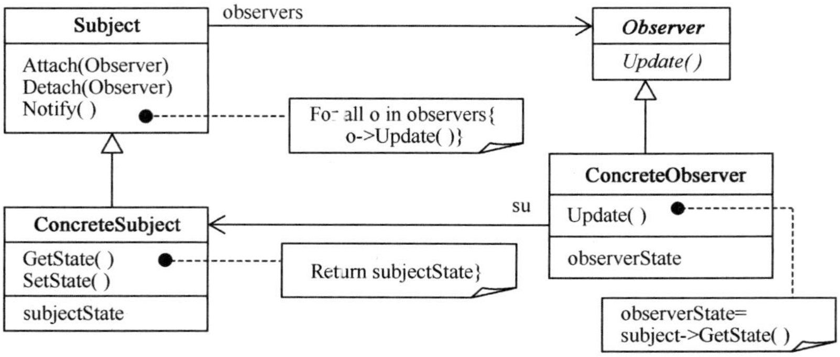

图 8-9 观察者模式的类图结构

由图 8-9 可知，各个具体目标对象 ConcreteSubject 一旦发生可能导致其观察者与自身状态不一致的变化时，将通知它的各个观察者，在得到一个具体改变通知后，具体目标对象 ConcreteObserver 可向目标对象查询信息。具体目标对象 ConcreteObserver 使用这些信息以使它的状态与目标对象的状态一致。

参与观察者模式的对象有：

- 目标对象 Subject 知道自己的观察者对象 Observer，并提供注册和删除 Observer 对象的接口，一个目标对象 Subject 可以有任意多个观察者对象 Observer。
- 抽象观察者类 Observer 为在 Subject 改变时需获得通知的对象定义一个更新的接口。
- 具体目标对象 ConcreteSubject 将有关状态存入各个具体观察者对象 ConcreteObserver，当具体目标对象 ConcreteSubject 自身状态发生变化时，会向它的各个观察者对象 Observer 发出通知。
- 具体观察者对象 ConcreteObserver 维护一个指向具体目标对象 ConcreteSubject 的引用，存储有关状态，并更新观察者对象 Observer 接口，以使存储状态、自身状态与目标对象 Subject 状态保持一致。

因此，可以在不改动目标对象和其他观察者对象的前提下增加新的观察者对象。这样，就使得目标对象 Subject 和观察者对象 Observer 间的抽象耦合保持了系统层次的完整性。而且能较好地支持广播通信，对观察者对象 Observer 的删除或增加也比较自由。但是，一个观察者对象 Observer 并不知道目标对象 Subject 何时会发送更新通知，当对该观察者对象 Observer 进行删除或增加时，有时就可能会导致发生严重的问题。因此，在实现观察者模式时，应注意：

- 创建目标对象 Subject 到其观察者对象 Observer 间的映射。
- 尽可能观察多个目标，以进行必要的检查。
- 要由目标对象 Subject 的状态和客户调用通知操作，以触发更新。
- 删除某个目标对象 Subject 时不要遗留观察者对象 Observer 对该 Subject 的悬挂引用，一般是让通知它的 Observer 将 Subject 的引用复位。
- 在发出通知前确保目标对象 Subject 的自身状态是一致的。
- 避免使用特定的观察者对象 Observer 的更新协议——推/拉模型。推式模型使 Observer 难以复用，而拉式模型可能效率较差。
- 可以扩展目标的注册接口，让观察者对象 Observer 注册为仅对特定事件感兴趣，以提高更新的效率。
- 封装复杂的更新语义，尽量减少观察者反映目标状态变化所需的工作量。
- 要结合 Subject 类和 Observer 类灵活运用，尽量不使用多重继承。

与观察者模式相关的模式有：中介者模式和单例模式等。

8.3.7 代理模式

代理模式属于对象结构型模式，它为其他对象提供一种代理以控制对该对象的访问。在需要用比较通用和复杂的对象指针代替简单的指针的时候适合使用代理模式。一些可以使用代理模式的常见情况有：

- 远程代理（remote proxy）：为一个对象在不同的地址空间提供局部代表。
- 虚拟代理（virtual proxy）：根据需要创建开销很大的对象。
- 保护代理（protection proxy）：控制对原始对象的访问，用于对象应该有不同的访问权限时。
- 智能引用（smart reference）：取代了简单的指针，在访问对象时执行一些附加操作。

代理模式的类图结构如图 8-10 所示。

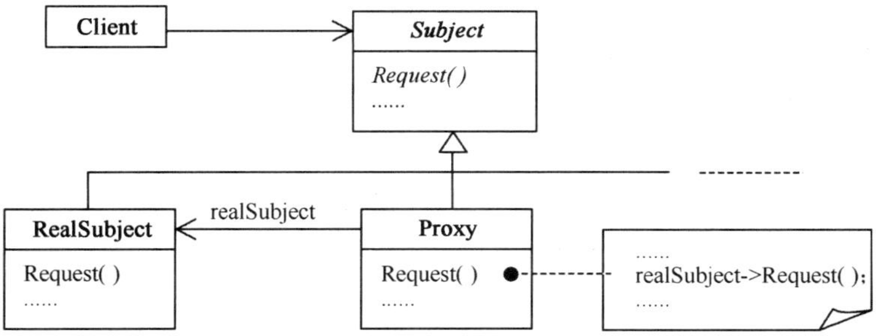

图 8-10 代理模式的类图结构

从图 8-10 可以看出，客户对象 Client 向一个作为接口的 Subject 发出请求，Subject 接口的实施代理对象 Proxy 根据请求的种类，在适当的时候向实体目标对象 RealSubject 转发请求。代理模式的参与者有：

- 客户对象 Client 向一个作为接口的 Subject 发出请求。

- 代理对象 Proxy 保存一个引用使其可以访问实体。若实体目标对象 RealSubject 和 Subject 的接口相同，Proxy 会引用 Subject，并提供一个与 Subject 的接口相同的接口，以代替实体。Proxy 还控制对实体的存取，并可能负责创建和删除它。
- 抽象类 Subject 定义实体目标对象 RealSubject 和代理对象 Proxy 的共用接口，这样就允许在任何使用 RealSubject 的地方都可以使用 Proxy。
- 实体目标对象 RealSubject 定义代理对象 Proxy 所代表的实体。

代理模式在访问对象时引入了一定程度的间接性。这样，远程代理就可以隐藏一个对象存在于不同地址空间的事实，虚拟代理就可以进行最优化处理，而保护代理和智能引用都允许在访问一个对象时附加一些内务处理。另外，还可以对用户隐藏另一种称之为 Copy-on-Write 的优化处理方式，它可以大幅度地降低拷贝一个庞大实体时的开销。

在代理模式的实现中应注意：

- 代理模式 Proxy 可以重载 C++ 中的存取运算符，以便在撤销对一个对象的引用时执行一些附加的操作，这样就可以用于实现某些种类的代理。
- 使用 Smalltalk 中的 doesNotUnderstand，用代理类 Proxy 重定义 doesNotUnderstand，以便向它的实体转发信息。
- 代理模式 Proxy 并不总是需要知道实体的类型，若 Proxy 类能够完全通过一个抽象接口处理实体，Proxy 可以统一处理所有的实体目标类 RealSubject；如果要 Proxy 类实例化 RealSubject，那就要知道具体的类。另外，在实例化实体以前要知道怎样引用代理。

与代理模式相关的模式有：适配器模式、装饰模式等。

8.3.8 单例模式

单例模式属于对象创建型模式，它保证一个类仅有一个实例，并提供一个访问它的全局访问点。要保证仅有一个实例比较好的办法是，让类自身负责保存它的唯一性。这个类能够保证没有其他实例可以被创建，并且它可以提供一个访问该实例的方法。这是单例模式的核心思想。

通常单例模式适合在下列情况中使用：

- 当类只能有一个实例而且客户可以从众所周知的访问点访问它时。
- 当这个唯一实例通过子类化并且是可扩展的，客户无需更改代码就能使用一个扩展的实例时。

单例模式的结构图如图 8-11 所示。

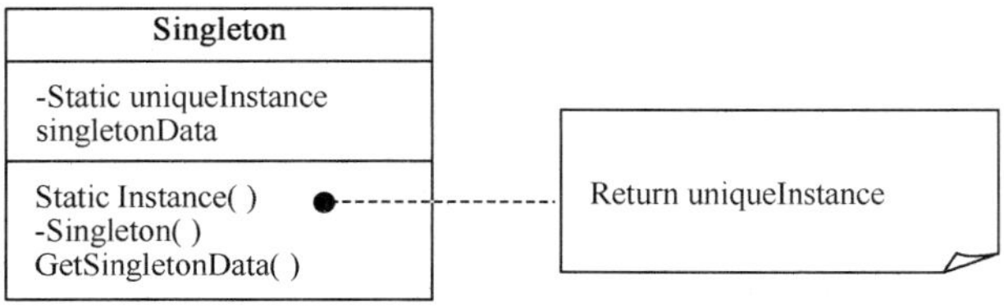

图 8-11 单例模式的结构图

由图 8-11 可知，客户只能通过单例对象 Singleton 的 Instance 操作访问一个 Singleton

的实例。单例模式拥有一个私有构造函数，确保用户无法通过 new 直接创建它的实例。

单例模式的参与者有：

- 单例对象 Singleton 定义一个 Instance()操作，允许客户访问它的唯一实例，并可能负责创建它自己的唯一实例。
- Instance()是一个类操作（即 Smalltalk 中的一个类方法和 C++中的一个静态成员函数）。

单例模式有很多优点：

- 因为单例类 Singleton 封装了它的唯一实例，可以实现对唯一实例的受控访问。它是对全局变量的一种改进，避免了那些存储唯一实例的全局变量污染命名空间，有效缩小了命名空间。
- 单例类 Singleton 可以有子类，很容易用这个扩展类的实例来配置一个应用。可以用所需要的类的实例在运行时刻配置应用。
- 单例模式允许可变数目的实例，可以灵活改变设计想法。
- 通过实践表明，单例模式相比类操作要更灵活。

单例模式在实现中应注意：

- 必须保证一个唯一的实例。就是将创建这个实例的操作隐藏在一个类操作后面，由它保证只有一个实例可以被创建。
- 指向单件实例的变量必须用子类的实例进行初始化，以此来创建单例类的子类。
- 另一个选择单例模式 Singleton 的子类的方法是将 Instance()的实现从父类中分离出来并将它放入子类，这就允许 C++程序员在链接时刻决定单例模式的类，但对单例的客户则隐蔽这一点。

与单例模式相关的模式有：抽象工厂模式等。

8.3.9 状态模式

状态模式属于对象行为型模式，允许一个对象在其内部状态变化时改变它的行为。如一个对象在网络连接 TCP 中有不同的状态：连接已建立、正在监听、连接关闭。当一个对象收到其他对象的请求时，它根据自身的当前状态作出不同的响应。因此，需要引入一个抽象类来表示网络的连接状态。

一般在下面两种情况之一时，可以使用状态模式：

1）一个对象的行为取决于它的状态，并且它必须在运行时刻根据状态改变它的行为。

2）一个操作中含有庞大的多分支的条件语句，且这些分支依赖于该对象的状态。

状态模式的结构图如图 8-12 所示。

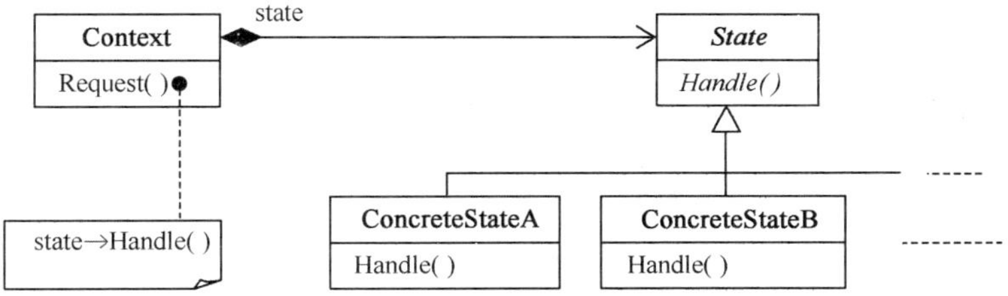

图 8-12 状态模式的结构图

由图 8-12 可以看出，语境对象 Context 将与状态相关的请求委托给当前的具体对象 ConcreteState 来处理。语境对象 Context 将自身作为一个参数传递给处理该请求的状态对象，这使得状态对象在必要时可访问语境对象 Context。语境对象 Context 是客户使用的主要接口。客户可用状态对象来配置一个语境对象 Context，一旦一个语境对象 Context 配置完毕，它的客户不再需要直接与状态对象通信。语境对象 Context 或具体状态 ConcreteState 子类都可以决定一个状态的后继者是什么状态，以及在何种条件下进行状态转换。

参与状态模式的对象有：

- 语境对象 Context 定义客户感兴趣的接口，并维护一个具体状态 ConcreteState 子类的实例，这个实例定义当前状态。
- 抽象类 State 定义一个接口以封装与语境对象 Context 的一个特定状态相关的行为。
- 具体状态 ConcreteState 子类实现一个与语境对象 Context 的一个状态相关的行为。

状态模式将所有与一个特定的状态相关的行为都放入一个对象中，这样的局部化将不同状态的行为分割开来，通过定义新的子类可以很容易地增加新的状态和状态转换。而且，它为不同的状态引入独立的对象，从而使得转换变得更加明确。另外，状态对象 State 可被共享。

在实现状态模式时要注意：

- 根据定义状态转换的对象，来确定语境对象 Context 的实现方法。
- 使用状态表将输入映射到状态转换的某一个状态，一张状态表将每一个可能的输入映射到一个后继状态。
- 创建和销毁状态对象 State 的问题。
- 使用动态继承在某种意义上是不可能实现的。

与状态模式相关的模式有：享元模式和单例模式等。

8.3.10 策略模式

策略模式属于对象行为型模式。策略模式的用意是针对一组算法，将每一个算法封装到具有共同接口的独立的类中，从而使得它们可以相互替换。策略模式使得算法可以在不影响客户端的情况下发生变化。这种封装算法就成为一个策略。

假设现在要设计一个卖各类书籍的电子商务网站的购物车（shopping cat）系统。一个最简单的情况就是把所有货品的单价乘上数量，但是实际情况肯定比这要复杂。比如，该网站可能对所有的教材类图书实行每本一元的折扣；对连环画类图书提供每本 7% 的促销折扣；而对非教材类的计算机图书有 3% 的折扣；对其余的图书没有折扣。由于有这样复杂的折扣算法，使得价格计算问题需要系统地解决。

使用策略模式可以把行为和环境分割开来。环境类负责维持和查询行为类，各种算法则在具体策略类（ConcreteStrategy）中提供。由于算法和环境独立开来，算法的增减、修改都不会影响环境和客户端。当出现新的促销折扣或现有的折扣政策发生变化时，只需要实现新的策略类，并在客户端登记即可。策略模式相当于“可插入式（pluggable）算法”。

1. 使用策略模式的时机

通常存在以下情况时应考虑使用策略模式：

- 如果在一个系统里面有许多类，它们之间的区别仅在于它们的行为，那么使用策略模式可以动态地让一个对象在许多行为中选择一种行为。

- 一个系统需要动态地在几种算法中选择一种。那么这些算法可以包装到各个具体算法类里面，而这些具体算法类都是一个抽象算法类的子类。换言之，这些具体算法类均有统一的接口，由于多态性原则，客户端可以选择使用任何一个具体算法类，并只持有一个数据类型是抽象算法类的对象。
- 一个系统的算法使用的数据不可以让客户端知道。策略模式可以避免让客户端涉及不必要接触的复杂的、只与算法有关的数据。
- 如果一个对象有很多行为，若不用恰当的模式，这些行为就只好使用多重的条件选择语句来实现。此时，使用策略模式，把这些行为转移到相应的具体策略类里面，就可以避免使用难以维护的多重条件选择语句，并体现面向对象设计的概念。

2. 策略模式的结构

策略模式是对算法的包装，是把使用算法的责任和算法本身分割开，委派给不同的对象进行管理。策略模式通常把一个系列的算法包装到一系列的策略类里面，作为一个抽象策略类的子类。用一句话来说，就是"准备一组算法，并将每一个算法封装起来，使得它们可以互换。"

策略模式结构图如图 8-13 所示。

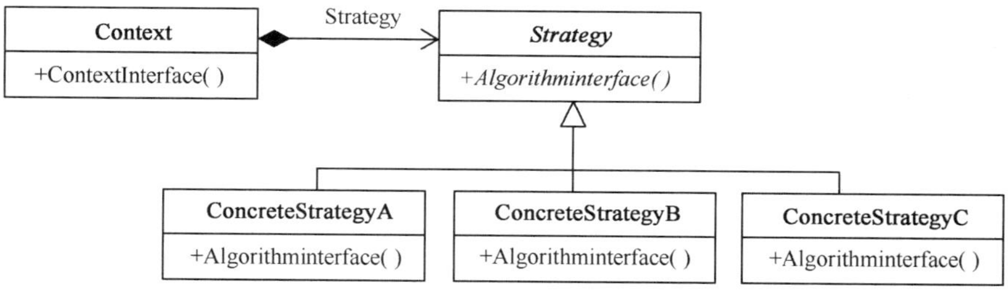

图 8-13　策略模式结构图

策略模式涉及三个角色：

- 语境（Context）角色：持有一个策略类 Strategy 的引用。可定义一个接口让 Strategy 访问它的数据。
- 抽象策略（Strategy）角色：这是一个抽象角色，通常由一个接口或抽象类实现。此角色给出所有的具体策略类所需的接口。
- 具体策略（ConcreteStrategy）角色：包装了相关的算法或行为，以 Strategy 接口实现某个具体算法。

由图 8-13 可看出，Strategy 和 Context 相互作用可以实现选定的算法。当算法被调用时，Context 可以将该算法所需要的所有数据都传递给 Strategy，或者 Context 可以将自身作为一个参数传递给 Strategy 操作。这就让 Strategy 在需要时可以回调 Context。Context 将客户的请求转发给它的 Strategy。客户通常创建并传递一个 ConcreteStrategy 对象给 Context，这样客户仅与 Context 交互。通常有一系列的 ConcreteStrategy 类可供客户从中选择。

3. 策略模式的优点和缺点

策略模式有很多优点和缺点。它的优点有：

- 策略模式提供了管理相关算法族的办法。策略类的等级结构定义了一个算法或行为族。恰当使用继承可以把公共的代码移到父类里面，从而避免重复的代码。
- 策略模式提供了可以替换继承关系的办法。如果不使用策略模式，那么使用算法或行为的环境类就可能会有一些子类，每一个子类提供一个不同的算法或行为。但是，这样一来算法或行为的使用者就和算法或行为本身混在一起。决定使用哪一种算法或采取哪一种行为的逻辑就和算法或行为的逻辑混合在一起，从而不可能再独立演化。继承可以处理多种算法或行为，但继承使得动态改变算法或行为变得不可能。
- 使用策略模式可以避免使用多重条件转移语句。多重转移语句不易维护，它把采取哪一种算法或采取哪一种行为的逻辑与算法或行为的逻辑混合在一起，统统列在一个多重转移语句里面，比使用继承的办法还要原始和落后。

策略模式的缺点有：

- 客户端必须知道所有的策略类，并自行决定使用哪一个策略类。这就意味着客户端必须理解这些算法的区别，以便适时选择恰当的算法类。换言之，策略模式只适用于客户端知道所有的算法或行为的情况。
- 策略模式造成很多的策略类。有时候可以通过把依赖于环境的状态保存到客户端里面，而将策略类设计成可共享的，这样策略类实例可以被不同客户端使用。换言之，可以使用享元模式来减少对象的数量。

通常在实现策略模式时要注意：

- 定义 Strategy 和 Context 接口时，必须使得 ConcreteStrategy 能够有效地访问它所需要的 Context 中的任何数据，反之亦然。
- 将 Strategy 作为模板参数时，要满足两个条件：在编译时选择 Strategy，而且在运行时不需要改变。
- 要根据 Context 的行为，尽量使 Strategy 对象能够成为可选择的对象。

8.3.11 访问者模式

访问者模式属于对象行为型模式。它表示一个作用于某对象结构中的各元素的操作，使得可以在不改变各元素的类的前提下定义作用于这些元素的新操作。访问者模式适用于数据结构相对稳定的系统，它把数据结构和作用于结构上的操作之间的耦合解脱开，使得操作集合可以相对自由地演化。

访问者模式通常适用于下列情况：

1）一个对象结构包含很多类对象，它们有不同的接口，而你要对这些对象实施一些依赖于其具体类的操作。

2）需要对一个对象结构中的对象进行很多不同且不相关的操作，而又不想让这些操作直接接触这些对象的类。

3）定义对象结构的类很少改变，但经常需要在此结构上定义新的操作。改变对象结构类需要重定义对所有访问者的接口，这可能需要很大的代价。如果对象结构类经常改变，那么可能还是在这些类中定义这些操作较好。

访问者模式结构图如图 8-14 所示。

在图 8-14 中，一个客户创建一个 ConcreteVisitor 对象，然后遍历该对象结构，并用该

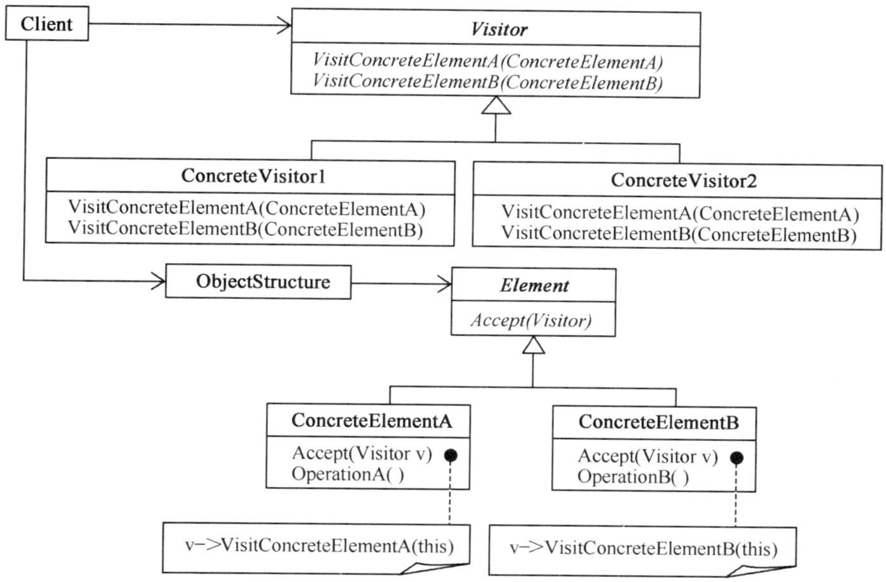

图 8-14 访问者模式结构图

访问者访问每一个元素。当一个元素被访问时，它调用对应于它的类 Visitor 操作。如果必要，该元素自身作为这个操作的一个参数以便访问者访问它的状态。参与的对象有：Visitor 为该对象结构中 ConcreteElement 的每一个类声明一个 Visit 操作。ConcreteVisitor 实现每个由 Visitor 声明的操作，并为算法提供语境并存储它的局部状态。Element 定义一个 Accept 操作，它以一个访问者为参数。ConcreteElement 实现一个 Accept 操作。ObjectStructure 可以是一个复合对象或对象的集合，并能枚举它的元素，还可以提供一个高层的接口以允许访问者通过这个接口访问这些元素。

访问者模式仅需增加一个新的访问者即可在一个对象结构上定义一个新的操作，这使得增加新的操作非常容易。它集中了相关的操作，分离了无关的操作，既简化了这些元素的类，也简化了这些访问者中定义的算法。另外，还可以通过类层次进行访问，对一个 Visitor 接口增加任何类型的对象。但是，此模式也存在诸多缺陷，它很难增加新的 ConcreteElement 类，而且当访问者访问对象结构中的每一个元素时，可能会造成状态累积。另外，由于以内部状态来调用公共操作，可能会破坏它的封装性。

在应用访问者模式时，应着重注意两个问题：一是双分派（double-dispatch）问题。访问者模式允许你不改变类即可有效地增加其上的操作。为达到这一效果，使用了一种称为双分派的技术。它意味着得到执行的操作取决于请求的两个类和两个接收者的类型。得到执行的操作不仅取决于 Visitor 的类型，还取决于它访问的 Element 的类型。二是由谁负责遍历对象结构的问题。一个访问者必须访问这个对象结构的每一个元素。可以将遍历的责任放到对象结构、访问者或一个独立的迭代器对象中的任何一个。用对象结构进行迭代时，一个集合只需对它的元素进行迭代，并对每一个元素调用 Accept 操作；而一个复合通常让 Accept 操作遍历该元素的各子构件并对它们中的每一个递归地调用 Accept 操作。使用一个迭代器来访问各个元素时，要根据实际情况使用内部或外部迭代器，二者的区别主要在于内部迭代器不会产生双分派。如果放在访问者中，主要是因为意图实现一个特别复杂的遍历，这依赖于对象结构的操作结果。

与访问者模式相关的模式有解释器模式等。

8.4 设计模式遵循的原则和使用策略

8.4.1 设计模式遵循的原则

近年来，人们为什么踊跃地提倡和使用设计模式呢？其根本原因就是为了实现代码复用，增加可维护性。那么怎样才能实现代码复用呢？设计模式的实现遵循了一些原则，从而达到了代码复用及增加可维护性的目的。下面是设计模式应当遵循的几个常用原则：

1）开-闭原则（Open-Closed Principle，OCP）。一个软件实体应当对扩展开放，而对修改关闭。当再设计一个模块的时候，应当使这个模块可以在不修改的前提下进行扩展。换言之，应当可以在不必修改源代码的情况下改变这个模块的行为，在保持系统一定的稳定性的基础上，对系统进行扩展，即只增加新代码。

2）里氏代换原则（Liskov Substitution Principle，LSP）。它是由 Barbar Liskov 提出的。具体表述为：一个软件实体如果使用的是一个基类的话，那么一定适用于其子类，而且它根本不能察觉出基类对象和子类对象的区别。只有派生类可以替换基类，基类才能真正被复用，而派生类也能够在基类的基础上增加新功能。但是，反过来的代换并不成立。也就是说，应当尽量从抽象类继承，而不从具体类继承。此原则的支持技术为“基于契约设计（Design By Constract，DBC)”。这个技术描述了在重新声明派生类中的例程（routine）时，只能使用相等或者更弱的前置条件来替换原始的前置条件，只能使用相等或者更强的后置条件来替换原始的后置条件。

3）依赖倒转原则（Dependence Inversion Principle，DIP）。它讲的是：要依赖于抽象，不要依赖于具体。即针对接口编程，不要针对实现编程。针对接口编程的意思是，应当使用接口和抽象类进行变量的类型声明、参量的类型声明、方法的返还类型声明以及数据类型的转换等。不要针对实现编程的意思就是，不应当使用具体类进行变量的类型声明、参量的类型声明、方法的返还类型声明以及数据类型的转换等。

4）接口隔离原则（Interface Segregation Principle，ISP）。一个类对另外一个类的依赖是建立在最小的接口上。使用多个专门的接口比使用单一的总接口要好。胖接口会导致它们的客户程序之间产生不正常的并且有害的耦合关系。当客户程序要求该胖接口进行一个改动时，会影响到所有其他的客户程序。因此客户程序应该仅仅依赖它们实际需要调用的方法。

5）组合/聚合复用原则（Composite/Aggregate Reuse Principle，CARP）。在一个新的对象里面使用一些已有的对象，使之成为新对象的组成部分；新的对象通过对这些对象的调用达到复用已有功能的目的。这个设计原则可以简短地表述为：要尽量使用合成/聚合，尽量不要使用继承。

6）迪米特法则（Law of Demeter，LoD）。具体来讲就是：一个对象应该对其他对象有尽可能少的了解。就是说，如果两个类不必彼此直接通信，那么这两个类就不应当发生直接的相互作用，如果其中的一个类需要调用另一个类的某个方法的话，可以通过第三者转发这个调用。

7）单一职责原则（Simple Responsibility Principle，SRP）。就一个类而言，应该有且仅有一个引起它变化的原因，如果你有多个动机想去改变一个类，那么这个类就具有多个职责。应该把多余的职责分离出去，分别再创建一些类来完成每一个职责。

8.4.2 设计模式的使用策略

8.3 节介绍了 11 种设计模式，这些模式可以帮助设计者更快更好地完成面向对象的软件设计。然而在实际的软件开发过程中，对于任意一个给定的设计问题，要想从中找出具有针对性的设计模式可能还很困难，尤其是当面对一组新模式，而设计人员又不太熟悉它的时候，就更加困难。因此，正确、合理地选择和使用设计模式是相当重要的。

1. 设计模式的选择方法

1）理解问题需求。任意一个需求，总会涉及一个或几个特定的问题领域。例如，假定现在要准备设计一个编译器，可能设计者马上会想到这与解释器模式有关；而在解释器模式中，客户首先要创建抽象语法树，抽象语法树中的终结符是一种使用量很大的细粒度的对象，这很可能要用到共享模式来共享终结符；而为了遍历抽象语法树，很可能会想到要用迭代器模式进行遍历；并用访问者模式在一个类中维护抽象语法树中每个结点的行为；又因为抽象语法树通常是复合模式的实例，所以很可能要用到组合模式；等等。这种首先理解问题需求，然后循序渐进地不断找出可能要用到的模式或模式组，从宏观的角度上选择设计模式的方法在设计过程中是值得推荐的。

2）研究和掌握设计模式是如何解决设计问题的。每一种模式都用来具体解决某一类软件的设计问题，每一个模式均有其目的，研究每个模式的目的，然后找出与实际问题相关的一个或多个模式。各模式之间的功能总是相互补充的，因此，必须研究模式之间的相互关联，弄清设计模式之间的关系，对寻找合适的模式或模式组具有指导作用。此外，面对一个实际问题，必须考虑到设计中哪些功能是可变的，而这些变化是否会导致系统必须重新设计，然后找出相关的模式以尽量避免引起重新设计。这是从微观角度上选择设计模式的方法，它要求设计人员对各种模式有比较清楚的理解和掌握。

2. 设计模式的使用

设计模式选择好后，接下来就是如何将这些模式有效地应用到系统设计过程中。下面是 Erich Gamma 给出的一个循序渐进的使用设计模式的方法。

1）理解所选择的模式，注意模式的适用条件和模式的使用效果，确定该模式是否适合所要解决的实际问题。

2）研究模式的结构、组成以及它们之间如何协作，这将确保设计人员理解这个模式的类、对象以及它们的关联关系。

3）选择模式参与者的名字，使这些名字在具体应用中有意义。设计模式中的参与对象的名字通常过于抽象而不会直接出现在应用中，然而，将参与者的名字和应用中出现的名字合并起来是很有用的。这会帮助设计人员在实现中更显式地体现出模式来。

4）定义类，声明它们之间的接口，建立它们的继承关系，定义代表数据和对象引用的实例变量。标识出模式在具体应用中可能影响到的类，并做出相应的修改。

5）定义模式中专用于具体应用的操作名称，操作名称一般依赖于应用，使用的操作名称必须一致。

6）实现执行模式中责任和协作的操作。

对于设计模式，如果不提一下它们的使用限制，那么关于如何使用它们的讨论就是不完整的。设计模式不能随意使用。设计模式通常是通过引入额外的间接层次来获得灵活性和可变性的。同时，这也使设计变得更复杂，而且也降低了系统的部分性能。一个设计模式只有当它提供的性能是真正需要的时候，才有必要使用。一位资深的系统设计人员曾经讲过，做设计或者做程序的时候，如果碰到第三次做基本上相同的设计或者代码，就要考虑一下是否要使用某种设计模式了。可见设计模式就是要提高软件可复用的程度。在采用设计模式的时候，实际上是把变化的部分进行了封装，把其中变化的和不变的部分进行解耦，利用接口或者抽象类来采用某种模式进行设计。像“针对接口编程”等软件复用规则的基本思想，实际上也是尽量减少不同类之间的耦合度，以便封装变化。

另外，就是要考虑使用某种模式的代价问题。按照模式的思想是运用接口和抽象类进行抽象和封装，虽然这样提高了系统设计和代码的可读性，提高了系统测试和维护的效率，但是实际上忽略了系统的运行效率。封装和抽象带来的必然是大量的参数，这些参数的打包、传递和解包所需的时间将影响到整个系统的运行效率。在面向对象的软件复用中本身就存在这个问题，但是在模式中大量使用接口和抽象类将使得软件的参数化程度更高。因此，封装变化和运行效率是一个不可兼得的两难问题，只有当一个设计模式所提供的灵活性是真正需要的时候，才有必要使用。

8.5 几种设计模式应用探析

8.5.1 UML 设计模式分析

在面向对象设计模式的层次之上，设计模式向开发者描述构件结构和构件间的合作关系，从而帮助程序员开发可重用的软件。如果对软件系统设计和实现中潜在的设计模式没有彻底的了解，软件重用在很大程度上仍然不能成功。UML 就是帮助人们深刻了解设计模式的有效工具。

UML 方法支持面向对象中 3 种基本的活动：识别对象和类、描述对象和类之间的关系以及通过描述每个类的功能定义对象的行为。而这 3 种活动也正是设计模式的组成要素，它们可以一步一步地实现对设计模式的基本要素的描述。

1. 问题的描述

我们采用 UML 中的用例图来描述设计模式的问题部分。问题本身讲述的是应该在何时使用模式，它解释了设计的问题和问题存在的前因后果，它可能描述了特定的设计问题，如怎样用对象表示算法等，也可能描述了导致不灵活设计的类或对象结构。有时候问题部分会包括所使用的模式必须满足的一系列先决条件。

UML 中的用例图用来描述开发系统的外部功能需求以及问题存在的外部环境。使用用例图可以详细说明系统表达的含义，并能捕获系统的需要从而形象地表示出一个模式的问题部分。用例图的主要构成元素是用例、角色和系统边界。用例用于描述每个功能需求，系统边界用于界定系统的功能范围，而角色用于描述与系统功能有关的外部实体。

2. 解决方案的描述

它是描述设计模式的核心部分。解决方案主要描述了设计的组成成分、它们之间的相互关系及各自的职责和协作方式。因为设计模式就像一个模板，可应用于多种不同场合，所以解决方案并没有描述一个特定而具体的设计或实现，而是提供设计问题的描述和怎样用一个具有一般意义的元素组合来解决这个问题。

使用 UML 中的类图描述设计模式的组成部分，如类和对象，以及它们之间的相互关系。它可以形象地表示设计模式的解决方案。类图的主要构成元素是类和类之间的关系。类是对应用领域或者应用方案概念的描述。关系包括关联、继承和各种依赖。为实现元素组合，类之间需要协作，这可以用 UML 动态模型来描述。UML 的动态模型包括活动图和交互图。活动图是用于显示执行某个计算过程中某个对象的若干活动状态的一种变形。活动状态表现了一项活动：工作流或操作的执行。交互图描述了实现系统行为角色之间的消息交换序列。分类角色是对交互中充当特殊角色的对象的描述，从而使该对象区别于其他的同类对象。它又分为顺序图和协作图。

3. 效果的描述

模式效果描述了模式应用的效果及使用该模式应权衡的问题。尽管在描述设计决策时，并不总提到模式效果，但模式效果的描述对于评价设计选择和理解使用模式的代价及好处有重要意义。软件效果大多关注对时间和空间的衡量，它们也表述了语言和实现问题。因为软件复用是面向对象设计的要素之一，所以模式效果包括它对系统的灵活性、扩充性或可移植性的影响，显式地列出这些效果对理解和评价这些模式很有帮助。

我们可以使用类图和交互图来说明模式应用的优点和不足之处。设计模式是为了更好地维护软件的可复用性，也就是说，当我们把某个模式放在不同的环境中时，对它整体所做的改变最小且最容易做到，这才是最好的模式。体现在 UML 描述中，就是要使类图和交互图的修改、添加或删除达到最小，最有规律可寻。用类图和交互图来说明模式效果清晰易懂，而且便于不同模式之间的比较。

总之，UML 可以成功地运用在设计模式的问题、解决方案和使用效果等重要方面的描述上，并且比其他描述方法具有更强的规范性和统一的标准。毫无疑问，设计模式是计算机面向对象软件工程领域所取得的重要成果，但是，设计模式这一好的思想还必须借助于强有力的工具来描述和实现。UML 结合了 Booch、OMT 和 OOSE 方法的优点，统一了符号体系，并从其他的方法和工程实践中吸收了许多经过实际检验的概念和技术，这些特点都使它成为描述设计模式的合适工具。

8.5.2 MFC 框架设计模式分析

MFC（Microsoft Foundation Class，微软基础类库）是微软推出的一套开发 Windows 平台软件的规模宏大的类库，它是一套应用框架。之所以说 MFC 是一套应用框架，最重要的特征是它所提供的 View/Document 结构能够将数据管理与显示分离。分析 MFC 框架中所使用的设计模式既有利于通过 MFC 的代码实例来理解设计模式，也有利于通过设计模式来理解 MFC 的内部实现机理，更好地使用 MFC。下面就对 MFC 的 View/Document 结构中所用到的设计模式进行一些分析，用以说明各种模式在 MFC 中的实现原理。

1. **观察者模式**

MFC 在 View/Document 结构的实现中采用了观察者模式。Document 为模式中的目标，用于管理应用程序中的数据；View 为模式中的观察者，以给定的方式显示所关联的 Document 中的数据。CDocument 类中定义了一个指针列表，用于保存对应的 CView 对象，并定义了一个函数用于对链表中的所有 CView 的对象进行更新。在执行打开文件或新建文件功能后，UpdateAllViews 将会被自动调用，然后依次调用各个 CView 对象的 OnUpdate，进行显示更新。

2. **单例模式**

MFC 中，每一个应用实例都派生于类 CWinApp。显然，每个应用程序都只应该有一个派生于 CWinApp 的实例。CWinApp 在设计中保证了一个应用程序不能生成多个实例，并且提供了一系列的函数访问该唯一对象的一些属性，包括 AfxGetApp、AfxGetInstanceHandle、AfxGetResourceHandle 和 AfxGet2AppName 等。

MFC 通过 ASSERT 来防止多次构造 CWinApp 对象。在第二次构造 CWinApp 对象时，ASSERT 内的表达式为假，将会弹出错误提示。而宏语句 ASSERT 只在 Debug 版本中有效，但采用 Release 版本编译时，会发现应用程序还有可能正确运行，该实现并不完美。单例模式通常可以通过类的静态变量和静态函数来实现。

3. **中介者模式**

MFC 的对话框机制使用了中介者模式。对话框类作为中介类，对话框上的其他控件作为同事类。如编辑框、按钮、下拉链表框等。当对话框上的两个或多个控件需要通信时（如编辑框输入了有效数据后，就可以使按钮有效），发送消息的控件首先将消息发送到它的父窗口（对话框），然后父窗口将收到的消息转发到各目标控件。

MFC 作为一套应用框架，使用了很多的设计模式。这些设计模式的使用，大大提高了类库的可复用性和可扩展性，并简化了系统的开发。实际上，除了 View /Document 框架中使用的模式外，在别的类中还包含了许多其他的模式，如 OLE 中大量使用了工厂模式，集合类模板库中大量使用了迭代器模式等。MFC 对象的串行化机制和动态创建机制也可以认为是创建型模式中的抽象工厂模式和原型模式的变种。不过，MFC 不使用继承机制实现，而是通过一些复杂的宏语句实现。

8.5.3 XML 设计模式分析

XML 主要用于构建 Web 应用，以简洁统一的结构使数据尤其是半结构化数据的描述规则化。在多用户协同环境下，它定义了清晰的结构和存储机制，并支持多种检索方法，为半结构化数据提供了有效的通信、存储和检索的实现方法。与传统检索方法相比，利用 XML 可获得更多的网络环境下的检索功能，并易于实现第三方应用。XML 根植于 Web 应用，因而使得以 XML 描述的设计模式可以满足多用户环境和异构平台上对于设计模式的交流、学习和应用等需要，并可实现设计模式的管理和不断改进。

好的设计模式描述方法应当能够充分表达设计模式中所蕴含的问题解决方案、模式框架及其相关问题。XML 恰好适合描述和表达设计模式的复杂结构。

设计模式是设计经验的总结，是解决问题的方案。它记录了设计过程中类和对象的关系，以及设计的决定和选择的权衡过程。设计模式不同于软件系统的实现，它具有抽象性和一般性。XML 的描述能力为这种抽象性乃至更为复杂的结构提供了有利的描述语言。

XML 文档数据的存储有多种解决方案。它可以选择关系数据库系统或面向对象数据库系统存储已有的设计模式。目前多数商业数据库系统都是关系数据库，它们可提供完善的网络功能、管理功能和十分有效的检索和查询功能。

XML 作为一种 Internet 技术，对于需要在应用程序之间或对象之间传递数据的场合很有用。它可以用来保存数据或与其他系统交换数据。

XML 文档与关系数据库进行数据交换是基于 DTD（Document Type Definition，文档类型定义）和 DOM（Document Object Model，文档对象模型）技术。DTD 提供描述设计模式各个组成部分及其相互关系的功能，而且具有较强的可扩展性。由于在 DTD 中存在集合型属性和递归，必须通过简化 DTD 的嵌套结构来使其与同类型模式实现对应。DOM 定义了 XML 文档的逻辑结构以及对其进行访问和操作的方法，它提供了 HTML 和 XML 可以使用的应用程序编程接口。在 DOM 技术中，一个 XML 文档可看做一棵结点树，每个结点代表一个可与之交互的对象。利用接口函数和数据库公共接口，通过脚本、ActiveX 或编程，可建立对象与关系模式的映射。这样就可以将 XML 的对象映射到关系数据库中，从而实现 XML 文档和关系数据库中数据的转换。设计模式的文字描述、结构图和示例代码等均存储在关系数据库中。

关系数据库不仅可以提供索引、查询等功能，还可以实现数据转换和一致性处理等操作，表现出良好的扩展性和灵活性。设计模式可以用文档和图形的方式向整个企业范围内的设计人员展示已有的设计经验。可以进行设计模式的描述、存储和修改等管理功能，并可根据设计人员的需要设置不同的访问权限。在客户端，设计人员通过 IE 浏览器实现对设计模式的检索、浏览和选用，并可对设计模式提出修改意见。

8.6 本章小结

本章主要介绍了设计模式的概念、发展历程以及如何描述设计模式，分析了设计模式在实际应用中的作用，及其在软件开发中的重要意义。设计模式是人们在软件开发、设计中解决特定问题的一种方案，也是经过长期的实践得出的经验。在描述一个设计模式时，要对模式名称、问题、解决方案和效果 4 个基本要素进行描述，也可以在具体实践中对其细化和拓展。在面向对象设计中，设计模式是系统可复用的基础，正确地使用设计模式，有助于快速开发出可复用的系统。

设计模式通常分为创建型模式、结构型模式和行为型模式三大类，在三大类中又包含了 24 种常用的模式（其中简单工厂模式是工厂方法模式的最初表现形式）。本章着重对其中的 11 种模式进行了介绍，分析了其原理、参与者，列举了优、缺点及在实现中需要注意的问题等。通过这些，读者对设计模式有了更加直观的理解，可以参考这些设计模式，在实际项目设计中使用。

最后，根据各设计模式的优点和不足，分析了设计模式遵循的原则及使用策略。并对几种设计模式的范例进行了简单的剖析。

8.7 习题

一、选择题

1. 设计模式（　　）具体的编程语言。

A. 依赖于　　B. 独立于　　C. 依附于　　D. 指定了

2. 设计模式是面向对象软件工程中的一个重要概念，是由软件模式分支中衍生出来的一个解决（　　）的重要方案之一。

A. 具体问题　　B. 抽象问题　　C. 需求分析　　D. 数据流程

3. 4.4.5 节介绍的“对象集合管理器”模式就是本章介绍的（　　）模式。

A. 工厂方法　　B. 抽象工厂　　C. 单例　　D. 简单工厂

4. 单例模式属于对象创建型模式，它保证一个类仅有（　　）。

A. 一个属性　　B. 一个操作　　C. 一个实例　　D. 一个对象成员

5. 在面向对象设计中，设计模式是系统（　　）的基础，正确地使用设计模式，有助于快速开发出可复用的系统。

A. 分析　　B. 可复用　　C. 设计　　D. 实现（编程）

6. 设计模式就是对（　　）的描述或解决方案，往往直接对应一段程序代码。

A. 某个构件　　B. 成熟的设计

C. 一个用例　　D. 特定问题

7. 简单一点儿讲，模式就是解决特定问题的经验，实质上就是软件的（　　）。

A. 建模　　B. 一个模块　　C. 复用　　D. 一个构件

二、填空题

8. 软件模式基本形成了________模式、________模式和________模式三个重要的类别。

9. 工厂模式有 3 种形态：________模式、________模式和________模式。

10. 一个设计模式有四个基本要素：________、________、________和________。

11. 设计模式按照模式的目的将其分为________、________和________。这三种类型的设计模式分别描述了对象在创建、组合以及相互作用的过程中如何降低它们之间的耦合性、提高复用性的种种成功方案。

12. 设计模式的作用和研究意义表现在：________、________、________和________。

13. 创建型模式就是描述怎样创建一个________，它隐藏了________创建的具体细节，使程序代码不依赖具体的对象。

14. 结构型模式处理类或对象的________，即描述类和________之间怎样组织起来形成更大的结构，从而实现新的功能。

15. 行为型设计模式描述算法以及对象之间的________分配，它所描述的不仅仅是类或对象的设计模式，还有它们之间的________模式。

三、解释名词

16. 设计模式：

17. 软件复用：

18. 单例模式：

19．工厂模式：

20．观察者模式：

四、综合题

21．为什么说设计模式是软件复用的基础？

22．请读者自行绘制出“企业综合信息管理系统”中“销售管理”子系统用例的对象类图，并使用本章介绍的设计模式。

23．请读者自行绘制出“企业综合信息管理系统”中“库存管理”子系统用例的对象类图，并使用本章介绍的设计模式。

24．请读者绘制出自己选择的设计项目案例的对象类图，并使用设计模式进行设计。

第9章

软件复用与构件接口技术

在面向对象系统分析与设计中，软件复用技术是核心支持技术之一。软件复用的核心是软件构件技术，具有代表性的软件构件模型有 CORBA、EJB 和 COM＋等。这些模型定义了构件所必须遵循的协议和标准。本章主要介绍软件复用技术的基本概念和典型的软件构件模型接口技术、集成化 CASE 工具、持久对象技术和分布式系统体系结构模型等内容。

本章目的：

- 了解软件复用技术的组织和实施。
- 了解 CORBA、COM＋、EJB 模型的特点和使用方法。
- 了解集成化 CASE 工具开发环境的特点和用途。
- 了解和掌握持久对象的存储、管理特点和使用方法。
- 了解和掌握客户/服务器（C/S）、浏览器/服务器（B/S）、分布式体系结构设计的特点。

9.1 面向对象技术的发展与技术支持

面向对象的软件开发方法已经成为当前软件工程方法学中的主流开发方法。随着面向对象技术的不断发展，各种新的支持技术和开发工具大量涌现，如软件复用技术、构件接口技术、持久对象技术、分布式对象技术、对象链接与嵌入技术、面向对象的集成化 CASE 开发工具等，为面向对象软件开发方法的持续深入发展和推广普及提供了雄厚的技术支持。

长期以来，大多数软件都是针对某个具体的应用而开发的，每个软件的开发都是从对客户的需求分析开始，经过系统设计、编程、测试，最后交给客户使用。由此导致大量同类软件（如 MIS 软件、财务软件）的低水平重复开发，造成大量人力、财力的浪费。

在软件的开发过程中，尽量重用已有的软件元素，如源程序模块、设计文档、需求文档、测试案例和用例等，可以大大加快软件开发的速度，提高工作效率，节省大量人力和财力，并极大地提高软件的质量。

最早的软件复用技术是使用标准函数库，库中每个函数具有通用性并符合技术标准，通过函数名和参数进行检索、调用，非常简单、方便。随着软件开发技术的不断发展和对软件复用技术的更高需求，人们又提出了软件构件和软件构件库的概念。软件构件就是已经通过全面测试并在实际系统中运行过的可复用、功能独立、完整且具有通用性的程序模块。开发人员可以通过标准接口，将这些构件根据需要连接起来，稍加调整，就可以快速、高质量地搭建成一个新系统。构件库将这些构件按一定的数据结构组织起来，方便开发者利用库中的软件构件组建（集成）新的系统。

软件构件技术的种类很多，具有代表性的构件技术有：EJB 和 J2EE、COM+、CORBA。EJB 和 J2EE 构件技术是 Sun 公司基于 Java 平台开发的 EJB（Enterprise JavaBeans）API（Application Programming Interface，应用编程接口）和 J2EE（Java 2 Platform，Enterprise Edition，Java 2 平台企业版）。J2EE 是一个基于 Java 的、适合服务器端构件体系结构的、结合了 Java Enterprise API 的、完整的企业级开发平台。

COM（Component Object Model，构件对象模型）是 Microsoft 公司推出的第一个构件模型。随着分布式计算技术的发展，又提出 DCOM（Distributed COM，分布式构件对象模型），COM/DCOM 技术为基于构件的软件开发提供了基础。为满足企业级应用需求，Microsoft 公司又提出一种微软事务服务器（Microsoft Transaction Server，MTS）。而 COM+是一种中间技术的规约，其要点是提供建立在操作系统上的、支持分布式企业应用级的服务。

CORBA（Common Object Request Broker Architecture，公共对象请求代理体系结构）是 OMG（对象管理组织）制定的跨平台的、体系结构最完整的分布式对象模型。通过 CORBA 接口定义语言（Interface Definition Language，IDL）定义接口，完成跨平台的应用。CORBA 是一套规约，开发商可以据此开发不同的产品来实现 CORBA 的规约。

OLE（Object Linking and Embedding，对象链接与嵌入）技术是 Microsoft 公司较早提出的在 Microsoft 平台下不同应用软件协同工作的标准机制。以 COM 技术为基础的 OLE 后改名为 ActiveX。OLE 技术主要包括结构化存储与复合文件、数据对象的传送、基于复合文档和 OLE 自动化的 OLE 控件技术。熟悉和了解 OLE 技术对软件开发人员是十分必要的。

一个完整系统的运行离不开持久对象的支持，解决持久对象的最好方法是采用面向对象数据库。采用软件开发者较为熟悉的关系数据库来完成持久对象的存储和检索也是一种很好的变通方法。本章将介绍如何采用关系数据库来完成持久对象的转换、存储与提取。

网络应用系统的体系结构的典型模型是客户/服务器模型、浏览器/服务器模型和分布式对象模型。软件开发人员可以根据系统的软件运行环境（硬件设备、操作支持平台等）、系统功能要求和客户的需要，合理采用 EJB/J2EE、COM+和 CORBA 技术建立这些网络模型。

9.2 软件复用技术的发展与应用

软件复用的概念是随着面向对象技术的发展而出现的。软件复用是指通过对已有软件的各种有关知识来建立新的软件。这些知识包括：客户需求分析、设计、编码、测试案例和文档等，除此之外，还包括开发经验、设计经验、设计模式、设计决定、体系结构甚至问题领域的知识等。软件复用技术可以减少软件开发活动中大量的重复性工作，其目的是降低软件开发和维护的成本，提高软件开发的效率和缩短软件开发周期。同时，由于软件构件都经过严格的质量认证，并在实际运行环境中得到检验，因此，重用软件构件可以大大提高软件的质量。大量使用软件构件，软件的灵活性和标准化程度也可得到提高，对软件产业的发展大有裨益。图 9-1 描述了一个面向构件复用的软件系统的开发过程。

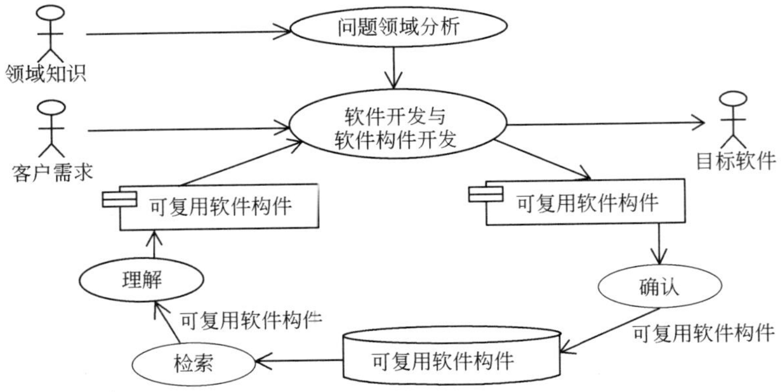

图 9-1 面向构件复用的软件开发过程

9.2.1 软件复用的形式与过程

在软件工程技术的发展过程中，早期的软件复用主要是程序代码的简单复制。随着面向对象开发方法的发展，使软件复用技术从构件的复用逐步扩展到系统需求模型、设计模型、系统体系结构、测试案例及文档等的复用。

1. 可复用的软件制品种类

凯波·琼斯（Caper Jones）提出可以复用的软件制品有：

- 项目计划：书写格式结构及进度表、风险分析等内容。
- 成本估算：各种项目相似的功能模块成本大体相当。
- 体系结构：应用系统的体系结构非常相似，可建立模板进行复用。
- 需求模型：需求分析中的对象类模型及规约等分析模型。
- 设计模型：系统设计、对象设计及体系结构、数据、接口等设计。
- 设计模式：各种经过验证、已经在使用的设计模式。
- 程序代码：经过实际运行检验过的程序代码。
- 文档资料：用户文档资料和技术文档资料。
- 用户界面：特别是图形用户界面，它的复用率达 60%。
- 数据构成：数据存储结构、文件、完整的数据库及内部表等。
- 测试案例：与被复用的设计和代码相应的测试案例。

2. 软件复用的过程

软件制品复用的过程如图 9-2 所示。从图中可以看出，软件复用的一般过程为：

1）抽象：对一个可复用的软件制品，首先要对其进行“抽象”概括，即描述该软件制品的功能、使用范围和特点，以此作为关键字，方便使用者在调用时进行检索。

2）存储：以关键字作为索引，放置在“可复用软件制品库”中备用。

3）检索：在组建（集成）新系统时，利用关键字，根据需要从可复用软件制品库中检索挑选适合新系统功能要求的软件制品。

4）实例化：对选取的软件制品进行简单修改调试，变成能适合新系统要求的软件制品。

5）系统集成：最后进行系统集成，完成新系统的组建。

注意：如果实例化（修改、调整）的软件制品经过实际运行检验后，被确认可以成为新的可复用软件制品，那么应当及时对其进行抽象概括，作为新的可复用软件制品放置到可复用软件制品库中备用。

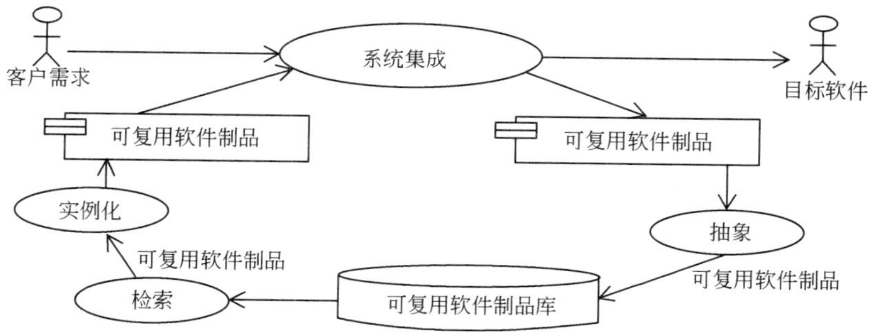

图 9-2 软件复用的一般过程

3. 软件复用的形式

软件复用的形式有 3 种划分方法：

（1）根据复用跨越的问题领域划分

1）垂直式复用：在同一应用领域中的复用。

• 各个应用系统具有共性或相似性。
• 便于获得通用模型，复用面广。
• 大多数软件开发企业采用垂直式复用。

2）水平式复用：在不同应用领域中复用通用的软件元素。

• 各个应用系统一般差异较大，可复用构件少。
• 通用的软件元素有：数据结构、算法、人机界面等。
• 互联网中的中间件及各种应用平台的复用是水平式复用。

（2）根据实现复用的途径划分

1）组装（集成）式复用：建立可复用构件库，开发新的软件时从构件库中选取合适构件组装（集成）成新系统。

• 该复用的基础是一个逐步完善、高效率的构件库系统。
• 可复用构件应有简明的特征描述以便于检索，并有标准的接口。
• 着重源代码级的复用。

2）生成式复用：通过形式化语言描述，利用程序自动生成器生成相应的软件系统。

（3）根据复用方式划分

1）黑盒复用：对可复用构件不加任何修改，原封不动地复用。

• 通用型可复用构件，具有良好的封装性和标准的接口。
• 可复用构件具有高可靠性和质量保证。
• 该类型构件复用率高。

2）白盒复用：对可复用构件进行部分修改，以便适应新系统的要求。

9.2.2 软件复用的类型与特点

软件复用有多种类型，一般根据复用软件的规模大小和适用范围来区分，概括起来有5种。代码和设计复制、软件构件复用、软件系统体系结构复用、应用程序自动生成器和特定领域软件体系结构复用等。

1. 代码和设计复制

- 代码复制：从已有的系统中将整块源程序代码简单复制到新系统中。
- 设计复制：复制源系统中的大块源程序代码，保留其设计总体框架，更换其内部细节。

特点：

- 简单复制：从已有的成功系统中尽量多地成块复制源程序代码。
- 稍加修改：使之适合新系统。
- 简单集成：将复制的程序块与新系统简单集成。
- 版权所有：属于有开发经验的开发者，他们一般都拥有原来已经开发过系统的源程序，他们熟悉原来已经开发过的系统和新系统的功能和设计思路。

优点：

- 省时省力，稍加修改便成。
- 适用于简单系统的制作。

缺点：

- 受源系统设计风格影响较大，有新瓶装老酒的感觉。
- 不适用于复杂系统的制作。

2. 软件构件复用

对存放在构件库中、用高级语言编写的源代码构件的复用。

特点：

- 专为复用开发：存放在构件库中，供开发者调用。
- 功能特征描述：每个构件有简洁、明确的功能特征描述，供开发者调用时参考。
- 通过过程调用：使用者通过消息（参数）对构件实例化。
- 商业化购买：可通过自行开发或商业流通领域获得。

优点：

- 调用方便：通过参数直接调用，不用修改即可使用。
- 可靠性高：经过充分测试和实际运行检验，构件安全可靠。

缺点：

- 构件库庞大臃肿：由于构件具有通用性，必定面面俱到以适应各种环境，使构件和构件库体积庞大。
- 开发费用高：专为复用而开发，为使其具有通用性而增加额外开销。

3. 软件系统体系结构复用

对已有的软件系统体系结构或设计进行复用。

特点：

- 支持高层次复用，也支持较低层次复用。

- 每个软件系统体系结构和设计有简洁、明确的功能特征描述，供开发者调用时参考。
- 使用者通过定义良好的接口进行集成。

优点：

- 可以复用规模较大的软件制品。
- 只需要进行局部修改。

缺点：

- 抽象出简明的描述比较困难。
- 存放体系结构的数据库难以管理。

4. 应用程序自动生成器

复用整个软件系统的设计，包括系统体系结构、子系统、特定的算法和数据结构等。

特点：

- 根据高层领域特定的规约自动生成一个完整的可执行系统。
- 生成器可以根据输入的规约填充原先没有的细节。
- 适用于成熟的领域。

优点：

- 自动化程度高。
- 可以获得某些特定领域的标准。
- 用黑盒形式生成程序。

缺点：设计和构造通用的应用程序生成器非常困难。

5. 特定领域软件体系结构复用

对该领域的公共体系结构及其构件的复用。

特点：

- 开发者对该领域必须有深刻透彻的了解，这样建立的模型和基准体系结构才能符合该领域的实际。
- 有一个专用支持库。
- 建立的模型、基准体系结构和支持库随着该领域的发展变化而随时修正。
- 开发者根据需要，从特征描述上挑选支持库中的基准体系结构和构件，通过标准接口进行集成。

优点：

- 为可复用构件的组合提供了一个通用框架。
- 复用程度高。

缺点：前期开发投入费用庞大。

9.2.3 可复用软件构件的生产与使用过程

在软件工程中，软件复用的思想应当体现在软件生存周期的各个阶段。下面从软件构件的生产和使用消费这两种截然不同的角度来分析、讨论软件复用。

1. 软件构件的生产

开发者获取并生产可复用的构件，基础工作是建立可复用构件库和构件分类检索方案。软件构件生产的步骤如下：

1）领域分析：分析和抽象该领域的通用成分和应用体系结构。

2）基准模型：构建领域基准体系结构模型，注意该模型应具有可扩充性。

3）寻找构件：在基准体系结构模型基础上寻找和确定可能的构件。

4）性能分析：挑选具有特殊性的构件，并从通用性和局部可修改性（通过消息传递、继承等方式）进行归并、扩充和完善。

5）创建构件：建立可复用构件。

6）构件测试：严格测试，提高可靠性。其测试案例可以与构件一起复用。

7）商业包装：特征描述，以方便客户对测试过的构件进行存储和检索，存入构件库。

2. 软件构件的使用

使用可复用构件库创建新的应用系统。尽量多使用构件库中的构件集成自己的应用系统，并在新系统中发现和努力创建新的可复用构件，经过测试和实际运行检验，加上特征描述，存入构件库。

可复用构件使用的步骤如下：

1）体系结构：以构件生产者提供的基准体系结构模型为基础，经裁剪或扩充而成。

2）寻找构件：从构件库、遗留软件或构件供应商中查寻适合待开发软件要求的构件。

3）筛选构件：从寻找到的构件中进一步比较，挑选出最适合待开发软件要求的构件。

4）修改构件：调整和修改选中的构件，使之完全满足系统要求。

5）软件开发：对新的应用软件系统中不能复用的部分进行开发。

6）组装构件：将调整后的构件和新开发的部分组装成一个新的软件系统。

7）集成测试：对新组装成的软件系统进行集成测试。

8）构件评价：对复用构件提出改进意见，发现新的可复用构件并向生产者推荐。

可复用构件的生产和使用是相互补充、不断完善的互动过程。通过在长期使用过程中不断地积累、扩充和完善，使商用可复用构件库更趋于成熟、组装更方便、使用范围更广、价格更便宜。

9.2.4 软件复用的基础——可复用构件系统

软件复用对软件产品的质量、生产效率和成本的影响巨大。资料显示，采用可复用构件生产的软件产品的质量可以得到有效保证，几乎没有错误发生；可复用构件是拿来即用型，可大大提高软件生产效率，缩短工期；从开发成本上讲，购买可复用构件花费了一定的资金，但省却了系统开发等一系列过程的费用，两者相比，购买可复用构件的花费就显得微不足道，更何况由于缩短工期带来的巨大效益。

可复用构件有如此大的优点，那么如何来构建一个构件和构件系统呢？本节从以下几个角度进行介绍。

1. 可复用构件的标准

目标是提高构件复用率，其标准是：

- 通用性：使更多的软件系统可以使用构件。
- 可变性：针对各个应用系统的特殊要求，方便用户对构件进行局部调整（扩充/修改）。
- 易组装：构件有良好的封装性和接口，其系统平台提供便于组装的机制。
- 检索性：良好的构件功能描述机制，方便用户检索，对所选构件进行比较、选择。

• 可靠性：必须经过多次全面测试，以保证构件的质量。

2. **构件模型**

如 COM+、EJB/J2EE、CORBA 等（后面详细介绍）。

3. **构件系统**

由若干个相关构件组成一个构件系统，复用的作用更大。其特点是：

• 系统化：由相互依赖、相互连接的众多构件（类、文档、相关联的包等）组成。
• 规模化：可大可小，但必须可以不断扩充新的构件以完善系统。
• 关联化：构件间通过消息传递、继承、关联、支持和协同进行工作。
• 集成化：可以通过该系统集成若干应用系统，并可以作为用例提供给用户。

4. **构件系统与应用系统的差别**

构件系统与应用系统的差别是在系统的实施、管理和使用方面的差别：

• 通用性：一组经过精心设计、包装和验证的构件，比应用系统更具有通用性。
• 使用对象：构件系统面向开发人员，应用系统面向客户。
• 成本：构件系统成本远高于应用系统。
• 用途：构件系统用于产生和实现应用系统，也可用于实现其他构件系统。

5. **构件系统的体系结构**

在 UML 中，可以用一种标明构造型为<<facade>> 的特殊包来构建构件系统。这种称为“门面”的特殊包类似一个公共界面，在相同的接口下可以有许多可供选择的不同实现。它有两个作用：

• 引导用户：将有用的信息（如类、接口、用例等）放在包上提供给构件的使用者，引导和指示使用者正确选择自己所需要的构件。
• 数据封装：封装了构件的内部实现和实施细节，即便构件内部进行了修改，也不会影响到复用者，从而使因构件系统演化而引起的依赖和波动最小。

这种包可以直接定义一些构件，也可以从构件系统内部移入构件，如图 9-3 所示。

在图 9-3 中，“账户管理”构件系统有一个构造型为<<facade>> 的“台账管理”包。该包有两个从系统内部移入的构件，“账户’”和“业务’”，这两个构件之间有关联关系，该关联关系也是从系统内部移入。构造型为<<facade>> 的“台账管理”包类似一个公共界面，它有两个作用：一是将有用的信息（如类、接口、用例等）放在包上提供给构件的使用者，引导和指示使用者正确选择自己需要的构件；二是封装了构件的内部实现和具体的实施细节。

一个构件系统至少有一个（也可以有多个）构造型为<<facade>> 的特殊包。图 9-4 描述的是一个具有多个门面的构件系统。

在图 9-4 中，“账户管理”构件系统有两个构造型为<<facade>> 的门面包：“台账管理”包和“保险”包。由于“账户’”和“业务’”构件一般是一起被应用系统使用的，所以，这两个构件被组织在同一个“台账管理”门面包中。而构件“保险’”一般是单独被“业务”构件使用，所以把它组织在另一个独立的“保险”门面包中。

采用这样的体系结构的好处是：每个单独的门面包组合相关的功能。当出现一个新的应用客户时，只需要考虑“账户”构件和“台账管理”门面包中的文档，使其因修改导致的影响局部化。

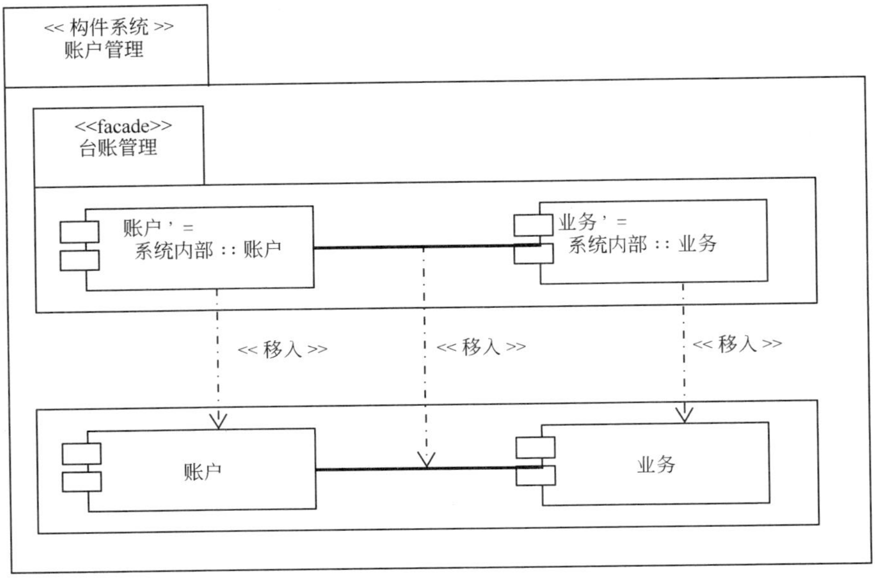

图 9-3 构件系统的体系结构

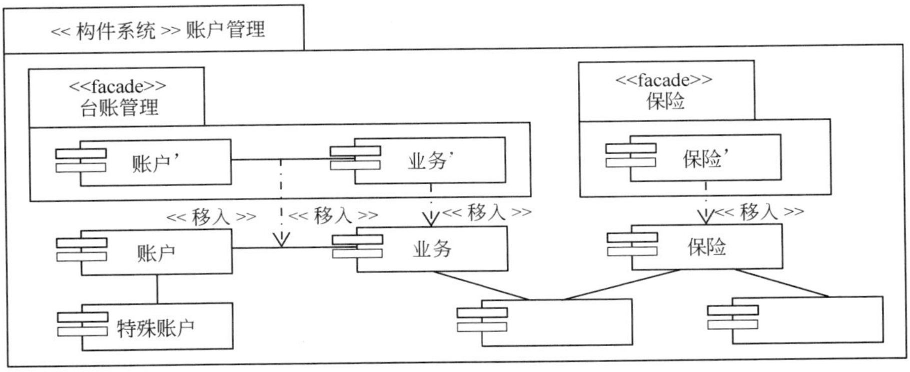

图 9-4 具有多个门面的构件系统

通过门面使用可复用构件的过程可以表述为：每个构件系统通过门面包来“移出”可复用构件，表示这些构件可以被访问。构件的“移出”是指用户通过门面选择的类（如执行者、用例、分析和设计的对象、子系统和服务包、接口、实现类和属性类型等）以及依赖、继承、关联等关系和附加的文档等是可以复用的，构件系统通过门面包“移出”可复用构件。

一个实际应用系统通过门面包从构件系统中“移出”需要的构件进行复用。例如，一个“酒店账目管理”应用系统通过“账户管理”构件系统的“台账管理”门面包复用其中的“账户’”和“业务’”构件的示意图，如图 9-5 所示。

应用系统中的构件“账户’”和“业务’”从“台账管理”门面包中移出可复用构件“账户’”和“业务’”，用依赖关系描述。另外，应用系统和构件系统之间，应用系统和构件系统中的门面包“台账管理”之间也应有依赖关系。

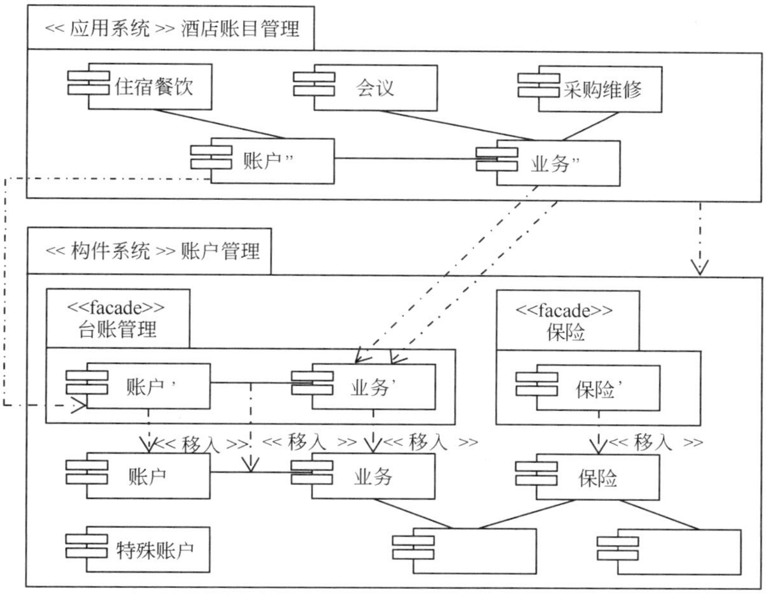

图 9-5 应用系统通过门面包从构件系统中“移出”可复用构件

6. 构件库的管理

构件管理系统的主要功能：

- 分类存储：根据构件库的分类模型将入库的构件存储到库中。
- 构件检索：按用户要求检索出相应的构件。
- 构件浏览：浏览库中全部或部分构件。
- 构件删除：清除库中无用的构件。
- 构件评估：根据用户使用构件的反馈意见，对构件做出评价，供改进构件时参考。

在构件库的管理中，构件的描述和检索是最关键的两个问题，关系到构件库检索的查准率、查全率和效率。一般常用的构件检索方法有：

- 规约匹配：基于有序的谓词逻辑的匹配，通过谓词演算公式进行精确匹配；通过逻辑连接符和逻辑连词进行部分精确匹配。
- 特征匹配：类似函数调用，通过接口定义进行匹配。
- 轮廓匹配：基于构件编目描述术语的匹配，以每个构件的描述术语为特征矢量，通过测量矢量的距离进行匹配。
- 采样匹配：基于构件行为采样测试的匹配，根据测试结果相同的概率进行匹配。

9.2.5 可复用软件的系统化生产与复用

实施系统化软件复用是指有目的地创建、管理、支持和复用软件资产。软件资产是那些有价值的、高质量的软件工作制品（如：代码、设计、体系结构、接口、测试案例、文档）、工具、模型、过程步骤、算法等。在系统化软件复用描述中，经常用软件资产代替构件。系统化软件复用在实施过程中涉及 4 个并发过程，如图 9-6 所示。

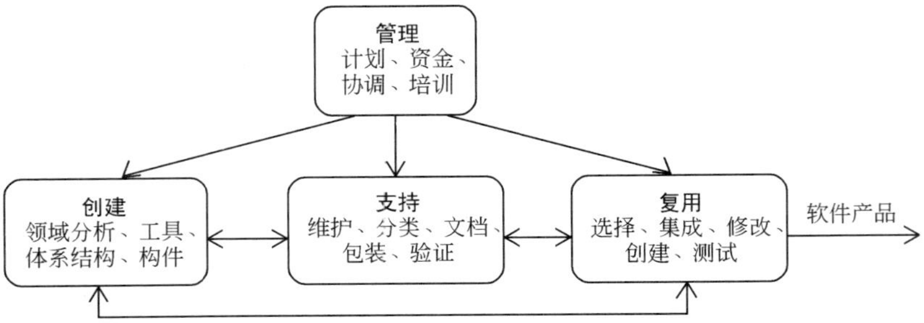

图 9-6　系统化软件复用在实施过程中涉及的 4 个并发过程

1. **创建过程**

- 目标：标识和提供可复用资产。如：代码、设计、体系结构、接口、测试案例、文档、工具、模型、过程步骤、算法等。
- 活动：清理分析遗留的软件资产、领域分析、复用客户需求分析、定义体系结构、构建构件、测试和包装软件资产。

2. **支持过程**

- 目标：对可复用资产的获取、管理和维护提供全面支持。
- 活动：验证和分发可复用资产，为构件分类编目，提供附加文档，收集反馈信息。

3. **复用过程**

- 目标：利用可复用资产生产应用软件产品。
- 活动：验证领域模型和用户需求，选择和修改可复用资产，组建和测试应用软件。

4. **管理过程**

- 目标：对系统化软件复用全过程进行统筹、计划和协调。
- 活动：制定和协调进度计划，安排资金使用方向和额度，组织培训等。

通过图 9-6 可以看出，创建过程、支持过程和复用过程相互之间有消息的传递和依赖关系。创建活动离不开支持活动和复用活动。同理，支持活动和复用活动也离不开创建活动。它们互相补充、不断完善、相互支持、相互依赖，在管理活动的统筹计划和协调下，共同完成系统地软件复用过程。可以说，软件复用是一个渐增的、不断完善的、系统的实施过程。

一般的软件开发通常以项目为中心进行管理，其组织结构是一个高层经理管理若干个项目经理，高层经理负责资源（包括人、财、物）分配，每个项目经理负责一个或几个应用项目的开发。由于每个人都把注意力集中在单个项目上，因此无人考虑系统之间可以共享的可复用构件。

而系统化软件复用的组织结构除了两个必备的职能部门：创建复用构件的系统开发部门和利用可复用构件搭建一个应用系统的应用开发部门外，还必须有一个支持部门完成前两个部门不能涉及而又必须做的工作。这 3 个职能部门在高层经理（复用经理）的领导和协调下统一进行工作，共同完成系统化复用软件的全过程。图 9-7 显示了一个系统地进行软件复用的公司的组织结构。

在图 9-7 中，高层经理（也称复用经理）通过部门经理管理各职能部门，协调和解决各部门之间发生的问题。各个职能部门并列，各司其职，共同完成系统化软件复用。各职能部门职责如下：

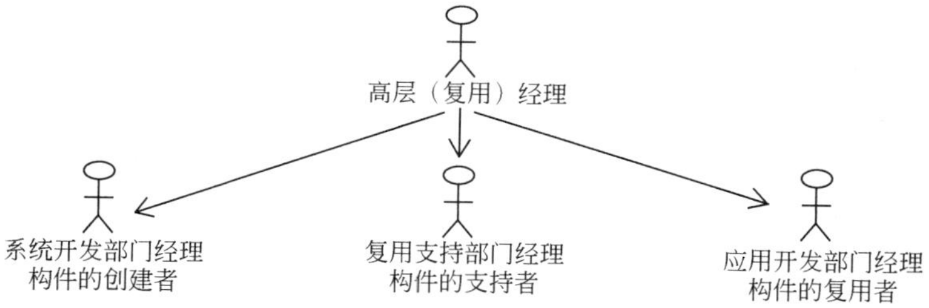

图 9-7　系统地进行软件复用的组织结构的示意图

1）系统开发部门为可复用构件创建者。其职责如下：

- 创建高质量的可复用资产，为众多的复用者服务。
- 与应用开发部门（复用者）并列，集中精力设计和创建可复用构件。
- 尽量接近复用者，以保证其生产的可复用构件符合实际需要。

2）应用开发部门为可复用构件使用者。其职责如下：

- 更多、更快、低成本地利用可复用资产完成应用项目的开发。
- 将软件复用时发现的问题与改进意见及时反馈给系统开发部门，完善可复用构件。

3）支持部门完成前两个部门不能涉及而又必须做的工作。其职责如下：

- 为可复用资产的获取、管理、维护提供全面支持。
- 与系统开发部门和应用开发部门并列。

4）高层经理在 3 个职能部门之上。其职责如下：

- 关注总体目标，从总体目标高度上权衡创建者和复用者的得失。
- 协调 3 个职能部门之间的工作。
- 仲裁 3 个职能部门之间发生的冲突。
- 对于大公司，可设立复用管理委员会，设经理、体系结构设计师等职位，由委员会集体讨论和裁决各部门之间的矛盾。

这种组织结构形式是在系统地进行软件复用的长期实践活动中经过反复实践而确定的管理模式。实践证明，设置这种组织结构的管理模式可以有效地保证系统化软件复用的实施。

9.3　构件接口技术

9.3.1　COM＋构件模型的系统体系结构

COM+是 20 世纪末随着 Windows 2000 发布才面世的一种构件接口技术，适用于 Windows 系统操作平台。COM（Component Object Model，构件对象模型）是 Microsoft 公司推出的第一个构件模型。随着分布式计算技术的发展，又提出 DCOM（Distributed COM，分布式构件对象模型），COM/DCOM 技术为基于构件的软件开发提供了基础。为满足企业级应用需求，Microsoft 公司又提出一种微软事务服务器（Microsoft Transaction Server，简称 MTS）。而 COM+是一种中间技术的规约，其要点是提供建立在 Windows 操作系统上的、支持分布式企业应用级的服务。有人认为：COM＋＝COM/DCOM＋MTS，是有一定道理的。

1. COM＋的基本结构与特点

（1）COM＋的基本结构

COM＋的基本结构如图 9-8 所示。COM＋的核心是改进型的 COM/DCOM 和 MTS 的集成，又增加了一些非常重要的构件服务：如构件管理和部署、对象池、事件模型、负载平衡、驻留内存数据库等。

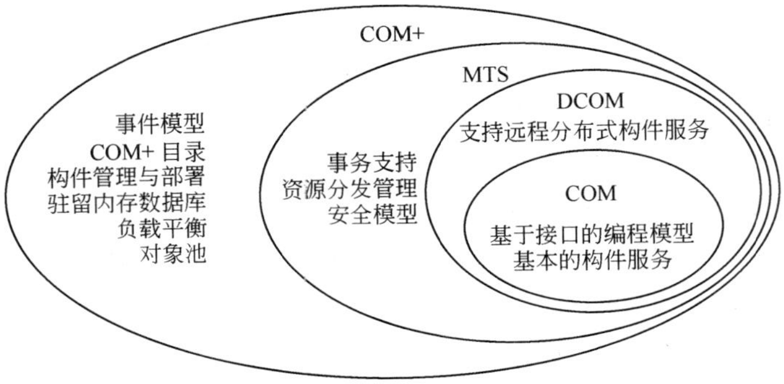

图 9-8　COM＋的基本结构

（2）COM＋的基本特点

- 异步通信：COM＋底层提供了队列构件服务，允许客户与构件进行异步通信。
- 事件服务：利用系统服务简化了事件模型，使实现事件功能更加灵活。
- 灵活性：对象池、负载平衡、驻留内存数据库等系统服务是 COM＋灵活性的基础。
- 可管理和部署：COM＋的构件管理环境支持应用系统在开发后进行管理和部署。
- 易开发：开发活动简化。

2. COM＋构件的特征

（1）COM＋编程模型

1）COM DLL：由 COM＋构件建成。

2）COM＋构件要符合基本规则。

- 多用户问题：只为单机客户编程，由 COM＋处理多用户问题。
- 资源请求：不要过早请求资源（如：与数据库连接）。
- 资源释放：尽早释放资源。
- 状态保持：构件本身不必保持状态，使 COM＋更能有效管理资源。

3）与 COM＋交互：COM＋构件利用 COM＋API 进行交互。

（2）代理进程和对象描述表

1）代理进程。MTS 和 COM＋以动态链接库（DLL）实现进程内构件。该类型构件很难生成多用途的通用构件，不能既在 MTS 内运行，又要作为独立服务器端进程外的构件独立运行。为此，设立代理进程，负责装载 COM＋构件并为其提供适合运行的周境。周境由一组对象描述表组成。COM＋的代理进程如图 9-9 所示。

2）对象描述表。COM＋的描述表是指共享同一套运行要求的对象集合，这个对象集合

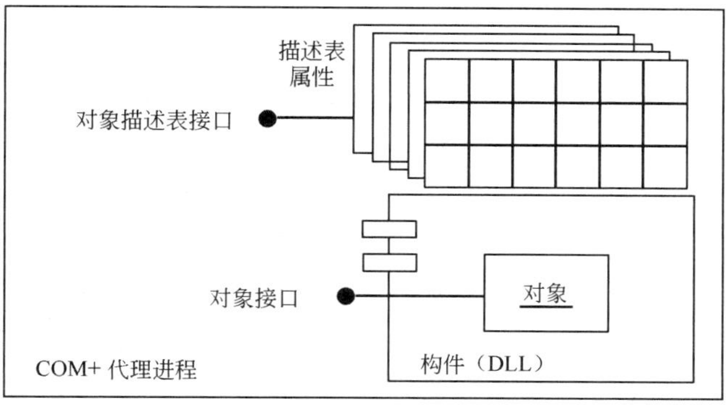

图 9-9　COM＋的代理进程

也称为周境。集合中的对象类可能使用不同的部署信息，则一个进程可有一个或多个互不兼容的描述表。每个描述表都对应一个对象，也称对象描述表。该对象可以利用对象描述表的接口访问表内的属性信息。

3）对象描述表接口。每个 COM＋构件对象都有相应的对象描述表，COM＋构件对象通过该接口与 COM＋通信。

- 通信接口：由对象描述表提供，主要方法是“截取”。
- 截取：COM＋系统在创建 COM＋对象时为其分配一个对象描述表，该技术称为截取。

(3) 即时激活机制

- 可有效利用资源的一种动态对象激活机制，是 COM＋核心机制。
- 对象只有在真正需要时被激活；对象一旦不用，COM＋马上将其释放。
- 客户再次需要对象时，由 COM＋重新激活。

(4) COM＋构件的 I/O 对象控制接口

1）COM＋构件的生存周期。包括 4 个阶段：创建、激活、去活和删除。

2）对象控制接口：

- 激活操作：在对象激活时调用，做准备工作，相当于 C++和 Java 中的构造操作。
- 去活操作：在对象去活时调用，做扫尾工作，相当于 C++和 Java 中的析构操作。
- COM＋构件不能访问该接口，COM＋运行时对象描述表可调用该接口的操作。

(5) COM＋目录

- COM＋目录：存放 COM＋构件信息的数据库。
- 构件管理模式：统一了 COM 和 MTS 的注册模型，针对构件进行管理。
- 目录信息的检查和设置：通过 COM＋管理程序或接口进行检查和设置。

(6) 事务管理

- 由 COM＋管理程序部署构件的事务特性，并通过对象描述表实现。
- 通过对象描述表，可提交、取消、禁止提交一个事务操作。

(7) 安全模型

- 开发阶段：只允许开发者指定的用户执行构件的功能。
- 配置阶段：管理员负责为角色指定有关用户账号。

• COM+允许达到方法级的安全控制。

3. COM+系统组成

COM+系统是一个典型的分布式事务处理系统，其系统组成如图9-10所示。

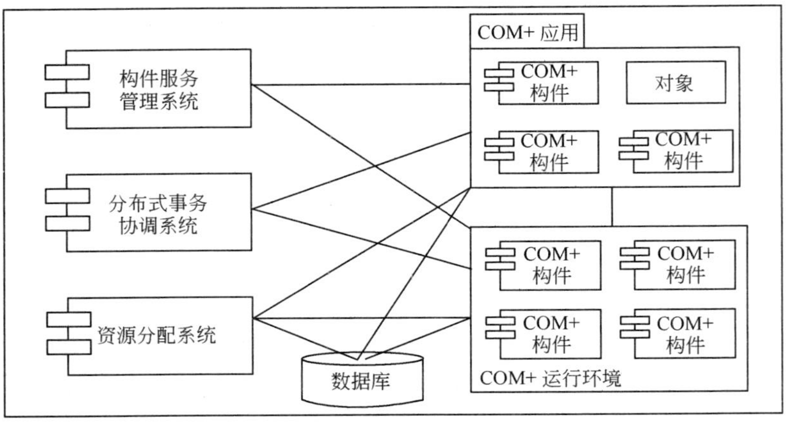

图9-10 COM+的系统组成

1）运行环境。COM+运行环境是构件容器，主要功能为：

• 在服务器上管理、放置和执行所有创建的COM+构件。
• 管理对象和线程。
• 建立和删除安全控制。
• 与应用程序构件、资源分配器和数据库交互，完成指定事务处理。
• 建立构件执行的地址表和进程空间。

2）构件服务管理系统。构件服务管理系统是Windows 2000管理工具的一部分，代替MTS管理程序，主要功能为：

• 增加和删除COM+构件和COM+应用。
• 设置COM+构件和COM+应用的属性信息，如事务特性、安全特性等。

3）COM+应用。每个COM+对应于MTS中的一个包，主要特点如下：

• 每个COM+应用包含一个或多个COM+构件及相关的信息。
• 同一个COM+应用中的所有COM+构件共享同一个进程和安全角色定义。

4）资源分配系统。分配数据库连接、网络连接、对象和内存块等资源，功能如下：

• 通过提供资源池功能来管理资源。
• 数据库连接资源分配程序管理数据库连接。
• 共享属性管理程序管理在进程范围内共享的全局数据。

5）分布式事务协调系统。

• 是Windows的一个后台服务。
• 用两级提交方式实现事务功能。
• 提供可伸缩、健全的分布式事务管理服务。

4. COM+系统服务

(1) 负载平衡应用模型

COM+以系统服务形式为各种构件应用系统提供基本功能服务，封装了服务器端构件系统平台的复杂性。COM+的主要系统服务简单介绍如下。

COM+提供的负载平衡服务以透明方式实现动态负载平衡，是分布式应用的一种高层次需求。其基本原理如下：

- 定义应用群集：将若干安装了服务器端构件的服务器（计算机）定义为一个应用群集（最多可有 8 台计算机）。
- 设置负载平衡路由器：配置一台计算机作为负载平衡路由器。
- 负载平衡运行：COM+负载平衡以 NT 系统服务的形式运行在路由器计算机上。
- 负载平衡路由器上的服务控制管理程序负责监控客户请求和进行负载平衡工作。
- 接收客户机发来的远程创建对象请求。
- 分析和判断应用群集中当时负载最轻的服务器（计算机）。
- 把请求传递到该服务器上，创建远程对象。

COM+负载平衡引擎使用默认的负载平衡算法，根据每台机器上每个对象方法调用的响应时间，以此为参考值计算出平衡参数。COM+也允许应用程序使用自定义的负载平衡引擎。COM+负载平衡应用模型如图 9-11 所示。

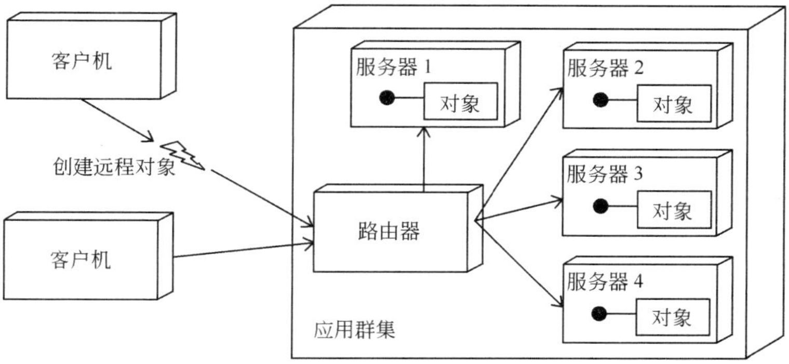

图 9-11 COM+负载平衡应用模型

(2) COM+事件模型

COM+事件模型采用了多通道的“发布/订阅”事件机制，允许多个客户“订阅”由各个构件“发布”的事件。COM+的服务系统负责维护一个事件数据库，该数据库存储各种事件、事件的发布者、事件的订阅者及相关信息。COM+事件的发布/订阅过程如下：

- 事件类发布：事件发布者创建事件类并存入事件数据库进行发布。
- 事件类维护：事件数据库管理系统分门别类存储和维护事件类，方便客户订阅。
- 事件类订阅：各个订阅客户根据需要指定订阅的事件类，并存入相关订阅信息。
- 事件激发：事件发布者激发一个事件，产生一个事件对象并传送给所属的事件类。
- 事件接收：事件类接收事件。
- 信息检索：数据库管理系统检索事件订阅信息，查找该事件的订阅者。

• 订阅通知：通知订阅者事件已经发生。

COM＋事件模型“发布/订阅”事件机制的基本结构如图9-12所示。

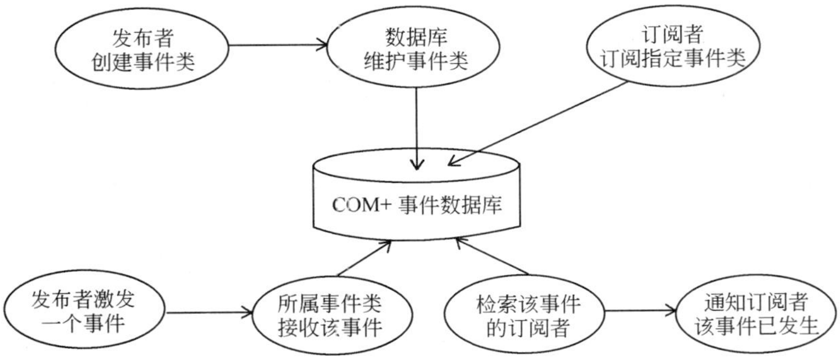

图9-12 “发布/订阅”事件机制基本结构

(3) COM＋队列化构件

基于微软消息队列服务的队列化构件是COM＋的关键特性，它提供了一种基于消息的异步运行方式。COM＋应用透明地支持同步和异步两种调用方式：

• 同步调用：客户与构件建立连接时，客户同步直接调用构件的方法。
• 异步通信：客户与构件没有直接连接时，客户与构件进行异步通信。
• 队列方式：当构件对象被标识为队列化时，COM＋支持队列方式运行。

客户在与队列化构件进行异步通信中，首先创建一个构件对象，即一个记录器代理对象，通信中，所有的调用都通过记录器进行。其调用过程分为3步：

• 接收请求：记录器将调用请求依次记录在案。
• 队列传送：通过微软消息队列服务将这些调用请求依次传送到服务器构件。
• 请求发送：服务器构件上的发送器执行这些方法调用。

队列化构件的基本工作模型如图9-13所示。

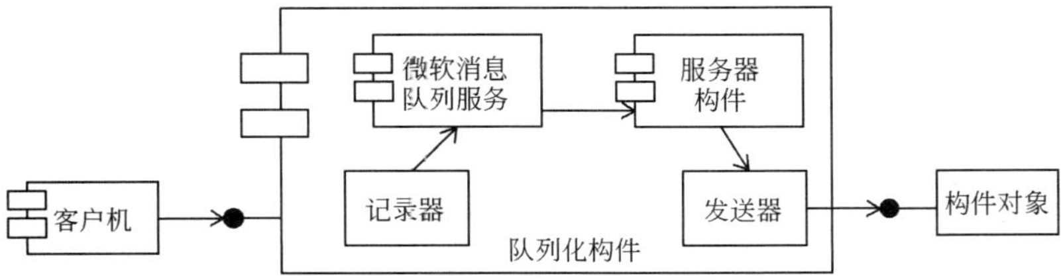

图9-13 队列化构件的基本模型

如果客户需要返回信息，可以采用下面方法解决：

• 响应队列：采用响应队列方法回送返回信息。
• 队列方式：构件对象以异步方式通知客户的应用系统。

异步工作时，COM＋构件的接口成员函数只有发送给微软消息队列服务的输入参数，不能有输出参数；该函数的回送值不能标识与应用有关的信息。

（4） COM＋对象池

在一些大的应用系统中，为了提高系统的运行效率，COM＋构件采用了对象池设计样式，即把对象实例保存在内存中，在客户创建对象时就可以马上使用该对象。

（5） 驻留内存数据库

与对象池设计样式类似，COM＋为了快速访问数据以便提高运行效率，设置了驻留内存数据库的功能。将大量客户频繁访问的数据驻留在内存中，可以大大提高应用系统的运行速度。

9.3.2 EJB 构件模型的系统体系结构

EJB/J2EE 模型是 Sun 公司提出的基于 Java 的、适合服务器端构件体系结构的、完整的企业级应用开发平台和技术规约。这些模型定义了开发、部署、使用、运行和维护软件构件的接口技术，即构件所必须遵循的协议和标准，用于开发和使用基于事物和分布式对象应用的服务器端构件。

1. EJB 的系统体系结构

（1） EJB 的体系结构

EJB（Enterprise Java Beans）是为开发和使用基于事物和分布式对象应用的服务器端构件而定义的完整的企业级应用技术规约。该规约定义了 EJB 容器和 EJB 服务器的标准模型，各软件厂商可开发实现该模型的各种 EJB 服务器产品，保证了所开发的 EJB 构件的可复用性和易移植性。EJB 体系结构如图 9-14 所示。

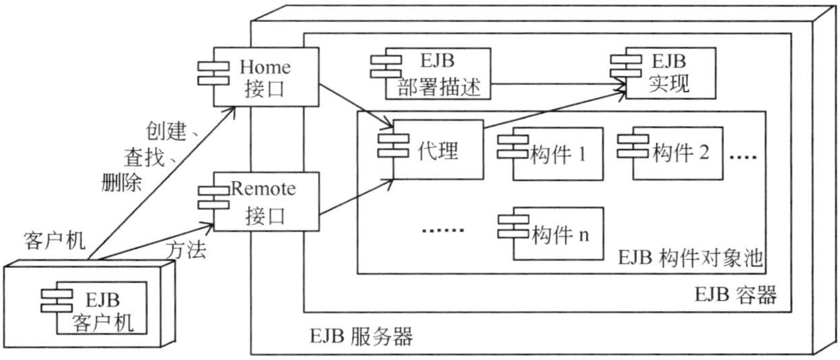

图 9-14 EJB 的系统体系结构

1） EJB 客户机。EJB 客户机是请求 EJB 构件服务的一组应用程序，它不能直接调用 EJB 构件，可以通过符合 EJB 规约、通信协议和标准的客户接口，使用代理来调用 EJB 构件。该底层的分布式通信机制符合 CORBA 标准，并对 EJB 客户机和 EJB 构件的开发者都是透明的。

- EJB Home 本机接口：客户机创建、查找和删除构件实例，并取得实例的引用。
- EJB Remote 远程接口：根据取得的实例应用，提供客户机调用 EJB 构件的方法。

EJB 构件的远程接口和本机接口的关系如图 9-15 所示。

2） EJB 服务器。EJB 规约为每个应用程序服务器定义了一个标准模型，为应用系统提供调用 EJB 构件的操作环境，并提供支持 EJB 体系结构运行的服务。任何开发者都可以据

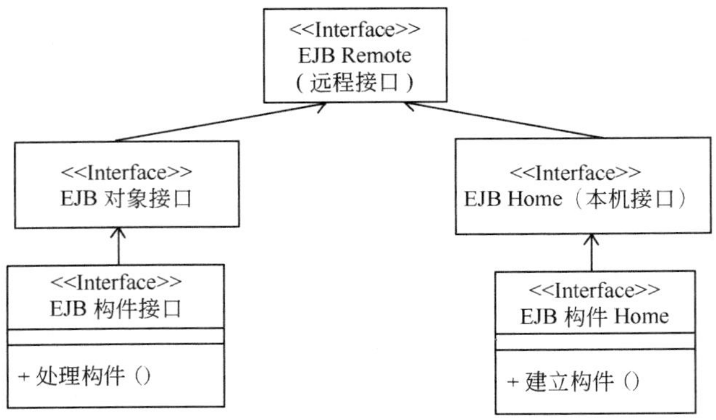

图 9-15 EJB构件的远程接口和本机接口关系

此实现对EJB构件的支持，CORBA系统、COM+系统、数据库系统、Web服务器及其他各种基于服务器的运行系统都可以调整到能够支持易移植的EJB构件。它必须同时支持多个企业级的规约，因此一个完整的EJB服务器系统相当庞大，其基本功能是：

• 提供对操作系统的访问服务。
• 提供Java平台的相关服务。
• 管理EJB容器。

3）EJB容器。EJB容器管理EJB构件。客户机应用程序通过由容器生成的封装接口（本机接口和对象接口）与EJB构件进行交互。当客户机使用封装接口调用各种操作时，容器截获每个方法调用并插入管理服务。容器的主要管理服务为：

• 容器管理持久性：由容器负责存储EJB构件并产生必要的类和代码。
• 构件管理持久性：开发人员决定如何存储并提供存储代码，由容器决定何时存储。
• 构件管理：客户创建一个构件实例，容器管理这些实例。如多客户共享、激活、去活EJB构件，使其实现最大效能和内存利用率等。
• 事务管理：根据部署文件的描述，由容器管理分布式事务处理等复杂问题。
• 远程连接：容器负责管理底层通信，并对开发者和客户隐蔽通信问题。
• 安全性：只允许经过授权的客户访问部署文件描述的应用函数。

（2）EJB的特点

1）层次清晰：体系结构层次清晰，并支持基于构件开发的多层应用体系结构。

• 由服务器中的EJB容器管理EJB构件。
• 部署构件时确定EJB构件的运行方式。
• 由服务器和EJB容器共同协调客户对构件的访问。

2）编程简单：EJB构件的开发者只需关注业务服务实现，其余功能由EJB容器完成。

3）通用编程模型：提供各种高层应用编程接口，编程语言通常采用Java。

4）完全面向对象：该规约可提供一个标准的、分布式、完全基于面向对象的体系结构：

• 兼容OMG组织的CORBA标准。
• 具有跨平台操作和远程调用的能力。

• 屏蔽复杂的系统级功能要求。

• 具有可移植性、扩展性、安全性和支持事务处理的能力。

（3） EJB 构件的基本类型

• 无状态会话型：供单用户使用，系统结束其生命期结束，不保留用户状态。

• 有状态会话型：与单用户交互，系统结束其生命期结束，记录每个用户各自状态。

• 实体型：构件有持久数据，同时与多个用户交互，系统结束时仍保留其运行状态。

• 信息驱动型：客户不能直接引用其方法，由系统消息驱动，可实行异步交互通信。

（4） EJB 构件的应用过程

各类 EJB 构件都具有共同的成分组成：构件类（Bean 类）、本机接口和远程接口，用户可以通过开发 EJB 构件的这些成分进行应用。

EJB 构件开发的过程步骤：

1） 为每个 EJB 构件设置本机接口和远程接口及其实现类的方法，如图 9-15 所示。

2） 定义远程接口的实现类——Bean 类，根据构件的不同类型分别定义实现类。

3） 设置 EJB 构件的控制信息——建立部署描述文件、环境属性文件、清单文件等。

4） 建立 EJB 构件的归档文件。将前 3 种定义和设置归档为 JAR 文件，JAR 文件与服务供应商无关，它可以安装到支持完整 EJB 规约的任何容器中。

5） 部署 EJB 构件。将归档文件输入给 EJB 服务器上的容器，确定其位置和命名。在部署（安装）EJB 构件时，容器分析归档文件的内容，执行以下操作进行安装：

• 生成实现 EJB 构件本地和远程接口的新 Java 类。

• 将本地接口的实现绑定到命名和目录接口，生成桩代码模块和支持远程通信的骨架类。

• 容器可生成构件的子类，利用容器的专用程序，对构件进行有效管理。

• 部署时容器产生的类为容器专用，不具有移植性。

6） EJB 构件的应用——客户端编程。EJB 构件的用户可以是应用程序、服务器程序或其他 EJB 构件，统称为客户机。

客户端编程顺序如下：

• 通过命名和目录查找该 EJB 构件实例的引用，取得 EJB 构件本地接口。

• 通过本地接口，建立起本地的 EJB 构件实例，并将其引用传给远程接口。

• 根据引用，用户通过远程接口调用 EJB 构件的操作，完成其功能需求。

在 EJB 应用的全过程中，首先由供应商开发并提供 EJB 服务器和容器，然后由构件开发人员开发并销售 EJB 构件，而应用人员将不同的 EJB 构件集成组装为应用系统，再由部署人员使用相应工具在运行环境中部署 EJB 构件，监视系统运行则由系统管理人员负责。

2. J2EE 系统体系结构

为了提供服务器端部署的企业级服务，Sun 公司开发了一些企业应用编程接口，J2EE 就是基于 Java 的、适合服务器端构件体系结构、结合了企业应用编程接口的、完整的企业级开发平台。

J2EE 标准的多层应用体系结构示意图如图 9-16 所示，它包含多个独立的核心技术。

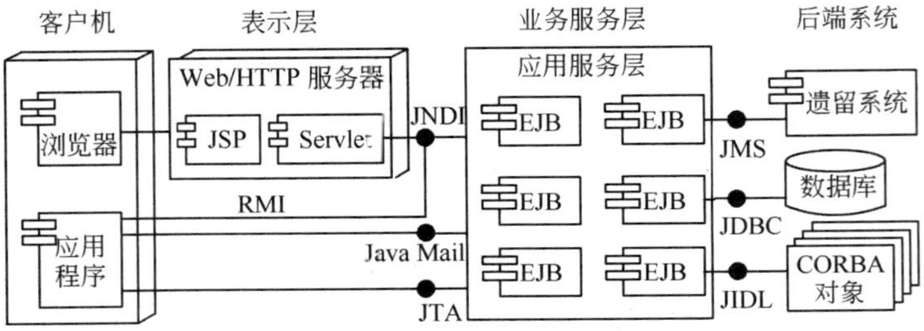

图 9-16　J2EE 标准的多层应用体系结构示意图

1）EJB：J2EE 规约中最重要的技术，它为客户端提供了远程分布式对象框架，极大简化了具有良好可扩充性的企业级软件的开发。

2）RMI（Remote Method Invocation）：它是 EJB 构件和客户端的通信应用编程接口，与 Java 语言紧密结合，允许进程间通信并提供与通信相关的服务。其扩展后可与 CORBA 系统通信连接，进行集成。

3）JNDI（Java Naming and Directory Interface，命名和目录接口）：它是客户端连接 EJB 构件的关键技术，据此通过网络来查找分布式构件。

4）JDBC（Java DataBase Connectivity）：程序员可以通过该接口跨平台访问各种数据库，用 Java 书写。

5）JMS（Java Messaging Service）：JMS 是实现消息驱动 EJB 构件的基础，是一套与消息驱动的中间件通信的应用编程接口，支持消息队列服务和发布/订阅消息服务。

6）JTA（Java Transaction API）：高层次事务处理应用编程接口，应用程序通过 JTA 控制事务处理，EJB 严格依赖 JTA。

7）JSP（Java Server Pages）：使不懂 Java 语言的人也能编写动态网页，采用 HTML（Hyper Text Markup Language，超文本标记语言）书写，可夹杂 Java 语言。Java Servlet 是扩展的网络服务器功能的 Java 代码，但其可以输出合法的 HTML 代码给客户端。

8）JIDL（Java Interface Definition Language，Java 接口定义语言）：JIDL 是 CORBA 规约的 Java 实现，通过 JIDL 可以使 Java 对象与 CORBA 对象进行交互。

9）Java Mail：允许在 Java 程序中发送电子邮件，与工作平台和协议无关。

10）XML（eXtensible Markup Language，可扩展标记语言）：专用描述数据的标准元语言，是软件业的一个标准，一些 J2EE 技术靠 XML 作为元标记语言描述。

在 J2EE 应用开发过程中，由 J2EE 平台供应商提供完全符合 J2EE 规约的 J2EE 产品。用于 J2EE 应用程序的 Web 构件、EJB 构件或应用程序，可以由用户自己开发、网上免费下载或从应用构件供应商处购买，应用构件文件、接口和类归档为一个 JAR 文件。应用组装人员将应用构件 JAR 文件组装成一个 J2EE 应用的 EAR（Enterprise Archive）标准文件；组装和部署信息存储在一个 XML 形式的部署描述文件中，应用组装人员可以修改里面的信息；用户只需将 EAR 文件放在特定的目录中，服务器就可以自动部署该构件。

9.3.3　CORBA 模型的系统体系结构

CORBA（Common Object Request Broker Architecture，通用对象请求代理体系结构）

是一个被软件工业界广泛采用的分布式对象体系结构。它是由 OMG 制定的，该组织成立于 1989 年，已有会员近千人，包括许多著名的研究机构、大学和大公司，是一个开放标准的非盈利的对象管理组织。CORBA 是体系结构最完整、最清晰、跨越平台最多的分布式对象模型。CORBA 是一套规约，而不是一个产品，开发商可以开发出不同的产品来实现 CORBA 规约。其目标是制定行业标准和对象管理标准，为应用开发提供一个公共框架，推动构件市场的发展。用户可以利用 CORBA 接口定义语言（Interface Definition Language，IDL）定义接口。使用不同编程语言、不同编译器实现的构件，可以通过对象请求代理（Object Request Broker，简称 ORB）连接，形成一个跨平台的应用系统。

CORBA 从推出到现在经过不断完善和发展，提出了 CCM（CORBA Component Model，CORBA 构件模型），使可部署的、由应用服务器管理的构件成为现实。CCM 与微软公司的 COM+和 Sun 公司的 EJB 的核心概念类似，即由容器作为构件的运行环境，而事件处理、事务处理、安全处理、持久性等公共服务都是通过公共 API 进行访问。但是到目前为止，还没有成熟的、完全实现 CCM 规约的产品问世。

1. CORBA 模型

(1) CORBA 的对象管理模型

CORBA 的对象管理模型如图 9-17 所示，由 4 部分组成：

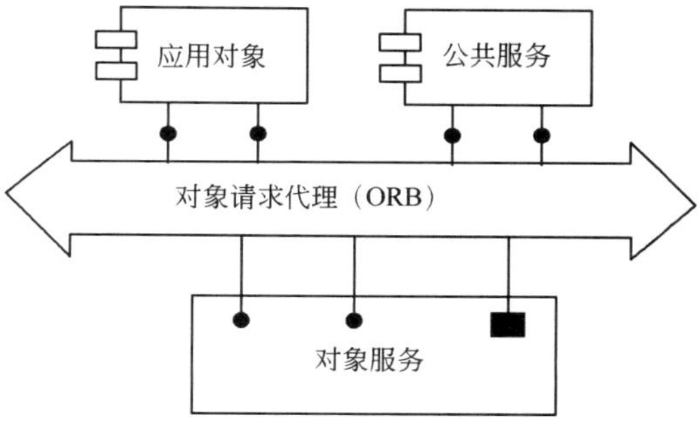

图 9-17 CORBA 对象管理模型

- 应用对象：专用于特定领域的应用构件，OMG 没有为其制定标准。
- 公共服务：用于众多应用领域的通用构件，如信息管理、任务管理、系统管理和用户界面管理等。
- 对象请求代理（ORB）：模型的核心，其机制保证对象可以透明地发送请求和接收响应。ORB 与对象服务相结合，确保符合 CORBA 基准的应用构件之间进行有效的通信。
- 对象服务：一组系统级的对象，为实现和管理对象提供基本功能服务，如：命名、生存周期服务、事务服务、安全服务等。

(2) ORB 的体系结构

CORBA 以客户/服务器模型为出发点，CORBA 对象都是服务器对象，是通过接口实施的对象。CORBA 对象与一般对象的不同点：

- 分布式：可以存在于网络的任何地方。
- 跨平台操作：可以和其他不同操作系统的计算机通信。
- 不依赖特定语言：可用不同编程语言实现，如 C++、Java、SmallTalk、COBOL、Ada 等。

体系结构的主要目的是定义描述客户机如何向远程对象实现发送请求并得到回答的框架，客户机不用知道服务器对象是用什么语言实现的。图 9-18 给出了一个 CORBA 客户/服务器的体系结构模型。

从图 9-18 中可以看出，CORBA 中客户机构件与服务器构件之间是如何相互作用的。

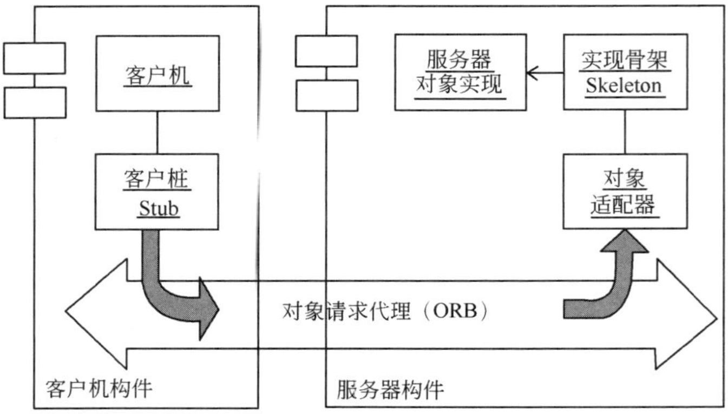

图 9-18　CORBA 客户/服务器的体系结构模型

1）客户机：首先找到指向服务器目标的 CORBA 对象的引址，然后通过引址向其发送消息。如果 CORBA 对象是在另一台计算机上的远程 CORBA 对象，引址就指向对应接口的客户桩码。

2）客户桩：由 IDL 编译而成的客户端代码段，向客户提供一个因接口而异的 API，类似一个“替身对象”，代表远程服务器对象。客户桩码利用 ORB，找到远程计算机的服务器对象，可透明对象位置和 ORB 操作。

3）ORB：根据客户机给的对象引用，定位相应的远程对象实现，建立远程通信连接。ORB 的通信机理：

- 客户端 ORB：接收客户机发送的消息，打包后，通过互联协议跨网络传送给服务器端 ORB。
- 服务器端 ORB：接收通过 ORB 互联协议跨网络传送来的消息，将消息解包，发送给对象实现。
- 回送值：ORB 负责将远程对象响应后产生的输出参数和回送值，采取同样打包/解包的方式，通过 ORB 互联协议跨网络传送给客户机。

4）对象适配器：从开始的着重 CORBA 服务器实现的基本对象适配器，改进和演变为易移植的对象适配器，负责把 CORBA 的对象概念适配为编程语言的服务体概念，从而允许编程人员构造在不同 ORB 产品上可以移植的对象实现。对象适配器是对象实现访问 ORB 所提供服务的主要方式，可以定制接口，为一组特定的对象实现提供服务。特定的对象适配器可以代理 ORB 内核一个或多个职责。其主要功能有：

- 生成和解释对象引用，方法的调用，对象实现的注册、激活和冻结。
- 将对象应用映射到相应的对象实现。
- 保证交互的安全性。

5）实现骨架：由 IDL 编译而成的服务器端代码框架，提供将对象适配器转发的请求调度到对象实现上的适当操作的代码。

6）服务器对象实现：服务器端远程对象实现。

读者请注意，在 CORBA 工作过程中，客户机对 CORBA 对象的实际位置毫不知情，也不知道其实施详情或具体的对象请求代理的种类。不同种类代理之间通过 IIOP（Internet

Inter ORB Protocol，网际对象请求代理协议）来相互沟通，容许任何 CORBA 客户机与其他 CORBA 服务器对话。

2. OMG 接口定义语言

OMG IDL 是 CORBA 的重要组成部分，是一种严格定义的接口定义语言，是定义接口的公认标准。IDL 已经通过国际标准化组织（International Standardization Organization，ISO）认可，其词法遵守 C++词法规则，其语法是 ANSI C++标准的子集，但更严格。IDL 中的接口也可以用 UML 的接口类表示。但 CORBA 客户机只能调用 IDL 定义的接口中的操作。

OMG IDL 独立于具体编程语言，一个 IDL 文件可以向多种语言转换。IDL 码编写好后，由 IDL 编译器转换成客户机用的客户桩码和给服务器用的实现骨架码。这两种码都是用特定的编程语言编写的，CORBA 包含 IDL 到主要的编程语言标准的映射法则，如 IDL 到 C++、Java、SmallTalk 等的映射。接着，编程人员编写详细的客户机和服务器源程序代码，并将其编译成可执行的程序。

OMG IDL 是一个纯规约，不涉及具体实现问题。IDL 定义的接口对对象实现没有任何约束，使客户从对象实现的细节中清晰地分离出来，从而更利于软件复用，因此被软件业广泛接受。IDL 主要用来定义应用系统中的重要接口，而这些接口是软件复用、交互操作的关键所在，也是软件体系结构的重要组成部分。

下面给出一个货栈经营管理的 OMG IDL 代码例子，读者可以从中简略了解 IDL 编程的概况。

```
// StockMarket.idl                                           //程序名：
module StockMarket{                                          //定义模块名
  typedef string StockSymbol;                                //类型说明
  typedef sequence < StockSymbol>  StockSymbolList;          //容器
 exception AccountExpired { sting expiration_ date;};        //异常说明
  interface Account;                                         //说明一未定义的接口
 interface StockServer {                                     //定义接口
  float getStockValue (in StockSymbol symbol);               //操作说明
  StockSymbolList getStockSymbols();
  };
interface StockAccount :Account{                             //IDL 支持继承
  readonly attribute float getbalance;                       //属性说明
  readonly attribute string getowner;
  Boolean makeWithdraw(in any f) raises (AccountExpired);//返回异常值
  };
 };
```

从上面的程序可以看出，OMG IDL 的句法与 C++很接近。IDL 编码中的斜体字是关键字，其意义分别介绍如下：

1）module：定义模块，类似 UML 里的包，为一组 CORBA 对象接口创建独立的、具有唯一性的名字空间。模块可以嵌套。

2）typedef：类型说明，用于强制类型检查。

- string、float：与 Java、C++中的数据类型一样。
- any：表示任意的 IDL 类型。

• sequence：序列，是容器类型，相当于可变长度数组。

3）exception：异常说明。当系统出现用户定义的或 CORBA 系统标准的异常（出错）情况时，系统应能捕捉到这些异常值，并进行相应的处理，以保证系统的正常运行。

• 调用操作时，可以要求返回异常值。

• 关键字 raises 用于捕捉异常出错信息。

4）interface：说明和定义接口。

• 每个 IDL 接口定义一个新对象类型。

• IDL 接口中只说明 CORBA 对象的公有操作，不说明其私有操作。

5）操作定义中使用的关键字：

• in：说明参数（消息）从客户机传送到服务器。

• out：说明参数（消息）从服务器传送到客户机（返回值）。

• inout：说明参数（消息）双向传递。

• oneway：IDL 操作为异步；无此说明则默认为同步。

6）attribute：说明 IDL 接口的属性，例如 readonly 表示只读，相当于 Java 类中的公有成员。

3. CORBA 系统的对象调用过程

(1) 对象调用过程

所有 IDL 接口或子接口，都要由实际的类来实施，类的实例就是一个 CORBA 对象。图 9-19 是一个客户机调用一个 CORBA 对象的时序图，从中可以看出整个调用过程的详细时间顺序。

图 9-19 中的时序图按纵向时间轴从上向下依次描述了调用过程发生的顺序：

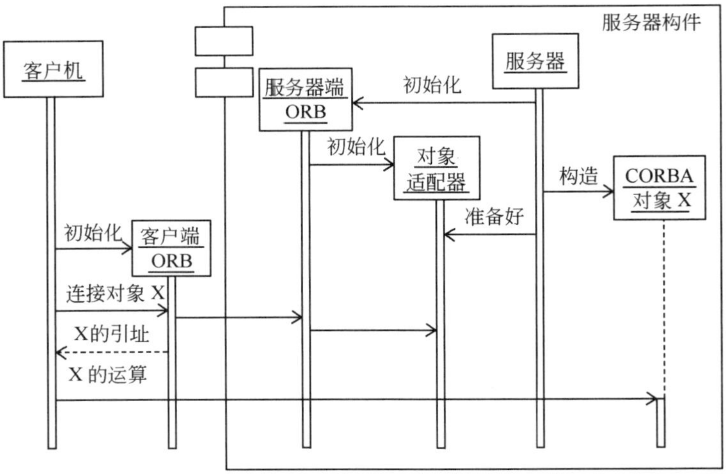

图 9-19 一个客户机调用一个 CORBA 对象的时序图

1）服务器对象初始化服务器端 ORB。

2）服务器 ORB 启动一个对象适配器。

3）服务器对象构造一个 CORBA 对象 X。

4）服务器向对象适配器发出准备就绪的信号，服务器启动完毕，静等客户机调用。

5）客户机开始活动后，首先启动客户端 ORB。

6）客户机试图通过客户端 ORB 连接远程 CORBA 对象 X。

7）客户端 ORB 与服务器端 ORB 通信。

8）服务器端 ORB 接通对象适配器取得 CORBA 对象 X 的引址并返回客户端 ORB。

9）客户机从客户端 ORB 得到 CORBA 对象 X 的引址。

10）客户机根据 CORBA 对象引址直接调用其操作。

在 CORBA 系统中，对于客户机来讲，CORBA 对象在什么地方（与客户机在同一台计算机上或是一个远程对象）并不重要，客户机都像调用本地对象一样方便，这就是 CORBA 和分布式对象的基本思想。

服务器启动结束，初始 CORBA 对象也就构造完毕。客户机若要使用另外的 CORBA 对象，则这些对象必须先由服务器对象或其他现有的 CORBA 对象（包括初始 CORBA 对象）来构造。

（2）对象引址的获取

取得初始 CORBA 对象引址有如下几种方法：

- 调用连接操作，并附上连接服务器名称。
- 命名服务：CORBA 命名服务根据有层次结构的输入服务名找出对应的对象引用。
- CORBA 互操作对象引址：该引址是个字串，从文件、万维网服务器等渠道获得。

（3）CORBA 接口调用

CORBA 接口调用有静态和动态两种方法：

1）静态调用接口：编译和运行之前就确定了 IDL 接口定义的方法（称静态方法），如前所述。

2）动态调用接口：客户机直接使用 ORB 中调用操作的机制或方法，服务器对象的 IDL 接口不必在编译以前定义。

- 客户机无须通过 IDL 客户桩就可直接向服务器对象发送消息。
- 由在服务器内预先存有接口信息的“接口仓库”提供该对象接口的资料。
- 服务器端动态骨架接口通过服务器端 ORB，帮助服务器对象向外界提供服务。
- 服务器对象的 IDL 接口不必在编译以前定义。

9.4 面向对象数据库管理系统

一般来说，面向对象程序在运行过程中会产生一些暂时对象，但当程序运行结束时，这些暂时对象也就消失了。若希望这些暂时对象在程序执行完毕后仍能长期保存，就要把暂时对象转变成一定格式的数据，存储在磁盘上长久保存下来变为持久对象，这样才能方便以后的提取。系统重新启动运行后，可以将持久对象提取出来，此时，系统就可以恢复到该对象存储前的状态下继续工作运行。持久对象是独立于其构造过程的对象。

持久对象一般由数据库管理系统（Database Management System，DBMS）负责管理。如果读者采用彻底基于对象规范的面向对象数据库管理系统（OODBMS）进行持久对象的处理，那是再方便不过的事情。但大多数软件开发者熟悉的是市场上常见的关系数据库，关系数据库是建立在相互之间有一定关系的“表格”的简单概念上。如何将持久对象与关系数据库的表格对应起来，使关系数据库也可以方便地进行持久对象的处理是我们最关心的问题。

在对持久对象进行设计时，不必考虑采用哪种数据库系统来进行持久对象处理。如果数据库不是面向对象的，等到对象设计完毕，再采用标准方法将设计的对象映射到具体的数据库模型。如采用 CASE 工具来完成这个工作，更会取得事半功倍的效果。这种“数据库设计的面向对象方法”可以用来设计不同的数据库模型。

9.4.1 持久对象的完整性和安全性

利用 DBMS 对持久对象进行管理，特别是在对持久对象进行存储和提取时，必须保证持久对象的完整性和安全性，而数据库管理系统设计时的工作特点完全能满足这个要求。数据库管理系统在存取数据时严格按一个逻辑单元进行，我们称该逻辑单元为一个事务。一个持久对象可以看成一个逻辑单元（事务）。一个逻辑单元（事务）在读、写操作时保证以下几点：

1）完整性。即该逻辑单元（事务）的不可分割性。

- 每个逻辑单元（事务）都有明确的开头和结尾。
- 一个逻辑单元（事务）可以有多个步骤，在读、写过程中该逻辑单元（事务）作为一个整体处理。
- 如果在执行步骤中间被意外中断，从起始点到中断点所有步骤都作废；退回到该逻辑单元（事务）的开始位置，从头开始重做。

2）可靠性。该逻辑单元（事务）完成读、写后，系统中的持久对象处于可靠的稳定状态。

3）隔离性。各逻辑单元（事务）相互独立，系统保证被访问的对象不受其他用户干扰。

4）持久性。该逻辑单元（事务）执行后，长期保存，成为持久对象。

数据库的这个特性保证了持久对象对安全性和可靠性的要求。一个逻辑单元（事务）在更新操作后，这个持久对象在数据库中不是全部被改变，就是一点也没变。一个对象一旦存入数据库，就成为持久对象，长期保留在那里，可以随时提供给系统供提取、修改和处理。

9.4.2 面向对象数据库与持久对象

面向对象数据库管理系统可以对持久对象有效地进行直接管理，并从根本上保证持久对象的完整性和安全性。在面向对象数据库中装载持久对象，存储的对象和实际使用的暂时对象完全一致，保留了其面向对象的全部特征，不用进行任何转换，即不仅保留对象的状态，而且保留了各个对象之间的关系。面向对象数据库管理系统还提供全面的数据库系统管理功能，如对象浏览器、查询语言工具、数据库编程及工具等。面向对象数据库管理系统的特点使其在面向对象系统设计和应用中极为方便，因此使用效率很高。下面介绍它的基本工作原理和特点。

1. 持久对象的存取

数据库根是面向对象数据库的起点，常对应于对象集合管理器、容器等高级对象。数据库根把我们引向库中的持久对象。一个类的所有对象实例的集合，称为该类的域。在面向对象数据库中，类的域常常作为数据库根（对象引址），并以类域变量来进行装载。面向对象数据库管理系统的系统体系结构如图 9-20 所示。

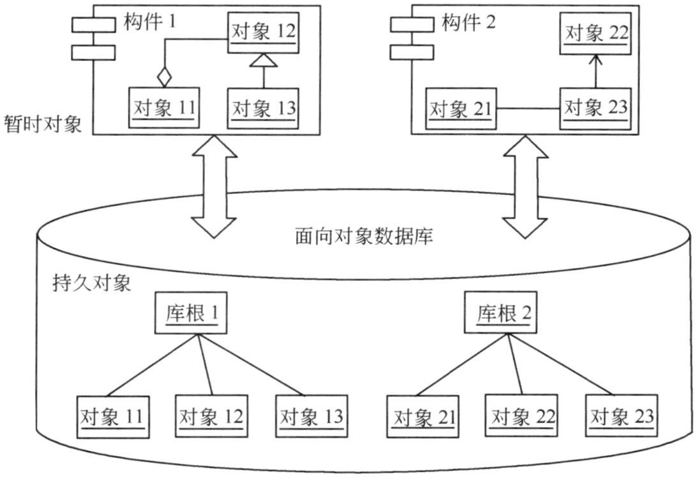

图 9-20 面向对象数据库管理系统的系统体系结构

从图 9-20 可以看出，系统软件程序运行过程中产生的暂时对象通过数据库根（对象引址）直接存储到面向对象数据库中，存储的对象和实际使用的暂时对象完全一致，不用进行任何转换。从数据库中检索、查询和修改对象，也要通过数据库根进行。

2. 持久对象的生成与清除

可持久对象原本是暂时性的对象，存到数据库中以后，就成了持久对象。对象从暂时变成持久的过程，由数据库管理系统负责管理。数据库中无用的持久对象，称为“孤遗”对象，由数据库管理系统提供的“无用单元处理器”负责清除它们。

9.4.3 关系数据库与持久对象

关系数据库是人们非常熟悉且经常使用的一种数据库管理系统。关系数据库由一系列关系——二维表格——组成。在一个二维表格中，每一行表示一条数据记录，每一行（记录）由若干字段（列）组成。可以选择一个或几个字段作为关键字使用，以便快速进行检索和查询。表格和表格之间可以有关系，通过关键字进行连接。

1. 持久对象到表格的转换

对于软件开发人员来说，使用一种熟练掌握的工具来完成一项工作，远比重新掌握一门新技术要便当得多。关系数据库不能直接存储持久对象，需要将对象进行转换，变成表格能够存储的格式，再存储为持久对象。一般来说，一个持久对象类映射为一个关系表格时，表格的列或字段对应类的属性，而行或记录对应类的实例（对象）。从概念上看，表格就像持久对象的域，与面向对象数据库中的数据库根一样。具体的映射格式由图 9-21 给出。

从图 9-21 可以看出，一个“开设课程”类与关系数据库中的一张二维表对应。类的属性与二维表的字段（列）对应：“开设课程”类有 6 个属性，对应的二维表有相应的 6 个字段。而二维表中每行数据（记录）是“开设课程”类的一个实例对象，即一门具体

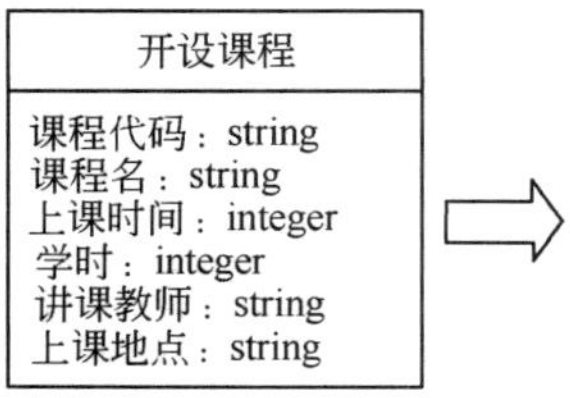

开设课程					
课程代码	课程名	上课时间	学时	讲课教师	上课地点
1209041	数据结构	周一 8:00	3	刘占平	410
1209043	数据库原理	周二 8:00	3	王一平	409
1209046	网络系统工程	周三 8:00	3	吴新明	407
1209047	计算机原理	周四 8:00	3	路德斐	406
1209050	算法导论	周五 8:00	3	刘怀穗	405

图 9-21　课程类与关系数据库表格的映射转换

课程，在每个对象中属性有具体的值。一个表中，用一个或几个能区分各条记录（对象）、具有唯一性的字段作为关键字，通过关键字区分各条记录（对象）。在本表中，可以用具有唯一性的字段“课程代码”作为关键字，用此关键字建立索引，可以快速准确地进行对象查找。

要提高从对象映射到表格的性能，可以把一些含有相同主关键字的表格合并起来，这样就可以充分利用一个表格内的快速查找功能。对于一个包含属性较多的类，要提高其持久对象的运作性能，可以把对象域拆成几个分域，每个分域用特定的关键字来区别，就可以快速找到指定的对象。

2. 持久对象的存取

利用关系数据库存储持久对象与使用面向对象数据库存储持久对象有很大的不同。一个暂时对象不能直接存入关系数据库，必须转换成对应二维表中的一条记录后才能存储。同样道理，存放在一个关系数据库中的（一条记录）持久对象被提取后，不能直接在系统程序中使用，也必须转换成对象的格式后才能使用。这个转换系统是开发人员为系统编写的一个专用转换程序构件，关系数据库中持久对象的存取过程如图 9-22 所示。

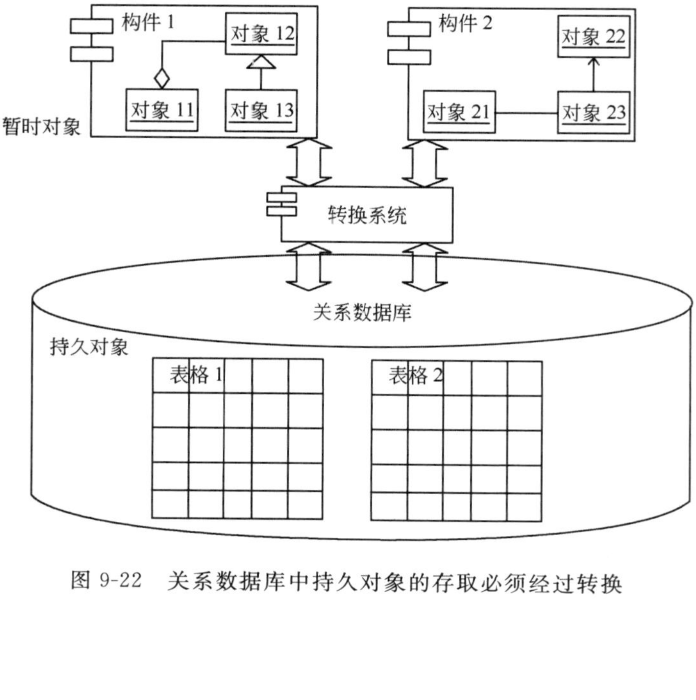

图 9-22　关系数据库中持久对象的存取必须经过转换

9.4.4 关系数据库与面向对象数据库比较

关系数据库和面向对象数据库各有特点，可以从各自的特点、优点和缺点等几个方面进行对应比较。如表 9-1 所示。

表 9-1 对象数据库与关系数据库的比较

	面向对象数据库	关系数据库
特点	a. 支持面向对象的概念和实践 b. 对象可以直接存取 c. 支持复合对象 d. 可直接表示对象之间的关系 e. 易于扩充	a. 以二维表进行描述 b. 关系隐含 c. 数据类型简单 d. 算法成熟、标准 e. 使用广泛
优点	a. 数据类型丰富 b. 可处理复杂数据结构 c. 数据库语言与程序环境一致 d. 直接存取对象，执行效率高 e. 适用于对象系统应用	a. 数据库语言简单 b. 易于维护 c. 适合随机性快速查询 d. 高度的数据独立性 e. 具有理论基础支持
缺点	a. 缺乏标准 b. 设计复杂 c. 缺乏理论基础 d. 处于研制完善阶段 e. 未广泛使用	a. 不能表示复杂数据类型 b. 用于对象系统，必须转换 c. 用于对象系统时效率较慢

关系数据库使用时间较长，有坚实的基础理论支持、成套的算法模型和完善的标准，是一种成熟的数据库系统。它早已成功地被广泛使用在各种应用系统中，被广大软件开发人员所熟悉和掌握。但对于面向对象系统来说，关系数据库不能直接存取持久对象，必须有一个转换程序（构件），将应用系统中的暂时对象映射为关系数据库中的二维表格，才能存储为持久对象。同样的道理，关系数据库中的持久对象（二维表格）也必须经过这个转换程序（构件），才能变换为应用系统中的对象。而且由于关系数据库的数据类型有限，由其来描述持久对象的复杂数据结构比较困难，必须在转换程序中对其不能描述的数据类型和结构通过逻辑组合与算法模型的处理才能达到实际要求。这样就增加了转换程序运行的时间，大大降低了系统的效率。

面向对象数据库开发使用的时间短，内部结构复杂，没有广泛认可的统一标准，也缺少基础理论的支持。到现在为止，成熟而完善的面向对象数据库系统还没有问世。但由于面向对象数据库系统支持面向对象的概念，支持类的数据与操作封装在一起，可以直接快速存取对象。库中存储的持久对象与应用系统中暂时对象的关系一一对应，其继承、关联、聚合、依赖等复杂的对象关系及数据类型和结构也一一对应，不用经过转换，效率很高。它还有面向对象系统的其他优点，如易维护、易扩充等，很有发展前景。

现阶段，开发人员可以根据系统的实际情况和自己对各类数据库系统掌握的熟练程度，结合应用系统对持久对象的复杂度和存取效率、开发进度、用户的水平等要求综合平衡，选择合适的数据库系统进行持久对象的存取。

9.5 分布式系统体系结构模型

20 世纪 80 年代以来，随着 Internet 的迅速发展和普及，越来越多的用户已经自觉或不自觉地置身于资源分布的网络环境中。为了简化复杂系统的开发和维护，人们提出了客户机/服务器（C/S）模型和浏览器/服务器（B/S）模型。采用这些模型方式工作，可以有效地共享网络资源，通过高效的信息传输网络实现跨平台操作和分布式协同工作。为了应对这种分布式并行系统的工作方式，分布式计算技术应运而生，并在近年获得迅速发展。

9.5.1 客户/服务器模型

对于一个复杂的网络系统，可以将其分解成几个易管理的结点或构件，提出客户/服务器模型。本章前几节已经介绍了客户/服务器的一些典型模型，图 9-23 描述的就是一个简单的客户/服务器模型。

一个简单的客户/服务器模型体系结构的应用分为客户机和服务器两部分：

- 客户机：负责向用户展示工作内容，向服务器发送消息并接收返回消息。
- 服务器：负责协调网络上各个客户机的通信及处理底层工作，如数据库的运作等。

客户/服务器模型的优点：

- 客户机与服务器分离，允许长距离连线运作。两者可同时开发，也可分别进行。
- 一个服务器可以服务于多个客户机。

该模型的缺点：

- 客户机与服务器通过网络进行通信，服务器忙时，可能成为通信的瓶颈。
- 服务器及接口定义发生改变时，客户机也要作出相应的修改，当客户机数量多（近千台）时，每个客户机都要求有最新软件版本，工作量极大。

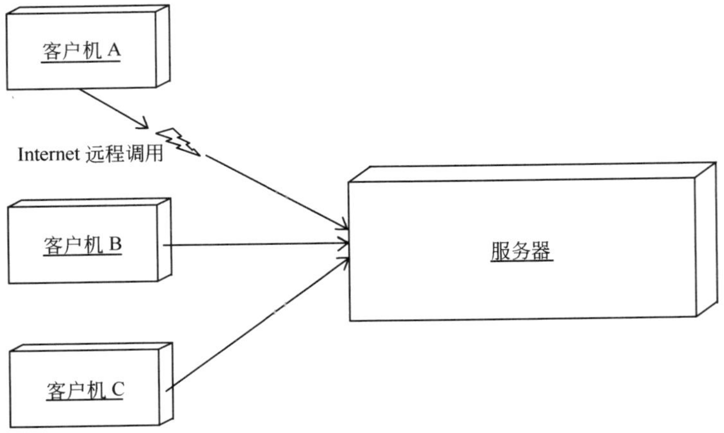

图 9-23　简单的客户/服务器模型

为避免该模型的不足，可以采用以下方法解决：

（1）通信瓶颈

解决通信瓶颈问题可以采用下面的方法：

- 减少对服务接口的起始连接：可以把相关接口合并为一个接口，减少连接次数。
- 减少远程调用：利用客户桩暂时存放来自服务器的数据，减少访问服务器的次数。
- 减少排队等待：采用一次性大量向客户机传送数据，避免零星提取多次排队。
- 利用网络动态等待时间差：将一台客户机的集中的多个调用分散给多个客户机调用，这些不同客户机分别向服务器进行申请调用时，会有网络等待时间差，省去集中等待时间。

（2）众多客户机软件版本更新

解决众多客户机软件版本更新问题有两种方法：

1）用消息驱动进行数据交换方案，例如网浏览器。客户机和服务器之间按标准协议用HTML按HTTP（Hypertext Transfer Protocol，超文本传输协议）进行消息传递。HTTP是用消息驱动数据交换的协议，HTML用来确定消息文字内容的格式。要构造一个图形用户接口（界面）时，服务器不必传输产生该接口图形画面的程序，只需将少量接口结构数据（参数）传送给客户机，而由预先安装在各客户机上的通用的标准网络浏览器驱动程序，根据传送来的结构数据产生图形接口画面。此方案可以极大减少客户机和服务器之间信息的传输量，减轻了服务器的负担。

2）动态对象分配（传输）方案：

- 预先在各客户机上安装一组通用的标准程序库。
- 在必须时，服务器将应用对象传送到客户机，由其调用标准程序库程序驱动运行。

综上所述，在大型网络系统中，每台服务器要为众多客户机提供服务，提高服务器效率的方法是：

- 减轻服务器负担，将部分工作转移到客户机上。
- 提高服务器每次读取数据库的数据量，减少读取次数。
- 对于有大量（上千台）客户机的系统，采用多层服务器结点的体系结构分散负担。

9.5.2 浏览器/服务器模型

Browser/Server（浏览器/服务器）模式又称B/S结构。它是随着Internet技术的发展而兴起的，是对C/S模式应用的扩展。在这种结构下，用户工作界面是通过IE浏览器来实现的。B/S模式最大的优点是运行维护比较简便，能实现不同的人员，在不同的地点，以不同的接入方式（比如LAN、WAN、Internet/Intranet等）访问和操作共同的数据；缺点是对企业外网环境依赖性太强，由各种原因引起的企业外网中断都会造成系统瘫痪。典型的B/S模式应用系统网络结构如图9-24所示。

C/S能充分发挥客户端PC的处理能力，很多工作可以在客户端处理后再提交给服务器，降低了通信开销。对应的优点就是客户端响应速度快，同时从安全性考虑的话，因为其可以通过专有信道建立自己的连接，所以C/S比B/S要优越得多。但C/S结构的不便是客户端需要专门的软件，客户端软件的安装和升级对比B/S结构来说麻烦一些。当需要大量安装客户端、且客户端软件经常升级时，如果客户端设计时不能自动升级，对于系统的使用者来说，工作量将是非常巨大的。因此，它适用于局域网环境可连接用户数有限并且要求比较高的领域。当用户数量增多时，性能会明显下降，客户端都要安装应用程序，便于系统扩展和维护，其代码复杂、可重用性差，开发费用较高，但其开发周期较短。

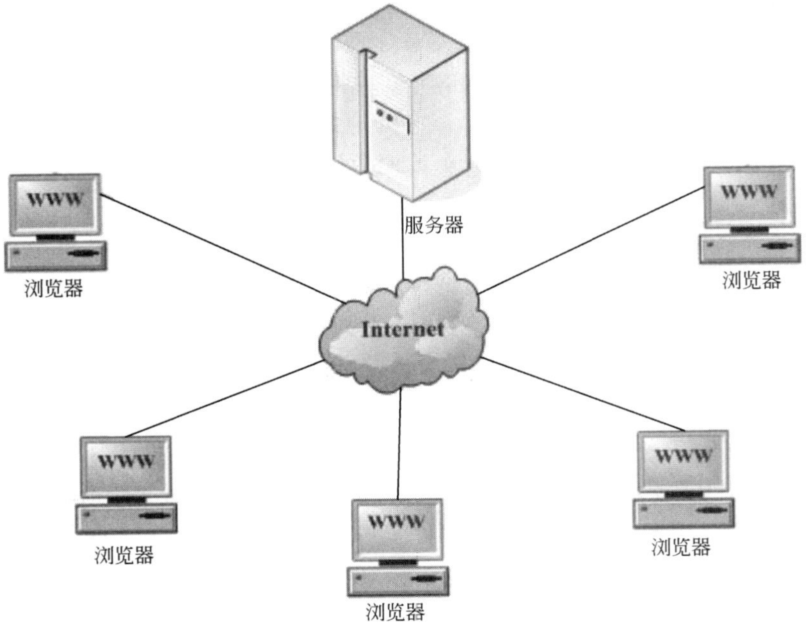

图 9-24 B/S结构示意图

B/S结构的优点是安装和维护方便（仅仅对服务器进行安装和维护），系统扩展也比较简单。对比C/S和B/S结构，不能简单地说B/S结构比C/S结构优越。从方便性和可维护性上来说，B/S结构好一些，但是B/S的网络通信一般通过公有的Internet，往往存在较大的安全隐患，而且导致系统不稳定的因素较多。因此它适用于广域网环境，可支持较多的客户。可根据访问量动态配置Web服务器、应用服务器，以保证系统性能。

鉴于C/S和B/S模式各自的特点，不可能一刀切地说哪个好还是哪个坏，需要根据应用环境的不同采取不同的软件结构模式。主要有两者的混合模式和在两层C/S基础上发展起来的多层C/S模式。

混合模式利用C/S、B/S模式各自不同的优点来构架应用系统，即利用C/S模式的高可靠性来构架企业应用（包括输入、计算和输出），利用B/S模式的广泛性来构架服务或延伸企业应用（主要是查询和数据交换）。

9.5.3 分布式网络计算技术与模型

网络计算环境包括计算操作平台、网络通信设施、计算机硬件设备和支持网络计算的基本服务。支持分布式协同的计算环境包括以网络计算环境为基础、跨平台操作、透明的资源分布、支持分布式计算的基本服务和分布式应用软件。

分布式计算环境的特点：

- 提供了统一的分布式软件框架和基本的分布式服务支持。
- 简化了分布式应用的开发。
- 提高了可重用性、可移植性和分布式应用之间的互操作性。
- 比网络计算环境具有更好的灵活性，支持信息共享和协同工作。

• 消除了操作平台之间的限制。

• 远程调用消除了客户间地理距离的间隔。

• 用户在进行网络计算时不必关心网络传输过程。

实现分布式计算环境的应用系统已大量出现并投入使用，综合起来看，当前采用的主要分布计算技术有以下几种。

(1) 跨平台互操作技术

异构操作平台的互操作性是一个重要的分布式计算技术，本章前面 9.3 节介绍的 OMG 提出的 CORBA 就提供了一个完整的满足实现分布计算环境的标准。而其中介绍的 Sun 公司提出的 EJB 模型是基于 Java 的、适合服务器端构件体系结构的、完整的企业级应用开发平台和技术规约，用于开发和使用基于事务和分布对象应用的服务器端构件。

(2) 远程过程调用技术

在分布式应用系统中，一台计算机可以调用远距离的另一台计算机中的操作。其特点是：

• 远程调用与本地调用一样方便。

• 远程调用由分布式支持系统自动完成，无需用户干涉。

• 远程调用的实现通过参数（消息）异步传递完成。

• 远程调用的返回结果亦通过原路径返回给调用者。

(3) 分布式持久数据（对象）支持技术

采用分布式文件系统和分布式数据库系统完成应用系统对持久数据（对象）的需求。简化用户访问网络文件和数据库的手续，为分布式应用系统的管理和分布式应用软件的开发提供便利。其特点是：

• 具有分布式查询处理功能。

• 具有分布式数据（对象）存取功能。

• 具有共享性、透明性、安全性、一致性、完整性和可扩充性。

(4) 并发运行机制

分布式计算环境采用多线程并发运行技术实现服务器的并行性，线程之间高效率的通信与同步机制是实现良好的分布式计算环境的关键。其特点是：

• 服务器为每个客户请求创建一个线程执行服务动作。

• 各个线程并发执行。

• 一个线程阻塞，其他线程照常工作。

(5) 分布式计算环境的基本服务技术

分布式计算环境还提供一些基本的服务，包括：

• 注册服务：登录规范的资源地址、使用权限及相关信息供用户使用。

• 安全服务：提供用户身份认证、访问权限控制功能，并保证数据的完整性和保密性。

• 时钟校准服务：自动校准分布式系统所有客户机、服务器的时钟，保持步调一致。

9.6 集成化 CASE 工具软件开发环境

CASE 工具及环境的开发和使用是软件工业化的产物，已引起世界各国 IT 业界的普遍重视，成为软件工程的重要研究领域。目前出现了许多自动化或半自动化的 CASE 工具。

“工欲善其事，必先利其器”，工具在人类生活和生产活动中的地位和作用是众所周知的，对软件工程也不例外。为支持软件开发、维护、管理而研制的计算机程序系统称为软件工具。例如，操作系统、文本编辑器、编译系统，等等。但是，孤立的软件工具只能支持软件工程的某一项活动。各种软件工具的数据结构不统一，程序界面不标准，软件工具引用和加工的数据需要进行格式转换，相关的软件工具因设计标准不一致很难集成为一个软件系统，这些都严重影响了软件开发和维护的效率。

在软件工程活动中，软件工程师和管理员按照软件工程的方法和原则，借助于计算机及其软件工具的帮助，开发、维护、管理软件产品的过程，称为计算机辅助软件工程（Computer-Aided Software Engineering ，CASE）。CASE 的有效性只有通过“集成”才能达到。一般的 CASE 环境需要网络的支持，允许若干个软件工程师同时在环境中使用相同或不同的软件工具进行相互通信、协同工作。CASE 环境的核心支持系统是软件工程信息库。

今天，大多数软件开发组织在承担软件项目时，首先要解决的问题往往是如何选择支持软件工程各个阶段的工具和环境。这些工具和环境应该满足统一的标准，在系统选用的操作系统、网络和数据库的支持下工作。为了充分发挥工具和环境的作用，必要时还会对参与项目开发和管理的人员进行技术培训，使他们能够尽快适应新的软件开发环境。

9.6.1 CASE 工具的种类及其特征

在软件家族中，为支持软件开发、维护、管理而研制的软件系统称为软件工具。例如人们经常使用的操作系统、程序集成编辑系统、系统编译程序等。CASE 工具的开发从孤立、单一的软件工具到面向对象的、高度集成化、图示化、自动化的 CASE 环境是一个长期的发展过程。单一的软件工具只能支持软件开发工作的某一项活动，并且各软件工具的数据结构不统一，界面不一致，其产生的数据必须经过转换才能相互使用，这极大地影响了软件系统的开发效率。CASE 工具及环境的开发和使用是软件工业化的产物，也是软件研究领域重要的一个分支。

1. CASE 工具的分类

支持软件工程活动的软件工具品种多、数量大，人们可以根据软件工具的功能、作用、使用方式等多种原则进行分类。这里，我们按照 CASE 工具使用的目的和功能，将它们划分为九类。所有的这些工具都是在软件工程信息库的支持下工作的。

1）用于需求分析的 CASE 工具：用于客户的事务系统规划，建立专用事务信息系统模型。

- 按照客户要求的系统资源、运行方式和管理方法建模。
- 通过多视点需求分析建立可视化模型和可执行的需求规约。
- 描述组织内部各部门之间的信息流程。
- 典型的需求分析 CASE 工具如面向对象需求分析工具（OOA-Tool）。

2）用于系统分析和设计的 CASE 工具：用于建造系统模型。

- 描述数据结构的表示及其内容。
- 描述系统控制流、控制规约和系统进程等。
- 评价模型的质量并检查模型的一致性和正确性。

• 典型的分析和设计 CASE 工具如原型/模拟工具、界面设计和开发工具等。

3）用于系统实现的 CASE 工具：用于软件程序编码。

• 程序设计工具有程序编辑器、程序编译器和程序调试器。
• 各种程序设计语言及其相应的程序设计支持集成开发环境。
• 程序自动生成 CASE 工具：根据用户具体要求自动产生程序代码。
• 系统实现 CASE 工具有面向对象的程序设计语言 C++、Java、Smalltalk、C# 等集成开发环境。
• 支持软件构件重用的 CASE 工具，它可以支持软件构件集成，极大减少系统编码量。

4）用于系统测试的 CASE 工具：能自动对软件进行静态、动态模拟测试和相应的测试管理。

• 静态分析：源代码审查，排除可能导致程序出错的异常情况。
• 动态分析 1：为被测试程序自动生成嵌入了典型预定值的测试输入文件。
• 动态分析 2：为被测试程序自动生成特殊的测试用例，强迫程序按某种方式运行。
• 动态分析 3：自动对输入文件和用例进行多次测试验证、比较，并生成测试报告。
• 集成化测试管理环境：对每步工作自动跟踪管理，并最终产生综合测试分析报告。

5）用于系统维护的 CASE 工具：支持软件维护。

• 从程序到规格说明的逆向工程 CASE 工具，可以追本溯源，明确要调整的部位及其影响和涉及的范围。
• 对系统程序代码进行重构和分析的 CASE 工具。
• 在线系统再工程 CASE 工具，如修改在线数据库系统。
• 支持软件构件重用的 CASE 工具，支持软件构件集成和更换过时构件。

6）用于项目管理的 CASE 工具：协助项目管理人员估算项目工作量、成本和制定进度计划。管理的信息内容包括：项目合同、工程计划、进度表、人员组织与分工、软件生存期各阶段产品及评审文件、软件评审标准等。需要的 CASE 工具如下：

• 项目计划 CASE 工具。
• 项目需求追踪 CASE 工具。
• 项目及各个组成部分工作量、成本的度量和管理 CASE 工具。

7）用于框架支撑的 CASE 工具：支持软件开发、维护的全过程。

• 操作系统、网络系统软件集成及应用软件系统质量保证 CASE 工具。
• 文档资料自动生成 CASE 工具。
• 软件部署管理 CASE 工具。
• 支持数据库管理的 CASE 工具。
• 支持 CASE 工具集成的软件工具。

8）用于智能化原型建模的 CASE 工具：智能化专家系统，支持某一专业领域的原型建模。

• 静态原型建模：在专家系统支持下，按照客户需求自动建立描述系统功能、结构和人机界面等非执行的静态原型模型。
• 动态原型建模：在智能化专家系统知识库支持下，不仅能按照客户需求建立描述系统功能特征的静态模型，而且自动产生可执行代码，演示系统动态行为和功能。方便开发人员根据客户需求模拟真实现场、动态调整模型。

CASE 工具可以支持软件开发各个阶段的工作，是软件开发人员的得力帮手。采用 CASE 工具来完成软件项目从需求分析、设计、实现、测试、维护到管理的全过程，可以大大加快项目开发的速度并保证软件产品的质量，达到事半功倍的效果。

以上简单阐述了 CASE 工具的分类。现在的 CASE 工具可以支持软件工程的各个阶段及各种常用技术。软件工程师利用 CASE 工具分析、设计和测试基于计算机的系统，从而大大提高了工作效率和软件质量。

2. CASE 工具的集成化

各种 CASE 工具在每个特定的软件开发阶段都具有重要的作用，能够支持软件开发中的某一项活动和方法。但各工具定义的数据结构和用户界面都不尽相同，相互之间不能通信，信息不能共享。而要支持软件开发全过程，靠简单地堆砌多个 CASE 工具是无法达到目的的。

环境的形成与发展主要体现在各工具的集成化程度上，当前国外软件工程界把软件开发环境分成三代，各代之间的主要区别及特征如下：

1）第一代：

- 建立在操作系统之上（如 VMS 和 UNIX 等）。
- 工具间通过一个公用框架集成。
- 现有工具不经大的修改即可加入，由调用过程来使用这些工具。
- 工具所使用的文件结构不变，而且成为环境文件库的一部分。
- 从人机界面来看，这类环境主要采用单色、低分辨率的文字终端，图形能力较差，多数使用菜单技术。

例如，20 世纪 70 年代中期的 UNIX 环境以文件库为集成核心，通过管道命令实施控制功能，以 Shell 语言表达的程序显示为用户工作界面。

2）第二代：

- 具有真正的数据库（如 INGRES），而不是文件库，有时称为信息库，多数采用 E-R 模式或 E-R-A 模式。
- 工具集成在更低的层次上，工具和文件都作为实体保存在数据库中，而不是简单地看做一种独立的成分。
- 现有的工具不能随意放入，要做适当修改或定制。
- 人机界面采用高分辨率、点阵式工作站，具有多窗口、图标等功能，采用鼠标装置。

例如，Ada 程序设计支持环境（APSE），以数据库为集成核心，有可移植性的工作界面。

3）第三代：

- 建立在知识库系统上。
- 根据任务需要依次调用各自相对独立 CASE 工具的概念完全被集成化的 CASE 工具所替代，用户不再需要在任务之间来回切换不同的 CASE 工具。
- 采用形式化方法、软件重用等新技术。
- 由多个工具控制的多窗口技术被单个工具操纵的多窗口技术所替代。

现代的集成化环境要求软件开发全过程需要的各种 CASE 工具以软件工程信息库为基

础，在统一的方法学框架下提供统一的数据结构，用户界面协调一致，环境中所有 CASE 工具能够共享和交换软件开发信息（各类文档资料、源代码、测试用例等）。下面介绍现代化集成环境的具体特点。

（1） 集成化 CASE 环境的功能要求

1） 共享软件工程信息库：环境下所有工具都可访问，是集成化环境的核心。

- 存储软件项目在生命周期内的所有信息。
- 项目合同、计划、进度、需求分析文档、设计报告、模型、程序模块和测试用例等。

2） 风格一致的界面和方便、安全、可靠的操作管理机制：

- 工具调用：使用者可以简单、方便、随机地调用环境中的各种 CASE 工具。
- 信息编辑：提供由于某一信息的修改引起的可能变动的其他相关联信息。
- 用户界面：形成风格一致、友好、安全的用户界面。
- 信息通信：支持开发人员之间相互信息沟通。
- 配置管理：对软件工程信息提供版本和系统配置管理。

3） 任务分解与软件质量控制：

- 任务分解：能自动对软件项目进行任务分解，方便对其进行定量计划管理。
- 质量控制：对项目管理和采用的技术进行量化，以控制开发过程和软件质量。

（2） 集成化 CASE 环境的系统层次结构

集成化 CASE 环境的系统结构一般由 4 个层次组成：环境基础支持层、基本服务层、集成框架层和 CASE 工具层。如图 9-25 所示。

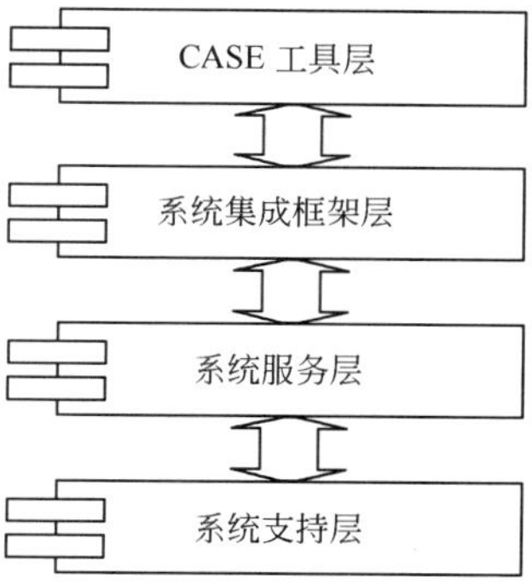

图 9-25 集成化 CASE 环境的系统层次结构

1） 系统支持层。提供对环境的硬件和操作系统等底层的支持。

2） 系统服务层。提供对连接系统支持层与通用层之间的可移植性的服务。

- 底层支持系统：将通用层的要求转换成系统支持层可执行的命令，以提供对底层的支持。
- 通用服务系统：以与底层硬件和操作系统无关的通用命令和标准格式向第三层（系统集成框架层）提供服务。
- 可移植性：当系统支持层的硬件和操作系统发生变化时，可修改此层以适应新环境。

3） 系统集成框架层。该层为通用系统层，功能构件有：

- 工程信息数据库系统：存储项目信息数据，提供信息共享。
- 项目管理系统：进行定量分析与度量，控制资金使用、工程进度与软件质量等。
- CASE 工具控制系统：协调各种 CASE 工具的使用，共享工程的信息数据。
- 用户界面支持系统：提供方便用户使用的统一协调的用户界面。

4） CASE 工具层。通用系统层，包含多种专用功能的 CASE 工具。

这种系统层次结构既满足了集成化 CASE 环境适应各种软件开发的通用性要求，又使其具有适应各种操作系统平台的可移植性。当系统支持层的硬件和操作系统发生变化时，只需要对系统服务层的底层支持系统进行修改，就可以适应新的底层支持环境，具有很好的可移植性。

3. 集成化 CASE 环境的优点

集成化 CASE 环境具有协调统一的用户界面，各 CASE 工具接口标准化，各阶段产生的信息表示一致化。将各种功能的 CASE 工具集成在一起，极大地方便了软件工程项目的研究与开发工作。概括起来，集成化 CASE 环境的优点如下：

1）信息共享：以工程开发信息数据库为核心共享全部软件开发数据。

- CASE 工具之间：软件开发信息能在各种 CASE 工具之间互用，方便进行传输。
- 软件各开发阶段之间：通过信息共享，方便地跟踪和协调软件各开发阶段之间的工作。

2）提高软件生产率：大量减少开发人员工作量，加快开发速度。

- 建立模型：快速、方便、准确地建立协调一致的描述系统的各种静态和动态模型。
- 生成程序：根据系统模型自动转换成用户所需要的实现程序。
- 建立文档：根据系统模型自动建立相应的文档资料。
- 实时管理：及时处理和协调各部门各开发阶段的问题，保证按时完成项目开发。

3）保证软件质量：协调一致的模型和自动程序生成系统可有效地保证软件质量。

4）降低大型软件项目的开发费用：大型项目开发团队可能各组分散在不同区域，同时对各自负责的子系统进行开发。各开发小组要靠信息沟通来协调相互之间的工作。

- 通信开销：由于信息共享，极大减少了开发人员因沟通而发生的通信费用开销。
- 生产率提高：由于生产率和软件产品质量的提高，从而降低大量费用。

9.6.2 集成化 CASE 环境系统体系结构

在长期的软件开发过程中，CASE 工具从单独使用到集成化环境的产生是一个渐进的过程。

1. CASE 工具集成环境的演变

CASE 工具集成环境的演变概括起来分成 4 个阶段：最初只是进行 CASE 工具之间简单的信息格式转换，进一步是考虑为各种 CASE 工具提供协调一致的公共界面，再后来完成 CASE 工具之间的信息共享，直到最终完善的体系结构和集成化环境的产生，经历了从简单集成到高度集成的演变过程。

（1）文件格式转换的简单集成方式

能自动将某个 CASE 工具用独特的文件格式存储的软件开发信息转换为另一个 CASE 工具可以识别的信息，达到信息的直接利用。

优点：

- 免除信息重复录入和校对工作。
- 实现 CASE 工具点对点的信息交换。

缺点：

- 耗费时间：每次修改后的信息格式都需要转换。
- 格式零乱：易导致各开发阶段信息版本不一致。
- 逆向工程：无法实现跨阶段逆向检查。

（2）协调一致的公共界面集成方式

为环境中各 CASE 工具提供一致的用户界面和操作方式，方便开发人员使用。

优点：

• 菜单选择：提供格式一致的功能菜单，方便用户选择使用。

• 多任务方式：用户可同时操作多个 CASE 工具，对不同开发阶段信息进行编辑。

• 私有信息库：各 CASE 工具有自己的私有信息库，存储各自的软件开发信息。

• 信息自动转换：用户使用菜单或工具，各私有信息库之间自动进行格式转换。

缺点：

• CASE 工具之间基本上还是点对点的信息交换。

• 逆向工程：无法实现跨阶段逆向检查。

（3）信息共享集成方式

该集成环境不仅为各 CASE 工具提供一致的用户界面、操作方式、私有信息库和多任务工作管理，还建立项目软件工程信息库，对软件开发不同阶段各 CASE 工具的公共信息进行集成管理，并维持数据库的一致性和完整性，达到信息共享。

优点：

• 分布式体系结构：适用于大的软件项目，便于团队分组在不同地域同步开发。

• 信息共享：各 CASE 工具对软件工程信息库共享，不用进行格式转换。

• 信息转换：各 CASE 工具私有信息库与共享信息库之间格式转换由系统自动完成。

• 逆向工程：可以实现跨阶段逆向工程检查。

缺点：

• CASE 工具之间信息共享标准不完整、不统一。

（4）理想的高度集成化 CASE 环境

理想的高度集成化 CASE 环境集中了协调一致的公共界面集成方式和信息共享集成方式的优点，并提供完整、统一的信息共享标准。其基本组成如图 9-26 所示。

从图 9-26 中可以看出，理想的高度集成化 CASE 环境由以下几个基本部分组成：

1）公共用户界面：为环境中各 CASE 工具提供统一的用户界面和操作方式。

2）系列 CASE 工具：提供满足软件开发全过程所需要的一系列 CASE 工具。

3）CASE 工具触发系统：CASE 工具能将某些软件开发事件（例如，修改了系统设计的某个局部）自动传送给其他 CASE 工具（例如，文档资料生成与程序生成工具等），进行相应的修改和一致性检查，以保证系统开发各阶段的一致性和完整性 。该系统由软件工程信息库和规则库作为基础支持来满足功能需求。

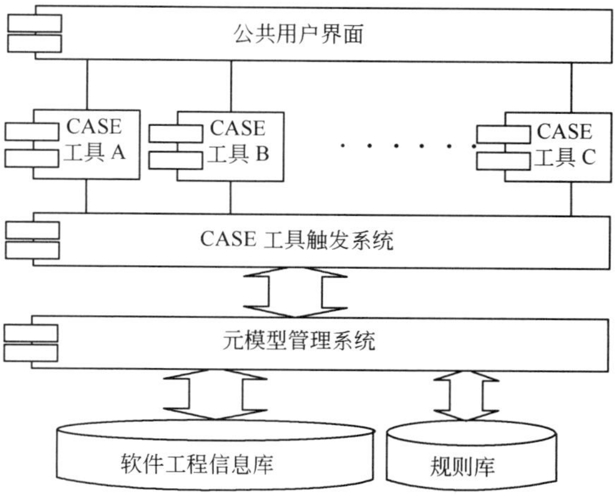

图 9-26 理想的高度集成化 CASE 环境基本组成

4）元模型管理系统：元模型包括信息项的定义描述、信息项之间依赖关系的描述、软件设计规则、软件开发流程和事件的描述方法等。该系统由软件工程信息库和规则库作为基础支持来满足功能需求，而软件工程信息库和规则库则由根据某个软件开发方法学规定的开发过程模型来确定。

5）软件工程信息库：根据某个软件开发方法学规定的开发过程模型，对软件开发不同阶段各 CASE 工具的公共信息进行集成管理，并维持数据库的一致性和完整性，达到信息共享。

6）规则库：根据某个软件开发方法学规定的开发过程模型，来建立存储元模型管理系统和 CASE 工具触发系统所需的软件开发规则。

在高度集成化 CASE 环境中，软件二程信息库和规则库是基础核心，其他各部分围绕这个核心进行设计和工作。

2. CASE 工具集成环境的体系结构

我们通过前面介绍已经知道，根据某个软件开发方法学规定的开发过程模型和环境中所有 CASE 工具的工作方式，可以建立起以软件工程信息库和规则库为核心的集成化 CASE 环境。集成化 CASE 环境体系结构的层次如图 9-27 所示。

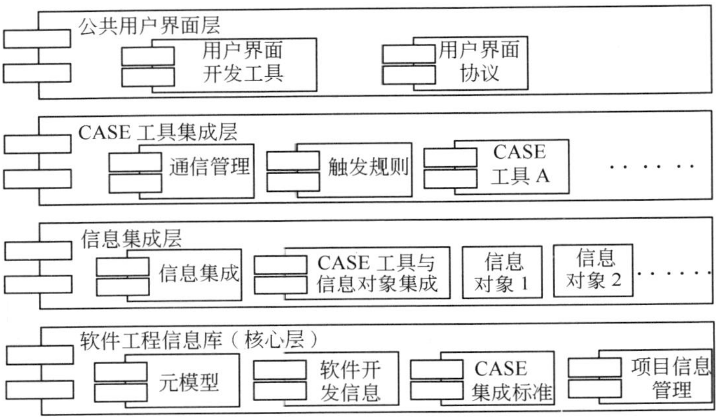

图 9-27 集成化 CASE 环境体系结构的层次图

（1）公共用户界面层

其目标是在统一界面框架下操作所有 CASE 工具，并且所有 CASE 工具的用户界面和操作风格协调一致。该层由各种用户界面开发工具和用户界面协议组成。

- 用户界面开发工具：界面元素（窗口、菜单、按钮、滚动条、对话框）库及控制。
- 用户界面协议：屏幕布局和工具调用约定，菜单组织命名和键盘、鼠标使用规则。

（2）CASE 工具集成层

其目标是提高集成化环境对操作系统平台的独立性，管理所有 CASE 工具相互之间的信息传递并协调它们的行为，满足网络环境下分布式的运行方式。该层由通信管理、CASE 工具触发规则和各种 CASE 工具组成。

- 通信管理：使得 CASE 工具与软件工程信息库之间、CASE 工具之间能自动地进行信息通信。
- CASE 工具触发规则：根据软件开发活动发生的事件自动启动相应的 CASE 工具完成相关工作，并与软件工程信息库自动交换和修改信息。
- CASE 工具：在各任务系统中，可以同时启动多个 CASE 工具。

(3) 信息集成层

其目标是通过这些信息集成明确地达到用户需求之间的“可追踪”关系和逆向工程实施。该层由信息集成、CASE 工具与信息对象集成和各种信息对象组成。

- 信息集成：具有表示、维护信息项并利用信息项之间的关系完成相应动作的能力，例如，一致性和完整性检查，确定信息项修改的影响传播范围，达到需求信息跟踪的目的。
- CASE 工具与信息对象集成：实现对软件工程信息库中信息对象的某些操作功能。例如，将设计文档（信息对象）交给某个 CASE 工具就可以自动产生程序代码。
- 信息对象：源代码、设计文档和测试用例等。

(4) 软件工程信息库（核心层）

其目标是按照规范的接口、信息资源、工具集成等国际通用标准为整个 CASE 集成环境提供基础支持。除了完成对软件工程信息项的存储、查询、修改、删除等数据库系统管理功能外，还支持信息集成层、工具集成层和界面集成层各项功能，以及开发方法学的引导与实施、文档规范化和版本控制与配置管理等。该层由元模型、软件开发信息、CASE 集成标准、项目信息管理组成。

- 元模型：定义了软件信息的描述格式、组织形式、访问途径、安全性和完整性控制方法，并具有可扩充性。
- 软件开发信息：存储问题域描述、各类文档、软件开发规则、项目规划、测试用例、资源描述、开发历史等各种信息，并保证信息的安全性、开放性和完整性。
- CASE 集成标准：规范的接口、信息资源、工具集成等国际通用标准。例如，可移植的通用工具环境（The Portable Common Tools Environment，PCTE）等。
- 项目信息管理：利用软件开发信息自动调整项目规划中各子任务的进行状态和完成情况，动态调配资源，并为管理人员生成各种分析报表，自动进行任务分派等。

3. 可移植 CASE 工具环境

各种集成化 CASE 环境的运行都依赖于其操作系统平台，特定的硬件环境和操作系统平台只能运行与其相适应的 CASE 工具。为了建造适应各种操作系统平台的通用性集成化 CASE 环境，系统的可移植性就显得尤为重要。

在软件工程领域占有重要地位的可移植的通用工具环境（PCTE）是由欧洲几家著名软件公司发起制定的，旨在为集成化 CASE 环境提供可移植框架。PCTE 是一整套行之有效的、开放的、通用的框架和集成化 CASE 环境下的 CASE 工具接口标准，任何 CASE 工具只要遵循该标准，就能方便地集成到软件开发环境中。

PCTE 的通用工具接口主要包括基本功能支持、用户对象接口和分布式环境支持 3 方面内容。

(1) 基本功能支持

用于支持、操作软件开发过程中的各类对象（如执行中的 CASE 工具、程序、I/O 设备、数据等），CASE 工具开发者可据此采用 PCTE 提供的执行原语、通信原语、对象管理系统和事物管理机制来实现 CASE 工具的各种功能。

- 执行功能：定义进程与环境关系（由进程参数传递）并控制进程的运行和终止。
- 通信功能：实现进程间可扩充信息的传递交换及持久对象的存取。

- 对象管理系统：所有 CASE 工具采用该系统对各种软件工程信息对象进行统一的存储、访问等操作。
- 活动管理功能："活动"是一组与资源相联系的相关操作的执行框架，用以保证数据的一致性和并发控制。活动是指对数据的一系列操作，它具有原子性（活动要么完整地执行，要么不执行）和串行性（对同一数据，不允许几个活动同时执行）两大特征。

（2）用户对象接口

采用面向对象技术为用户界面对象（所有图形界面元素均作为对象）提供统一格式、规范与操作。PCTE 有 3 种基本输出对象类型（屏幕、视窗、框架）和 3 种基本输入对象类型（菜单、事件选择、滚动条）。

- 屏幕：CASE 工具可同时关联多个屏幕，但每个界面对象只属于一个屏幕。
- 视窗：窗口是用户当前工作区，视口是窗口中当前可见的矩型区域。
- 框架：是用于存放 CASE 工具产生的数据的数据结构。数据由框架送到视口显示。
- 菜单：提供菜单功能供用户选择。
- 事件选择：将选择的菜单所对应的事件送到相应的 CASE 工具。
- 滚动条：负责向 CASE 工具传送滚动事件，用户通过视窗中的滚动条（横向、纵向）观察信息的不同部分。

（3）分布式环境支持

PCTE 支持进程、对象管理、活动管理的分布式并发网络环境的工作模式。

9.6.3 面向对象集成化 CASE 工具系统体系结构

1. 面向对象 CASE 工具

随着面向对象方法的发展和普及，很多集成化面向对象 CASE（OOCASE）工具应运而生。面向对象的开发方法有利于我们准确理解和把握用户的需求，建立系统模型，设计出灵活、适应性强的系统体系结构，最终实现易维护的软件系统。面向对象的集成化 CASE 工具支持软件系统面向对象的开发，集中体现了当代软件开发的先进思想。近几年流行的集成化 OOCASE 工具完全支持 OMG 的 UML，把面向对象的建模与螺旋上升式的开发过程相结合，并且综合了其他的开发技术，对软件系统的开发提供了强有力的支持，为运用面向对象的思想和技术、控制系统的复杂性、提高软件开发效率创造了必要的条件。

集成化 OOCASE 工具环境一般都采用图形化工作方式，是分析和设计面向对象软件系统的强大的可视化工具。环境中的这些 CASE 工具支持面向对象软件开发全过程，可以分别用来建立系统模型（OOA、OOD）、模型集成、自动生成程序代码、系统测试、软件开发文档资料自动生成、往返工程、项目管理、团队开发管理、互联网网页发布等，组成完整的软件开发集成环境。

（1）OOCASE 支持 UML 模型

通过系统静态、动态建模，从一开始就保证系统结构的合理性。利用模型可以更方便地捕获设计上的缺陷，从而以较低的成本修复这些缺陷。

（2）OOCASE 支持 UML 开发过程

OOCASE 支持循环迭代、渐增式的软件开发过程和往返工程。在项目开发的每个阶段都会进行多次循环迭代开发和检测，而每次循环迭代产生的结果又是下一个循环迭代的输入。从而不断精化和细化模型，使之趋于完善。而往返工程的支持使系统设计、实现、测试各阶段具有反向追踪溯源的功能，便于开发者找到问题的源泉。

(3) OOCASE 支持团队开发和项目管理

由于 OOCASE 支持分布式开发环境，特别适合大型项目开发团队在不同地域用来进行并发式的开发和项目管理，可以更好地协调开发进度和提高开发效率。

(4) OOCASE 支持对其他工具的使用

OOCASE 具有完善的外部接口，开发者通过这些接口方便地调用其他各种工具软件，例如，C++、Java、Smalltalk 等编译、调试工具和 Oracle 等数据库管理系统。

综上所述，集成化 OOCASE 工具的优点是：

- 全面支持 UML 的面向对象方法论的软件开发全过程。
- 提高系统的弹性和开发过程的灵活性。
- 降低开发成本和风险。
- 增强软件成分的可用性。

2. 面向对象 CASE 工具的特征

集成化 OOCASE 工具支持 UML 面向对象方法论的软件开发全过程，支持面向对象建模、循环迭代渐增式开发过程、往返工程、团队开发、项目管理等，具有明显的面向对象的特征。

(1) 面向对象建模

OOCASE 工具支持 UML 的静态建模机制，用以构造系统的结构，包括用例图、类图（包括包图）、对象图、构件图和部署图等五个图。也支持 UML 的动态建模机制，描述系统的行为，包括状态图、活动图、顺序图和合作图等四个图。OOCASE 工具支持：

- 面向对象概念：类、对象、操作、信息、状态、子系统和服务等。
- 图形符号表示模型（可以增加描述性文字说明）。
- UML 扩展功能：用户自定义构造型，增强表达模型的语义能力。
- 软件模型文档编辑与生成：根据建成的模型自动产生文档资料。
- 维护模型的一致性：某一图形元素被修改，与其相关的图形将自动被修改。

OOCASE 通过建立系统可视化模型，从而一开始就保证系统的结构合理性和一致性。利用可视化模型可以更方便地捕获设计缺陷，从而以较低的成本修正这些缺陷。

(2) 循环迭代、渐增式开发过程和往返工程

OOCASE 支持循环迭代、渐增式的软件开发过程和往返工程。往返工程包括代码自动生成、软件测试、逆向工程、模型差异区分和模型修改等一系列工作：

- 螺旋上升式开发过程：每次循环迭代使系统模型更趋于完善。
- 源代码自动生成：根据模型自动生成程序代码，例如 C++、Java 代码等。
- 软件测试：编译代码并运行、调试程序，发现设计错误则进行逆向工程处理。
- 逆向工程：根据代码可自动产生设计模型，方便开发人员追踪问题的根源。
- 模型差异区分：自动比较源模型和逆向工程产生的模型，找出两者之间的差异。
- 设计修改：确定差异后，根据开发者的意愿自动对模型进行设计修改。
- 重复前面过程。

在项目开发的每个阶段都进行多次循环迭代开发和检测，而每次循环迭代产生的结果又是下一个循环迭代的输入。由此不断精化和细化模型，使之趋于完善。往返工程的支持使系统设计、实现、测试各阶段都具有反向追踪溯源的功能，便于开发者找到问题的根源并自动修改。

(3) 团队开发和项目管理

由于OOCASE支持分布式开发环境，特别适合大型项目开发团队在不同地域进行并发式的开发和项目管理。主要功能有：

- 模型工作区：对项目中某个独立单元（子系统）进行开发，禁止其他开发者干扰。
- 结构管理：将模型（子系统）分成不同受控单元分别开发，并保持模型的完整性。
- 虚拟路径图：将存放在不同目录下的持久受控单元连接起来，方便分别开发。
- 集成控制系统：进行版本控制和模型管理，保持与项目的其他成果相一致。
- 模型集成：用于对模型和受控单元进行比较与合并。
- 项目管理：对各次迭代进行规划、分配、开发测试、整合归总、评估和总结。

OOCASE工具支持领域分析员、系统分析员、程序员组成团队分组进行受控迭代开发并进行有效管理，可以更好地协调开发进度和提高开发效率。

(4) 其他工具接口

OOCASE支持对其他软件工具的使用。OOCASE具有完善的外部接口，开发者通过这些接口方便地调用其他广泛使用的各种工具软件。包括：

- 软件编译、调试工具，例如，适合C++、Java、Smalltalk等语言的编译、调试工具。
- 数据库管理系统，例如，Oracle、Sybase等数据库管理系统。
- 扩展功能，系统开发需要的任何软件工具都可以通过接口方便地调用。

综上所述，集成化OOCASE工具功能强大，全面支持UML面向对象方法论的软件开发全过程。

本教材附录介绍的Rational公司开发的Rose 2002就是一个典型的集成化OOCASE工具。读者可以利用Rose 2002来开发自己选择的软件开发项目。

9.7 本章小结

本章主要介绍以软件构件为基础的最新软件复用技术和典型的软件构件模型接口技术（COM+、EJB、CORBA）、CASE工具集成开发环境系统体系结构、持久对象技术和分布式网络系统体系结构模型。

在软件开发过程中，软件复用可以大大加快软件开发的速度，提高工作效率，并极大地提高软件的质量。软件构件是软件复用技术的基本部件。

EJB/J2EE模型是Sun公司提出的基于Java、适合服务器端构件体系结构、完整的企业级应用开发平台和技术规约。EJB与CORBA兼容。

COM+是Microsoft公司推出的适用于Windows系统操作平台的一种构件接口技术。COM+是一种中间技术的规约，其要点是提供建立在操作系统上的、支持分布式企业应用级的服务。

CORBA由OMG制定，是体系结构最完整、最清晰、跨越平台最多的分布式对象模型。CORBA 是一套规约，为应用开发提供一个公共框架，推动构件市场的发展。CORBA 对象都是分布式、跨平台操作、不依赖特定语言、通过接口实施的服务器对象。

持久对象是独立于其构造过程的对象。面向对象数据库系统支持面向对象的概念，可以直接快速存取对象。关系数据库不能直接存取持久对象，必须通过一个转换程序将应用系统中的暂时对象映射为关系数据库中的二维表格——列对应类中的属性，每一行对应该类的一个实例对象。

客户/服务器模型可以将复杂的网络系统分解成几个易管理的结点或构件。浏览器/服务器模型是当前网络使用最广泛的工作模式。

支持分布式并行系统运行的计算环境应该包括：以网络计算环境为基础、可跨平台操作、具备透明的资源分布、支持分布计算的基本服务和分布式应用软件的运行。

集成化 CASE 工具及环境的开发和使用是软件工业化的产物，已引起世界各国 IT 业界的普遍重视，成为软件工程的重要研究领域。目前出现了许多自动化或半自动化的 CASE 工具，OOCASE 环境的核心是软件工程信息库。

9.8 习题

一、选择题

1. 软件复用技术的目的是降低软件（　　）、提高软件开发的效率和缩短软件开发周期。
   A. 技术难度　　B. 资源浪费　　C. 开发和维护的成本　　D. 代价
2. 软件复用是面向对象系统分析与设计的核心支持技术之一，软件复用的核心是（　　）。
   A. 对象类　　B. 模块　　C. 设计模式　　D. 软件构件技术
3. 软件构件是已经通过全面测试并在（　　）中运行过的可复用、功能独立、完整且具有通用性的程序模块。
   A. 实际系统　　B. 实验室　　C. 系统调试　　D. 用户测试
4. CORBA 由（　　）制定，是体系结构最完整、最清晰、跨越平台最多的分布式对象模型。
   A. Sun 公司　　B. 对象管理组织　　C. Microsoft 公司　　D. 国际标准化组织
5. CORBA 是一套（　　），为应用开发提供一个公共框架，推动构件市场的发展。
   A. 规约　　B. 建模语言　　C. 设计范本　　D. 编程语言
6. 持久对象是（　　）其构造过程的对象。
   A. 依赖于　　B. 区别于　　C. 独立于　　D. 不是

二、填空题

7. 软件复用在早期主要是________的复用，以后扩展到________、________、________、________及文档等的复用。
8. EJB/J2EE 模型是 Sun 公司提出的基于________、适合________、完整的________应用开发平台和技术规约。EJB 与 CORBA 兼容。
9. CORBA 对象都是________、________、________、________的服务器对象。
10. 关系数据库不能直接存取________，必须有一个转换程序将应用系统中的________映射为关系数据库中的二维表格——列对应类中的________，每一行对应该类的一个________。

11. 支持分布式协同的计算环境包括以________、________、________、支持分布计算的基本服务和分布式应用软件。

三、解释名词

12. CORBA、COM+、EJB。
13. 软件复用、持久对象、代码复制、设计复制、软件构件复用、软件体系结构复用。
14. 应用程序自动生成器、特定领域软件体系结构复用。
15. 事务处理。
16. 分布式计算环境、分布式计算技术。
17. CASE、OOCASE、PCTE、集成化CASE环境、逆向工程、往返工程、元模型。

四、综合题

18. 软件复用在项目开发过程中的地位如何?
19. COM+模型的主要特点有哪些?
20. EJB模型的主要特点有哪些?
21. CORBA模型的主要特点有哪些?
22. 如何用关系数据库管理系统存储和提取持久对象?
23. 面向对象数据库与关系数据库存储持久对象有哪些不同点?
24. 简单描述客户/服务器模型的特点。
25. 简单描述浏览器/服务器模型的特点。
26. 简单描述分布式对象和分布式计算的特点。
27. 简单叙述解决大型网络系统的通信瓶颈的方法。
28. 用关系数据库系统存储持久对象应注意什么问题?
29. 根据读者所选课题的设计要求，应该如何选择关系数据库完成系统中的持久对象的存储?
30. 根据读者所选课题的系统分析与设计，应该在系统中采用客户/服务器模型还是分布式系统体系结构设计?准备如何实现?
31. 根据读者所选课题的系统分析与设计过程，找出在系统中使用了哪些CASE工具?

Appenix

附 录

集成化 OOCASE 工具 Rose 简介

UML 为我们提供了优秀的可视化面向对象的建模机制；但它的图形元素众多，各种框图也比较复杂。一个好的软件开发方法需要自动化工具的支持才能适应软件开发过程中复杂多变的要求，这一点对于 UML 来说尤为重要。目前 IBM 公司的 Rational Rose（简称 Rose）、Microsoft 公司的 Visio 和 Borland 公司的 Model Maker 等工具都从不同程度上提供了对 UML 建模的支持。本节以 Rose 2002 版本为依据，主要介绍 Rose 所支持的 UML 的主要方面和各种基本操作。

A.1 Rose 2002 的功能与特点

Rational Rose 2002 是 IBM 公司在软件工程专家 Booch、Jacobson、Rumbaugh 等人主持下研制的图形化面向对象的集成化 OOCASE 产品，它是一种可视化的、功能强大的面向对象系统分析与设计工具。它可以用于对系统建模、设计与编码，还可以对已有的系统实施逆向工程，实现代码的转换，以便更好地开发与维护系统。它是目前使用最广泛的可视化软件开发工具之一。

Rose 支持几乎所有的 UML 图形元素和各种框图，是一个设计信息图形化的软件开发工具。它所产生的模型就像建筑中的蓝图一样，让项目级人员，包括项目经理、设计人员、程序员、测试人员、客户等，从不同的角度、不同的需求看待系统。

目前，Rose 已发展成为一整套面向对象的软件开发工具，这些 OOCASE 工具支持面向对象软件开发全过程，组成 Rose 家族系列。

1. Rose 的主要功能

1）Rose 支持 UML 建模过程中使用的多种模型或框图，如业务用例图、用例图、交互图、类图、状态图、构件图、配置图。

2）多数应用程序除了满足系统功能外，还通常涉及数据存储所使用的数据库，以便解决对象持久化问题。因此 Rose 不仅能够对应用程序进行建模，而且能够方便地对数据库建模。它还可以创建并比较对象模型和数据模型，并且还可以进行两种模型间的相互转化。另外也可以创建数据库对象，以及实现从数据库到数据模型的逆向工程。

2. Rose 的主要特点

1）Rose 能够提供许多并非 UML 建模需要的辅助软件开发功能，例如 Rose 通过对目前多种程序设计语言（如 C++、Visual C++、Java、Visual Basic、CORBA 等）的有效集成，能帮助开发人员产生框架代码。

2）Rose 具有逆向转出工程代码的功能，根据现有的系统产生模型。这样一来，如果修改了代码，可以利用它将这些改变加到模型中，如果改变了模型，Rose 也可以修改相应的代码，从而保证设计模型和代码的一致性。

3）利用 Rose 自带的 RoseScript 脚本语言，可以对 Rose 进行扩展、自动改变模型、创建报表、完成 Rose 模型的其他任务等。Rose 提供的控制单元和模型集成功能允许进行多用户并行开发，并对他们的模型进行比较或合并等操作。

4）通过 Rose 模型把用户的需求形成不同类型的文档，使开发人员和用户都了解系统全貌，以便开发人员之间、开发人员与用户之间进一步交流，并尽快澄清和细化用户的需求。使专业人员明确自己的职责范围，避免了需求不明确和开发人员了解不全面造成的错误。

A.2 Rose 的基本操作简介

Rose 具有前面介绍的 OOCASE 工具的所有特征和强大功能，这些功能读者可以根据 Rose 用户使用手册自学掌握。下面只简单介绍 Rose 的某些基本功能（如建立 UML 的各种模型图）和结构组成。

1. 系统主菜单窗口

运行后的 Rose 出现的第一个画面是系统主菜单窗口。系统主菜单窗口分为 7 个区域：系统主菜单、标准工具条、图形工具条、模型结构窗口、特性说明窗口、应用窗口和日志窗口。如图 A-1 所示。

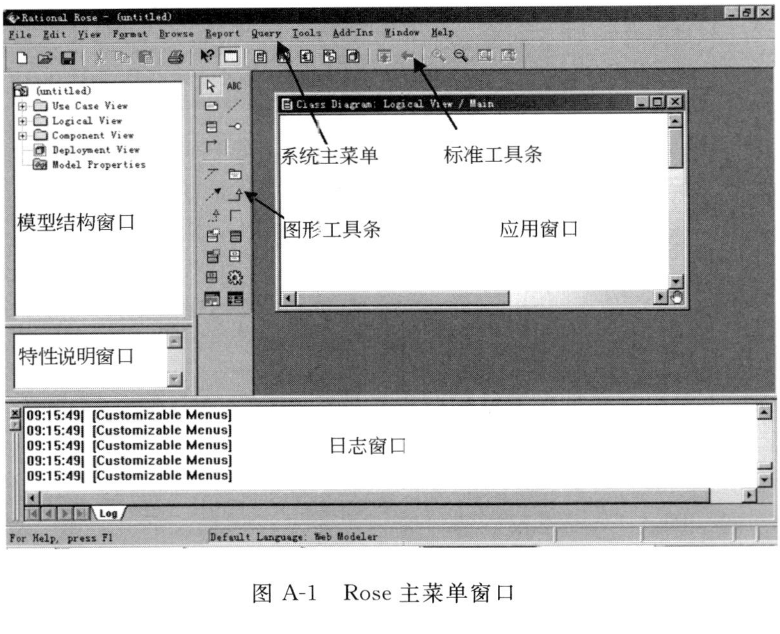

图 A-1 Rose 主菜单窗口

1）系统主菜单：系统主菜单有 11 个菜单项，每个菜单项都有二级菜单。如果你是刚开始学习使用 Rose，此时模型结构窗口是一个空窗口，需要用户自己建立一个新模型。建立一个新模型的过程是：单击系统主菜单中“File”菜单项，选择其下拉二级菜单中的菜单项“Create New Model”，点击后出现 Create New Model（建立新模型）对话窗口，如图 A-2 所示。

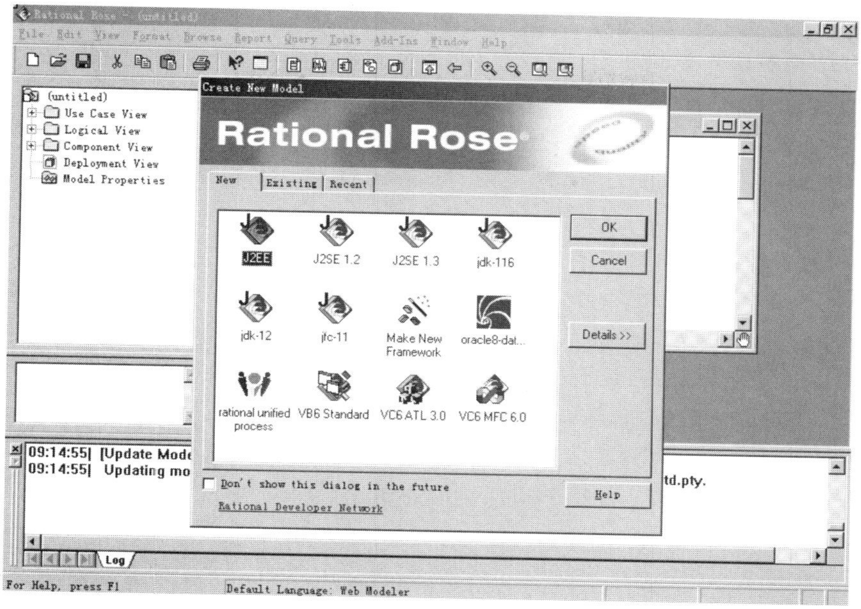

图 A-2　建立新模型对话窗口

点击“Cancel”按钮后，Rose 系统在模型结构窗口自动建立一个模型名为 Untitled 的模型结构，包含 4 个视图和一个特性集。此时，如果用户想建立自己有意义的模型名，单击系统主菜单中“File”菜单项，选择其下拉二级菜单中菜单项“Save As”，点击后在出现的对话窗口中写上模型名称，将该模型存入磁盘文件。下次工作时打开该模型文件，就可以进行模型图的建立和编辑。

又例如，在主菜单项 Add-Ins（功能扩充）下有二级菜单，单击二级菜单中的 Add-Ins Management，打开功能扩充管理器，就可以方便地把需要的外部软件集成到当前环境中并作为菜单中的一员使用。可以把 Rational 家族中系列成员数据模型器、模型集成器、程序测试器、版本控制器、网页模型器、网页发布器等集成到 Rose 工具菜单上，也可把非 Rational 家族成员的 C++、CORBA、Java、Oracle 等软件集成到 Rose 工具菜单上，形成强大的集成化用户软件开发环境。如图 A-3 所示。

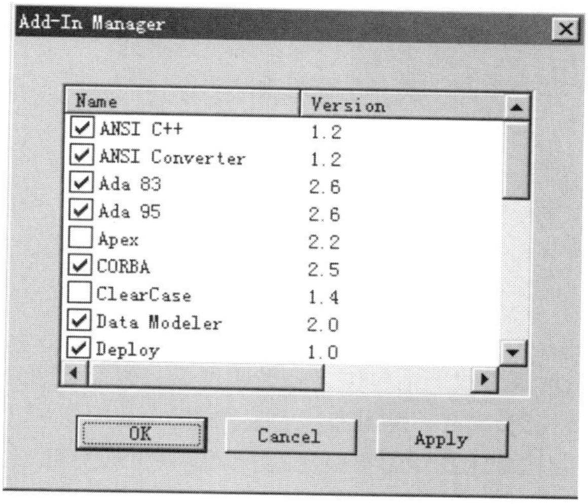

图 A-3　Add-Ins 功能扩充管理器

2）标准工具条：列出各窗口使用的命令图标。

3）图形工具条：列出当前模型图可使用的绘图工具图标，这是为不同的 UML 框图作图时提供的。默认情况下，工具条上显示的是常用的作图按钮，开发人员可以根据需要定制和操纵工具条。

4）模型结构窗口：以目录形式显示当前活动模型的组织结构。

- 模型的根：以目录名表示模型的根。
- 根目录下有5个子目录：用例视图（Use Case View）、逻辑视图（Logical View）、构件视图（Component View）、部署视图（Deployment View）和模型特性（Model Properties）。
- 目录的层次：每个子目录下又有若干层子目录，用于对应不同的模型元素（图）。
- 模型元素的创建和删除：在模型的编辑过程中，模型元素子目录将随着模型元素的创建而自动建立；随着模型元素的删除而自动删除。

5）应用窗口：用于编辑模型图。

- 创建、绘制、编辑当前模型图：通过激发不同的图形窗口使用图形工具条中图标。
- 可以创建、绘制、编辑的模型图有：包图（子系统）、用例图、类图、对象图、状态图、活动图、顺序图、合作图、构件图和部署图。

6）特性说明窗口：显示当前模型特性的说明文字。用于记录模型中各种元素的说明性文字。例如在某MIS系统中，在用例视图中的角色“系统管理员”可添加注释“系统管理员拥有创建系统用户的权限”。当选择框图中的不同元素时，文档窗口的内容将随之变化。

- 激活当前图形的特性说明窗口（specification window）。
- 可以查看、修改、编辑该模型图的特性说明。

7）日志窗口：存储出错日志内容。在Rose使用过程中，日志窗口记录并显示用户的某些操作信息。比如当用户从C盘加载模型文件welcom.mdl时，系统将在日志窗口记录日志信息：

```
22：40：16 |   [Load Model]
22：40：16 |     Loading unit from file C:\ welcom.mdl
```

用户用鼠标选择不同的菜单选项并激活它，就可以方便地进入相关的工作窗口对模型图进行创建、编辑、查看、删除等操作。

2. 模型的组成结构和开发方式

Rose建立的模型由多种图和文字描述组成。根据面向对象软件系统的开发规律，将这些模型图按一定的层次结构分门别类地组织起来，既清晰明了，方便系统对其进行管理，又便于开发人员进行系统开发工作。

（1）模型的组织结构

模型由若干图形和文字描述组成。Rose系统将模型的组织层次结构依次划分为：各种图可以组成不同包图；各种包图又可以组成4个视图（用例视图、逻辑视图、构件视图和部署视图）；4个视图和一个特性集可以描述一个完整的模型；一个模型可以分为若干文件（受控单元）存储在磁盘上；而这些受控单元（文件）由模型版本控制。由此组成Rose系统模型的组织层次结构，该模型的组织结构示意图如图A-4所示。

1）模型版本：控制模型的受控单元——各种模型文件及与模型相关的外部文件。

2）受控单元：将一个模型存储在一个或多个文件中，该类文件称为受控单元。文件的种类有：模型（.mdl文件）、逻辑包和用例包（.cat文件）、构件包（.sub文件）、部署包（.prp文件）。

- 模型结构项：受控单元保存模型的部分或全部内容，受模型版本控制。
- 个人开发环境：受控单元是单个开发人员开发的模型内容。
- 团队开发环境：受控单元在开发组内共享，共同开发。
- 方便并行开发：把一个模型分成若干受控单元可实现项目的并行开发。

3）模型：Rose 系统模型由用例、逻辑、构件、部署 4 个视图和一个特性集组成。

4）模型视图：每个视图由若干模型包图组成。

- 用例视图：下属包括用例图模型的包图。
- 逻辑视图：下属包括类图、对象图、顺序图、合作图、状态图、活动图模型的包图组成。
- 构件视图：下属包括构件图模型的包图。
- 部署视图：下属包括部署图模型的包图。
- 模型包图：由若干子模型包图或模型图组成。
- 模型图：模型的基本组成单元，由不同的图形符号和文字说明组成。

Rose 将模型按以上的层次结构组织起来，既方便 Rose 系统对其进行管理，又便于开发人员进行系统开发工作。

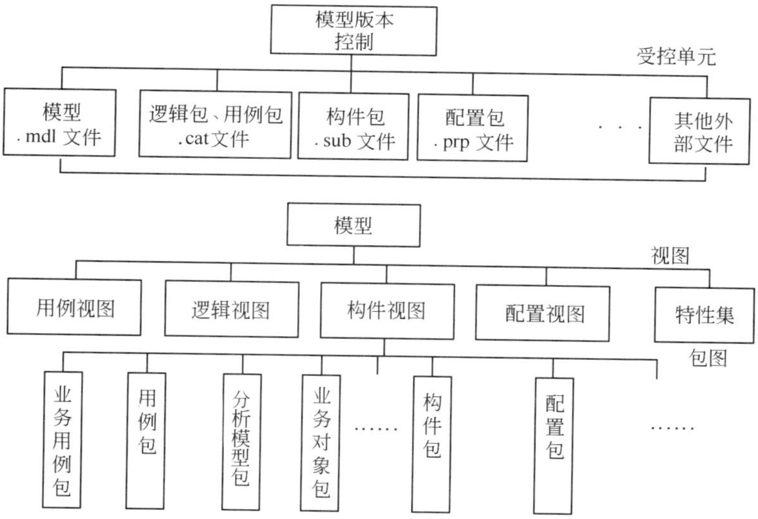

图 A-4　模型的组织层次结构示意图

（2）模型的开发方式

Rose 系统对模型的开发可以采用分布式团队开发方式。项目管理人员通过在 Rose 中设置工作环境定义个人模型工作区，开发团队中的各组开发人员进入自己的个人模型工作区就可以进行负责的那部分模型的开发工作。个人模型工作区帮助开发人员自动装载自己负责的受控单元，显示相关的模型图，并限制其观看信息的范围，也禁止其他开发人员观看和改动别人的模型工作区开发的内容。这样可以极大地保证模型开发的安全性和完整性。

一个待开发的大项目可能有几百个受控单元，需要多个开发人员同时进行建模工作。图

A-5 显示了一个个人模型开发工作区。这个模型工作区负责几十个受控单元的开发，包括用例图、类图、对象图、状态图、活动图、合作图、顺序图、构件图、部署图和相关的特性集。开发人员进入自己的模型工作区后，Rose 系统会自动将该模型工作区负责开发的受控单元装载进来，并根据开发者在其模型结构上的选择，在图形窗口显示一些相关的模型图。开发人员在模型工作区还可以根据需要建立自己的附属模型工作区，方便软件系统的开发。

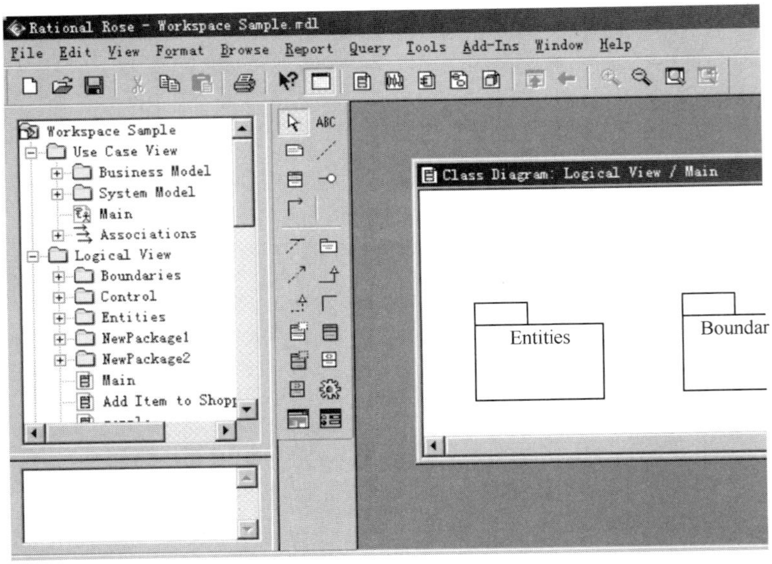

图 A-5　一个模型开发工作区

A.3　在 ROSE 环境下建立 UML 模型

利用 Rose 可以非常方便地建立起 UML 模型。当用户进入 Rose 后，系统自动在模型结构窗口建立一个模型结构，该模型结构由用例视图、逻辑视图、构件视图、部署视图 4 个子目录和 1 个特性集子目录组成。下面简单介绍用例视图、逻辑视图、构件视图、部署视图等模型图的建立过程，以及如何建立相关的特性说明。各视图所辖框图及作用如表 A-1 所示。

表 A-1　视图所辖框图及作用

视图名称	所辖框图	作　用
用例视图	用例图	从用例一级建立系统的高层模型，并不关注系统的具体实现。类图、交互图、状态图和活动图用于粗略地描述系统业务领域的模型，不包括界面和服务对象层
	类图	
	交互图	
	状态图	
	活动图	

（续）

视图名称	所辖框图	作　　用
逻辑视图	用例图	从类（对象）一级建立系统的实现模型。类图、交互图、状态图和活动图用于详细地描述整个系统工程各个层次的设计模型，包括界面和服务对象层
	类图	
	交互图	
	状态图	
	活动图	
构件视图	构件图	建模所要实现系统的各个模块、连接库或文件等之间的关系
部署视图	部署图	建模所要实现系统在物理上的部署及其性能要求

1. 建立用例视图

用户在 Rose 模型结构窗口中的用例视图子目录下可以建立多个用例模型包图；每个用例包图可以包含子用例包图、用例图、执行者、用例及相互之间的关系描述等内容；包图之间也有相应的关系。图 A-6 是一个正在建立的用例图。

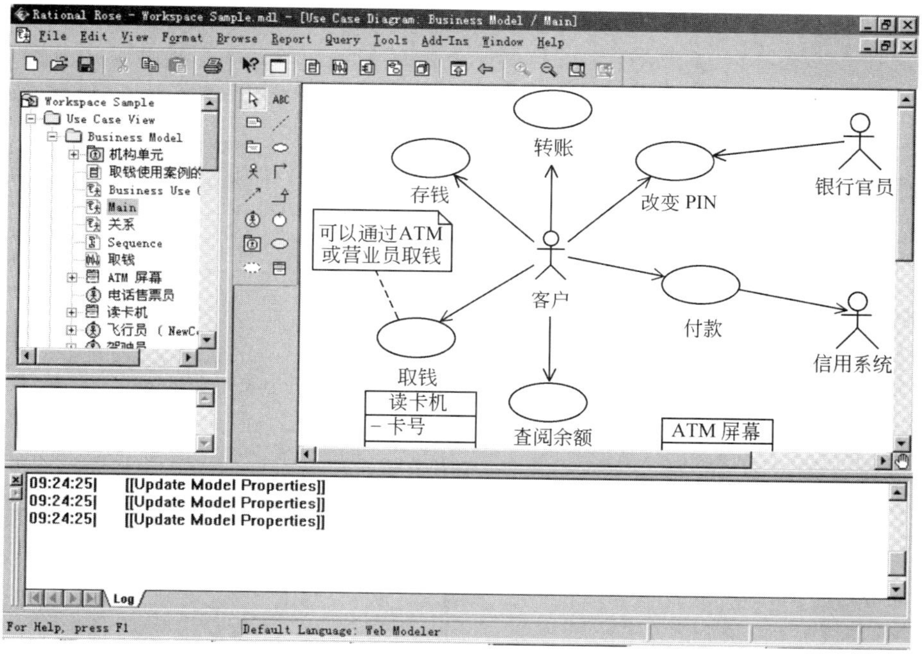

图 A-6　建立或编辑一个用例图

下面介绍建立用例视图的具体步骤。

(1) 创建一个新包目录名

例如，要在用例视图目录项下创建一个新包目录名“Business Model”，步骤如下。

1）鼠标右键单击模型结构窗口中的“Use Case View”（用例视图）子目录项。

2）用户在弹出的菜单中选择“New→Package”菜单项，系统自动在用例视图子目录下创建一个空的用例包图目录项。

3）用户输入包名“Business Model”（业务模型）。一个名为“Business Model”的用例

模型包目录建立完毕。

如果该“Business Model”包图还包含子包图，用户可以用鼠标右键单击模型结构窗口中的“Business Model”包图目录项，同样采用上述方法建立子包图目录项。

(2) 创建一个新用例图目录名

例如，要在“Business Model”包图目录项下创建一个新的用例图目录名，步骤如下。

1) 鼠标右键单击模型结构窗口中的“Business Model”包图目录项。

2) 用户在弹出的菜单中选择“New→Use Case Diagram ”菜单项，系统自动在“Business Model”用例包图目录项下创建一个空的用例图目录项。

3) 用户输入用例图名称“Main”，则名称为“Main”的用例模型图目录建立完毕。

(3) 建立和编辑用例图

例如，要建立和编辑用例图“Main”，步骤如下。

1) 选择模型结构窗口中“Business Model”包图目录项下的用例图目录名“Main”，双击后打开它。

2) Rose 系统在应用窗口开辟一个工作区，用于绘制“Main”用例图。

3) 增加业务用例：

- 绘制用例图符：选择并单击工具栏中的椭圆形用例图符按钮，再单击用例图工作区中的任何位置，绘制出一个用例并给该用例输入名称。用鼠标拖曳调整用例图符的位置和大小，至此，一个用例绘制完毕。
- 特性说明：鼠标右键单击用例，在弹出的菜单中选择“Open Specification”项，打开特性说明窗口，对该用例完成的功能、要求、与其他用例的关系、优先级等进行描述说明。如图 A-6 所示。
- Rose 系统自动在模型结构窗口增加一个新目录项，名称就是用例名。

4) 增加执行者：

- 绘制执行者图符：选择并单击工具栏中的人形执行者图符按钮，再单击用例图工作区中的任何位置，绘制出一个执行者并给该执行者输入名称。用鼠标拖曳调整执行者图符的位置和大小，至此，一个执行者绘制完毕。
- 特性说明：鼠标右键单击执行者，在弹出的菜单中选择“Open Specification”项，打开特性说明窗口，对该执行者完成的工作、要求、与其他用例的关系、优先级等进行描述说明。如图 A-7 所示。
- Rose 系统自动在模型结构窗口增加一个新目录项，名称就是执行者名。

5) 增加关系：

例如，建立用例和活动者之间的关联关系，步骤如下。

- 选择并单击工具栏中的实线箭线（单向关联）图符按钮。
- 再单击指定的活动者并将鼠标从活动者拖动到指定的用例。
- 输入关联名称，完成建立用例和活动者之间的关联关系。

要增加和删除用例和用例之间、用例和执行者之间其他的关系，如依赖、继承等关系，也可以按上述步骤建立。

6) 删除某个元素：

- 可在框图中选中要删除的元素，单击右键，在弹出的菜单中选择 Delete，这时该元素

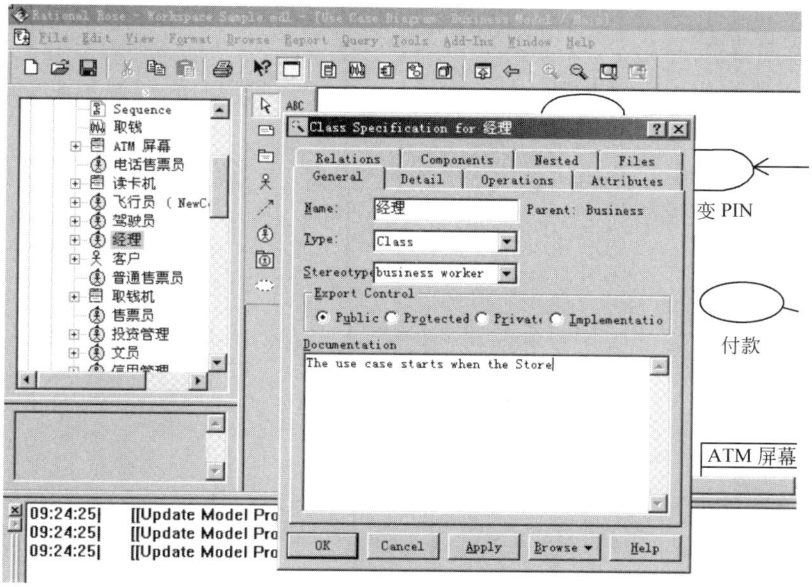

图 A-7　编辑用例特性说明

仍然保留在模型结构窗口中。

• 也可在模型结构窗口浏览器中删除，也是单击右键，在弹出的菜单中选择 Delete。其他视图中的元素也可用这两种方法删除。

（4） 建立和编辑用例包图

图 A-8 是一个正在建立的包图。

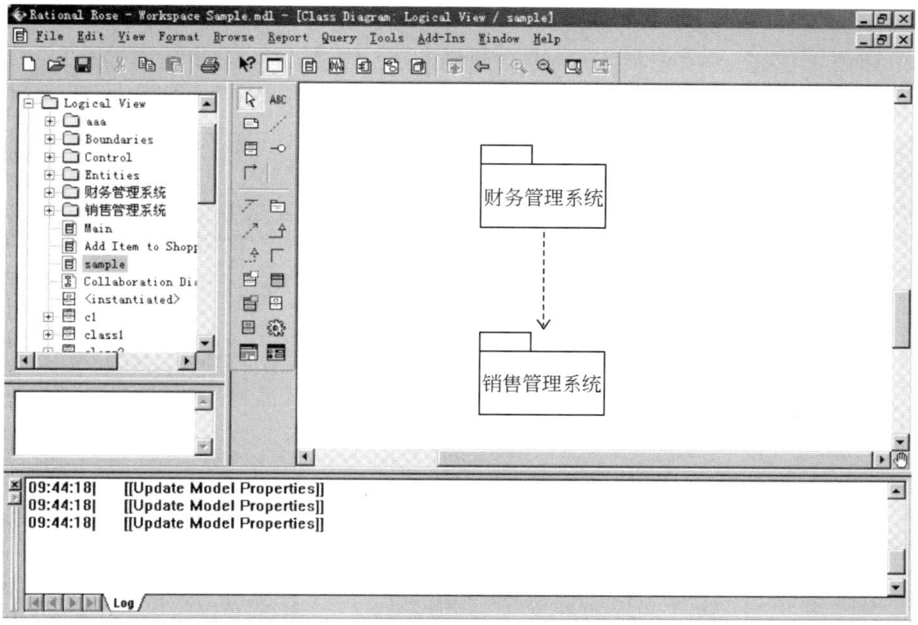

图 A-8　建立或编辑一个包图

例如，要建立和编辑用例包图“Business Model”，步骤如下：

1）选择模型结构窗口中“Business Model”包图目录项并双击后打开它。

2）Rose 系统在应用窗口开辟一个工作区，用于绘制“Business Model”包图。

3）增加包：

- 绘制包图符：选择并单击工具栏中的大小双矩形包的图符按钮，再单击包图工作区中的任何位置，绘制出一个包并给该包输入名称。用鼠标拖曳调整包图符的位置和大小，至此，一个包绘制完毕。
- 特性说明：鼠标右键单击该包，在弹出的菜单中选择“Open Specification”项，打开特性说明窗口，对该包所包含的用例的范围、完成的功能、要求、与其他包的关系、优先级等进行描述说明。

4）增加关系：工作过程与用例图中一样，不再详细叙述。

5）删除包中某个元素：工作过程与用例图中一样，不再详细叙述。

2. 建立逻辑视图

在 Rose 模型结构窗口中的逻辑视图子目录下可以建立包括类图、对象图、顺序图、合作图、状态图、活动图等各类模型包图的目录项；在模型包图的目录项下可以建立子包图目录项；子包图目录项下面再建立各自下属的模型图目录项。逻辑视图模型结构目录项的建立过程与用例视图完全一样。建立和编辑逻辑视图各个模型图的过程也与用例视图相似，在应用窗口利用图形工具条绘制模型图，利用特性说明窗口对模型图中的各个图形符号进行描述。

（1）建立和编辑活动图

图 A-9 是一幅正在建立一个活动图的 Rose 系统工作画面。在这个画面中，用户首先用鼠标右键单击模型结构窗口中的“Logical View”（逻辑视图）目录项；在随后弹出的菜单上选择“New”（新建）菜单项；此时窗口上又弹出一个菜单，该菜单包括的菜单项有接口、包、类图、用例图、合作图、顺序图、状态图和活动图等多个菜单选项，用户只要选择“活动图”菜单项就可以建立一个新的活动图目录项。再用鼠标双击新建的活动图目录项，就可以在应用窗口内建立和编辑该活动图。

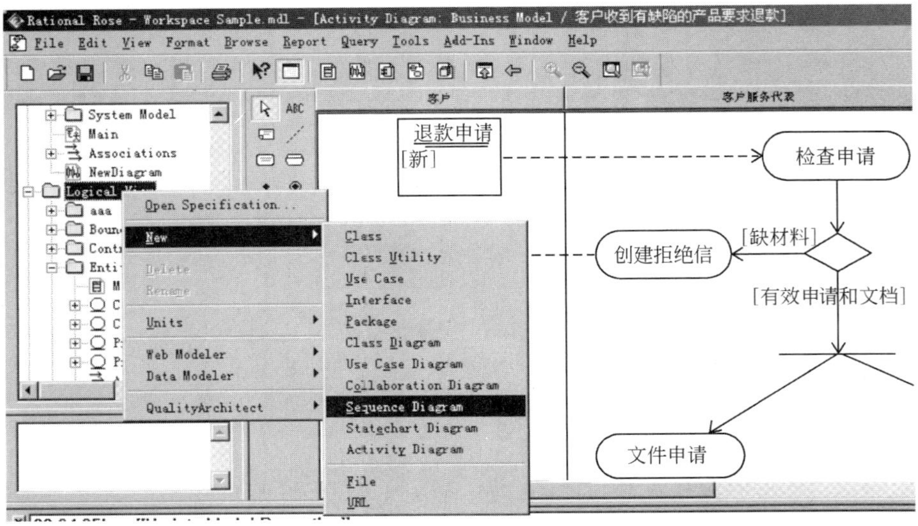

图 A-9 建立或编辑一个活动图

(2) 建立和编辑类图

类图的建立和编辑过程与用例图类似，但有自己的特点。建立一个类图的过程如下：

1) 建立类图模型结构目录项：鼠标右键单击模型结构窗口中的“Logical View”（逻辑视图）目录项，在弹出的菜单中选择“New→Class Diagram”（新建类图）菜单项，并输入新类图名字，至此一个新类图模型结构目录项建立完毕。

在模型结构窗口中用鼠标双击刚建立的类图目录项，在应用窗口打开它，就可以对该类图进行绘制和编辑。

2) 增加一个类：选择并单击工具栏中的“Class”（类）的图标符号按钮，在应用窗口中单击任一位置，输入类名，一个新类建立。也可用鼠标将已有的类从模型结构窗口中直接拖入应用窗口中的类图中。

- 类的特性说明：鼠标右键单击该类，在弹出的菜单中选择“Open Specification”菜单项，打开类的特性说明窗口。可以对该类进行详细说明，指定类的构造型，设置类的可见性、基数、持续性、并发性，创建抽象类等。
- 增加一个属性：鼠标右键单击该类，在弹出的菜单中选择“New → Attribute”（新建属性）菜单项并输入属性名字。格式为“属性名：数据类型＝初始值”。右键单击该属性，在弹出的菜单中选择“Open Specification”菜单项，打开属性特性说明窗口，可设置属性数据类型、意义、作用、取值范围、可见性（Public、Private、Protected）等。

增加一个操作：右键单击该类，在弹出的菜单中选择“New →Operation”（新建操作）菜单项，输入操作名，格式为“操作名（参数：类型，……）：返回值类型”。右键单击该操作，在弹出的菜单中选择“Open Specification”菜单项，打开操作特性说明窗口，可设置操作返回类型、功能说明、可见性，指定操作协议、限定、异常处理等。

3) 建立类之间的处理关系：

- 关联关系：选择工具栏中的关联图标符号（单向，双向）按钮，从一个类拖到另一个类。
- 依赖关系：选择工具栏中的 Dependency 图标按钮，从一个类拖到另一个类。
- 聚合关系：选择工具栏中的 Aggregation 图标按钮，从整体类向部分类拖动鼠标。
- 继承关系：选择工具栏中的 Generalization 图标按钮，从子类向父类拖动鼠标。

右键单击关系，在弹出的菜单中选择“Open Specification”，打开关系特性说明窗口，可以对关系两端设置重数基数、命名关系、设置作用等。

另外，选择“Format→Layout Diagram”，自动将图中各个类对齐。选择“Format→Autosize All”，可以自动调整类图中所有类的尺寸大小以适合其中的类名、属性名和操作名的长短。

图 A-10 是一个正在建立或编辑的类图。在这个类图中可以看出，一个“工人”类有两个子类：计时工人和固定工人。它们之间具有继承和被继承的泛化关系。细心的读者不难看出，图 A-10 中的工具条与图 A-6 显示的图标符号内容不一样，图 A-10 中的工具条是专为建立类图而设立的。

(3) 建立和编辑顺序图

一个顺序图建立和编辑的过程与类图完全相似。图 A-11 是建立或编辑顺序图的 Rose 工作画面。在这个顺序图中描述了一个客户从 ATM 取款过程中各个对象之间信息的传递随

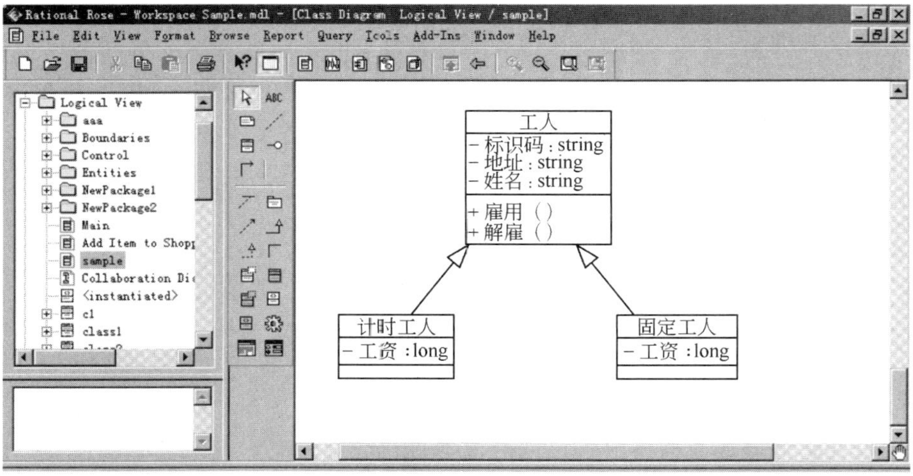

图 A-10 建立或编辑一个类图

时间变化的执行顺序。

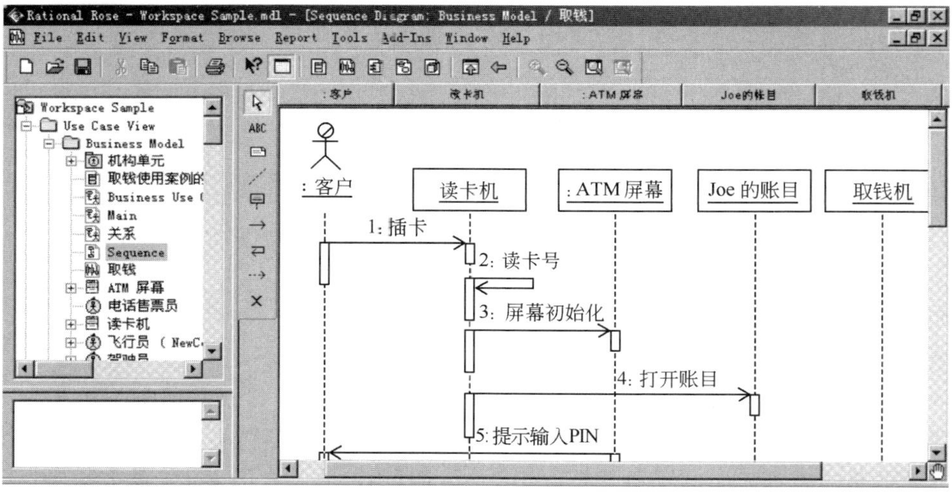

图 A-11 建立或编辑一个顺序图

在顺序图中，纵轴从上到下表示时间顺序；横轴从左到右安排有关联的各个相关对象。关系密切的对象应当安排在相邻位置。每个对象下面有条称为生命线的竖直虚线，绘制在生命线中的细长矩形图符称为该对象生命活跃期，虚线为该对象休眠期。对象之间的信息传递由实箭线表示，箭线上标记信息的名称，箭线从发送方指向接收方，消息名称前的序号指明消息传递发生的时间顺序。

(4) 建立和编辑状态图、对象图

状态图、对象图以及它们的包图都采用同样的方法进行建立和编辑，这里就不再详细叙述。

3. 建立构件视图

构件视图由包图和构件图组成。建立构件视图的包图、子包图、构件图的过程和方法与建立用例视图类似，不再详细叙述。图 A-12 是建立或编辑一个构件图的 Rose 系统画面，构件图中有 3 个构件："源程序代码" 构件、"二进制代码" 构件、"可执行代码" 构件。它们之间有依赖关系："可执行代码" 构件依赖 "二进制代码" 构件；"二进制代码" 构件依赖 "源程序代码" 构件。构件之间的依赖关系用虚箭线表示，箭头由依赖方指向被依赖方，依赖的含意标记在虚箭线上。

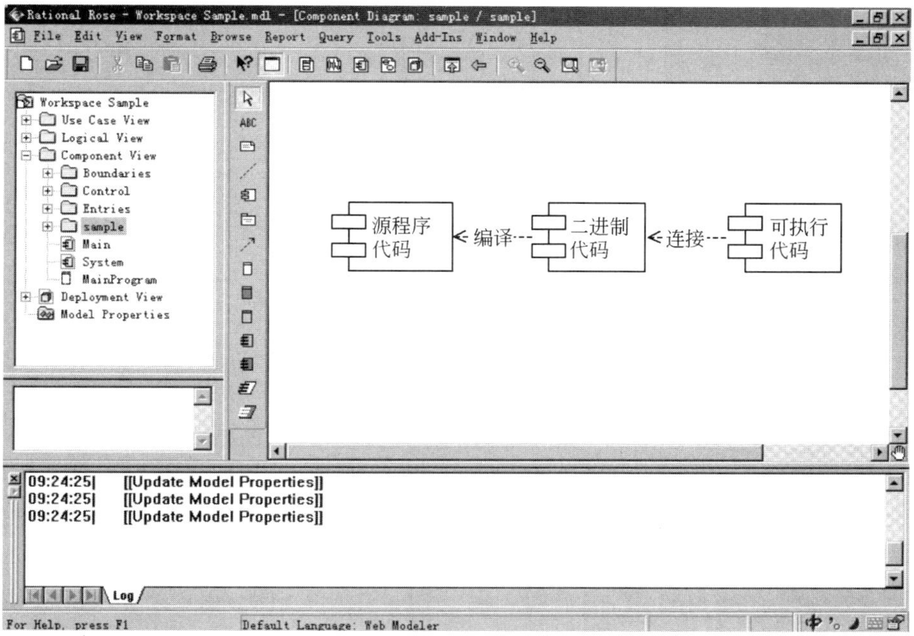

图 A-12　建立或编辑一个构件图

4. 建立部署视图

部署视图由包图和部署图组成。建立部署视图的包图、子包图、部署图的过程和方法与建立用例视图类似。图 A-13 是建立或编辑一个部署图的 Rose 系统画面，部署图中有若干个结点："数据库服务器" 结点、"应用服务器" 结点、"Web 服务器" 结点以及 "打印机" 结点等。结点内还可以包含结点、构件、接口或对象。这些结点之间有关联关系。

5. 建立虚拟路径图

Rose 系统为团队开发提供建立虚拟路径图的功能。可以将存放在不同目录下的受控单元连接起来，方便分别开发。图 A-14 是一个建立虚拟路径图的 Rose 工作画面。

建立虚拟路径图的过程如下：

1）在主菜单窗口选择系统主菜单中的 "File"（文件）菜单项。

2）在弹出的二级菜单中选择 "Edit Path Maps"（编辑路径图）菜单项。

3）在弹出的会话窗口输入虚拟符号和真实路径的对应关系。

开发人员可以在自己的开发工作区建立专用的虚拟路径图，以方便自己的开发工作。

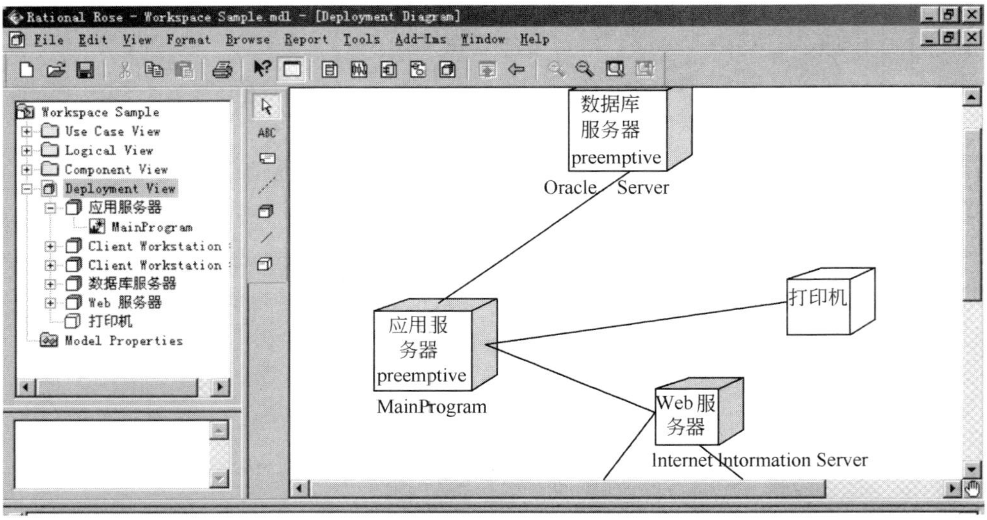

图 A-13 建立或编辑一个部署图

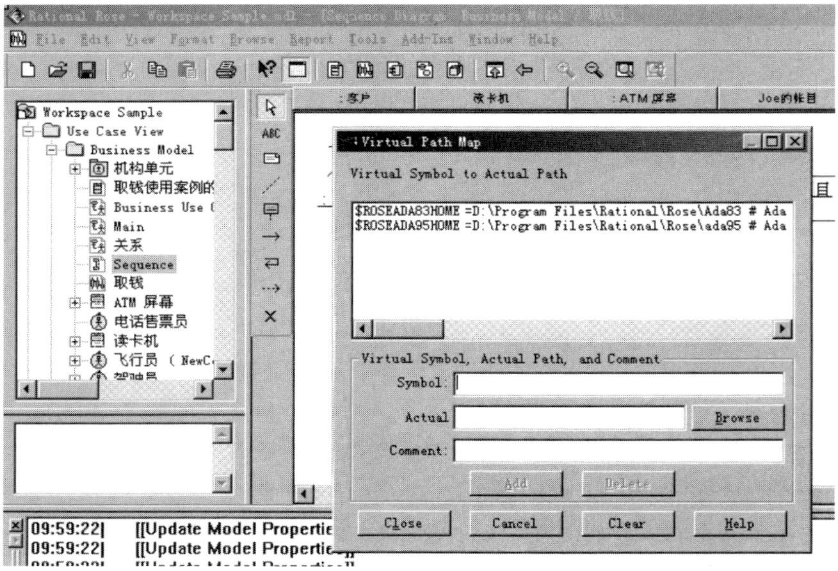

图 A-14 建立一个虚拟路径图

6. 模型检查与程序源代码生成

Rose 系统可以对已建成的 UML 模型自动进行一致性检查并产生程序源代码，步骤如下。

(1) 模型检查

模型检查包括 3 方面内容：检查模型、显示访问违章报告、Java 语言句法检查。

1) 检查模型：

• 在主菜单窗口选择系统主菜单中的“Tools”(工具) 菜单项。

- 在弹出的二级菜单中选择“Check Model”（检查模型）菜单项。
- 系统自动进行模型检查，并把检查到的错误写入日志窗口。

2）显示访问违章报告：

- 在主菜单窗口选择系统主菜单中的“Report”（报告）菜单项。
- 在弹出的二级菜单中选择“Show Access Violations”（显示访问违章）菜单项。
- 系统自动进行模型检查，并在访问问题窗口中显示访问违章报告。

3）进行 Java 语言句法检查：

- 在主菜单窗口选择系统主菜单中的“Tools”（工具）菜单项。
- 在弹出的二级菜单中选择“Java→Syntax”（Java 语言句法检查）菜单项。
- 系统自动对模型进行 Java 语言句法检查，并提示检查到的出错信息。

（2）生成代码

- 在模型结构窗口选择“Logical View”（逻辑视图）目录项。
- 在主菜单窗口选择系统主菜单中的“Tools”（工具）菜单项。
- 在弹出的二级菜单中选择“Java→Generation Code ”（ Java 语言代码生成 ）菜单项。也可选择一个类、构件或包，单击右键，在弹出的菜单中选择“Generation Code ”。
- 系统自动生成 Java 源程序代码，并存入相应文件中。

7. 逆向工程

在软件开发过程中，保持代码与模型一致是件很烦琐的事情。甚至许多项目完成了，却没有留下任何有关模型的文档，这给维护带来了困难。Rose 双向工程的支持，解决了这个问题。

与从模型生成代码相比，在 Rose 中进行逆向工程要简单得多。以 Java 为例，进行项目的逆向工程采取如下步骤：

- 在构件视图（Component View）中添加一个构件。
- 双击构件，在对话框中，设置 Language 属性为 Java。
- 右键单击构件，选择 Properties 项，在弹出框的 General 页中设置要进行逆向工程的 Java 工程文件。
- 右键单击构件，选择 Update Model 项，按向导默认设置完成逆向工程。

8. 使用 Rose 的若干体会

Rose 是一个庞大的 UML 开发工具，它实现了 UML 开发的可视化，这无疑是对建模工作发展的一个推动。对于 Rose 的使用应该是一种经验积累的过程，需要不断地使用才能发现其“过人之处”。此外，Rose 还具有查错功能，如果用户建模时某个过程不符合建模要求，它会提示用户注意，如在设计顺序图时用户所使用的操作在该类中没有定义。

1）用例图是可以随时修改的。在画用例图时，一定要将某个用例所代表的意思都写在注解中，这样不仅使用户在开发过程中的工作显得更清晰，而且使别人更容易了解用户的设计。另外，不要试图一次将所有的用例都考虑得面面俱到，这是不可能的，可以在日后的再开发中为系统添加所需要的用例，当然不需要对以前的设计进行任何改动。

2）类图与程序关联得很紧密，是动态模型的基础。类图最大的一个特点是它和程序有着极密切的联系。设计类图需要对要开发的程序有一个整体的构思，要有整体观和大局观。而且类图设计的好坏，直接影响到动态模型的设计进度。如果类图设计得很实际，那么动态模型绘制就很迅捷，如果类图设计得不好，那么动态模型的绘制就会很慢，而且还要对设计不合理的类进行改动。

3）动态模型与类图的关系很紧密。在设计中，动态模型只涉及顺序图和合作图。但一定要有一个完整准确的类图，才能很好地设计出相关的一系列顺序图和合作图。顺序图和合作图都是基于类图的，尤其是在设计顺序图时更能体现这一点。在设计顺序图时，会涉及两个类之间的消息传递。如果仅仅传递一个消息，只需注明消息的名称；如果利用一个操作实现两个类之间的联系，可以由一个选项表中选出用户想要使用的操作，这一切都是与类图分不开的（但有时也要根据自己的需要进行必要的修改）。合作图亦如此。

Rose 系统功能强大，除了对 UML 提供强大的支持外，还支持 Web 应用、数据库建模等功能；另外，Rose 可以和 Rational 的其他套件，如用于版本控制的 Clear Case、用于需求管理的 RequisitePro 等配合使用，贯穿于软件开发的整个过程。

Rose 2002 是典型的集成化 OOCASE 产品，具有 OOCASE 的主要特征，支持面向对象的软件系统的开发全过程，支持 UML，是目前最为流行的先进的可视化软件开发工具之一。这里只简要介绍了它的使用方法，正确掌握和使用 Rose，可以使软件项目开发取得事半功倍的效果。

参考文献

[1] Erich Gamma，Richard Helm，等．设计模式—可复用面向对象软件的基础［M］．李英军，马晓星，蔡敏，刘建中，等译．北京：机械工业出版社，2003.

[2] JDO：Sun JDO Specification［EB/OL］．Http：//www. jcp. org/aboutJava/ communityprocess/first/jsr012/index. html，2003.

[3] Perdita Stevens，Rob Pooley. 使用 UML—关于对象和组件软件工程［M］. 包晓露，赵晓玲，等译．北京：人民邮电出版社，2003.

[4] 孙卫琴．精通 H ibernate：Java 对象持久化技术详解［M］．北京：电子工业出版社，2005：25-37.

[5] 邵维忠．杨芙清．面向对象系统分析［M］．北京：清华大学出版社，2002.

[6] 刘润东．UML 对象设计与编程［M］．北京：北京希望电子出版社，2001.

[7] Katharine Whitehead. 基于组件开发［M］．王海鹏译．北京：人民邮电出版社，2003.

[8] Robert V Stumpf，Lavette C Teague. 面向对象的系统分析与设计（UML）版［M］．梁金昆译．北京：清华大学出版社，2005.

[9] Michael Blaha，James Rumbangh. UML 面向对象建模与设计［M］．车皓阳，杨眉，译．北京：人民邮电出版社，2006.

[10] Andrew Haigh. 面向对象的分析与设计［M］．贾爱霞，译．北京：机械工业出版社，2003.

[11] 齐志昌，谭庆平，宁宏．软件工程［M］．北京：高等教育出版社，2001.

[12] 周之英．现代软件工程［M］．北京：科学出版社，2000.

[13] 杨芙清．软件复用及其相关技术［J］．北京：计算机科学，1999，26（5）：27-31.

[14] Andrew S Tanenbaum，Maarten van Steen. 分布式系统——原理与范例［M］．杨剑峰，常晓波，李敏译．北京：清华大学出版社，2004.

[15] 侯俊杰．深入浅出 MFC［M］．武汉：华中科技大学出版社，2001.

[16] Bertrand Meyer. 面向对象软件构造［M］．北京：机械工业出版社，2003.

[17] Ivar Jacobson，Grady Booch，James Rumbaugh. 统一软件开发过程［M］．周伯生，冯学民，樊东平译．北京：机械工业出版社，2002.

[18] 朱庆伟，吴宇红．一种对象关系映射框架的分析和应用［J］．北京：电子科技，2004（1）：54-57.

[19] 杨正甫．面向对象分析与设计［M］．北京：中国铁道出版社，2001.

[20] Erich Gamma，Richard Helm，Ralph Johnson，等．设计模式［M］．李英军，等译．北京：机械工业出版社，2000.

[21] 朱三元，钱乐秋，宿为民，等．软件工程技术概论［M］．北京：科学出版社，2002.

[22] 田珂，谢世波．J 2EE 数据持久层的解决方案［J］．北京：计算机工程，2003（22）：93-95.

[23] Bertrand Meyer. Object-Oriented Software Construction [M], New York：Prentice-Hall，2001 .

[24] Mark Priestley. Practical Object-Oriented Design With UML [M] . New York：Prentice-Hall，2001.

[25] Rundong Lio. Object Design And Programming With UML [M] . New York：Prentice-Hall，2002.

[26] The Common Object Request Broker Architecture And Specification. 2. 4，OMG. 2001. http：//www. omg. org.

[27] Craig Larman. Application UML and Patterns An Introduction to Object-Oriented Analysis and Design [M] . New York：Prentice-Hall，2001.

[28] Shari Lawrence Pfleeger. Software Engineering Theory and Practice [M] . New York：Prentice-Hall，2001.